膏体与浓密尾矿指南

Paste and Thickened Tailings – A Guide

（第3版）

R. J. Jewell　A. B. Fourie　编
吴爱祥　译

北　京
冶　金　工　业　出　版　社
2023

北京市版权局著作权合同登记号　图字：01-2022-2325

© Chinese version. Copyright 2023. MIP.

© English version. Copyright 2015. The University of Western Australia.

图书在版编目(CIP)数据

膏体与浓密尾矿指南：第 3 版/吴爱祥译．—北京：冶金工业出版社，2023. 3

书名原文：Paste and Thickened Tailings - A Guide

ISBN 978-7-5024-8950-2

Ⅰ. ①膏…　Ⅱ. ①吴…　Ⅲ. ①尾矿处理—指南　Ⅳ. ①TD926. 4-62

中国版本图书馆 CIP 数据核字(2021)第 215281 号

膏体与浓密尾矿指南（第 3 版）

出版发行　冶金工业出版社　**电　话**　(010)64027926
地　址　北京市东城区嵩祝院北巷 39 号　**邮　编**　100009
网　址　www. mip1953. com　**电子信箱**　service@ mip1953. com

责任编辑　杨　敏　美术编辑　彭子赫　版式设计　禹　蕊
责任校对　郑　娟　责任印制　窦　唯
北京捷迅佳彩印刷有限公司印刷
2023 年 3 月第 1 版，2023 年 3 月第 1 次印刷
710mm×1000mm　1/16；28. 75 印张；559 千字；429 页
定价 185. 00 元

投稿电话　(010)64027932　投稿信箱　tougao@cnmip. com. cn
营销中心电话　(010)64044283
冶金工业出版社天猫旗舰店　yjgycbs. tmall. com
(本书如有印装质量问题，本社营销中心负责退换)

Copyright Notice

© Chinese version. Copyright 2023. MIP.
© English version. Copyright 2015. The University of Western Australia.

This publication is the Chinese translation of the original 2015 English Paste and Thickened Tailings - A Guide (Third Edition). Since first publication of the 2015 Third Edition, many authors changed employment or retired. Regretfully, lead editor Richard Jewell passed away before this translation was completed. Chapter authors Hugh Jones and Steve Slottee also sadly passed. This publication recognises and honours these pioneers for their lifelong contribution and excellence to the tailings discipline and safety of the mining industry.

Since publication of the 2015 Paste and Thickened Tailings - A Guide (Third Edition), there have been significant paste and thickened tailings methodology and technological advancements. It is recognised that the discipline has evolved rapidly in the years since publication of the 2015 English edition, particularly with regard to filtration.

版权声明

中文版版权归冶金工业出版社所有，首次出版时间为2023年。
英文版版权归西澳大利亚大学所有，首次出版时间为2015年。

本书是2015年出版的原创英文版《膏体与浓密尾矿指南》（第3版）的中文版。自英文版第3版出版以来，部分作者更换了工作单位或退休。更遗憾的是，主编Richard Jewell教授、章节作者Hugh Jones教授和Steve Slottee教授在译本完成前相继离世。本书充分肯定先驱们在尾矿学科和采矿业安全方面的卓越成绩和终身贡献。

自2015年《膏体与浓密尾矿指南》（第3版）英文版出版以来，在膏体与浓密尾矿领域，尤其是尾矿过滤方面的研究和技术水平取得了显著提高，也标志着该学科在理论和应用方面得到了迅速的发展。

前　　言

2000年，澳大利亚地质力学中心的Richard Jewell教授和Andy Fourie教授，与来自加拿大Syncrude的Ted Lord教授共同发起了一项指导咨询手册的编写，题为《膏体与浓密尾矿指南》。

第1版“指南”于2002年出版，迄今（2015年）销售了851本。由于技术的快速发展，第2版于2006年更新，至今（2015年）销售了789本。第2版出版至今（2015年）也已经过去了9年，随着技术的进步，第2版的部分内容需要更新，因此第3版进行了大量更新和补充。

在第3版中加入了5个新章节，其余的章节或由新作者重新撰写，或重点增加了技术进展，比如尾矿过滤技术、浓密流程设计理念、堆积坡度预测方法以及管道注射絮凝技术等均为新增章节。术语表最早见第1章“简介”中，考虑到该部分的重要性，第3版将其单独列为一章并进行详细阐述。在前一版中“浓密设备”一章简单介绍了“过滤设备及操作”，但随着新一代过滤设备的问世，生产能力得到提高，且运营成本低于传统仓式浓密机，因此有必要将“过滤设备”单独作为一节进行讨论。

目前，浓密技术已不再是单一地采用传统仓式浓密机、过滤设备和旋流分离器等设备，各技术的组合应用越来越多，从而降低成本、提高性能，相关组合方式在“浓密流程设计理念”一章中进行了介绍。尾矿库坡角预测技术已经从“工艺”发展到“科学”，近年来在各论坛上提出了多种预测方法，因此将“堆积坡度预测方法”写为新的一章。尾矿排放过程中，在管道内使用二次絮凝技术有利于改变尾矿结构，促进尾矿浆中水分的排出，该技术正逐步得到认可，其关键内容写为新的一章，名为“管道注射絮凝技术”。在提出排放前进行尾矿浓密的技术时，采矿行业使用该技术的意愿较低。为了推广该技术并克服传统观念，本“指南”的早期版本阐述了浓密尾矿排放的技术优势，并专门列有成本和利润章节。而今，项目在可行性分析时一般都会考虑尾矿浓密技术，不需要专门推广介绍，因此本版本不再占用篇幅讨论该话题。如果读者需要了解相关信息，建议查阅第2版“尾矿可持续化利用——关键的商业问题”章节。

流变学概念、物料特性、浆体的化学特性、浓密设备、输送系统、地表堆存和闭库注意事项等相关内容的章节由第2版中原作者予以更新。外加剂和采矿充填两章由新的作者撰写，案例分析的章节包含13个案例，其中既有全新案例，也有更新补充的3个原案例。

“膏体与浓密尾矿”研讨会的持续举办是本领域概念和观点得以快速传播的重要因素。此研讨会始于1999年，每年在不同的国家和地区举办。研讨会已经变成一个很有价值的论坛，在技术应用和案例分析方面提供技术交流，为工业界从业人员提供非正式的会面和交流机会，帮助他们寻找相关信息和服务商，以提供设备、产品和咨询服务。至今（2015年），已举办的研讨会如下：

加拿大，埃德蒙顿，1999年，由University of Alberta举办。

澳大利亚，珀斯，2000年4月，由Australian Centre for Geomechanics举办。

加拿大，埃德蒙顿，2000年10月，由University of Alberta举办。

南非，毕林斯堡，2001年5月，由University of Witwatersrand举办。

智利，圣地亚哥，2002年，由Instituto de Ingenieros de Minas de Chile和Gecamin举办。

澳大利亚，墨尔本，2003年，由Australian Centre for Geomechanics和Melbourne University联合举办。

南非，开普敦，2004年3月，由University of Witwatersrand和Paterson and Cooke公司联合举办。

智利，圣地亚哥，2005年4月，由Universidad de Chile，Arcadis和Gecamin举办。

爱尔兰，利默里克，2006年4月，由 Leeds University，Dorr-Oliver Eimco 和 Golder Associates 联合举办。

澳大利亚，珀斯，2007年5月，由 Australian Centre for Geomechanics 举办。

博茨瓦纳，卡萨内，2008年5月，由 Cape Peninsular University of Technology 和 Debswana Diamond Mining Company 联合举办。

智利，比尼亚德尔玛，2009年4月，由 Gecamin 举办。

加拿大，多伦多，2010年5月，由 Golder Associates 举办。

澳大利亚，珀斯，2011年4月，由 Australian Centre for Geomechanics 举办。

南非，太阳城，2012年4月，由 South African Institute of Mining and Metallurgy 举办。

巴西，巴罗哈利桑塔，2013年6月，由 InfoMine Inc 举办。

加拿大，温哥华，2014年6月，由 InfoMine Inc 举办。

澳大利亚，凯恩斯，2015年，由 Australian Centre for Geomechanics 举办。

为使研讨会能在世界矿业地区有规律地举办，研讨会制定了一个举办时间表，每4年在澳大利亚、南非、南美和北半球轮流举办。随着浓密技术的发展，有关案例分析的报告数量也在增多。研讨会的持续举办有助于提高对尾矿浓密技术的理解。

自2005年在圣地亚哥举办的“Paste 2005”以来，为了提高会议论文的阅读量和引用量，开始出版会议论文集。每年的会议论文集可在 ACG 文献发布中心获取。

矿业对尾矿浓密技术的关注起源于环境压力的逐步增大，要求降低尾矿坝事故的风险，避免无计划的排放，减少库区储水量。矿业发展需要寻求环境优势更大的新技术来解决传统尾矿库面临的问题。膏体与浓密尾矿技术可降低排水量，并确实可消除传统挡水尾矿库。更为重要的是，尾矿堆存密度的增大，有利于提高堆存坡度，降低固结时间，从而在采矿全寿命周期内降低尾矿处置的成本。此外，选矿厂回收水的利用可以降低水的供给量。在某些地区，单就节约的水量就足以让决策者在浓密尾矿技术与传统排放方式之间选择前者。

本书用易懂的语言描述了尾矿浓密、输送和堆存的原理，并由矿业领域中对膏体与浓密尾矿技术感兴趣的从业人员编制。其中对原理和术语的理解可帮助咨询公司为相关业务提供可行性分析。膏体与浓密尾矿技术在稳定性、安全性和环境影响等方面有较大的优势，且从矿山全生命周期来考虑是经济可行的。对于新建矿山或选厂，技术方面的决策过程较简单。对于技术改造工程，需要重点考虑该技术。应从全生命周期的角度来衡量膏体与浓密尾矿技术的经济优势，可能短期成本较高，然而长期来看该技术是降低成本的最佳选择。

尽管新版本在编写之初要求包含相关设计内容，但本书仍是一本指导和建议性质的手册。本书可为从业人员提供信息，从而评估技术在项目运营期间的潜在优势，简化设计咨询服务。本书对于矿山从业人员、咨询公司、研究和教学单位具有重要参考价值。

致谢

本版编辑团队 Richard Jewell 和 Andy Fourie 代表 ACG 组织了一系列国际研讨会（以及相关培训课程），以满足人们对于学习和理解膏体与浓密尾矿技术的迫切需求。在此，特别感谢参与撰写本书各章节的所有作者，他们的工作为本书的最终成稿奠定了扎实的基础；同时，也特别感谢 ACG 出版团队，他们完成了本书的汇编、出版和发布工作。最后，向所有为本书出版做出贡献的人们表示最诚挚的感谢。

作者

Richard Jewell
澳大利亚，Australian Centre for Geomechanics

Richard 于 2000 年退休，原是西澳大学的副教授以及 ACG 的主任。

Richard 已经从事矿山尾矿问题研究 40 余年，自 2000 年开始起继续在 ACG 工作，并为企业做独立咨询。

Andy Fourie
澳大利亚，The University of Western Australia

Andy 是西澳大学土木、环境和采矿工程学院的教授。从事矿山尾矿问题研究 30 余年，他的科研和咨询工作集中在提高矿山废物堆存设施的安全性、可持续性和环境绩效领域。

序　言

《膏体与浓密尾矿指南》第3版发行于迫切需求“最佳应用案例（BAP）”和“最佳可行技术（BAT）”的时刻。独立工程调查小组（Mt Polley Panel）对Mount Polley尾矿库溃坝的调查为本书提供了实质且及时的支持。2014年8月发生的灾难性事故对尾矿库的管理提出了较高的要求，具体包括良好的监管监督、专业工程实践、尾矿坝设计技术和透明的公司管理。

通过尾矿坝事故的记录分析，Mt Polley Panel调查小组得到以下结论：

最佳管理首先要求零事故率，其次才是良好的技术。主要建议如下：

采用分阶段方法实施BAT；

对于现存尾矿存储设施，应提高管理水平以保证其有效的使用寿命；

对于新建尾矿存储设施，应在现有和拟开发矿山积极鼓励利用BAT理念建设尾矿库。

《膏体与浓密尾矿指南》第3版对应用于尾矿浆体整套脱水流程的BAT进行了充分总结，包括利用泵压输送浓密尾矿和膏体，利用卡车或传送带运输过滤尾矿，将尾矿压密或固结用作土体回填材料。

在该领域，作者已出版了一本全面且权威的专著，基于作者在尾矿存储设施的理论、设计、现场测试、建设和运行方面的丰富经验，该书提供了相关技术的设计基础，传递了大量有价值的思想。本书是在尾矿堆存设计、建设、运营和闭库等领域快速推进 BAT 的“必备”指南。

Andrew M Robertson 博士，2015
加拿大 InfoMine 公司主席、董事长

译　者　序

“一切从矿业开始，未来仍属于矿业”。作为国民经济的重要基础产业，金属矿业为我国成为第二大经济体提供了强力支撑。但是，采空区和尾矿库作为金属矿山的两大污染源和危险源，严重影响了金属矿业的高质量发展。

随着充填采矿技术与装备的发展，特别是全尾矿深度浓密和膏体长距离管道稳定输送技术与装备的发展，膏体充填技术应运而生。膏体充填将低浓度全尾矿料浆深度脱水，再与水泥、废石等制备成饱和态、无泌水、牙膏状高浓度料浆，最后管道输送至地表塌陷区或井下采空区进行充填。

“绿水青山就是金山银山”，面对“双碳”战略下的机遇和挑战，膏体充填作为金属矿开采近年来的变革性技术之一，为解决传统采矿问题、建设绿色矿山提供了新思路。膏体充填具有安全、环保、经济、高效的显著优势：实现了矿山尾矿与选矿废水的循环利用与零排放，保护了生态环境；遏制了采空区和尾矿库灾害，保障了生产安全；大幅提高矿产资源回收率与回采效率，缓解了我国资源短缺的困境。近年来，膏体充填被自然资源部等列为先进适用技术，先后在国内300余座矿山得到了广泛应用，取得了显著的经济效益与社会效益。

译者长期致力于金属矿绿色开采理论与技术研究，发起并连续举办了四届中国膏体充填采矿国际学术研讨会，并于2017年在北京与澳大利亚地质力学中心（Australian Centre for Geomechanics）联合主办了第二十届国际膏体充填与尾矿浓密学术研讨会（20th International

Seminar on Paste and Thickened Tailings)，促进了膏体充填新思想、新理论、新技术、新装备的广泛交流。为更加全面地介绍和推广尾矿浓密与膏体技术，结合多年在一线从事膏体充填教学、科研工作积累的成果和经验，译者将《Paste and Thickened Tailings - A Guide》第3版翻译成中文，以期为我国金属矿尾矿处置与绿色矿山建设提供参考。

《Paste and Thickened Tailings - A Guide》第3版由澳大利亚地质力学中心 Richard Jewell 教授和 Andy Fourie 教授联袂主编，汇集了国外众多学者与研究人员在尾矿浓密与膏体技术方面的研究成果。Richard Jewell 教授长期致力于尾矿处置技术研究，于1992年成立了澳大利亚地质力学中心，并于1999年发起“国际膏体充填与尾矿浓密学术研讨会”且连续担任21届大会主席，先后牵头主编了《Paste and Thickened Tailings - A Guide》第1、2、3版。Andy Fourie 教授长期致力于尾矿的安全、可持续、绿色处置技术研究，现为“国际膏体充填与尾矿浓密学术研讨会”主席，先后主持科研项目40余项、发表学术论文200余篇。

全书共16章，全面系统地介绍了尾矿浓密与膏体技术涉及的全部工艺环节，主要包括物料特性、尾矿浓密技术、膏体管道输送技术、地表堆存、矿山充填技术等内容，并对国外12个应用案例进行了分析。本书兼具指导与建议功能，对广大从事矿业工程设计、生产、教学、科研的同行具有较大的实用价值与指导意义。

从本书的策划翻译到最后完稿付梓，澳大利亚地质力学中心、冶金工业出版社、金诚信矿业管理股份有限公司、飞翼股份有限公司等单位给予了大力支持，参加本书完成工作的有：焦华喆、缪秀秀、李莉、吴逸帆、李红、杨莹、彭青松、王建栋、阮竹恩、邵亚建、张连富、艾纯明、刘晓辉、孙伟以及没有一一署名的人员，在此一并表示衷心的感谢！

本书按原著译出，对参考文献按原文刊印以便于读者引证。由于译者水平所限，书中难免存在不当之处，敬请广大读者提出宝贵意见。

译 者

2022年7月于北京

目　　录

1 绪　论

绪　论　1

作者兼主编

Richard Jewell　澳大利亚，Australian Centre for Geomechanics

1.1　指南目标

本书的首要目标是简明地阐述尾矿浓密技术，该技术可将尾矿浓密至比传统浓密机底流更高的浓度。通过优缺点对比，为地表堆存工艺之前的浓密工艺提供支持。本书旨在为对浓密尾矿、高浓度浆体与膏体感兴趣的业界人员提供指导和建议，以明确将尾矿浓密至更高的浓度是否能为企业增加经济效益。本书并不是设计手册，而是希望帮助从业人员加深对技术的理解，从而具备向设计方提出更加明确要求的能力。

高浓度尾矿浆在生产和处理过程中面临复杂的技术难题。本书详细介绍了尾矿浓密、输送和地表堆存的相关技术。尾矿浆由高浓度到超高浓度演变过程中，其流变特性会极大地影响浓密、输送和堆存等过程。本书同时深入介绍了流变特性与材料特性，从而明确对材料行为的影响机理，从理论上解释了膏体充填与地表堆存工艺对材料特性需求的本质差异。

堆存前进行尾矿浓密对矿山运营有诸多益处，在绪论中简要介绍并在后文展开。近年来，浓密设备发展较快，新技术的开发和应用也取得了长足的进步。本版也是为了及时更新和涵盖技术新进展。

1.2　技术背景

1973 年，在 Robinsky 博士的指导下，在加拿大 Kidd Creek 矿首次尝试制备浓密尾矿进行地表堆存。采用传统浓密机，世界上首个中心式浓密尾矿排放技术就此拉开帷幕，自此开始对浓密机进行了持续改进。随着技术的发展，直到 1995 年，最初的目标才得以实现。在 20 世纪 80 年代中期，西澳的氧化铝企业希望将已有的赤泥湿式堆存改为干式堆存。新一代浓密机使铝行业的堆存方法在全球范围内迅速发展。然而直到 21 世纪初，高浓度浆体地表堆存的概念才被矿业界广泛接受，本书将对该技术进行重点介绍。

与地表堆存技术同时发展的还有膏体充填技术。20 世纪 70 年代，德国 Bad Grund Mine 借鉴混凝土行业的技术，使得尾矿井下处置技术成为胶结充填技术的组成部分。在该技术中，充填体强度高于地表堆存强度，要求达到 MPa 级。在输送和处置系统方面，地表堆存和矿山充填有显著差异，但在高浓度尾矿浆的制备方面是相同的。本书第 14 章详细讨论了采矿充填技术。

1.3　研究与应用现状

浓密过程的本质是尾矿浆脱水。脱水技术包括力学与化学方法，前者是指借助常规机械手段，在浓密机内部依靠重力提高固体颗粒堆积密度，或以吸、压的方式将尾矿浆中的水分过滤掉；后者是指通过化学方式改变固体颗粒的结构以提高尾矿浆自排水能力。本书将对尾矿脱水技术进行全面的介绍。

通常，普通重力浓密机脱水后的尾矿浆最大浓度（固体含量或密度）应低于离心泵管道输送的最大浓度。虽然在过去的几十年里离心泵的能力取得了长足进展，但是容积泵的性能更好，泵送浓度更高，因而更适于高浓度尾矿浆的输送。从矿山全寿命周期考虑，在相同泵送条件下，一台容积泵的安装及运营成本要明显低于多台离心泵（或泵站）的成本；同时，在不加水稀释的情况下，过滤设备生产的滤饼浓度较高、流动性差，更适宜带式输送、卡车或铲车输送。

现有的设备可实现超高浓度尾矿浆的制备和输送，但设备选型需经过经济性、实用性、环保和社会优势等各方面的比较。地表堆存工艺的实用性体现在浆体流动距离较长，从而增大了排放口的间隔距离，降低了排放系统的建设与运营成本。大部分采用中心式浓密尾矿排放技术（CTD）的项目中，虽有少量的尾矿浆离析，但尾矿浆泌水少，库内无积水，如图 1.1 所示。

图 1.1　背景可见 CTD 法排放尾矿可形成相对均匀的堆积坡角

坦桑尼亚 Bulyanhulu 矿高浓度浆体地表堆存可形成较大的堆积坡角，如图 1.2 所示。需要指出的是，Bulyanhulu 的尾矿经过滤后主要用于井下胶结充填，满足井下充填需求后，多余部分才堆存于地表。用于地表堆存的过滤尾矿可稀释成尾矿浆，且其浓度稳定，适于输送。因此，虽然传统浓密机能够排出相似浓度的尾矿浆，但是由于堆存密度不同（详见 1.3.1 节），不可避免地造成其他矿山的整体堆角小于 Bulyanhulu 尾矿库坡角。

图 1.2 Bulyanhulu 高浓度尾矿堆存案例

深锥浓密机可制备高浓度尾矿浆，如图 1.3 所示。在底流浓度与流动性长期稳定的情况下，也可形成较大的堆积坡角。

图 1.3 超高浓度（膏体）尾矿

1.3.1 技术局限

尾矿是将矿石中有价矿物回收后形成的固体废弃物。长期以来选矿过程对于尾矿性质的考虑较少。矿石必须经过数段破磨，以最大限度地增加矿物颗粒的比表面积。因此，选厂排出的尾矿浆不仅含有大量的超细颗粒和选矿工艺水，还可能包括设备清洗的废水，导致其浓度波动较大。

矿床赋存条件的变化，导致选厂的供矿性质不一，从而造成尾矿的性质迥异。严重的是，尾矿库运营人员长期忽视尾矿性质的变化，将所有进库物料无差别对待进行长期储存，对尾矿库的安全性造成了重大影响。

尾矿浓密系统的设计和操作人员，应明确浓密机设计具有不精确性，基于实验室结果预测得到的浓密机处理能力往往与实际值有较大的差距。在浓密机调试阶段，为了达到预期的效果，需要不断探索最优床层高度与最佳絮凝剂单耗等关键参数。在实际运营过程中，即使在实验室推荐的最优工况下，给料浓度的变化、人为因素的影响常常导致底流浓度波动较大，甚至长期达不到设计浓度。因此，为了保持稳定的尾矿浆浓度，将尾矿滤饼进行二次稀释的方式是唯一可靠的办法。

1.3.2 最终目标

尾矿堆存设施（TSF）的设计和运营至少应能保证尾矿排放的可控性，从而降低环境污染的风险。只有向投资者保证尾矿设施能够长期稳定地运行，而且“稳定”的标准不断地提升，矿山企业才能够获得相关社会执照许可。例如，某些国家法律法规和监管机构要求 TSF 能够安全稳定运行 1000 年（ANCOLD，2012；European Commission，2009）。理智地说，也许唯一能够保存千年的人造设施是世界各地发现的古墓，而许多矿山尾矿强度特性低于古墓的材料强度。

1.4 技术发展的驱动力

膏体与尾矿浓密技术能否在矿山得以应用主要取决于其成本效益。尾矿浓密、输送和排放等设备的成本不容忽视，只有从矿山全寿命周期的角度出发，才可以做真正全面的经济比较。膏体与尾矿浓密技术在多方面的较大优势是其应用和发展的重要原因。

虽然企业采用尾矿浓密技术的主要原因不尽相同，但共同点在于该技术可降低尾矿安全堆存的成本，减小环境污染的风险。降低堆存成本可以实现利润最大化，堆存设施的安全稳定有助于满足投资者在规避财务风险、维持公司长期运行方面的需要。

只有从矿山全寿命周期角度进行成本对比，才能充分评估膏体与浓密尾矿技术的优势。应从矿山规划阶段至闭库的全周期内计算资本运营成本、时间以及资金的时间价值。为了充分理解技术优势，需要提供矿山全寿命周期内的采矿与尾矿处置方案。同时应定性分析社会效益，如提高公众认知度、降低重大灾害发生的可能性等。

该技术可从多方面节约成本：降低用水、能源及化学药剂消耗，减少蓄水需求，提高蓄水和坝体的稳定性，加速闭库和缓解财政压力等。但购置固定资产及运营方面需要增加一定的成本，如浓密设备、泵送设备及输送管道等。

前两版指南出版时，作者认为有必要向矿山规划人员和业主阐明尾矿浓密堆存技术的潜在优势。为了使相关项目考虑尾矿浓密技术，本书单独列出一章对商业问题进行阐述。然而，作者忽视了近年没有尾矿浓密技术可行性分析的案例。因此本版书中删除了前期版本中阐述浓密尾矿使用原因和优缺点的章节，并留出空间以添加新技术。如果读者仍对该问题感兴趣，推荐读者查阅本书第 2 版第 2 章（Jewell 和 Fourie，2006）。

本书 2006 年的版本描述过尾矿库溃坝的历史。在过去半个世纪中，传统（低浓度）排放尾矿库溃坝事故造成了大量的人员伤亡和环境破坏，发展尾矿浓密技术是为了避免上述问题的发生。当前，尾矿库溃坝事故仍持续发生，如 2014 年 8 月，British Columbia Mt Polley 矿事故，无人员伤亡；2014 年 8 月，巴西 Minas Gerais 矿事故，很不幸造成了人员伤亡。对于 Kidd Creek 矿及其他较早采用尾矿浓密技术的企业，保证地表尾矿堆存设施的安全稳定成为了首要目标。随着时间的推移，水分的回收利用与工业用水用量的降低成为该技术得以应用的另一个重要原因。在干旱地区，如智利北部的 Atacama 沙漠，采矿作业用水来源于几百千米外的海水淡化装置，泵送成本较高，所以降低用水量极为重要。

推动尾矿浓密技术发展的另外一个原因，是尾矿中残留的经济矿物（如磷矿）和碳氢化合物（如油砂矿），其中超细颗粒含量较大、表面电性复杂，阻碍了库内堆存尾矿浆固结过程。此时尾矿浆在较长的时间内保持较低的浓度，尾矿库溃坝风险较高。与节水方面的优势相比，企业对于浓密脱水的需求更加迫切。第 13 章中介绍的管道注射絮凝技术能够实现相关目标。

1.5 闭库

闭库是尾矿处置的一个重要方面，详见第 15 章。在可行性研究阶段就应将闭库工作纳入整体考虑，同时制订全寿命周期的工作计划。由于闭库和复垦的成本高，因此，在矿山建设阶段就应对其进行规划。但是，闭库在资金配置方面的优先级较低，导致闭库工作延后，最初制定的闭库方案在执行过程中难以落实。一旦发生这种情况，将被迫修改闭库方案，而在大多数情况下新方案的投资成本将更高。如果修改方案的情况持续发生，则原低成本方案将不再适用，最终导致闭库成本远远超出预算。

1.6 尾矿连续介质的分类及边界条件

浓密尾矿技术具有巨大的潜在优势，因此在不同的矿业领域均得到较大的发展。与高效浓密机的发展历程相似，同一浓密过程和阶段的专业术语，在不同的国家、企业和组织机构之间各自独立、互不相同。术语不通阻碍了思想的传播和技术的进步，该问题亟待解决。2000 年 4 月在澳大利亚珀斯召开的研讨会，旨在组织该领域的各国参会人员将相关术语标准化，会议对浓密机内部不同阶段进行了规范统一的划分和描述，主要成果推动了本书的出版（2002 年的第 1 版）。

第 2 章详述了不同浓密状态下尾矿连续介质及分类的概念、检测方法与边界条件。

1.7　关于本书

本书的章节顺序基于作者在 2000 年的第一次研讨会上的建议，并在后续版本中对相关内容和进展进行了更新。各章节由领域内的国际知名专家撰写而成，具有较好的代表性。作者包括运营商、咨询公司和监管机构，各章节的第一作者负责章节的协调整理工作。各章节由主编进行统稿，形成逻辑合理、层次鲜明的研究内容。本书在各章节末尾对做出重大贡献的作者予以致谢。

在第 2 版发行后的 9 年里，本技术取得了长足的进步。为进一步阐述新技术和新进展，本书第 3 版对所有的章节均进行了充分的修改和更新，部分章节进行了重大修改。其中，案例部分综合性较强，因此独立为一章。如关于浓密设备的第 7 章已经分为 2 个独立的章节，过滤的部分在第 8 章讲述。坡角预测方法从地表堆存章节中提取出来，形成了独立章节（第 12 章）。如前所述，对于不同状态的尾矿浓密分类系统，从原章节简介中截取出来扩充为独立的一章，对分类系统的重要性进行详细讨论。管道注射絮凝技术的出现加速了尾矿浆絮凝后清水的析出，该技术应用前景广阔，因此单独列为一章。浓密方式分类单独成章，阐述在不同环境下提高浓密效率的技术方法与组合方式。

尾矿分级系统、流变学概念及物料特性三个章节是浓密技术的基础，在此为独立章节。编者一致认为，流变学是影响尾矿脱水浓密、输送、沉积固结最重要的特性。

本书其他章节包括：浆体的化学特性、外加剂（絮凝剂和混凝剂）、尾矿浓密技术、尾矿过滤技术、浓密流程设计理念、高浓度水力输送系统（泵和管道）、地表堆存、堆积坡度预测方法和管道注射絮凝技术（排放时絮凝）。采矿充填（地下处置）一章包含了膏体管道输送、采场扩散和胶结膏体的问题，以及世界各地不同的特点。在闭库注意事项和其他章节中包含很多案例分析，既有原案例的扩充，也有新案例的更新。最后两章为术语表和参考文献，文献列表给出了作者参考的全部文献。

作者们介绍了许多矿山运营期间所采用的设备和工艺。案例往往是作者们所熟悉的，但不能代表设备和工艺在世界各地的重复性和多样性。案例仅仅是为了说明该方法或者设备的成功应用。

必须强调的是，本书是一本指导和建议性质的指南，并不是设计手册。如前言中所述，本书的目的是介绍原理和术语等相关信息，为项目在咨询服务阶段进行全面可行性分析提供参考。

作者简介

Richard Jewell
澳大利亚，Australian Centre for Geomechanics

Richard 于 2000 年退休，原是西澳大学的副教授以及 ACG 的主任。Richard 已经从事矿山尾矿问题研究 40 余年，2000 年开始继续在 ACG 工作，并为企业做独立咨询。

2

尾矿连续介质的分类及边界条件

尾矿连续介质的分类及边界条件

作者
Tim Fitton　澳大利亚，Fitton Tailings Consultants
Richard Jewell　澳大利亚，Australian Centre for Geomechanics

2.1 引言

本书中涉及的诸多尾矿相关术语，需要进行统一定义，实际上不限于本书，应扩大到采矿领域。以本书题目《膏体与浓密尾矿指南》为例，就分别指代两种不同的技术，从而引出一系列问题，例如“膏体与浓密尾矿的不同点在哪里”，“什么是过滤尾矿”和“传统的未经浓密的尾矿在这些定义中处于什么位置”。

本章的主要目的是明确术语的定义并对术语进行界定。

2.2 尾矿连续介质

矿山尾矿废弃物以尾矿与水混合物的形式排出，根据尾矿浆浓度的不同，可分为浆体、膏体和滤饼。三种形态的区别在于含水量的不同。浆体脱去部分水分变为膏体，继续脱水，形态变为滤饼；反之亦然，尾矿滤饼通过加水稀释制成尾矿浆。该形态学特征可以用“尾矿连续介质”来描述。

对于尾矿与水的混合物，当含水量减少时固体浓度上升。浆体在高浓度状态下具有较高的剪切强度。浓度增加对尾矿样品强度（屈服应力和剪切应力）的影响曲线如图 2.1 所示。坐标轴是无量纲的，曲线位置由颗粒大小和矿物种类决定，因此不同类型的材料都可参考该曲线（请参考第 3 章中的图 3.11）。

曲线上任一点处的尾矿浆均可进一步脱水，从而使固体浓度上升，继而提高浆体的强度。无论从浓度轴的哪一点开始，水分的脱除都会引起尾矿浆浓度的上升。因此，尾矿浓密的过程可视为连续过程。该过程中不同浓度的产品可用相应的术语来表示，如浆体、膏体和滤饼。本书将采用这些通用术语。

尽管术语的定义可能存在一定的主观性，但根据命名和肉眼观察到的结果，可以区分物料在输送、堆存过程中的形态与特性，从而进行浓密机、输送泵与工艺流程的初步选择，如图 2.2 所示。但上述关系仅为定性关系，受具体条件下颗粒大

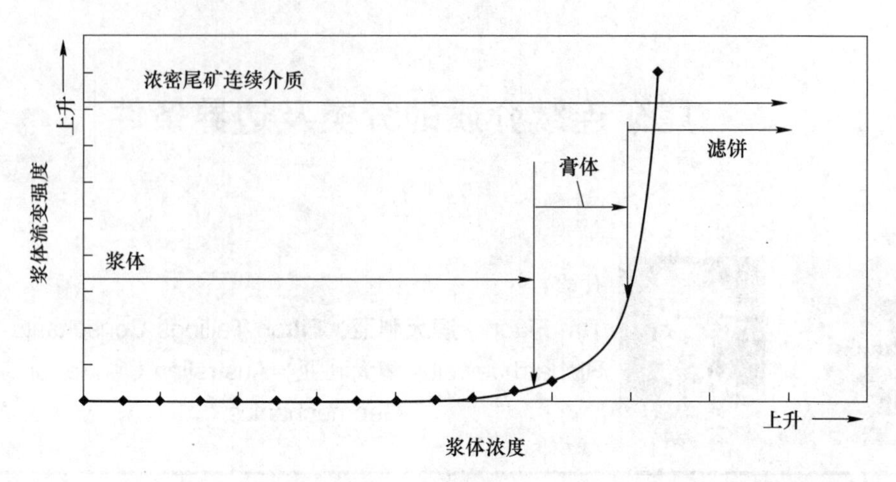

图 2.1　尾矿连续介质示意图（物料强度随浓度的增加而上升（浆体—膏体—滤饼））

小、矿物种类、处置工艺的影响。图 2.2 所示的分类体系将在 2.4 节中详细介绍。

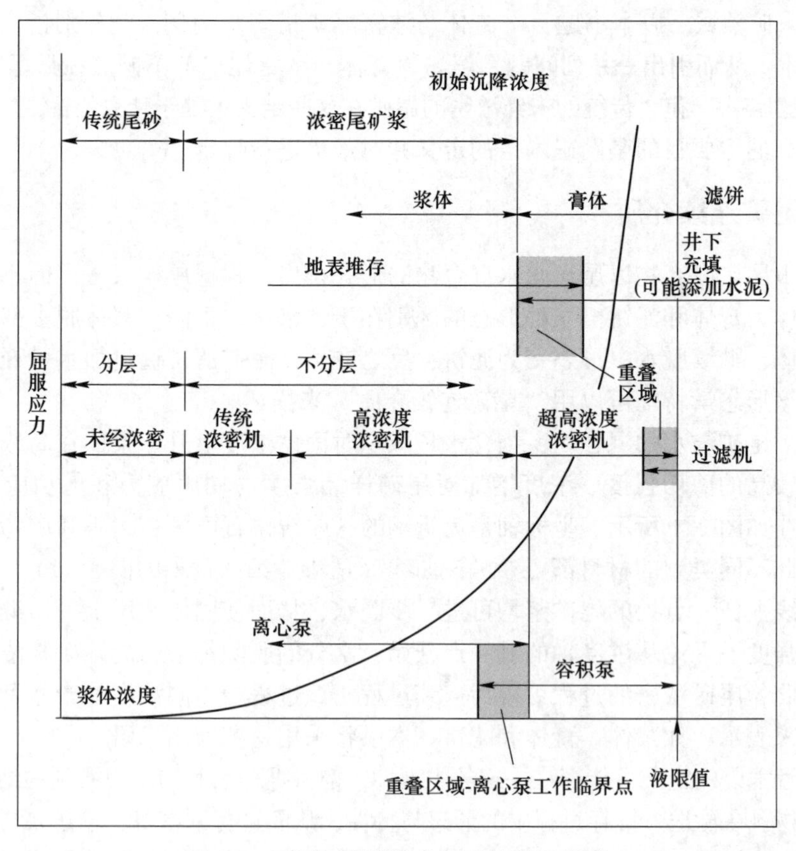

图 2.2　不同工艺用途条件下的指标范围

2.3　应用与研究现状

根据浓度的不同，将尾矿浆分为四类：

- 传统低浓度尾矿浆
- 浓密（不离析）尾矿浆
- 膏体
- 滤饼

尾矿堆存方式决定尾矿状态的类型。如果采用不当的方式堆存，可能导致昂贵的补救费用，甚至致使采矿作业无法进行。四类尾矿的关键特征如图 2.2 所示。

2.3.1　传统尾矿浆

传统尾矿浆的浓度范围为从低浓度尾矿浆（尾矿颗粒悬浮液）到凝胶浓度（颗粒相互接触，产生较低屈服应力）以上。

传统尾矿浆在排放口处离析，形成堆存角度较小的微凹形斜坡（平均坡度低于0.5%）。在本分类体系中，传统尾矿浆的主要特征是，尾矿浆流出排放点后会离析，粗颗粒在排放口附近沉淀分离，细颗粒则流动较远，最终在尾矿堆坡脚处沉淀。另外，传统尾矿浆通常会产生较多的废水。三种适合低浓度尾矿堆存的尾矿库形式如图 2.3 所示。

(a)

(b)

(c)

图 2.3　传统尾矿存储设施

（a）围堰坝；（b）山谷式尾矿库；（c）露天坑堆存

低浓度排放的优点是堆存角度低，围堰坝从周边排放，山谷式从坡顶排放，露天坑堆存从边坡排放。低浓度浆体的流动距离较长，排放口的位置不需要频繁移动。

当从坝顶排放时（尤其是位于上游），尾矿浆的离析行为对堆存稳定性是有益的。因为粗颗粒材料渗透性更好，使坝体处于不饱和状态（稳定性大大提高）。其中上游式筑坝法利用粗颗粒尾矿在排放口附近沉淀的特点，将坝体沿上游方向逐层提高。

传统尾矿浆是由选厂直接排放的浆体，或经传统浓密机进行轻度浓密之后排出的底流。排入尾矿库的浓密尾矿浆是将传统低浓度浆体进行再脱水之后的产品（水分排出、浓度提升）。此时“浓密尾矿浆”与本书中的定义看起来互相矛盾，这种差异体现在 Robinsky（1975）认为浓密尾矿浆是不离析的，这是应重点区别的地方。虽经浓密脱水但底流仍可离析，则该底流尾矿浆仍称为传统尾矿浆，也就表现出传统尾矿浆的力学行为。

从实践的角度来看，虽然常规设备也在排放前对尾矿浆进行了一定程度的浓密处理，但尾矿浆浓度无法达到不离析的阈值，浓密尾矿浆在前期坡角上堆积，如果不将排放口延长进入尾矿库内，则无法有效利用库容。提高初期排放高度的方法可以降低上述问题，但是会增加成本。

2.3.2　浓密尾矿浆

在本书的分类体系中，浓密尾矿浆的浓度范围从离析阈值浓度提升至浆体初始沉降浓度，见 2.4 小节中的分类条件。

浓密尾矿浆主要是来自重力——仓式浓密机的底流产品（详见第 7 章）。浓密机在过去的十几年取得长足发展，从最早的浅仓式澄清器，到目前使用的具有较大床层高度和能够促使高浓度底流流动的搅拌耙架的浓密机，可以制备相当高浓度的浆体。现代的深锥浓密机（deep cone thickeners，DCT）能生产高浓度的膏体尾矿浆，但是深锥浓密机价格昂贵、操作难度大，且存在诸多因素易造成底流浓度不稳定。浓密机设计的关键在于根据尾矿堆存方式确定目标浓度值，然后通过优化脱水浓密系统工艺，以最低成本制备目标浓度的浆体。

图 2.4（a）、（b）引用自最早公开的浓密尾矿研究论文（Robinsky，1975）。本书采用 Robinsky 对浓密尾矿的定义，认同浆体不发生离析，例如在尾矿库坡面各处固体颗粒大小的分布相对均匀。

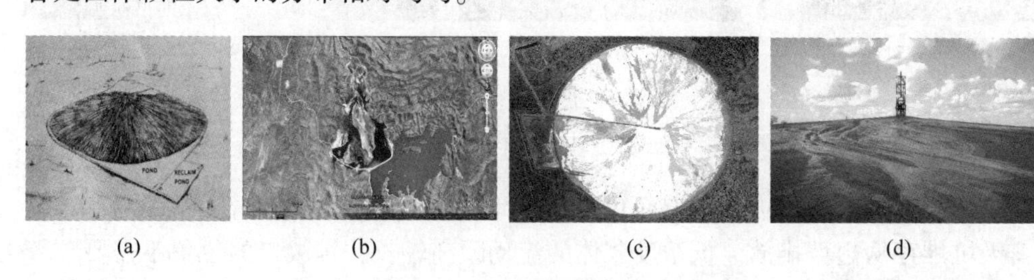

(a)　(b)　(c)　(d)

图 2.4　浓密尾矿存储设施

（a）中央浓密堆存概念图（尾矿堆）；（b）Century 矿下向山谷式尾矿库（down-valley discharge，DVD）；（c）Sunrise 坝；（d）Bulyanhulu CTD 中心浓密堆存库

许多浓密尾矿库进行边坡测量的结果表明，浓密尾矿在理论上可形成线性边坡，斜率范围为 0.7%~3.0%。然而在实际中很少能看到线性轮廓的边坡，因为

浓度的变化、流动速率的不同以及浆体流变特性的差异等诸多因素会造成边坡表面下凹。尽管如此，浓密尾矿堆存坡角依然高于传统尾矿浆。为了降低加拿大 Kidd Creek 矿山尾矿库周边坝体的高度，Robinsky（1978）曾经提出研究堆存边坡的几何学。由于该坝体建在敏感的 Leda 黏土上，所以需要降低堤坝的高度以降低溃坝的风险。除提高安全性外，如其他章节所述，提高堆存坡度还具有其他的优势。

2.3.3 膏体

在提出的分级体系中，膏体的尾矿浓度范围从初始沉降浓度到分级体系所设定的液限值（图 2.1）。膏体名称的由来是因为管道排出的浆体形似牙膏，如图 2.5 所示。

图 2.5 膏体尾矿浆

如前所述，膏体可以由深锥浓密机制备，但是最可靠的方法是通过将滤饼稀释的手段制备任意浓度的膏体。

地表膏体堆存尾矿库的案例较少。虽然膏体地表堆存设施具有较好的可行性，但是膏体自然堆积坡度较大，排放口需要频繁移动，存在成本高效率低的问题。如果堆积坡度较大、堆高上升速率过快，则存在溃坝风险，因此盲目采用该技术存在较大风险。

但是膏体在井下充填领域应用广泛，尾矿通常作为膏体充填材料的细骨料使用，尾矿和水泥混合可以制备成高强度的充填体支撑采空区，以提高矿房与矿柱布置的灵活性。为保证胶结膏体的整体性，需将尾矿脱水至膏体的浓度，同时提高水分的回收率。与尾矿地表堆存采用泵送不同，膏体的井下输送可采用重力自流方式，膏体在压力水头的作用下沿管道输送至井下采空区，构筑充填挡墙旨在防止浆体在凝固之前流出。井下膏体充填详见第 14 章。

2.3.4 滤饼

所有过滤设备均可制备滤饼。滤饼呈饱和土状，无流体特性（图 2.6）。滤饼无法用浓密机制备，需通过过滤设备制成（参考第 8 章）。利用滤饼的土力学特性可以建设一个无坝干堆尾矿库。过滤技术的重要优势在于可以大量回收水资源。滤饼堆积在排放点处无法流动（由于具有土体一样的性质），需要用带式输送机和卡车运输到存储地点，其本质是传统土木工程中的土方作业（图 2.6）。在 4 种尾矿类型中，滤饼的水分回收率最高，但在脱水、输送和堆存方面成本也是最高的。然而，对于工业用水成本极高的地区，滤饼干式堆存可能是最为经济可行的选择。一般情况下，滤饼干堆法的复垦成本也是最低的。

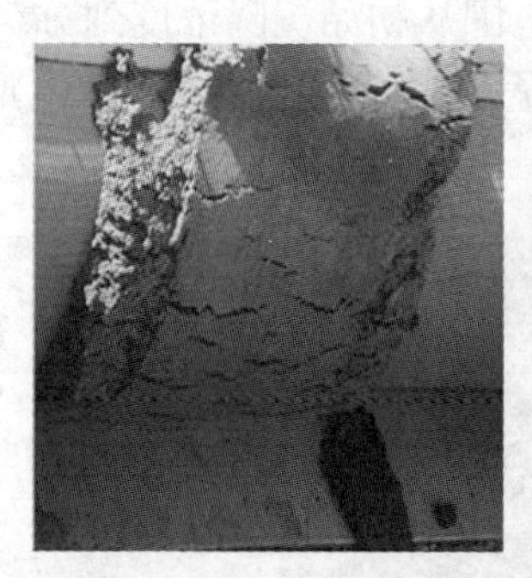

扫码看彩图

图 2.6　滤饼

与其他三种尾矿形态相比，滤饼的另外一个重要优势是，可在比较陡的地形上进行堆存，而传统尾矿或者浓密尾矿则无法堆存。所以相比其他存储方式，干式堆存有显著的经济优势，可一定程度上抵消高昂的脱水费用。

2.4　分类系统——边界条件

传统尾矿浆、浓密尾矿浆、膏体与滤饼四种状态之间的界限需要明确的定义。在本书中提出了以下的界定方法：

如图 2.7 所示，可利用三个临界值来定义四种尾矿状态间的界限。

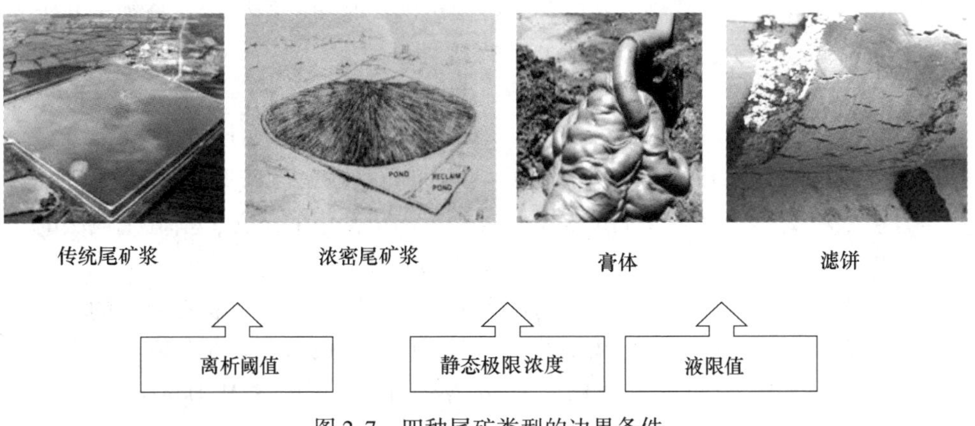

图 2.7 四种尾矿类型的边界条件

2.4.1 离析阈值

Robinsky（1999）提出浓密尾矿浆定义时，最早提出了用“离析阈值”来区分传统尾矿和浓密尾矿的方法。

离析阈值是指低于该值浆体将发生离析的临界浓度。尾矿浆在堆积坡面上的流动呈水力输送状态，离析浆体会在排放点附近沉淀粗颗粒尾矿，而细颗粒尾矿会输送到较远的坡脚。在同一边坡上，当浆体的浓度高于离析阈值时，颗粒不离析且尺寸分布沿坡面更加均匀。

离析阈值可用室内实验确定，且实验方法较多，标准尚未统一。离析阈值的实验见 Pirouz（2008）报道的方法。

2.4.2 静态极限浓度

静态极限浓度（initial settled density，ISD）是区分浓密尾矿与膏体的分界线。

静态极限浓度，指浆体在高度为 30cm 的量筒内静态沉降所能达到的床层极限浓度（固体含量），或排放尾矿不再泌水时的浓度。当达到该浓度时可以认为自重作用下的沉淀和固结过程已经完成。真正意义的膏体在堆存过程中没有水分泌出，但是浓密尾矿浆排入尾矿库后会有一定量的水分泌出并沿着坡面流向坡脚。前期排放层中的浆体在固结过程中会持续泌水，如果泌水量较大，则会形成表面泾流。

浓密机生产能力大，尾矿浆未经充分脱水固结就被排出。因此，大多数浓密机底流浓度无法达到静态极限浓度。

静态极限浓度较易检测，但与离析阈值一样，其测试方法尚无统一标准。量筒静置实验是最简单的测试方法，但为避免壁面摩擦效应应采用直径较大的量筒。当固液交界面停止沉降时达到静态极限浓度，时间可能持续几分钟至几天不等，持续时间受细颗粒含量和性质的影响。

2.4.3　液限

液限是区分膏体和滤饼的临界浓度。在土力学领域，液限的概念已经很明确，且被广泛接受，感谢 Atterberg（1993）给出了液限的定义，当低于液限时土体会表现出液体的特性，而不是半固体（塑形）特性。

从工程的角度来看，采用液限的概念来区分滤饼和膏体是非常合理的，与其他状态尾矿的液体特性相比，滤饼的土力学特征是理想的尾矿堆存特性。

土体材料液限的测试方法已经形成若干标准，如 ASTM D4318、AS1289.3.1.1。

液限一般指浆体剪切屈服强度约为 2kPa 时的浓度。

2.5　尾矿输送

离心泵可满足传统尾矿浆和浓密尾矿浆的管道输送要求。在地形允许的条件下可采用明渠输送的方式（水道或水渠），以较低的成本进行浆体输送。当经济状况允许时，也可用容积泵来输送浆体。以澳大利亚昆士兰州的 Century 矿为例，在输送高浓度的浆体时，容积泵比离心泵更经济（输送距离为 300km）。

与尾矿浆相比，膏体不易输送，一般不选择明渠输送，而离心泵无法长距离输送物料，此时需要容积泵进行膏体长距离输送。而对于膏体井下充填，可在不使用输送泵的情况下形成输送网络。地表与井下采空区之间采用垂直和近垂直的钻孔连接，高差产生的水头压力足以将膏体输送至目标位置。

滤饼的输送方法则完全不同，带式输送机和汽车运输将取代管道与输送泵的输送方式。干式堆存专用设备可将滤饼输送到尾矿库中，如图 2.6 第二幅图片的布料机或回收装置。汽车运输一般将滤饼堆积压实在水平状的平台上，实际上就像传统的土工作业一样。

表 2.1 总结了 4 种尾矿状态的输送要求。关于哪一种类型能用或必须用容积泵的建议仅作为参考。容积泵也可用于输送低浓度浆体，或采用离心泵泵送膏体。近几年，科技的进步显著提高了离心泵的泵压能力，许多原来只能用容积泵的地方现在可用离心泵代替。尾矿输送系统的介绍详见第 10 章。

表 2.1　浆体、膏体与滤饼的输送方式

传统尾矿浆	浓密尾矿浆	膏体	滤饼
一般离心泵即可，地形允许时可用明渠输送		一般需要容积泵	带式输送机、土方工程设备

2.6 术语约定

本领域的部分术语在部分国家、工业或组织机构已经有明确的定义，一般不会改变。希望全球范围内本领域的业界同仁最终采用统一的术语和定义，从而减少混淆和错误。本章已经概述了本书的术语，并希望能够得到推广应用。

作者简介

Tim Fitton
澳大利亚，Fitton Tailings Consultants

Tim 具有尾矿堆存坡角方面的土木工程博士学位。他在矿山领域的土木工程设计建设方面有着 18 年的工作经验。Tim 是 Fitton 尾矿咨询公司的负责人。

Richard Jewell
澳大利亚，Australian Centre for Geomechanics

Richard 于 2000 年退休，原是西澳大学的副教授以及 ACG 的主任。Richard 已经从事矿山尾矿问题研究 40 余年，2000 年开始继续在 ACG 工作，并为企业做独立咨询。

3

流变学概念

流变学概念 3

第一作者
Fiona Sofra　澳大利亚，Rheological Consulting Services Pty Ltd

3.1　引言

在矿物和油砂行业，传统尾矿处置工艺常指将低浓度的浓密机底流物料泵送到尾矿堆场或尾矿库的过程，尾矿堆场一般由土制的堤坝围起来，个别地方将尾矿泵送到河/海里。然而毫无疑问的是，将尾矿浓密制成高浓度料浆（如浓密尾矿、膏体）再处置的形式将逐渐代替原有的处置方式。导致处置方式发生变化的原因较多，如水资源回收利用、环保要求、政策变化及经济因素等。尾矿处置的发展方向包括安全风险更低、结构更加稳定和环保更加达标等。与当前做法不同的是，在不久的将来，将会持续进行尾矿库复垦作业，而不仅仅是在矿山停产以后开始复垦。

尾矿浆经浓密机处理后，底流浓度会大大提升，并可能表现出非牛顿流体特性。因此，堆存系统设计和运营的关键在于，深入研究非牛顿悬浮液的压缩与剪切流变学特性。浓密尾矿堆存工艺的实施与优化包括三个独立而又相互联系的流变学领域：

- 在颗粒浆体处置与管理方面达到最佳特性的目标固体浓度；
- 管道运输到目标区域的最佳条件；
- 输送前浆体脱水至目标浓度的可行性。

设计用于浓密尾矿或膏体的系统可称为浓密尾矿处置系统。本章的目的是介绍背景知识以确保在尾矿设计和管理全过程中的流变学问题得到妥善解决。

如果样品不具有代表性，那么所获取的流变学数据便无法用于设计。矿体性质变化较大，易造成实验样品不具代表性，导致了很多严重的设计问题。因此，针对性质变化较大的矿体，尤其矿石中的黏土矿物含量较大时，尾矿样品应能体现矿石性质的多样性。

3.2　尾矿浆体流变学简介

与传统低浓度尾矿地表排放或井下处置工艺相比，浓密尾矿与膏体处置技术需要更多的工程实践。膏体制备及浓密工艺流程、输送系统和堆存设施等设计优化工作需要细化。

露天矿和地下矿均可采用膏体与浓密尾矿技术对选矿废弃物进行处置。对于井下充填，膏体是由尾矿、碎石、骨料与水泥搅拌制成。近几年，由于环境、政策和经济等方面的压力，膏体与浓密尾矿技术的应用案例增多，面临的挑战主要集中于以下几个方面：

- 降低耗水量；
- 降低化学药剂消耗量；
- 减少储水需求和尾矿库占地面积；
- 为矿区和采动影响区提供结构完整性支持；
- 提高尾矿库的结构稳定性和复垦潜力。

膏体与浓密尾矿技术的日益普及，得益于高浓度浆体制备系统处理能力的提高。浓密、压滤、离心过滤、搅拌和泵送能力等方面的技术进步，依赖于对脱水尾矿流动行为（流变学）和强度特性的深刻理解，从而使尾矿浓密和膏体系统能够成功地设计、施工和运行。

胶结膏体系统应保证膏体在设计浓度和水泥掺量下输送到目标场地。要求以最小的泵送能耗、规定的输送速度、合理的屈服应力和黏度等流动扩散参数来实现物料的地表堆存和井下充填。流动性能也必须与设计强度相匹配，能够满足早期或者长期的强度要求，从而保证采场结构稳定性。

浓密尾矿系统设计的难点在于，需全面了解从浓密前至最终沉淀全过程尾矿流动特性的变化。物理和化学特性的改变可能会引起该过程和下游物料行为的改变。通过流变学特性定量表征可以研究工艺流程的变化对浓密尾矿浆与膏体流动性能的影响。

流变学是“研究物体变形和流动的科学”。对浓密尾矿全过程流变性质的综合理解，是成功实现地表堆存（干堆）或制备合格膏体的先决条件。流变参数检测的困难之一，在于直观上合理的结果可能并不适用于设计目标，其复杂性在于是否正确阐述了检测结果，或者对现场情况具有指导意义。本章的目的是在膏体与浓密尾矿系统规划、设计、运行和优化过程中，强调材料制备和流变学特性的重要性。2013 年 Boger 的一篇论文回顾了流变学和环境对采矿业的影响（Boger，2013）。

3.3　膏体的流变学性能和浓密尾矿系统设计

3.3.1　系统设计的流变学基础

传统尾矿处置技术是整个选矿流程的终点，在立法、环境、水保和经营方面的压力下，矿山企业的做法也有了较大的改善。目前新的做法是针对不同的处置方案进行尾矿的深度加工处理。处置方案包括使用深度脱水的浓密尾矿和（胶结）膏体。尾矿处置系统关键工艺确定方法如图 3.1 所示（Sofra，2001）。值得注意的是，高浓度浆体处置系统的设计流程是从排放口处向上游推进（反向设计）直到脱水环节。向管道注射高分子絮凝剂来实现管道絮凝脱水的技术近期重新受到重视。通过絮凝剂的精确添加，在某些情况下，管道注射絮凝技术可代替浓密环节（详见第 13 章管道注射絮凝技术）。管道絮凝流变学将在后文讨论。

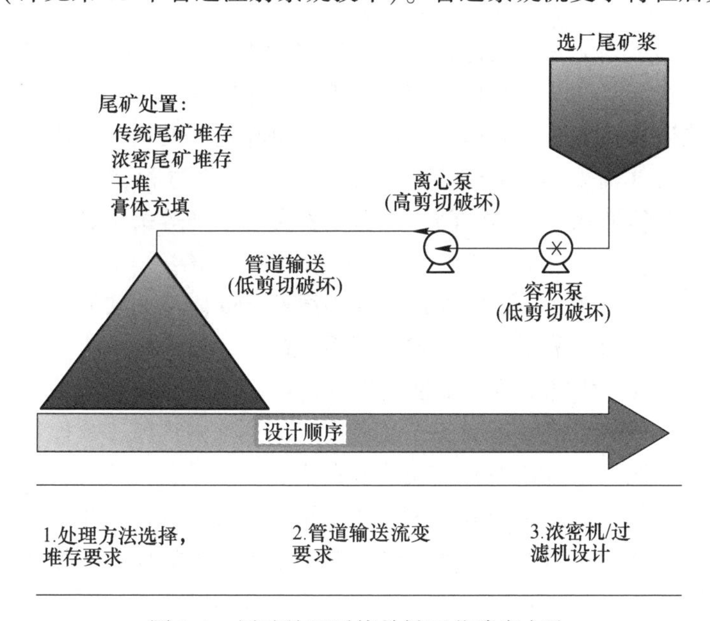

图 3.1　尾矿处置系统关键工艺确定方法

浓密尾矿系统设计的复杂性在于，全流程多工艺环节中物料性质变化较大。从堆存、输送到脱水没有可直接逆向解决的方案，且在各工艺环节中物料流动特性是持续变化的。

传统情况下，利用沉淀池或浓密机对选矿尾矿浆进行处理，澄清溢流水进行回收利用，低浓度底流以牛顿流体的形式泵送至尾矿库。尾矿处置工艺如图 3.1 所示。低浓度尾矿进一步浓密脱水，尤其加入水泥后，浆体流动特性表现为非线性和非牛顿流体。流动行为变化对系统设计应用具有重要的影响。

宜采用逆向设计法对膏体或高浓度尾矿系统进行设计，即从库内堆存到管道输送，再到浓密或过滤环节的方式。

设计阶段应对全过程尾矿浆流变行为进行研究，可对新建或现有尾矿库提出优化方案，以降低投资运营成本、减小环境影响和提高水资源利用率。在沉积行为预测、输送管道及泵送设备选型和脱水工艺选择等设计工作之前，应首先进行剪切流变实验，对黏度和屈服应力等数据进行分析。

尾矿处置工艺确定的步骤如图 3. 1 所示。步骤 1 代表处置方法的选择，确定尾矿浆流变特性，满足目标占地面积、堆积坡角、井下扩散特性（沉积需求）等方面的要求。步骤 2 是指最佳管道泵送条件，确保尾矿浆输送到堆场时的流变特性满足步骤 1 的要求。值得注意的是，受剪切强度和剪切时间的影响，管道内的浆体流变特性将发生改变，因此在流变实验中，需要对剪切效应进行定量分析。在井下充填料中添加水泥会改变浆体流变特性，流变特性的变化效应应进行量化研究。

当步骤 1 和步骤 2 完成量化和优化工作之后即可进行步骤 3，确定脱水工艺参数。脱水流程需要同时满足两个要求：在满足物料平衡的条件下制备出浓度、流量合格的尾矿浆；在满足泵送、管道输送和沉积过程的性能需求下，制备流变特性和扩散特性（流变学）合格的尾矿浆。针对脱水过程，可通过设计或控制浓密机尺寸、几何形状、停留时间、絮凝剂稀释与添加等关键参数，确保产出合格的尾矿浆。

为方便理解，图 3.1 描述的设计步骤为线性步骤。然而实际应用中，为了优化整个处置系统，通常采用迭代方式进行系统设计。在明确三个步骤中流变特性影响的基础上，反演工艺流程对流变特性的影响机制是膏体系统成功设计与运行的关键。因此，只有严格筛选制备样品、遵守相关检测规范，才能精确获取各步骤的流变参数，保证检测结果的代表性和真实性。

尾矿处置工艺流程优化步骤可按图 3. 2 所示方式进行。该步骤概述了项目决策所需的流变学基础、相关因素和测试工作。新建项目需要检测尾矿浆从脱水到堆存全过程的流变参数。通常，基于尾矿处置系统中的浓密、泵送、库区建设与管理等环节需分别选择专门的咨询公司和承包商进行处理。只有将各个环节的性能进行良好匹配才能达到较好的整体效果。除尾矿流变学外，尾矿浆的化学性质也非常重要。例如，黏土在尾矿处置中是一个重要问题，当矿体含有黏土矿物时，尾矿处理困难，尾矿浆浓密至目标浓度所需的时间会大大延长。

通常选矿工程师对可能遇到的黏土类型缺乏了解。由于黏土矿物可能对尾矿堆存的最终方式影响较大，因此对于黏土矿物基础化学性质的理解尤为重要（详见第 5 章）。黏土化学性质重要性的案例如图 3. 3 所示，相同浓度下的黏土悬浮液（25%*w*/*w*）分散方法不同对流动特性影响较大。当黏土仅在水（a）中混合扩散后形成制陶浆体材料，向该浆体添加 1M $CaCl_2$(c) 作为改性药剂时（抑制

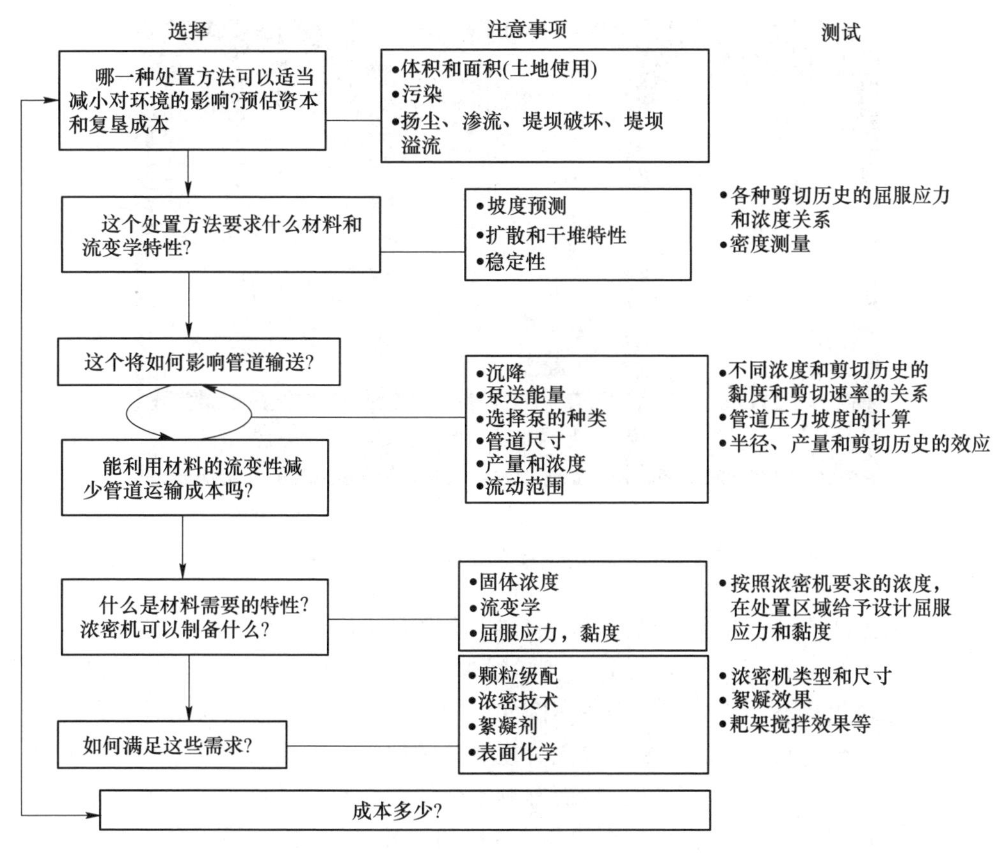

图 3.2 最佳设计顺序

板状黏土的膨胀和分离)，可产生沉降性能较好的悬浮液；未添加改性药剂的浆体（b）表现为非沉降黏性悬浮液。在尾矿库中，性质未经改良的黏土在集中池中会一直保持分散的状态，永远不会沉降固结。

在各设计阶段，确定浓密系统的目标并与样品的选择、制备相匹配是获取有意义流变参数的先决条件，相关目标包括浓密机耙架扭矩、输送泵型号、管道压力损失、管道出口处浆体流变特性和库内沉积行为等。当目标确立后，为获得可靠的流变参数，必须确定样品的选择、制备和测试条件。浓密尾矿的流变特性对物理化学及矿物成分等因素较为敏感。例如，在相同的浓度下，浓密机给料、浓密机底流和管道出口处的浆体流变特性也可能存在较大差异。

样品质量与代表性受多种因素的影响，随着矿体位置与深度的变化，尾矿的矿物学性质、风化程度、含水量表现出显著差异。在条件允许的情况下，样品尾矿应具有相同的处理过程，如选矿方法、剪切历史、化学处理过程、絮凝方式和选矿水化学性质。其中选矿方法对于尾矿粒径的影响较大。

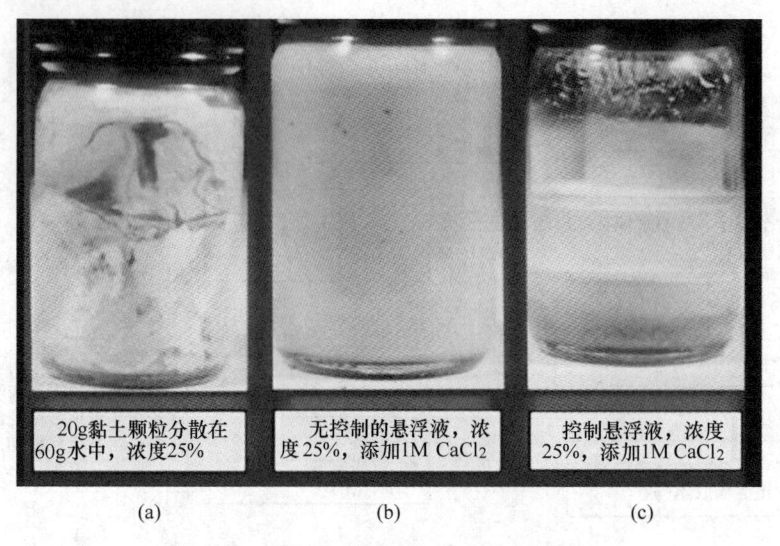

(a)　(b)　(c)

图 3.3　控制条件下的蒙脱石黏土悬浮液

室内流变测试的过程及结果并不能与工业条件下的流变特性完全匹配，由于时间、成本和矿石可用性的限制，试样处理方式和矿物的排列组合是很难复制的，因此理想状态的样品难以制备。例如，同一尾矿滤饼或浓密机底流样品，在与胶凝剂混合前具有不同的处理方式。在混合过程中，样品的矿物学特性、粒级分布和剪切历史也会随之改变，继而影响流变特性。假如材料通过管道泵送到处置地点，由于剪切次数增加、剪切时间增长和摩擦导致的粒级分布变化等影响，无论用于井下采场或者地表堆存，其浆体流变特性都会再次改变。

3.3.2　试样制备

试样的制备应尽可能模拟实际生产条件，同时需要在测试前对样品进行预处理。为了保证堆存系统能够合理设计并正常运行，所有实验都要匹配实际选矿条件的变化，包括粒级分布、剪切历史、化学处理历史和水质。

通过除泥和添加粗颗粒材料（沙子等）等，可改变粒级分布，以模拟尾矿处置过程中各个阶段的物料实际粒径。需要注意的是，水泥的添加会改变颗粒的粒级分布，继而影响流变特性。

在制备样品时，因为水质可能会影响尾矿的流变特性，故应尽量使用现场工业用水或选矿水，尤其是样品含泥时。水质会改变水泥胶结材料的活性、流变特性及与尾矿的相互作用机制。当没有选矿水可用，但已知选矿水中含盐量较大或酸碱性特征明显时，需要在实验室环境下人工配制工业用水。样品制备过程中不应夹带空气，若有空气渗入，应在实验前用振动法将其去除。

剪切历史是最难预测和模拟的参数，尤其是在添加絮凝剂的情况下。絮凝剂将细颗粒聚集成团（絮团），并在重力作用下迅速沉降以提高脱水效率。絮凝过程通常会增加材料的屈服应力和黏度。然而形成的絮团受剪切作用的影响较大，在搅拌、泵送和运输过程中容易破坏，剪切速率和持续时间使得材料抗剪强度逐渐下降。在测试前，应调试剪切强度来模拟各生产环节的剪切强度和持续时间，从而提高剪切评估的全面性。新建项目的生产流程尚未完全确定，因此需要研究大范围剪切历史的影响，从而确定工作条件下实际生产所面临的剪切环境。

材料在制备、输送和堆存等各阶段的流变特性，均要制备样品进行测试，且实际检测过程中必须注意不要引入过多的剪切作用、剪切时间和静置恢复时间。

3.4 重要的流变学概念

流变学是研究物体变形和流动的科学。从流体流动角度，材料可以分为牛顿流体和非牛顿流体。流体的黏度（η）定义为剪应力（τ）与剪切速率（$\dot{\gamma}$）之比，如式（3.1）所示。在许多流体中，剪切速率等效于速率梯度。

$$\eta = \frac{\tau}{\dot{\gamma}} \tag{3.1}$$

对于非弹性的牛顿流体，施加的剪应力和剪切速率之间表现为线性关系，如图 3.4 曲线 A 所示。一旦施加剪应力，流体开始流动。剪应力和剪切速率之间的线性关系表明，黏度是恒定的。

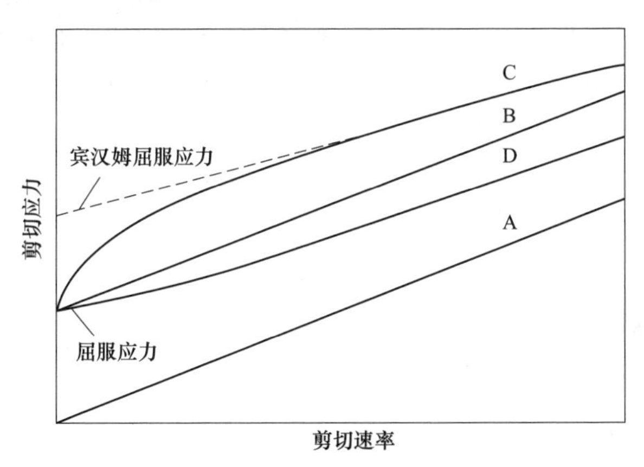

图 3.4 典型流体曲线

A—牛顿流体；B—宾汉姆流体；C—屈服-伪塑性体；D—屈服-膨胀体

浓密尾矿经常表现出非牛顿流体的流动特性，并具有屈服应力 τ_y。屈服应力是临界剪切应力，即流体所受应力必须超过该临界值才能产生流动。如果施加的力小于屈服应力，悬浮液的颗粒网状结构发生变形或弱化，但不会发生流动。一旦超过屈服应力，悬浮液表现出黏性流体特性，黏度随剪切速率的降低而减小。屈服应力行为由式（3.2）和式（3.3）的本构关系表征。

$$\dot{\gamma} = 0,\ \tau < \tau_y \tag{3.2}$$

$$\tau = \tau_y + \eta(\dot{\gamma})\dot{\gamma},\ \tau > \tau_y \tag{3.3}$$

图 3.4 中曲线 B 显示了剪切应力–剪切速率的线性关系，通常称为宾汉姆流体。B 曲线的斜率称为宾汉姆塑性黏度，而非式（3.1）所示的真正意义的黏度。

表 3.1 列举了典型浆体的屈服应力值。当前浓密后的铝土尾矿屈服应力参考范围为 30~100Pa。用其他浓密尾矿排放方式的材料，当排放尾矿的流动和沉积形成三角洲冲积扇，则该浆体的屈服应力为 0~30Pa。矿山膏体充填浆体的屈服应力值高达 800Pa。

表 3.1　典型浆体的屈服应力值

物质类型	屈服应力/Pa	物质类型	屈服应力/Pa
番茄酱	15	花生酱	1900
酸奶	80	浓密尾矿	30~100
牙膏	110	矿山充填料	250~800

除了屈服应力现象，材料的黏度会随剪切速率的改变而改变。随着剪切速率的增加，假塑性体或者剪切稀化体的黏度降低（如图 3.4 曲线 C 所示）。剪切胀塑性体或者剪切稠化材料，表现出黏度随着剪切速率增加而增加的现象。悬浮液中可观察到的剪胀行为较少。对于不同的流体类型，应使用对应的流动模型来描述其流动行为。剪切稠化和剪切稀化流体常用奥斯特瓦尔德–韦勒模型（Ostwald de Waele model）；屈服应力材料使用 Bingham 模型；Herschel-Bulkley 模型可用于描述屈服应力、剪切稀化和剪切稠化材料。

Ostwald-Waele 指数模型：

$$\tau = K\dot{\gamma}^n \tag{3.4}$$

Bingham 模型：

$$\tau = \tau_B + \eta_B\dot{\gamma} \tag{3.5}$$

Herschel-Bulkley 模型：

$$\tau = \tau_{HB} + K\dot{\gamma}^n \tag{3.6}$$

以上公式中，K 和 n 是由实验确定的常数。

尾矿的剪切稀化性质归因于颗粒或絮团在流场中的排列。剪切速率的增加会引起颗粒在剪切方向上的快速排列，从而降低流动阻力。因此，悬浮液会随着剪切速率的增加而表现出黏度降低的特性。

尾矿悬浮液流动数据在低剪切速率下的检测结果不可靠。解决方法是将流变曲线延长至 y 轴，其交点称为屈服应力，如图 3.4 的曲线 C 所示。该值为宾汉姆屈服应力，并不是真正的屈服应力值。这种对曲线中直线段进行拟合的方法可用于管道设计，但对于浓密机设计是远远不够的，需要更加准确的方法测量屈服应力。

在某些矿物和油砂行业中，最复杂的非牛顿流变特性是时变特性，即剪切应力是剪切速率和剪切时间的函数。部分案例表明，可通过流变仪检测颗粒结构排列和絮团的时间效应。氧化铝工业中的赤泥尾矿表现出典型的时变特性，应检测屈服应力随时间的变化规律，并检测不同剪切速率条件下的屈服应力时变效应。或在固定剪切应力条件下，检测剪切速率随时间的变化规律。絮状悬浮液常见特性触变性，是指黏度随着剪切速率和时间而下降的效应。

流凝特性（与时间相关的膨胀特性）并不常见，但一旦发生可能会产生灾难性后果。流体黏度随剪切速率和剪切时间的增加而增加，给工程界带来了较大的困难，因为该变化趋势将会增加能耗。例如，在搅拌设备中，如果材料的黏度随着剪切速率和剪切时间的增加而变大，则为了改善混合效果而采取的提高搅拌速率的应对措施，将会产生严重后果，这种情况已发生过几次。因此，在读者所在的行业，应对特定流体的特性有基本的了解。

3.5 流变特性的测量

有很多文献对流变特性测量（流变仪）进行专项讨论。对于颗粒悬浮液，特别是浓度较高的悬浮液，如进行尾矿处置的浓密尾矿浆，文献中讨论的许多流变仪和技术并不适用。例如锥板结构或平行板结构流变仪依赖两剪切面之间的间隙进行流变参数检测。该设备的适应性较差，业界不再使用。最常用的仪器是Couette 黏度计（同轴圆柱体流变仪），即在旋转容器和固定转子之间，或者固定容器和旋转转子之间进行样品流变参数检测。扭矩测量值是旋转速率的函数，也可解释为剪切速率决定剪切应力。悬浮液的很多数据在低剪切速率情况下较难获取，也无法采用拟合法确定真实的屈服应力。将高剪切速率的线性段向 y 轴延伸，其交点定义为宾汉姆屈服应力。

宾汉姆屈服应力是一个拟合数据，并不能代表真实的材料屈服点。而许多咨询报告中将其作为设计的基础。屈服应力是当材料开始发生流动时的剪切应力值，根据屈服原理，假如可在低剪切速率下获取剪切应力-剪切速率曲线，那么通过该方式可确定屈服应力。然而，由于同轴圆筒易产生滑移现象，导致在低剪切速率条件下难以获取屈服应力，因此，该方式很难获取剪切应力-剪切速率数据，且存在严重误差。潜在拟合误差的大小取决于剪切速率，如图 3.5 所示。毛细管流变仪、同轴圆柱体流变仪和桨式转子流变仪（消除滑移现象）三种流变设备的检测结果如图 3.5 所示。毛细管流变仪通过长为 L、直径为 D 的管道测量压力差（Δp）获得剪切应力和剪切速率，压力差是体积流速（Q）的函数。

$$\tau_w = \frac{D\Delta p}{4L} \tag{3.7}$$

$$\dot{\gamma}_w = \frac{3n'+1}{4n'}\ \frac{8v}{D} \tag{3.8}$$

式中，v 是管道中的平均速率。

$$v = \frac{Q}{\dfrac{\pi D^2}{4}} \tag{3.9}$$

式中，Q 是体积流速。

$$n' = \frac{\mathrm{dln}\tau_w}{\mathrm{dln}\dfrac{8v}{D}} \tag{3.10}$$

式中，τ_w 和 $8v/D$ 是双对数坐标曲线的斜率。

在高剪切速率时，毛细管流变仪与同轴圆柱体流变仪获取的数据一致；但是在低剪切速率时，两类数据都与桨式转子流变仪的检测结果有较大的偏差，只能通过延伸曲线获得屈服应力。当剪切速率低于 $300s^{-1}$时，毛细管流变仪与同轴圆柱体流变仪均产生了严重的滑移现象。在 $10s^{-1}$的剪切速率下，实际值与测量值的误差增加了 3 倍。

3.5.1 桨式转子法

桨式转子检测法可获得矿山充填材料的真实屈服应力，如图 3.5 所示。在高剪切速率下，使用毛细管和同轴圆柱流变仪获得的拟合屈服应力值为 65Pa，低剪切速率获得的拟合值是 18Pa，而真实屈服应力为 250Pa，可见不同设备检测到的屈服应力误差是巨大的。为了获取浓密机耙架的设计、泵机启动以及管道阻力设计中实际的屈服应力，不能使用传统的流变仪，只能采用桨式转子流变仪。

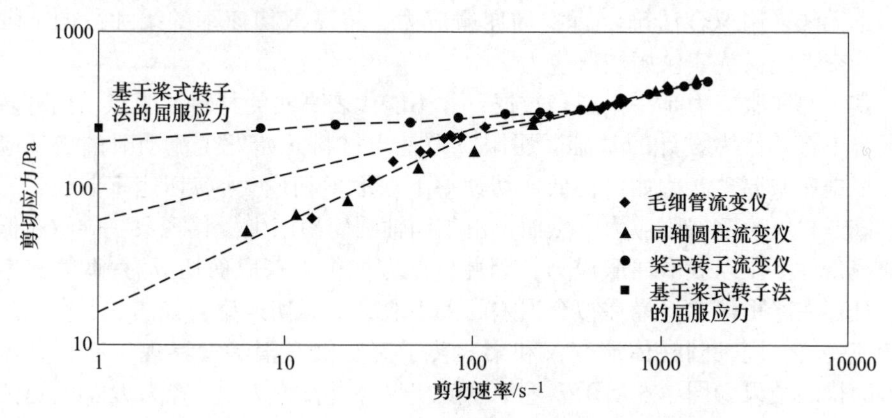

图 3.5　采空区充填材料样品流动曲线（屈服应力 = 250Pa）

桨式转子流变仪及其检测原理如图 3.6 所示，数据分析基本方程见式（3.11）。

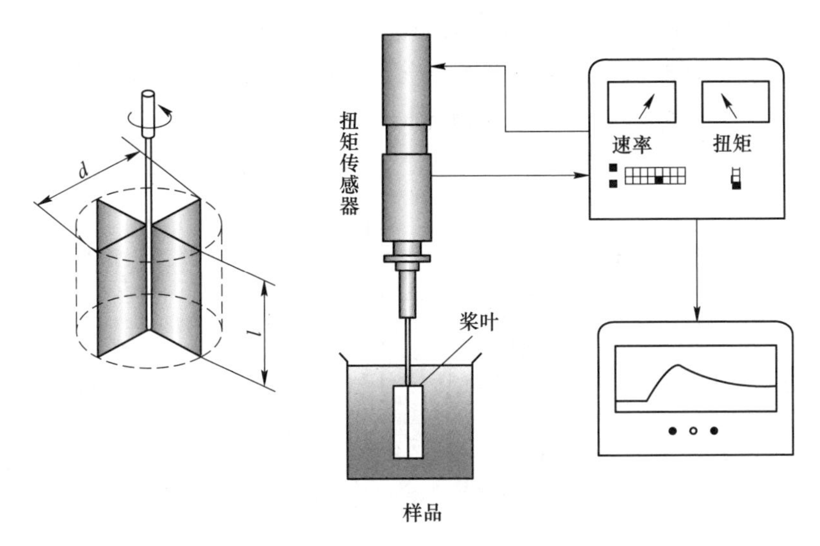

图 3.6 桨式转子流变仪检测技术

$$T_m = \frac{\pi}{2}d^3\left(\frac{l}{d} + \frac{1}{3}\right)\tau_y \tag{3.11}$$

将桨式转子插入悬浮液中，并以极低的速度旋转，检测旋转扭矩随时间变化的函数。扭矩增加到最大值 T_m时，材料发生屈服流动。由式（3.11）可知，最大扭矩和屈服应力存在一定关系（式中，d 为桨叶直径，l 是桨叶高度）。当使用较大尺寸转子时，可以忽略端部效应，此时式（3.11）是适用的。桨式转子技术的优点在于驱动浆体自身发生屈服，避免滑移现象的发生；同时，桨叶可以插入浆体不同位置，提高了检测技术的适应性。该技术最初应用于铝土行业，目前已经在全世界用于材料屈服应力的测量。世界各地的工作者已经大量采用桨式转子剪切检测法，并且确定了该方法对于多种材料的屈服应力检测均具有较好的适应性（Yoshimura 等，1987；James 等，1987；Avrarnidis 和 Turian，1991；Liddell 和 Boger，1996）。

3.5.2 塌落度法

塌落度法是一种简单的物料单点屈服应力测量方法。塌落度法是将物料放置在两端开口的锥型容器中，提起容器，物料在自重作用下流动和塌落，然后测量材料塌落的高度，即为塌落度。在土木工程领域，充填材料与混凝土的塌落度测量方面，大型圆锥形塌落度筒的使用已有多年历史（Malusis 等，2008）。该方法以英寸和厘米为单位，记录浆体的塌落高度，并没有涉及流动特性。Christensen（1991）、Pasillas（1992）利用塌落度的概念，通过简化圆柱几何形状和建立简化方程，将塌落度和屈服应力进行了关联。在 Alcan 公司工作的

Chandler（1986）是第一个使用圆柱筒测量塌落度的从业者。塌落度测量方法如图 3.7 所示，式（3.12）是无量纲屈服应力和无量纲塌落度之间的关系式。

$$s' = 1 - 2\tau_y'[1 - \ln(2\tau_y')] \tag{3.12}$$

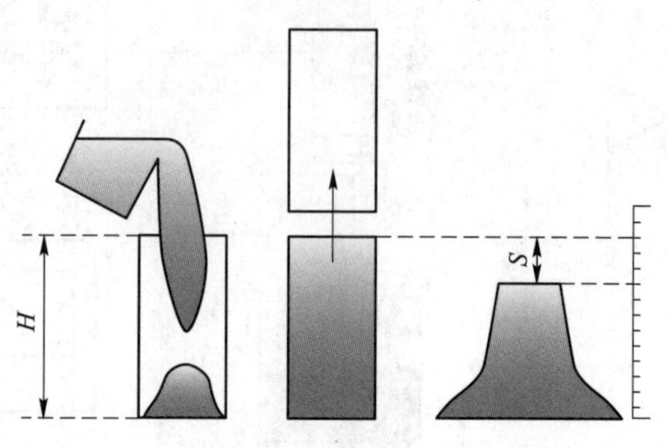

图 3.7　塌落度检测

无量纲塌落度 s'是塌落度 S 除以初始高度 H，如图 3.7 所示；τ_y'是无量纲屈服应力，由屈服应力除以 ρgH，g 是重力加速度。

由式（3.12）进行的估算，通过用 $\ln\tau_y'$替换第一个无穷级数。

$$\tau_y' = \frac{1}{2} - \frac{1}{2}\sqrt{s'} \tag{3.13}$$

Boger（Boger，2009）使用圆柱形塌落度法和桨式转子法，测量不同悬浮液的屈服应力。结果表明，这两种方法获得的结果满足工程设计要求。两种方法检测的屈服应力的对比结果如图 3.8 所示。塌落屈服应力根据式（3.12）和简化公

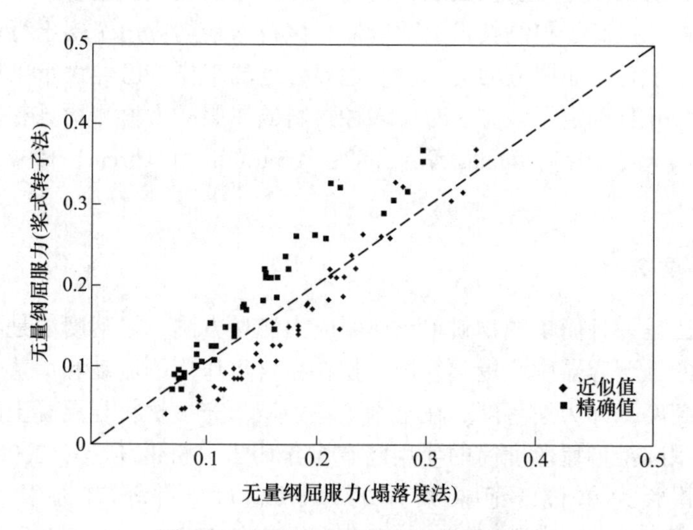

图 3.8　屈服应力检测方法结果对比

式（3.13）计算。应铝土行业需求，塌落度测量方法得到了较好的推广。赤泥（铝土矿残渣）的基本特性促进了两种简单屈服应力测试方法的发展，现已在全行业推广使用。相关方法也从工业实践进入了更广阔的科学研究领域。

测量人员坚持采用线性尺寸（厘米或英寸）来表征塌落度。此为经验法，测量结果受材料密度的影响。表 3.2 表示以厘米为单位的塌落度指标不是唯一的物理特性。对于煤矿、金矿和铅锌矿等浓密尾矿，当塌落度相同时（肉眼观察的流变特性一致），实际上这三种物料差异很大。由式（3.13）计算得到，煤矿、金矿、铅锌尾矿的屈服应力分别是 160Pa、275Pa 和 330Pa。假如宾汉姆黏度均以 1Pa · s 计，使用塌落屈服应力和宾汉姆模型，预测的管道压力坡降差异很大。

表 3.2 煤矿、金矿、铅锌矿塌落高度和屈服应力对比

参　数	煤矿尾矿	金矿尾矿	铅锌尾矿
密度/kg · m^{-3}	1450	2800	4100
固体质量浓度/%	36	75	75
浆体密度/kg · m^{-3}	1120	1930	2310
塌落度/mm	203	203	203
计算的屈服应力/Pa	160	275	330
预测的压力坡降/kPa · m^{-1}	5.07	8.13	9.60

压降预测假设：

- 宾汉姆流体
- 宾汉姆黏度 = 1Pa · s
- 水平管道
- 管道内径 = 200mm
- 管道流速 = 1m/s

显然，基于铝土行业和矿物行业的经验，需要一种简单有效的方法来确定剪切应力–剪切速率基础数据。

3.5.3 剪切应力–剪切速率测量

如图 3.9 所示，同轴圆柱体黏度计是工业界最常用的剪切应力–剪切速率测试方法。在半径为 R 的转子上，扭矩 T 是旋转速率 Ω 的函数。分析两个接触面之间剪切应力与剪切速率函数关系见式（3.14）和式（3.15）。

$$\tau_1 = \frac{T}{2\pi R^2} \tag{3.14}$$

$$\Omega = \int_{\tau_2}^{\tau_1} \frac{f(\tau)}{2\tau} \mathrm{d}\tau \tag{3.15}$$

式中，τ_1 和 τ_2 是转子两界面的剪切应力；$f(\tau)$ 是剪切速率。

式（3.15）中剪切速率在积分项中体现。实际上，由于数据分析困难，剪切速率无法明确定义。式（3.15）的积分取决于剪切应力和剪切速率之间的函数关系，即用式（3.4）、式（3.5）和式（3.6）取代流变模型。该模型并不具有先验性，需要恰当的方法估算样品杯和流变仪转子之间的剪切速率，尤其当间隙较宽时，膏体材料和悬浮液材料的检测是很有必要的。为了使用式（3.16）定义剪切速率，需假设间隙很小。测试软件通常以小间隙假设为前提，但这并不适用膏体检测所需的大间隙情形。

$$\dot{\gamma}_1 = f(\tau_1) = \frac{2\Omega}{1-\varepsilon^2} \tag{3.16}$$

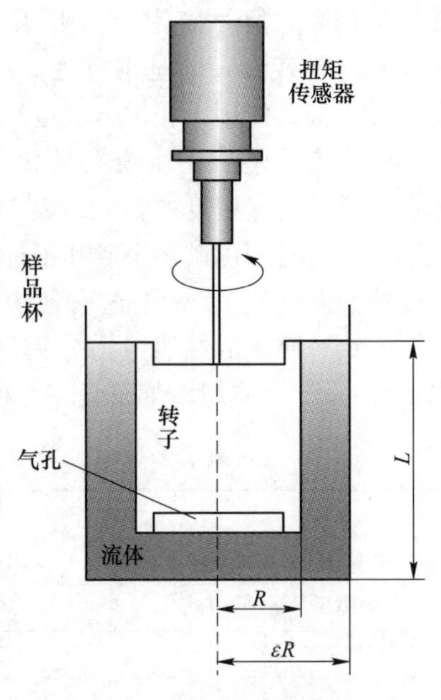

图 3.9 同轴圆柱体黏度计

3.5.4 圆筒流变仪

当外部圆筒直径较大时（∞），式（3.15）两边对 τ_1 求微分（Krieger 和 Maron，1952），微分结果见式（3.17）、式（3.18）和式（3.19）。

$$\tau_1 = \frac{T}{2\pi LR^2} \tag{3.17}$$

$$\dot{\gamma} = f(\tau_2) = \frac{2\Omega}{S_1} \tag{3.18}$$

其中，

$$S_1 = \frac{\mathrm{d}\ln T}{\mathrm{d}\ln \Omega} \tag{3.19}$$

在无边界条件下，内部转子表面剪切应力与剪切速率可直接定义，而不需要任何前提假设。步骤如下：扭矩是旋转速率的函数，用双对数坐标绘制二者的关系曲线，曲线斜率是常数 S_1。当 S_1 已知的情况下，可以计算剪切速率，同理可由扭矩计算剪切应力。无限介质中转子的概念相对较难理解（Krieger 和 Maron，1952）。将该分析技术与使用桨式转子作为旋转元件的想法结合起来产生一个新的流变仪，即圆筒流变仪（Fisher 等，2007）。桨式转子的优势在于可以避免滑移现象。在实用性方面，桨叶在无限介质中（检测筒）旋转的优势是仅需要一个转子和一个扭矩传感器，便携性大大增强，且该技术易于确定剪切应力和剪切速率数据。

值得注意的是，式（3.17）~式（3.19）对于屈服应力材料也是适用的。镍红土浆体流变数据如图 3.10 所示。可知各区域的目标数据，明显可见同轴圆柱仪与毛细管检测仪的滑移问题。另外，桨式转子圆筒流变仪逐步发展为桨式流变仪，进而应用于图 3.5 屈服应力的检测。桨式转子流变仪通常不适用于检测牛顿流体（低黏度）（Barnes 和 Carnoli，1990）。

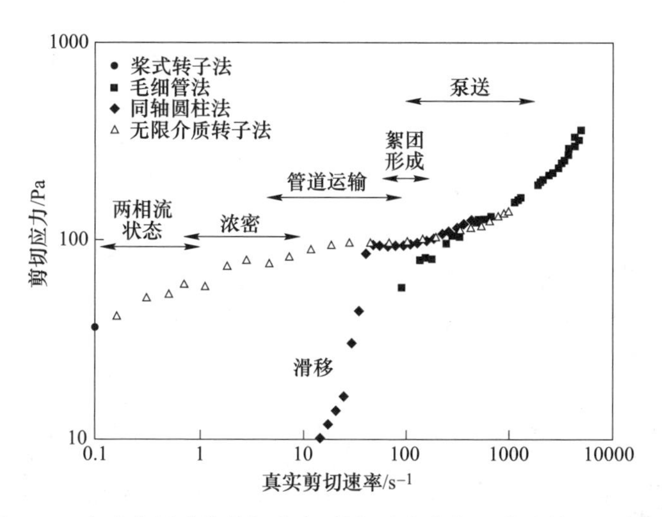

图 3.10 高浓度尾矿浆剪切应力-剪切速率曲线（桨式转子流变仪）

3.6 影响细颗粒尾矿流变特性的变量

一般情况下，尾矿浆体的屈服应力随浓度的提升呈指数形式上升。曲线斜率较陡，说明浓度对屈服应力的影响较大。多种尾矿浆的浓度-屈服应力曲线如图 3.11 所示。由于尾矿种类、选矿流程、膏体状态不同，对应同一膏体屈服应力 250Pa 时，各种浆体的浓度范围为 22%~80%（质量分数）。由图 3.11 可知，准确测量和理解屈服应力曲线特性对于设计是极其重要的。图 3.11 所有数据均由桨式转子流变仪测得。

3.6.1 颗粒浓度

如图 3.11 所示，就某一尾矿而言，其流变特性随浓度的变化是一定的，而对于不同尾矿，即使来源于同一矿床的不同位置、不同深度、矿物及含泥量不同，其流变特性随浓度的变化具有显著的差异性。在使用浓密尾矿和膏体系统时，需要深刻理解该规律。在曲线加速上升的拐点区域，当颗粒浓度变化±1%，屈服应力可能变化 100%，在该浓度区域进行运营管理的风险极高，必须考虑系统参数的波动对流变参数的影响。

如图 3.12 所示，铜矿尾矿浆浓度升高的过程经过了三个阶段：低浓度牛顿流体、中等浓度宾汉姆流体和高浓度屈服应力-剪切稀化流体。与屈服应力一样，浆体浓度范围也受物料特性、矿物学性质和颗粒级配的影响。另外，在相同浓度下，添加水泥使得膏体黏度增大。

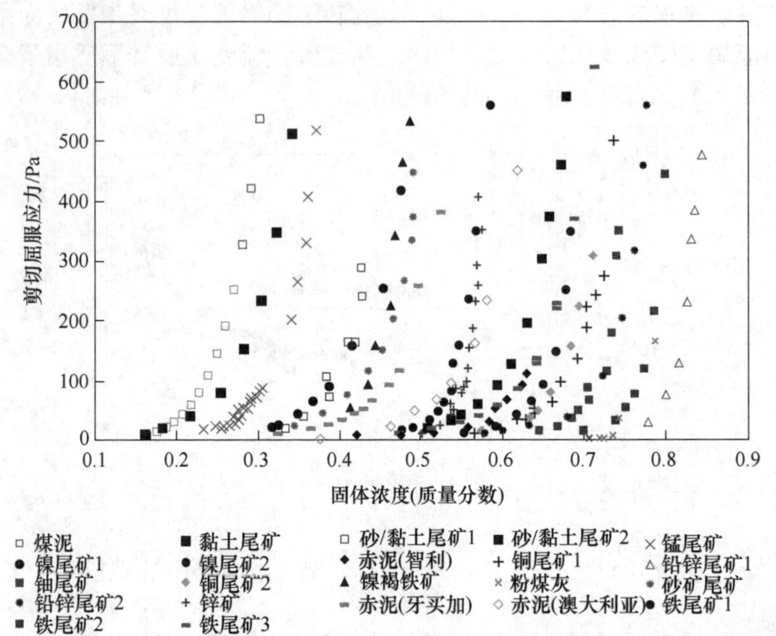

图 3.11 不同尾矿浆的屈服应力曲线

扫码看彩图

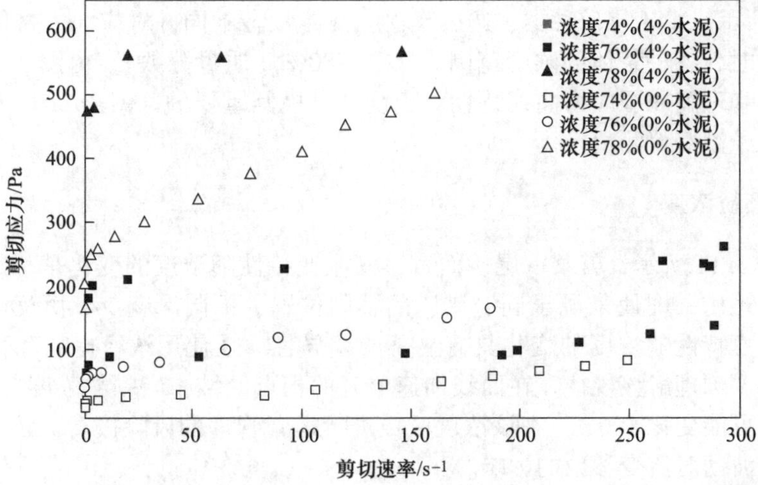

图 3.12 浓度与水泥掺量对铜尾矿膏体充填浆体流变曲线的影响

扫码看彩图

絮凝浓密后的悬浮液等触变性材料，在确定屈服应力、黏度和浓度的关系时，要考虑剪切历史的影响。在设计阶段，无法确定各工艺环节中絮团结构的破坏程度。因此，需要研究从未剪切的状态到平衡状态全过程的颗粒浓度-流动特性关系，从而确定系统关键参数。

3.6.2　颗粒尺寸和粒度分布

相同浓度下，颗粒越细，浆体的屈服应力和黏度越高。原因在于，细颗粒的比表面积更大，颗粒间相互作用更加充分。铝土矿尾矿的泥-沙混合物的对比结果如图 3.13 所示。

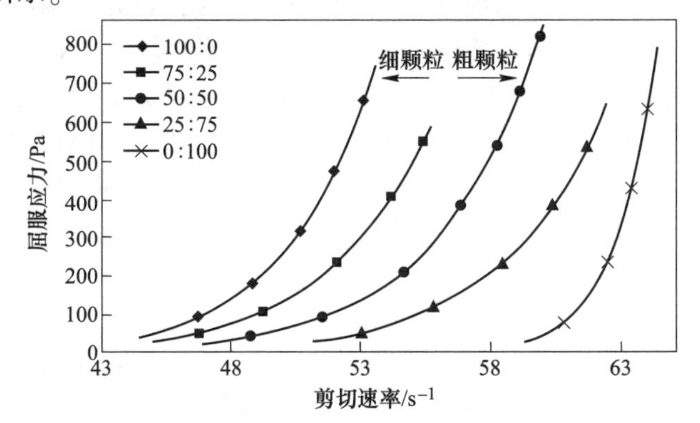

图 3.13　泥-砂掺混合比例对铝土矿尾矿浆屈服应力曲线的影响

颗粒尺寸和粒度分布对浆体流变特性的影响规律，在膏体充填工艺优化方面应用更加广泛，如通过添加粗砂来降低膏体在一定浓度下的屈服应力。

图 3.14 所示为除泥和掺砂对铅锌银尾矿膏体样品屈服应力的影响效果。在相同浓度下，经过除泥的尾矿通常表现出较低的屈服应力，混合后屈服应力差值最大的混合比例为：尾矿含量 87%（质量分数），砂子含量 13%（质量分数）。掺砂后

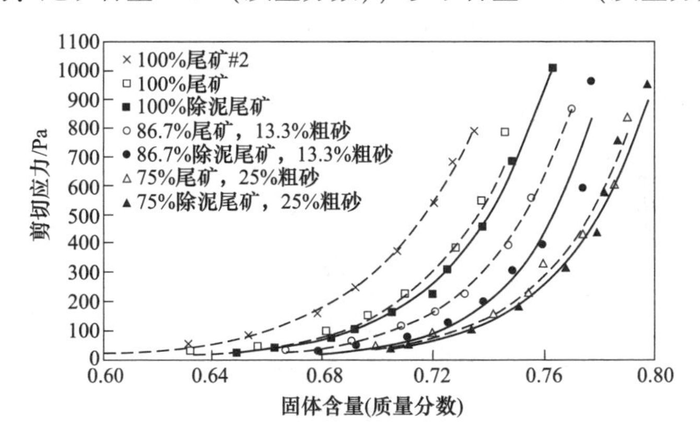

图 3.14　除泥与加砂作业对锌铅银尾矿浆流变特性的影响

图 3.14 中铅锌银尾矿的屈服应力曲线明显向右移动。为达到同一屈服应力(200Pa)，与浓度为 69%的全尾矿浆体相比，掺砂 25%的浆体需将浓度提高至 75%。

井下充填时，需要在浆体中添加水泥（包括非水泥类胶凝材料)，目的在于通过改变粒级分布调节浆体的流变特性，而非短期水化和凝固作用。水泥添加后应立即进行流变参数检测，检测时间控制在 1h 以内，不得长于 2h。

水泥掺量对铅锌尾矿浆体浓度-屈服应力曲线的影响如图 3.15 所示，尾矿与水泥粒度分布如图 3.16 所示。在检测浓度范围内，相同浓度下，未添加水泥的尾矿浆屈服应力最低。由于水泥中含有大量的细颗粒，因此，添加水泥的样品具有更高的屈服应力。细颗粒的影响程度取决于尾矿颗粒的初始粒径分布与水泥的类型。胶结膏体的流变性能主要受-75μm 的细粒级部分影响。水泥掺量为 7%时，浆体的屈服应力高于掺量为 3%和 5%时的屈服应力，但添加水泥前后的样品数据差别并不大。在一定屈服应力范围内，胶结尾矿样品的浓度波动范围为 0.5%。一般认为水泥的添加会对流变特性产生影响，但掺量的多少对流变性质的影响不大。

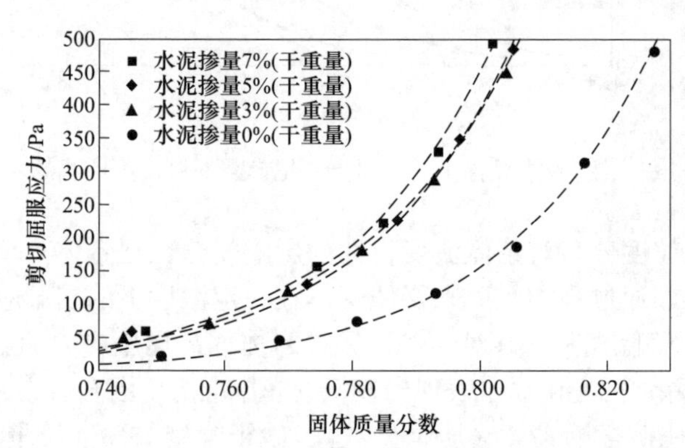

图 3.15　水泥掺量对铅锌尾矿浆流变特性的影响

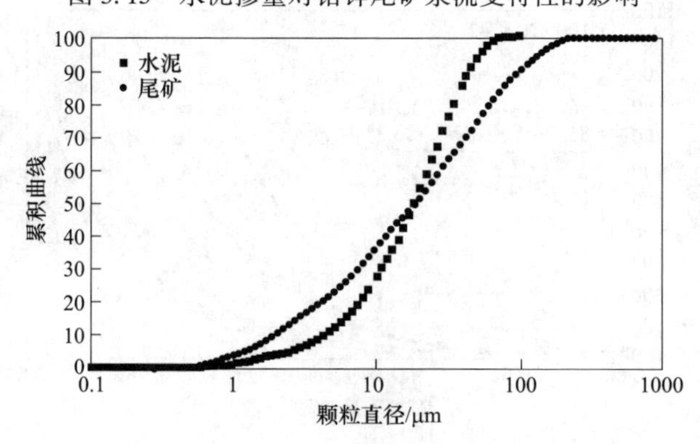

图 3.16　铅锌尾矿和普通硅酸盐水泥的粒径分布

3.6.3 颗粒形状

尾矿颗粒常以高纵横比和板状的形式存在。流动过程中，这种形状的颗粒等效于体积较大的球形颗粒，致使其表现出高体积分数悬浮液的特性。因此，颗粒悬浮液在较低浓度时表现出较高的屈服应力和黏度特性，尤其是含有膨胀性黏土的物料。当物料流动时，颗粒会随着时间按流动方向排列，在特定剪切速率情况下，剪切应力会随着时间的延长而降低，并逐渐趋于稳定。该现象在红土镍矿的尾矿浆中表现较为明显，所以建议开展高纵横比的颗粒非标准流动和脱水行为实验。

3.6.4 剪切速率和剪切历史

剪切速率和剪切历史对尾矿流变特性的影响对于高度絮凝尾矿尤为重要。例如，重力浓密机内生成的絮凝网络结构在泵压管道输送过程中会被破坏，该效应将在后文中讨论。掌握剪切速率和剪切历史对流变特性的影响，对于流变参数的优化具有重要意义。

从未剪切到完全剪切状态，尾矿浆屈服应力曲线随着剪切历史的变化如图 3.17 所示。对于完全剪切的浆体，搅拌、泵送和管道输送引起的剪切作用对流变特性的影响较小。图 3.17 中的褐铁矿尾矿和腐生岩矿尾矿均来自于同一矿体。褐铁矿尾矿样品的流变特性受剪切历史的影响明显，而腐生岩矿尾矿样品的流变特性不受剪切历史的影响。对于需要同时处理上述两种物料的浓密脱水设施，图 3.17 的数据对于系统设计是非常重要的。

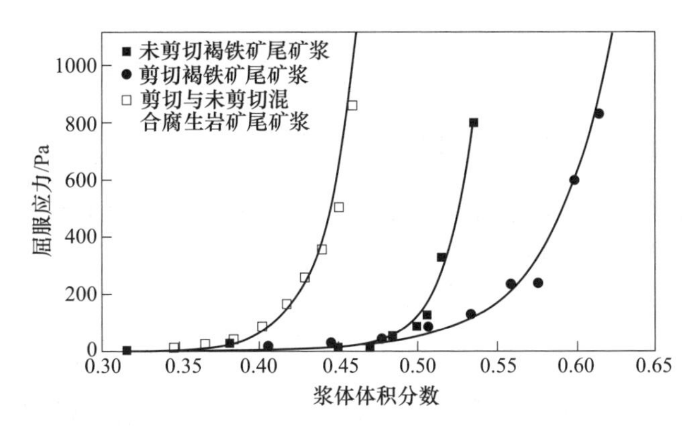

图 3.17 剪切历史对同一矿体不同尾矿样品屈服应力的影响

如上所述，剪切历史对絮凝物料有重要的影响。絮凝剂的主要作用是在浓密、过滤和离心工艺中加速脱水。加入絮凝剂能够提高脱水速率，但脱水程度受限。絮凝剂将细颗粒聚集成为较大尺寸的絮团，然后在重力作用下沉降，其沉降速度大于单独颗粒的沉降速度，但同时会将水引入到絮团结构中。即使施加较大的压力（浓密机压缩床层、滤饼等）也不能将水完全排出，浓密机床层内部的网状结构有较大的屈服应力，但耙架搅拌引起的剪切能够破坏这种网状结构。

流变参数检测可研究剪切作用对絮网结构的影响，同时也可研究和开发具有合理脱水特性的絮凝剂。匹配性良好的絮凝剂在脱水阶段能够形成良好的絮团，而在压缩剪切阶段絮团可迅速破坏，从而释放水分，降低高浓度浆体的屈服应力。

并非所有的浓密尾矿都受剪切历史的影响，即其屈服应力和黏度不一定随剪切时间的延长而下降。部分材料表现出剪切增稠现象，其结构强度随剪切作用的增加而增加，某些易碎物料的剪切流动参数，随着剪切时间的增加而增大（图3.18），原因在于剪切作用下物料粒径变细，流变参数上升，该特性对于长距离管道输送是非常重要的。在图3.18中，d_{25}是指重量含量为25%的细颗粒的临界粒径。

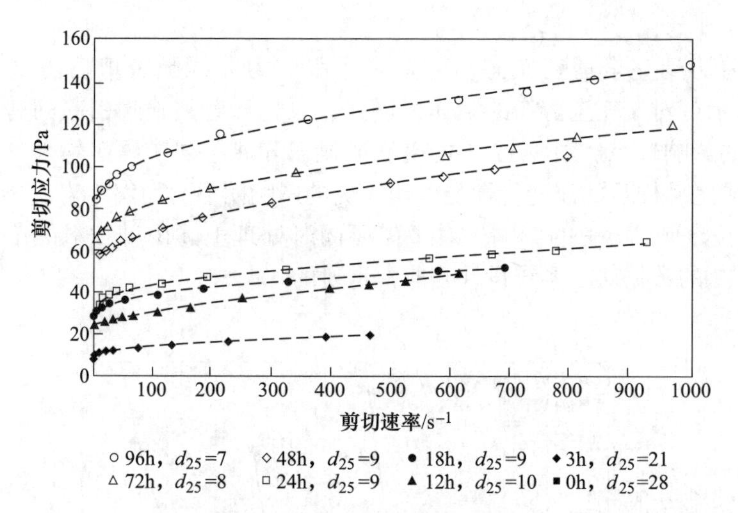

图3.18　时间效应下的剪切应力-剪切速率曲线（未添加水泥）
（管道长距离输送条件下的颗粒破碎造成数据上升）

3.6.5　黏土

许多矿床包含高岭石、伊利石、蒙脱石及其混合物等黏土矿物。黏土矿物脱水极其困难，其脱水和堆存过程也涉及相关流变学问题（Omotoso，2014；Helinski，2014）。在初段球磨阶段，黏土矿物发生水化膨胀，造成黏土的离析分层。

水介质离子强度的增加可抑制黏土的溶胀扩散特性（van Olphen，1977；

Callaghan 和 Ottewill，1974；de Kretser，1995）。当离子强度增加时，双电层被压缩，从而减少颗粒表层之间的排斥力并抑制膨胀。维持足够高的钙离子浓度（一般采用石灰和石膏），可交换离子层之间会发生钙离子交换。因为钙离子是二价离子，会增强中和作用，在低浓度时会发生板状混凝，促进絮团空间内的面絮凝效率，提高空间效率。颗粒间的有效表面积将会降低，离子间作用减弱，网状结构变弱，有助于提高选矿过程中的流变特性。钙离子可控制煤尾矿中高含量黏土的扩散，从而降低屈服应力，如图 3.19、图 3.3 所示。

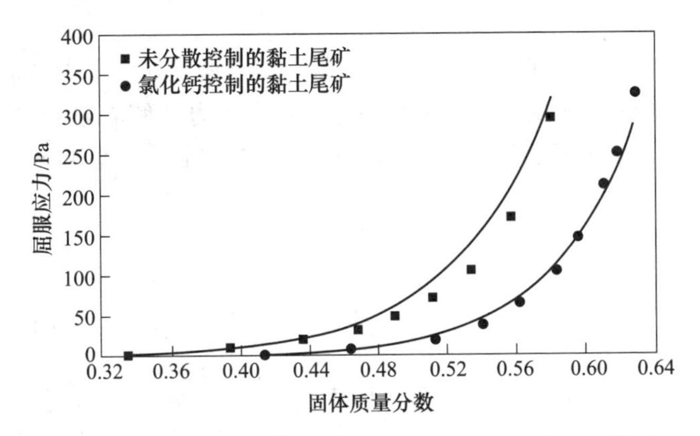

图 3.19 溶液性质调控前后高含泥煤尾矿屈服应力曲线对比

控制扩散的概念由来已久，然而在尾矿处置领域中的应用并不广泛。原因在于，从业人员认为要避免黏土的膨胀和板状物的分离，就必须需要较高的钙离子浓度。但较高的钙离子浓度成本较高，除此之外，含钙物包含大量的不溶物会导致严重的结垢问题。同时，为提高脱水效果，没有必要完全抑制黏土膨胀和分离效应，仅通过抑制黏土的分离这一重要脱水性能，即可显著提高黏土矿的脱水效率。

3.6.6 水化学——pH 值和离子强度

在选矿工艺中颗粒越细越好，因此尾矿中含有大量细颗粒，从而主导了浆体的流变特性，增加了浓密和泵送工艺难度。而颗粒越细，表面化学效应对流变特性的影响越大，故可通过调整水的化学特性来控制浆体的流变特性。

工业用水化学特性调整的可操作性差、经济优势低，然而随着资源、环境和法律等诸多压力的增加，以及尾矿设施投资成本降低的刺激，在脱水质量、流动性能、扩散能力和堆存强度等工艺参数的计算中，水化学效应已经得到了广泛的研究。对于浓密尾矿与膏体等细颗粒尾矿浆，絮凝剂、水泥等胶结材料、流变性能外加剂和其他化学药剂的加入，都会对颗粒矿物特性和水化学特性产生极大影响，即受到表面化学的影响。

颗粒表面化学效应的研究包括以下几个方面：颗粒表面电位、表面电位对流变参数的影响、表面电位的调控。可以通过测量ζ(zeta) 电位来研究其表面化学性质，ζ电位是 pH 的函数。等电点（isoelectric point，IEP）是颗粒表面电荷为零和范德华引力最大时的 pH 值。在等电点处颗粒相互吸引聚集，此时 pH 值对应于最大屈服应力，如图 3. 20 所示。远离等电点时ζ电位较大，在静电作用下颗粒相互排斥，絮凝系统被分散，表现出较低的屈服应力。由图 3. 20 可以看出，对于高浓度的氧化锆悬浮液，当 pH 值增加一个单位时屈服应力可降低 50%。

通过调整水中的离子强度，可以改变颗粒表面相互作用和浆体流变特性。高离子强度会压缩颗粒间的双电层厚度，减小电荷斥力，使ζ电势曲线变得平滑，如图 3. 21 所示。当离子强度较低时，pH 的变化对屈服应力影响较小。

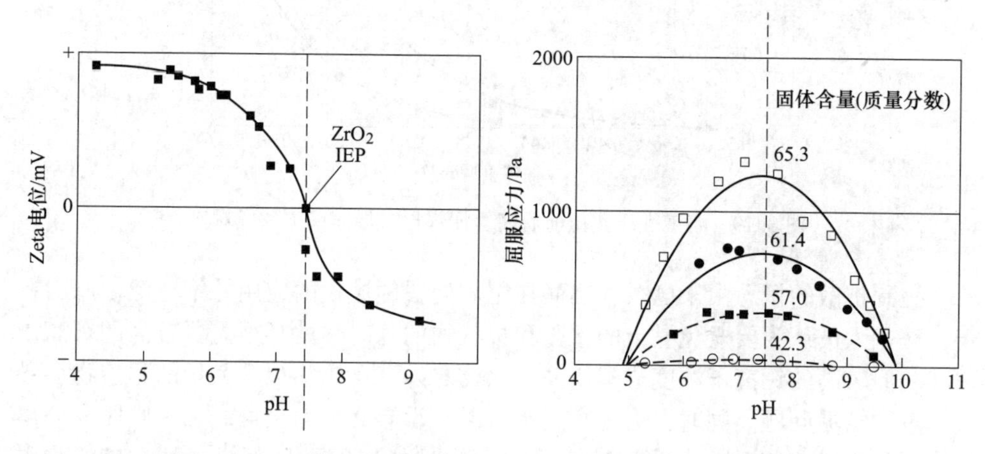

图 3. 20　pH 值对氧化锆浆体 Zeta 电位和屈服应力曲线的影响

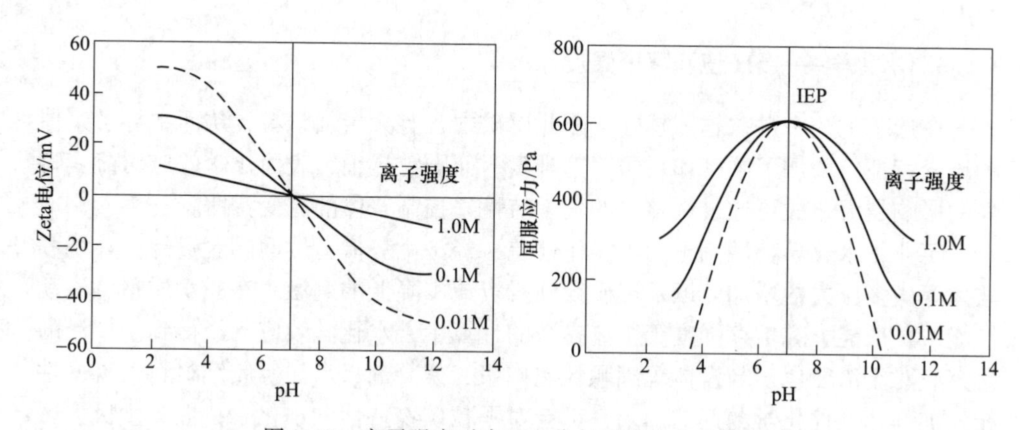

图 3. 21　离子强度对表面电位与屈服应力的影响

流变检测方法的发展使得物理流变参数的检测得以实现，为颗粒间复杂相互作用和处置过程中的物料行为建立了有效的关联机制。

3.6.7 絮凝产物

絮凝剂及其应用将在第6章中详细讨论，在管道絮凝方面的应用则将在第13章中进行介绍。本章主要根据两种工艺最终产品的流变特性，讨论比较压缩浓密机和管道注射絮凝的絮凝过程。高分子絮凝剂对细颗粒尾矿浆的作用机理如图3.22所示。添加絮凝剂将提高浆体浓度，从而使得尾矿屈服应力大大增加。

压缩浓密机的给料通常源自选厂沉淀池/浓密机排出的底流。底流经过二次絮凝，在压缩浓密机上部形成絮团，絮团向下沉降形成压缩床层，水分溢流排出，从而在浓密机内实现固液分离。在絮团密实、床层压缩和耙架剪切搅拌的作用下，压缩床层中包含的水分逐步排出。如图3.22所示，浆体浓度-流变曲线a中，*c*点表示浆体进入压缩浓密机开始浓密，*d*点形成高浓度的絮凝尾矿浆，物料经高速离心泵沿管道输送至堆存区域。输送泵、管道中产生的剪切速率和剪切历史，浆体的流变参数可能由*d*点下降到*e*点（曲线b上），此时絮团结构已经破坏。

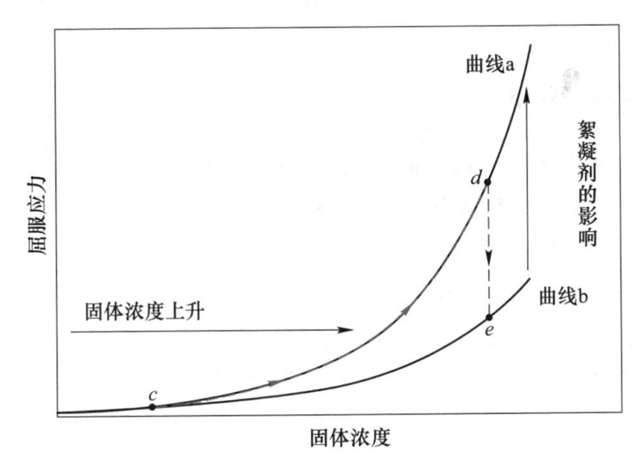

图3.22 絮凝作用对屈服应力的影响

管道注射絮凝技术的概念并不是首次提出，早在1980年美国联邦矿业局将该技术应用于煤尾矿脱水领域（Backer和Busch，1981；Steward等，1986）。该技术已有许多专利（现存和即将颁布的），但涉及保密事宜。然而网上至少有两个视频对该过程进行了说明（Nalco，2015；Suncor Energy Inc.，2015）。如图3.22所示，在管道内添加絮凝剂可使浆体在排入尾矿库前实现絮凝，以保证浆体在尾矿库内快速脱水，此时流变特性表现为曲线中的*d*点，如Nalco和Suncor的视频中所示。管道絮凝技术可在库内形成高浓度絮凝尾矿，同样压缩浓密机也可以生产非絮凝的浓密尾矿。在原理上两者都可以生产出相同浓度的浓密尾矿浆。

管道絮凝的优缺点是什么呢？该技术有几个非常明显的优势：消除了压缩浓密机及附属设施的巨大投资成本；尾矿能在紊流和过渡流的情况下实现低浓度牛顿流体泵送，与膏体泵送和沉淀风险较高的层流泵送方式相比，成本大大降低。

除了选择合适的絮凝剂外（电荷量、分子量和单耗），还需要确定絮凝剂的添加方法。絮凝剂应该是粉状的、乳液，还是稀释的聚合物溶液？絮凝剂应该在哪里添加才能获得最佳的效果？尽管在絮凝剂添加方式方面已经有许多专利，在逻辑上，絮凝剂应该在排放口末端附近以低浓度溶液的形式添加，只有创造最佳的絮团生成环境，才能取得良好的排放结果。如果溶液的添加位置距离尾矿排放点过远，则已经形成的絮团可能会被破坏；如果溶液的添加点距离管道末端太近，则剪切速率低、絮凝时间短，会影响絮凝效果和泌水效率。絮凝剂以低浓度溶液的形式添加可以加速活化和絮凝。

这又引出另外一些疑问：在 d 点形成的物料在堆积时稳定吗？在堆积时由于压缩是否会有更多的水排出？是否存在类似于压缩浓密机中的压缩脱水过程？

管道注射絮凝技术是尾矿处置技术的发展方向，其中浆体流变参数的调控成为该技术成功应用的关键。

3.7 浓密和压缩流变

尾矿浓密的目的在于水资源回收利用和制备流变参数适合泵送的膏体，从而达到尾矿处置的目标。尾矿浆压缩流变学有着重要的意义。

压缩流变特性包括压缩屈服应力、干涉沉降系数、凝胶点（可用于预测浓密机参数和优化浓密机性能）。Buscall 和 White（1987）提出的连续脱水理论中详细阐述了上述参数的推导过程，并说明了其物理意义。简言之，上述参数可描述固液两相间的水力曳力和流体绕流速率，利用干涉沉降系数表征浆体的浓密速率，利用压缩屈服应力表征网状结构强度。该方法间接假设了颗粒悬浮液是絮凝后的高浓度浆体，颗粒之间相互作用形成可压缩变形的网状结构。絮团网状结构初始形成时的浓度称为凝胶点或凝胶浓度。该浓度是牛顿流体向非牛顿流体转化的临界值，也是浆体开始形成压缩屈服应力和剪切屈服应力的临界值。

目前已有尾矿浆体的干涉沉降与压缩能力检测方法，但完整的压缩流变性能测试局限于室内实验。压缩屈服应力的检测需要综合压滤实验、离心实验和沉降实验来完成（de Kretser 等，2001；Green 等，1996），干涉沉降系数检测需要瞬态沉降实验和压滤实验组合完成。

传统重力浓密机通常是在进料浆体中加入絮凝剂，细颗粒尾矿在絮凝剂作用下凝聚成大尺寸絮团，从而提高尾矿颗粒的沉降速度和溢流水的澄清度。絮团的快速沉降是预测浓密机性能的重要考虑因素，因为浓密机的运行受限于尾矿床层的渗透性。尽管浆体的压缩屈服应力决定了在一定床层高度下浓密机内部浆体能够达到的最大浓度，但是浓密机稳定运行时的底流浓度很难达到该最大浓度，因为在停留时间一定的情况下，水分的排出速率受床层的渗透性的限制。

通过延长浆体停留时间、降低固体通量、提高压缩床层高度等方法，可以提高浓密机底流浓度。因此提高床层高度，可同时达到延长停留时间保证水分流出与形成较大床层压力克服絮团网状压缩屈服应力的双重目的。另一种选择是提高总沉降率，提升沉降速度，往往通过提高絮凝剂单耗和优化给料井结构或操作方式来实现。

限制最大固体含量，提高床层渗透率是提高处理能力的手段。浓密机性能受渗透性限制，即使过量的絮凝剂引起底流屈服应力的增加，计算所得处理能力仍往往偏大；剪切条件下，浓密机底流的流变特性更需要保持稳定，继而影响浓密机处理能力。浓密机流量控制的典型曲线如图3.23所示，包括三种絮凝剂的渗透性能限制条件（permeability-limited operation）和压缩性能限制条件（compressibility-limited operation）。图3.23中的垂直点线表示床层的高度为5m时浆体的凝胶点浓度。提高絮凝剂的掺量会使流量曲线向上移动，有利于提高浓密性能（除压缩性能外）。从渗透性能限制行为转变到压缩能力限制行为是尾矿库内沉降的唯一特征。

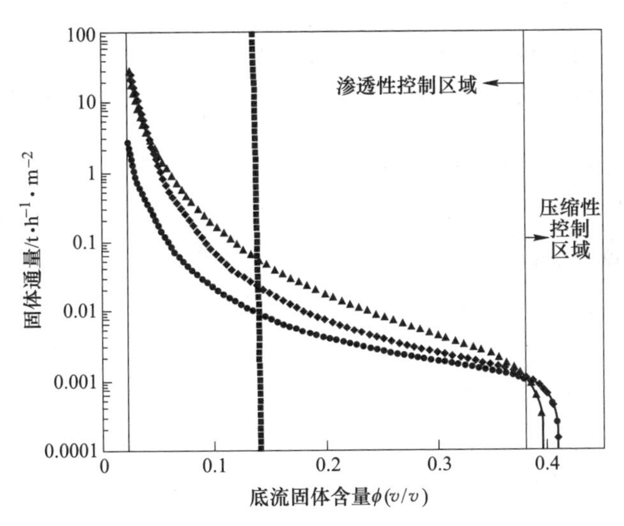

图3.23　三种絮凝剂单耗条件下固体通量与底流浓度关系预测

（絮凝剂单耗越大，预测固体通量越大）

浓密机运行状态可通过两种方式检测：（1）对现场浓密机絮凝尾矿进行原位检测；（2）在室内创造絮凝环境，并开展沉降、压缩和过滤实验，检测压缩屈服应力和干涉沉降系数曲线。絮凝剂添加方式的改变会影响实验结果，需要进行重复实验。压缩屈服应力和干涉沉降系数两个参数将作为已知条件导入稳态浓密机二维模型（Usher 和 Scales，2005）。

在目标底流浓度下的浓密机处理能力预测实践表明，上述方法即为浓密机最小处理能力的预测方法。实际处理流量通常高出预测值 10 倍，最大可达 100 倍。研究显示，耙架搅拌等剪切行为会显著降低目标浓度浆体的固液相对运动阻力，提高凝胶浓度（Gladman 等，2005）。搅拌会引起絮团破坏，改变絮网结构，也会使得沉降阶段的絮团更加密实，从而使沉降速率加快。如图 3.24 所示。

(a)

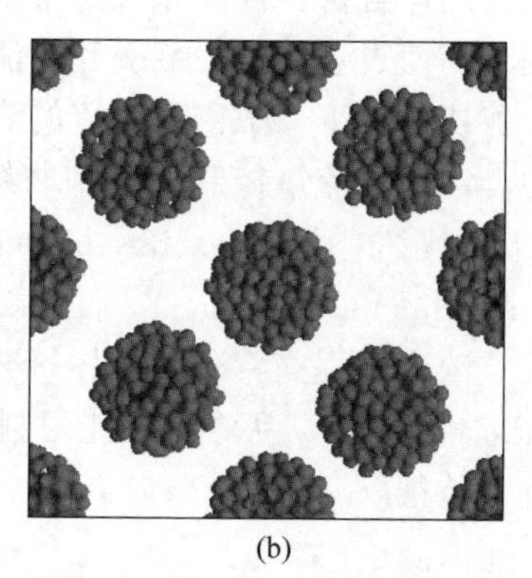
(b)

图 3.24　低强度剪切作用对絮团结构影响的可视化结果

（a）初始絮团的不规则状态；（b）轻度搅拌剪切形成的规则絮团，渗透性显著提高，凝胶浓度提高

剪切行为有利于絮团的密实过程，在低剪切强度下絮团结构破坏，脱水效果较好；高剪切强度下床层渗透性降低，脱水效果较差，两者之间存在平衡关系，Gladman（2005）和 Spehar 等（2015）证明该临界剪切强度为 $10s^{-1}$。研究表明，絮团直径的微小变化（约 20%）将对浓密机处理能力产生重大影响（Usher 等，2009），絮团密实行为对处理能力的影响已经得到了实验验证（Spehar 等，2015），如图 3.25 所示。由图可知絮团的密实行为对浓密机处理能力曲线有着较大的影响。浓密机实际运行状态在图 3.25 的两条曲线之间移动，原始絮团的流动行为由下部曲线开始，并逐步靠近上部曲线。浓密机耙架上部引起的剪切使絮团更加密实。

因此，浆体压缩流变特性的量化研究表明，在絮凝剂掺量较低和固定的浓密机床层高度下，絮凝剂的作用在于提高絮团沉降速率、降低流动曳力。剪切作用提高了浆体的凝胶浓度，引起了絮团的密实过程，也可提高底流浓度。当絮凝剂掺量较大时，床层的渗透率增加，浆体的流变参数增大，絮团强度增

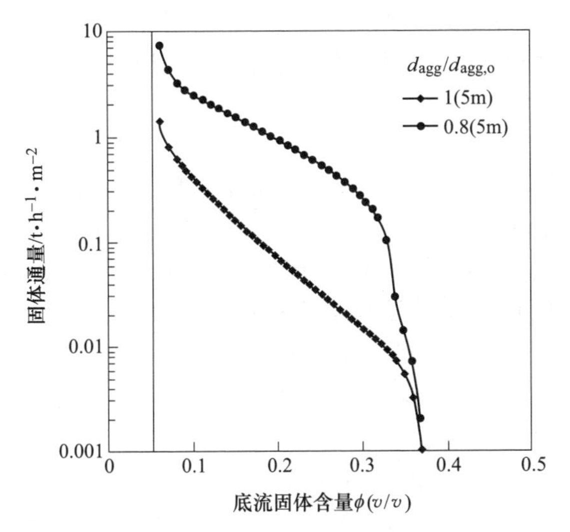

图 3.25 浓密机处理能力与底流固体含量曲线

（床层高度 5m，在剪切作用的影响下，絮团直径降低约 20%）

加，脱水困难，从而降低了浓密机底流浓度。因此，最佳絮凝剂单耗能在保证流变参数的基础上使渗透性能达到最大，渗透性能取决于絮凝剂的种类和剪切速率等因素。

3.8 本章小结

对矿山尾矿等废弃物的处理，已由传统低浓度排放与堆存的方式，向浓密脱水之后排放的方式转变，体现了矿山企业对责任的承担，同时也达到了水资源回收率高、尾矿设施占地少和溃坝风险低等多重效果。因为浆体材料在本质上是属于非牛顿流体，对浆体剪切与压缩流变行为的研究，使得低浓度浆体中水分得以有效脱出。剪切与压缩流变理论可用于尾矿处置系统的优化设计。在制定排放总体方案之前，需要进行全工艺流程的方案对比，包括浓密、输送和堆存，甚至尾矿排放前的最佳絮凝方案。为有效落实废物处置战略，必须对废液特性与工厂产品特性给予同等程度的重视。希望业界转变将尾矿废弃物进行末端治理的现状，应尽快推广清洁生产技术。

干堆处置方法的实施和优化，包括三个相互影响的流变学研究领域：（1）适于颗粒浆体管理和堆存的最优固体浓度；（2）将浆体通过管道运输到目标区域的最佳条件；（3）输送前浆体脱水至所需浓度的可行性。更重要的是，利用管道注射絮凝技术取代现有浓密机脱水技术尤为重要。本章技术方法以流变学作为基础工具。

当环境压力转化为经济问题时，需要从根本上推动尾矿干堆技术的发展，尽量降低尾矿等废弃物的产量。流变学理论在新技术评价方面的作用至关重要。在本章案例中包含的相关理论可应用于其他种类的废物处理。

致谢

本章作者特别感谢澳大利亚墨尔本大学颗粒与流体处置中心（Particulate Fluids Processing Centre）对本工作给予的极大支持。除此之外，DV Boger 非常感谢西澳 Alcoa 公司从 20 世纪 70 年代开始让他参与赤泥处置的工作。尤其感谢 Don Glenister（原属于 Alcoa，已退休）和 David Cooling（目前是 Alcoa 的国际处置经理），也同时感谢 Peter Colombera（已故）。

作者简介

第一作者

Fiona Sofra

澳大利亚，Rheological Consulting Services Pty Ltd

Fiona 是流变学咨询服务公司（Rheological Consulting Services）总经理，墨尔本大学荣誉研究员。Fiona 从事浆体控制、膏体特性和环境等研究，为选矿工艺和尾矿处理提供可行的解决方案，并开展相关实验研究为企业提供咨询和培训服务。

合作作者

David Boger

澳大利亚，The University of Melbourne，Monash University 和 Rheological Consulting Services Pty Ltd

David 是莫纳什大学的化学工程教授、墨尔本大学荣誉教授、流变学咨询服务公司经理。他在非牛顿流体力学方面发表了大量的文章，主要研究聚合物与微粒流体力学及其在矿物，煤炭，石油，食品和聚合物行业的应用研究。

Peter Scales

澳大利亚，The University of Melbourne 和 Rheological Consulting Services Pty Ltd

Peter 是墨尔本大学化学和生物分子工程教授，工程学院副院长，Carlton Connect 水研究项目负责人，流变学咨询服务公司经理。他的研究聚焦于泥浆流动、颗粒絮凝与分散、分离技术（浓密、沉淀和压滤）。

4

物料特性

物料特性 4

作者兼主编

Andy Fourie　澳大利亚，The University of Western Australia

4.1 引言

传统尾矿浆屈服应力较低无法检测，且颗粒易发生沉淀离析，低浓度尾矿浆体表征方法经过几十年的发展已被广大从业人员接受和认可。尽管在个别方法和实验上存在分歧，但基本形成了较为统一的表征方法。然而，膏体与浓密尾矿浆的特性表征一直是业内争论的焦点，如何选择有效、恰当的实验对膏体与浓密尾矿的特性进行探究，目前仍然存在很多不确定性。

在膏体与浓密尾矿系统设计阶段，应首先确定堆存形式（例如：中心排放式、围堰式等），然后从尾矿库向上游的选矿厂的工艺流程方向进行设计，这一思路可以保证本章节的各部分内容连续且相互关联，具体的堆存方案将在第 11 章进行讨论。浆体处置过程中的制备（浓密）、输送、堆存等各个阶段都是紧密相连的，忽略各阶段的内部联系，单独对某一环节进行设计是不准确、不科学的。但是，堆存形式的选择对于传统低浓度尾矿浆的性能（浓度）几乎没有影响。因此，为了寻求一个合理的膏体堆存设计方案，一般需要对全流程的各个工艺进行综合考虑，膏体与浓密系统的综合设计也成为本章的出发点。

4.2 制备

膏体和浓密尾矿项目基本采用高浓度浓密机（区别于选矿和固液分离工艺流程中已应用较久的传统浓密机），采用过滤设备的项目正逐步增加。浓密机能够使浆体在短时间内达到所需的屈服应力（通常以固体含量为表征），为此需要将人工絮凝剂与给料充分混合，该工艺将在第 6 章和第 7 章详细阐述。与选矿工艺相同，絮凝效果的好坏取决于给料性质的变化。尤其矿体不同部位矿岩种类和风化程度存在较大差异，将直接影响特定矿物的分离，进而导致尾矿颗粒特性的变化。因此，为避免样品的变化引起测量误差，应确保对各种矿样进行大量、全面预处理表征测试。

矿山很难保证月度内生产出的尾矿保持均匀和稳定，矿山整个寿命周期的尾矿质量更加无法保证。通常，送往实验室的尾矿样品并不能完全代表所开采出的尾矿性质。Mercer（2001）列举了莫桑比克选矿尾矿的例子，该尾矿-2μm 颗粒的实际含量为20%，但实验室样品测得的含量却达到45%。最终的尾矿往往是在工业实验和絮凝方案完成以后才能获得，因此此类问题很难避免；但如果送往实验室的尾矿材料与最终生产出的尾矿不同，物料特性研究将毫无意义。因此，必须考虑所有潜在问题并对实验室数据进行分析和评估。

在实验设计阶段确定测试样品的数量是关键问题。样品需要与矿山生产过程中的材料经历相同的选矿流程，但满足要求的样品数量非常有限；而且，通常只有少部分的选矿流程采用实验室规模的设备，样品的代表性就显得尤为突出。因此，本章假设已考虑了材料特性不一致的问题。

另外，物料表征测试的所有阶段都应当考虑样品制备用水的问题。选矿水与颗粒化学性质之间的作用复杂，此部分内容将在第 5 章进行详细阐述。作为决定絮凝和浓密是否成功的起点，有必要了解选矿水的 pH 值、离子浓度以及尾矿自身的性能。另外，尾矿颗粒表面电荷及矿物特性的测量也非常重要，但不能过分夸大基于现场选矿水检测尾矿性能的重要性。通常情况下，实验室均是利用自来水制备尾矿样品，虽然某些情况可接受，但仍需考虑水质对测量结果的影响。因此，浓密效率和可靠性受到多因素的影响。

4.2.1　粒度分布

粒度分布测试（particle-size distribution testing，PSD）可用于检测颗粒尺寸的相对比例，作为标准的岩土工程评价分级过程（例如 ASTM D422-63、AASHO 等相关标准），土力学实验室都能进行 PSD 测试。目前，通常采用标准筛机械筛分法测定尺寸大于 75μm 的颗粒，比重法测定尺寸小于 75μm（“细颗粒”）粒度分布。各行业和学科对于“细颗粒”有不同的定义标准，测试方法也不相同。例如在油砂行业，细颗粒的上限为 44μm，广泛采用除比重法之外的检测方法。随着技术的发展，尾矿处理过程中的粒度检测需要采用更精确的方法，原因在于浓密后的高浓度尾矿浆含有大量的细颗粒，其-20μm 的颗粒含量常大于 50%。目前，除比重法外已有一系列的技术可用于测量细颗粒的粒级组成，具体内容详见第 5 章（第 5. 6. 5 小节）。矿石特性测试时需要检测大量样品，需要更快速的检测方法，激光衍射法（laser diffraction method，ISO 13320-1）也因此得到了加拿大油砂行业的广泛关注。与筛分/比重法相比，激光衍射法测试时间更短，Mahood（2009）等将两类方法进行了对比，在严格遵守样品制备、测试方法和质量管理等各项规程的前提下，其测试结果非常相近。

颗粒粒度表征的方式较多，其中最常见的是计算小于某一粒径颗粒的质量百分比。如表4.1所示，d_{50}是指累计粒度分布质量百分数达50%时对应的粒径，高浓度浓密技术主要应用于$d_{50}=200\mu m$这类粒度分布较广的物料。编制该表时，编者发现只有极少的文献涉及了尾矿的全粒径分布，研究人员应当在物料特性报告中充分体现粒度分布的测试结果。另外，从粒度分布中获取到的重要参数（如d_{10}和d_{60}）对于某些应用而言是非常有价值的，所以即使未给出完整的粒度分布，至少也应当对d_{10}、d_{50}和d_{60}等参数值进行说明。

表4.1 正在采用或建议采用高浓度浓密技术堆存的矿山尾矿d_{50}值

矿山名称	产品类别	$d_{50}/\mu m$	参考文献
Century	铅尾矿	10	Williams 和 Seddon（2004）
Hillendale	砂矿	1	Gawu（2003）
Southern Peru	铜尾矿	85	Oliveros 等（2004）
Kimberley	钻石尾矿	80	Johnson 和 Vietti（2003）
Osborne	铜、金尾矿	70	MacPhail 等（2004）
Peak	金、铜、铅尾矿	10	Pirouz 等（2005）
Syncrude	油砂	3	Chalaturnyk 等（2005）
Bulyanhulu	金尾矿	30	Theron 等（2005）
Kidd Creek	铜、锌尾矿	20	Lord（2003）
Centinela	铜尾矿	100~200	Pers. comm.

4.2.2 比重（也称颗粒相对密度）

固体比重G_s会影响尾矿浆的密度或单位重量，固体含量一定时，尾矿比重G_s越大，浓密机中尾矿的沉降速率就越大。尾矿堆存设计时，可利用该因素估算原位堆积密度和所需的堆存容量。尾矿的比重一般为2.65~2.90，然而实际值可能更高，如铂和铁矿石尾矿的比重高达3.5~4；还有少部分尾矿低于该值，如煤尾矿通常低于2.65。比重的测试方法成本低廉且简单，具体可参考ASTM D854-14。

4.2.3 pH值

pH值对高含泥悬浮液的特性有着非常重要的影响（请参照第5章“浆体化学特性”）。Mitchell（1976）发现对于富含高岭土的悬浮液，pH值是控制细颗粒沉淀结构的最重要因素。低pH值可以促进带正电荷的矿物边缘和带负电荷的矿物表面之间的相互作用，进而导致悬浮液的絮凝；高pH值（含有大量的OH^-离子）则会促进溶液的扩散。

许多矿山都需要破碎富含二氧化硅的矿石，Gregory（1977）研究发现，在各pH值范围内，二氧化硅颗粒一般带负电荷，从而直接影响絮凝剂的选择；而氧化镁颗粒在pH值高达12时带正电荷，絮凝剂的选择完全区别于二氧化硅尾矿。对于特定的尾矿，pH值的变化会影响主导电荷的电荷量，为准确表征上述规律，目前常用的方法是Zeta电位测量。Zeta电位是表征表面电荷密度的重要指标（参考第5.6.11小节），此参数随pH值的变化规律可为絮凝剂的筛选提供参考和依据。目前许多实验室都可进行Zeta电位检测，相对经济便捷。如图4.1所示为金刚石尾矿Zeta电位随pH值的变化曲线。

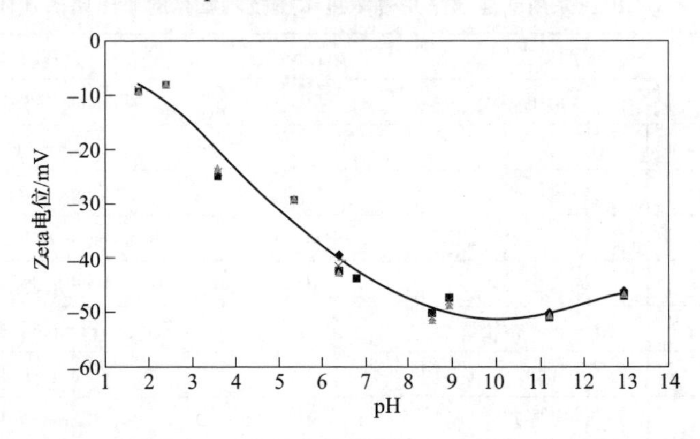

图4.1　金刚石尾矿Zeta电位随pH值的变化曲线（三次重复实验结果）（Johns，2004）

4.2.4　矿物学性质

采用膏体与浓密尾矿技术之前，可利用X射线衍射等技术全面表征尾矿的矿物学性质，一般情况下可从矿体的地质评估中获得。对于浓密技术而言，黏土粒级的尾矿矿物学更具参考价值，但是需要区分黏土尺寸的颗粒和真正的黏土矿物颗粒。采矿作业将坚硬矿石破碎、磨细，最终颗粒尺寸可能小于2μm，基本由岩粉组成，并且可能还有少量黏土矿物（例如，具有扁平状结构和大比表面积的矿物，以及表现出可塑性的矿物质和水含量较高的晶格结构矿物）。另一方面，对于蚀变风化矿体或油砂矿等天然矿床，其开采过程会产生含黏土矿物的尾矿，黏土矿物学等相关内容可参考第5.3.1小节。

黏土矿物主要成分是水合硅铝酸盐，某些矿物中镁或铁（有时是钠、钾或钙）占据部分或全部的铝晶格位置，该现象称为同晶替代，黏土矿物（可能除高岭土之外）会因此产生净负电荷。为保持电中性，黏土颗粒会吸附阳离子，可交换阳离子的总量称为“阳离子交换量”，通常以每100g干黏土的毫当量数为单位（units of milliequivalents per 100g of dry clay）（Mitchell，1976）。黏土矿物的电学性质对浆体中黏土的沉降行为有显著的影响，进而影响浓密过程。阳离子交换量与尾矿材料的

Zeta 电位之间存在相关性，但目前对此尚未进行全面量化研究。

间接测量是确定材料塑性程度的主要方法，例如在岩土工程领域，通常采用液限与塑限间接表征土体的物理特性。Casagrande（1932）提出，当土体不排水抗剪强度或屈服强度仅有 2.5kPa 时，其对应的含水率称为液限（W_L）；当土体含水率降低到不再表现塑性行为时，其临界含水率称为塑限（W_P）。两者之差值称为塑性指数 I_P，是黏性土体物理特性的重要表征参数（$I_P=W_L-W_P$）。不同黏土矿物的液限和塑限值见表 4.2（Mitchell，1976），临界值统称为阿特伯格极限（Atterberg limits），于 20 世纪初确定，用以表征土体稠度。

表 4.2 常见黏土矿物的典型液限和塑限值

矿物种类	液限/%	塑限/%
蒙脱石	100~900	50~100
伊利石	60~120	35~60
高岭石	30~110	25~40
绿坡缕石	160~230	100~120
绿泥石	44~47	36~40

如式（4.1）所示，Skempton（1953）建立了土体塑性指数与-2μm 颗粒质量百分比之间的关系，称为活性度 A（activity A）。

$$A=\frac{I_P}{\%\text{finer than }2\mu\text{m}} \tag{4.1}$$

A 值的大小体现黏土的类型：对于富含钠的蒙脱土（膨润土），A 值较高；对于岩粉（如磨细的硅石可能小于 2μm），A 值很低（不为零）。图 4.2 所示为多种纯黏土、氧化金矿和砂矿尾矿的塑性指数与黏土级颗粒含量之间的关系。

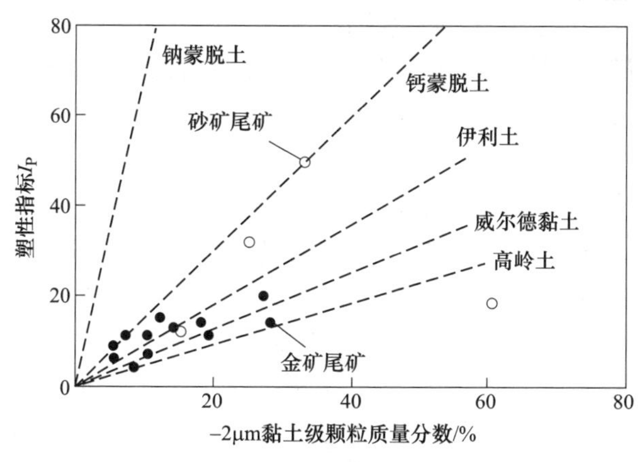

图 4.2 不同黏土与典型西澳大利亚砂矿和金矿尾矿活性度对比（Newson 和 Fahey，2003）

阿特伯格极限与流变参数有关，也会随外加剂（如絮凝剂）的加入而发生改变，因此可建立岩土工程和选矿工艺之间的联系，以此表征尾矿浓密过程中的行为演化规律。最初，阿特伯格极限的设立是为测试农业领域的土体指标，但随时间的推移，逐渐与诸多工程特性参数（如不排水抗剪强度和压缩系数）建立了对应关系。上述指标同样适用于浓密尾矿技术，并且可以通过简单且廉价的测试将这些指标与屈服应力等参数进行关联。

Boxill（2011）探讨了黏土尾矿物理特性的表征新方法——亚甲基蓝指数（MBI）测试，能够很好地反映工艺参数（如选矿水的离子强度）变化对黏土性能的影响规律。但是，目前很少有研究将 MBI 结果与阿特伯格极限测试数据进行对比。

4.3 后处理

尾矿浓密后通常采用管道泵送至尾矿库进行堆存。对于其他输送方式，可参考如下案例：智利 EL Punon 金矿利用卡车将高浓度滤饼运送到尾矿库；纳米比亚 Skorpion 锌矿、智利 Iantos de Oro 金矿和 Mantos Blancos 铜矿利用皮带输送滤饼；对于加拿大 Elkview 矿山，其粗颗粒尾矿和废石均由卡车运送。然而，管道泵送仍是最为常见的运输形式，以下章节将重点讨论膏体与浓密尾矿浆体特性对于泵送作业过程的影响。

4.3.1 输送

尾矿浓密成高浓度浆体或者膏体通常表现出非牛顿流体行为。对于此类黏性材料，黏度和屈服应力是两个非常重要的变量。如图 4.3 所示，非牛顿流体材料的黏度随剪切速率的变化而变化，剪切应力随着剪切速率的增加而增加。许多黏性材料的黏度都会随剪切速率的增加而降低，该现象称为剪切稀化。

众多黏度测量技术中，目前矿物浆体（可能含有较大颗粒）测量最常用的是同轴圆柱体流变仪（Gawu，2003），但最适用的仍是毛细管流变仪（Boger，1999）。

材料的屈服应力是指浆体克服自身阻力而发生初始流动时所受的剪切应力（Uhlherr 等，2002），它受浆体内部的网状结构的影响（Bhattacharya，1999），与岩土工程中的土体强度相比其强度非常低（即稍小于土体液限值所对应的屈服强度）。当剪切应力小于屈服应力时，浆体表现出弹性行为并遵循胡克定律；当施加的应力高于屈服应力时，浆体会产生不可逆应变。然而，屈服应力测量过程需维持多长时间是流变学专家一直以来思考的问题，各类文献资料对此也存在很大分歧。在浓密尾矿制备、输送和堆存过程中，其应变速率一般不低于 10^{-3}/s。因此，在测定浆体屈服应力时无需开展应变速率低于该值的流变实验。

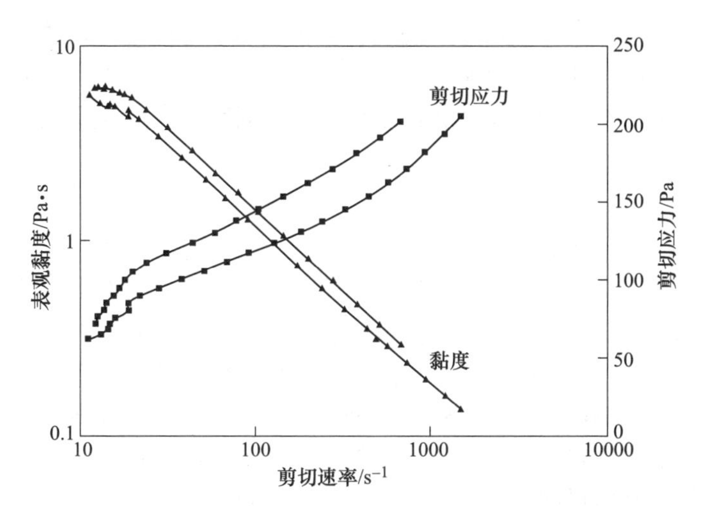

图 4.3 剪切速率对两种尾矿浆体剪切应力和表观黏度的影响（Gawu，2003）

应当注意的是，浆体屈服应力中的“屈服应力”指的是剪切屈服应力。Nguyen 等（1998）认为，压缩屈服应力（以固结实验相类似的方法进行测量）是深床浓密机（deep-bed thickeners）设计和运行过程中需要考虑的重要因素；对浓密尾矿泵送或者堆存过程而言，剪切屈服应力则是重要的影响因素，其测量方法已在第 3.5 小节进行了介绍。

材料屈服应力的评价方法较多，研究人员（Keentok，1982；Magnin 和 Piau，1987；Coussot 和 Piau，1994；Nguyen 和 Boger，1983，1992）综述了流体屈服应力的常用测量方法。然而，针对各技术获得的屈服应力值进行对比分析的研究较少，尤其对于高浓度浓密尾矿。目前，桨式转子流变仪对于测量浓密悬浮液的屈服应力更为准确，这一点已成为新的共识，其潜在优势包括减少样品的结构破坏、避免壁面滑移效应和可适应高浓度浆体体系内的较大颗粒等方面。

屈服应力不是材料的固有性质，相同浓度下，该值也会受到浆体 pH 值（如图 5.16 所示）和絮凝剂添加的影响。如第 10 章所述，尾矿黏度和屈服应力会影响浆体管道输送所需的能量，并且存在使泵送能耗最小的最佳浆体浓度。另外，为降低成本而对浆体所做的任何改变，都有可能对系统其他部分产生影响（例如尾矿堆存），此时必须重新考虑制备、输送到最终堆存等所有环节。

4.3.2 堆存

膏体与浓密尾矿技术人员首要关注的是尾矿处置后的工程特性，即浓密尾矿浆的堆积坡度、浆体在边坡流动时离析的可能性、堆积过程或堆积完成后的堆体密度、尾矿库堆积浓度条件下尾矿浆的力学行为等。此外，还包括尾矿是否存在液化流动破坏的风险、材料是否会按预测堆存速度固结或风干等问题。在寒冷地区，尾矿堆体内可能存在不连续冻结或大量长期冻结的情况，此时应当考虑温度分布对堆体形状的潜在影响（如热膨胀系数）；如果尾矿可能产生酸性物质，则必须调整堆积流程和周期。本节将详细讨论上述问题，并对需要测量的参数提出建议。

4.3.2.1　筑坡

当尾矿以传统浆体的形式排放时（见第 2.3.1 小节），尾矿浆像液体一样从排放口流向尾矿库最低点，此时尾矿浆呈明渠流动状态，流动路径随尾矿的堆积在堆体表面不断变化。传统尾矿浆体易发生离析，粗颗粒在排放口附近沉降，细颗粒在坡脚或沉淀池内进一步沉降。流动过程中的离析量和坡面各处的粒度分布与浆体的固体浓度、粒级分布、尾矿矿物学特性和排放能量成函数关系，此时形成的边坡剖面会有明显的上凸现象（Blight，1985）。

当以浓密尾矿浆的形式排放时（见第 2.3.2 小节），颗粒离析现象显著减少或消除。随着浓度的增加，高浓度浆体或膏体更趋于黏性流体，此时流动形态仍由渠流主导，但路径分布更加均匀。在理想条件下可能会产生坡面漫流，从而有利于形成相对均匀的边坡，但该流动行为的文献很少。坡度的影响因素较多，主要包括浆体浓度、稠度和黏度。Williams 等（2008）和 Li 等（2009）总结了部分边坡案例，边坡角预测等内容在第 12 章详细阐述。

一般情况下，可以以水槽实验和小型半工业实验为基础进行边坡角的间接预测，但目前还无法直接估算。对于高浓度浆体，实验室水槽实验可能会产生误导性结果（Gawu，2003；Simms，2007），因此需谨慎采用上述实验结果，但仍可指导浆体屈服应力和絮凝剂掺量等因素的分析，也可校核边坡角的预测过程（Gao 和 Fourie，2014）。

在实际的堆存计划中，应当谨慎考察边坡凹面对排放作业的影响，以及边坡类型对堆存策略的影响。经验表明，将边坡始终维持在中等坡度是非常困难的，实际坡度小于设计值的情况也较为常见（Jewell，2010）。由工程实例可知，如果实际边坡角低于设计值，则需要建设尾矿坝来限制尾矿的堆存范围。

4.3.2.2　沉降和风干

当浓密尾矿浆排入尾矿库后流动速率逐渐减小直至停止流动，在此过程中尾矿浆体沉降并最终达到初始沉降浓度。在膏体排放的情况下（见第 2.3.3 小节），浆体浓度接近或高于初始沉降浓度，因此泌水量很少。

进入析水过程后，水分在自重固结或风干作用下逐渐流失，浆体浓度进一步提高。如果堆存高度上升速率过快，下层堆体所含水分会从下方挤出，后排放的浆体覆盖在未干燥层之上。因此，堆高上升速率较慢能够提高堆存效果，从而保证各层尾矿都能固结风干，从而提高堆存密度。对于气候条件严苛和堆存技术不允许尾矿再润湿的地区更应如此。

土体或尾矿在风干过程的行为变化可以用收缩曲线表示，如图 4.4 所示。在干燥作用下孔隙水开始从饱和土体中排出，空气进入土体。引起土体内部最大孔隙开始排水所需的最小水-气压差称为进气值（AEV）。超过 AEV 值后，土体中的含水量进一步减少并达到最大密度—收缩极限，又称缩限，缩限（w_s）即为该状态下的土体含水率。

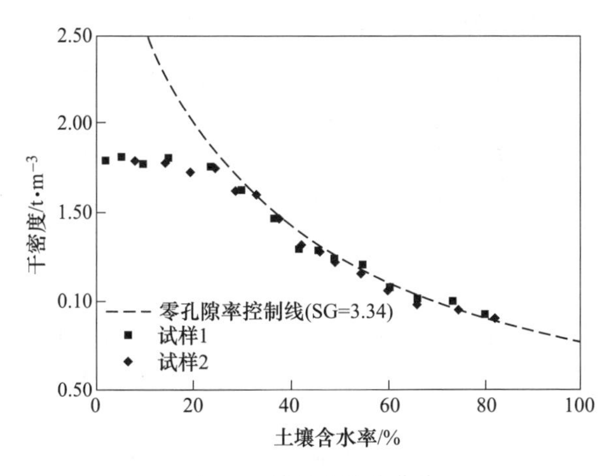

图 4.4 铁尾矿收缩曲线

缩限可作为干燥循环周期的最终目标含水量。当含水量低于缩限时尾矿仅部分饱和，增加了堆存体处于部分饱和状态的可能性，对尾矿堆存体的稳定性、液化灵敏度和预期渗流量将产生有利影响。另外，尽管尾矿干燥到缩限有利于堆存体稳定，但近期研究表明，如果物料被新排尾矿或渗透层重新浸润，则前期干燥过程也无法降低液化作用的可能性（Al-Tarhouni 等，2011）。

目前，通常采用精细化实验和数值模拟相结合的方法研究沉降、风干、再润湿过程及其耦合作用（Fisseha 等，2008；Seddon 和 Dillon，2009；Li 等，2012；Simms 等，2013），因此设计者可以采用多种技术预测边坡堆积密度和饱和率。实际上，虽然有文献对浓密尾矿堆存体的不饱和状态进行了介绍（Williams，2000），但也有很多案例表明浓密尾矿堆存体内部存在饱和区域（McPhail 等，2004；Dillon 和 Wardlaw，2010；Lopes 等，2013）。

水中的溶解性固体会严重影响尾矿表面的蒸发速率，因为盐类物质会在早期阶段形成沉淀，阻碍水分的进一步蒸发。西澳许多尾矿的选矿水的含盐量都很高，极大降低了蒸发速率（Newson 和 Fahey，2003）。如第 11 章所述，有时会采用翻耕等措施打破盐壳，以促进蒸发。

氧化和酸性水会导致硫化尾矿堆存出现干裂的问题，在设计和实际操作阶段需纳入考虑（Fisseha 等，2010）。为防止尾矿堆过度干燥超过缩限而产生粉尘，可采取后文所述的措施进行治理。

4.3.2.3　固结

无论堆层的堆存条件、风干和再润湿程度如何，上覆堆层都会对下层物料产生荷载，持续堆积引起应力增加导致堆体体积变化（压缩）的过程称为自重固结。随着对饱和材料施加的总应力增加，产生超孔隙水压力，并逐渐耗散到尾矿表面或下层土体，该过程堆体密度不断增加。

有效应力增加引起的体积减小量和等效失水量通常称为体积压缩系数（m_V），由可控应力范围内的材料刚度决定；另一方面，超孔隙水压力的消散速率由土体导水率（k）决定，两特性可合并成表征材料固结速率的单一参数——固结系数（c_V）。材料密度的增加导致材料刚度的增加和导水率的降低，在堆存过程中尾矿固结系数随密度和堆存深度的增加而增加。Head 和 Kenneth（1982）全面介绍了参数 m_V、c_V 和 k 的测量方法。

固结性能的检测方法较多，最准确的是对初始状态浆体施加初始应力并保持较小的增量，同时检测固结过程中的大应变并直接测量渗透率。设备适应大应变的能力尤为重要，主要体现在随着荷载的增加，剩下样品在具有足够厚度的条件下依然能够完成精准测量。满足上述条件的设备主要包括 Rowe 型固结仪（Rowe 和 Barden，1966）、砂浆固结仪（Sheeran 和 Krizek，1971）和渗透固结实验装置（Imai，1979；Znidarcic 和 Liu，1989）。

Rowe 型固结仪和砂浆固结仪的应用较为广泛，但对于油砂尾矿而言，由于其在低有效应力下的力学行为非常重要，一般需要通过专用的渗流固结实验进行测试。上述装置适用于浆体自身性能的检测，并不适用于风干与自重固结耦合作用下的力学行为检测。目前，此类测试方法尚未统一，而且受研究条件的限制。

水力固结实验（hydraulic consolidation test）的典型结果如图 4.5 所示，该实验是西澳大学利用 Rowe 型固结仪进行的砂矿尾矿测试。图 4.5（a）、（b）、（c）和（d）分别为垂直有效应力与密度（用孔隙比表示）、体积压缩系数、固结系数和渗透率之间的关系，实验结果表明随着垂直有效应力（即深度）的增加，上述特性参数都将发生显著的变化。

4.3.2.4　保水能力

保水/吸力的关系用于表征土体在特定密度下受到吸力（或负孔隙压力）时保持水的能力。图 4.6 所示为浓密后的铜锌尾矿浆与传统浓度金矿尾矿浆的水分特征曲线，由图可知，保水与吸力呈明显的非线性关系。随着不可压缩材料（如粗粒级尾矿）的吸力逐渐增加，土体的含水量在达到进气值之前不会立即下降。

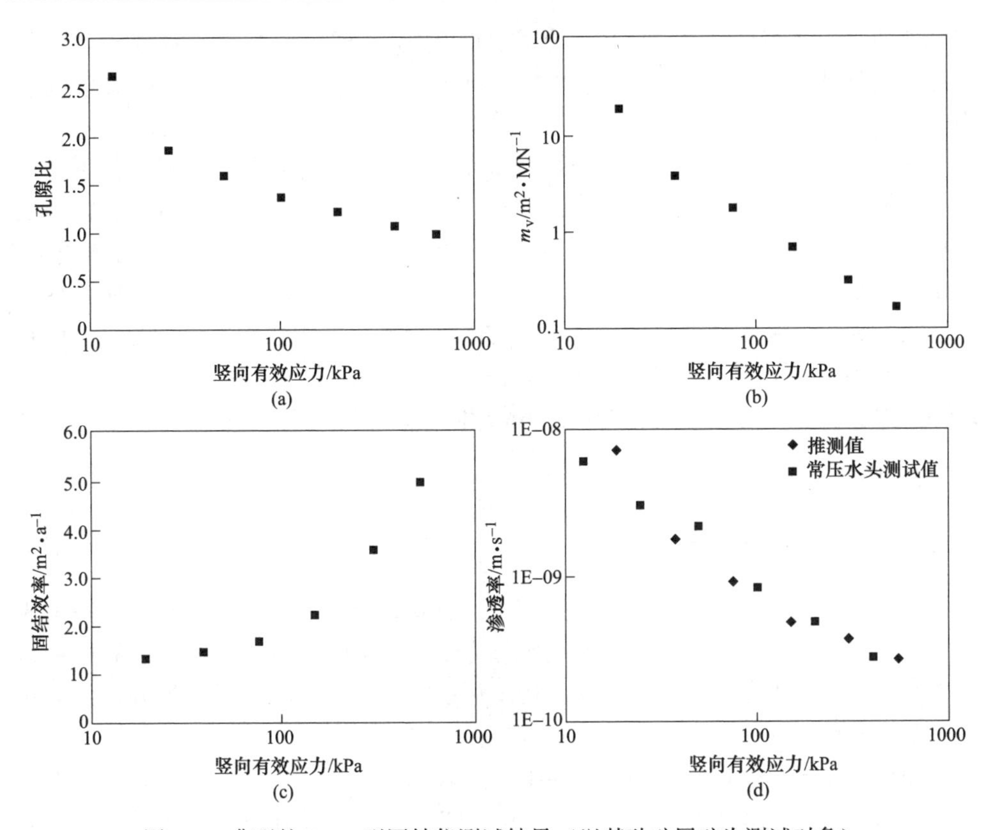

图 4.5 典型的 Rowe 型固结仪测试结果（以某砂矿尾矿为测试对象）

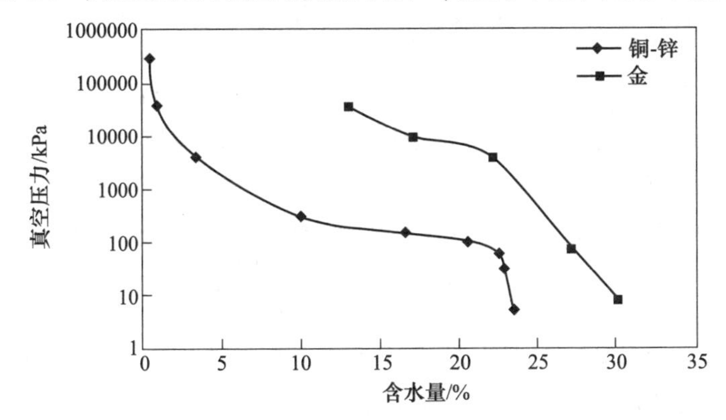

图 4.6 浓密铜锌尾矿浆（Barbour 等，1993）与低浓度金矿尾矿浆水分特征曲线（Newson 和 Fahey，1998）

此进气值是指空气刚开始进入土体间隙时的临界吸力，其变化范围由千帕（粗颗粒）至兆帕（细颗粒）。此后，吸力的持续增加将提高孔隙内空气含量，并导致含水量的降低；当吸力较大时，含水量基本不变。

然而，上述特征关系受多因素的影响。黏性（即可压缩）土体或尾矿在饱和度开始降低（但在此之前体积可能已有明显的降低）时都会维持比较高的吸力。

该特性对于膏体与浓密尾矿技术显得尤为重要，膏体在常见气候条件下不离析，且拥有较好的保水能力（或维持饱和度不降低），从而能够防止氧气进入，避免硫化矿物氧化。Williams（2000a）的研究表明，即使在极端干旱的环境下，尾矿库内半米以下深度的 pH 值仍然保持中性，表明此深度以下的尾矿完全或几乎完全饱和。蒸发干燥可显著提高尾矿的密实程度和堆积强度，较高的进气值在半干旱气候条件下更为有利。土体水分特征曲线的测量方法很多（Lee 和 Wray，1995），压力板仪对尾矿适应性较好，成本低廉，已得到广泛应用。

4.3.3　稳定性

4.3.3.1　剪切强度

研究尾矿堆存稳定性时，剪切作用下的材料行为（例如收缩或膨胀、排水或不排水）、单次或循环荷载下材料的液化风险及液化后的剪切强度都是需要考虑的重要因素。本书不详细讨论剪切作用下尾矿力学行为检测的具体流程，仅对相关问题做简单阐述。

如果膏体与浓密尾矿堆积形成缓坡，边坡稳定性不会成为生产作业过程中主要考虑的因素（流动液化情况除外），而且堆积高度的上升速率需要保证自重固结与部分风干作用的进行；如果库区周边尾矿坝较陡，其稳定性就需要重点考虑。

剪切作用下的尾矿行为受多因素的影响，尤其是特定有效应力下的物料密度、结构以及固有特性（如可塑性和压缩性）。目前非塑性和低塑性材料（如大多数尾矿）测试技术存在一定局限性，主要在于难以获取未扰动的尾矿物料。取样之后的运输过程中的震动会造成尾矿样品致密性增加，从而导致不排水强度和液化灵敏度的非保守性预测。因此，为深入探究尾矿在堆存过程中的力学行为，应将现场测试（如孔压静力触探实验，简称 CPTu）和局部受干扰样品、重塑样品的实验室测试相结合。另外，测试结果受到很多分析范围之外土体特性的影响，目前还无法制备出与现场含泥尾矿性质结构一样的尾矿样品。

与尾矿库相关的稳定条件和强度参数主要包括长期荷载（排水强度）、短期荷载、单调动态荷载（不排水强度）和震动后荷载等。尾矿库必须进行排水条件下的稳定性分析，对于剪切收缩材料，有必要测量不排水强度；对于膨胀材料，不排水强度超过排水强度的分析结果不能使用，因为强度的增长依赖材料的膨胀性能，但在现场无法仅仅通过分层堆积和排水距离的改变来保证膨胀性能。

如果在浓密尾矿库周边建设尾矿坝，可采用与传统尾矿库相类似的方法进行稳定性评价。Ladd (1991)、Davies 等 (2002) 和 Martin 等 (2002) 对上游式筑坝的方法进行了概述，下游式筑坝的设计往往与水坝相类似 (Fell 等，2005)。

4.3.3.2 液化

液化可分为两类：动力液化和流动液化。物料在动态（或循环）剪切应力作用下发生动力液化，典型的因素是地震。在循环应力下土的应变和超静孔隙水压力增加，强度和刚度严重下降，是液化最常见的形式。尽管振动液化会在地震时带来严重的破坏，但却不是影响浓密尾矿库稳定性的主要因素；相反，流动液化才是最重要的因素。流动液化主要表现为，在特定条件下材料受到触发（经常是振动液化）而出现强度降低的现象，且液化后强度（也称为“剩余强度”“液化强度”）急剧下降。如果流动液化在尾矿库中广泛存在，尾矿堆积体将出现快速的流动滑坡，大量的物料也将以雪崩的方式流动。

只有非塑性、低至中等塑性的尾矿才会在液化过程中出现强度受损的现象。一般认为，塑性指数高于 20 的材料不会发生液化 (Seed 等，2003；Bray 和 Sancio，2006)；然而，对于大多数浓密尾矿库，其液化风险不能仅通过个别特性参数定量确定，且参数会随絮凝剂和其他外加剂的加入而改变。

尽管振动液化是流动液化触发的常见诱因，但尾矿的快速荷载（非循环）则是更为普遍的诱导因素，也是导致尾矿库溃坝的最重要因素 (Davies 等，2002)。然而，该发现仅针对传统尾矿坝，上游不断升高的坝体所引起的快速荷载则是普遍诱因。截至本书编写之日，还没有出现浓密尾矿坝处于显著地震荷载下或发生严重流动液化破坏的情况。

在过去 30 年，振动液化可能性评估的半经验方法不断发展，Youd 等 (2001) 提出的最新方法已达成共识。该方法可通过渗透测试 (Dillon 和 Wardlaw，2010) 或实验室循环测试数据 (Poulos 等，1985；Al-Tarhouni 等，2011；Sanin 等，2012) 来实现对现有浓密尾矿库的检测评估。然而，世界上很多地震荷载都会引起浓密尾矿饱和区的振动液化 (Seddon，2007；Li 等，2009)，因此，在触发诱因已经发生的情况下，如何保持浓密尾矿坝稳定，防止其发生流动液化才是研究重点。

根据以上分析可知，流动液化评估是评价浓密尾矿库整体稳定性的重要方面。一般将液化后强度预期值与特定边坡剖面所对应的原应力状态进行对比，并采用无限边坡形式来进行尾矿库稳定性的评估。

4.3.3.3 液化后强度

采用无限边坡稳定性评估法计算安全系数相对简单，然而，如何确定液化后强度评估的起始参数仍然存在不确定性。对于现有尾矿库，可根据现场测试结果利用多种经验方法直接预测液化后强度（Olson 和 Stark，2002；Idriss 和 Boulanger，2008；Robertson，2010），但材料的部分特性往往超出经验关系式的考虑范围，因此上述方法应用还须谨慎。在设计阶段，样品数量较少时可采用以下几法，包括十字板剩余应力测试法（Poulos 等，1985；Robinsky，1999；Seddon 等，1999；Seddon，2007）、临界状态法（McPhail 等，2004；Li 等，2009）和循环荷载测试法（Castro，2003；Wijewickreme 等，2005；James 等，2011；Al-Tarhouni 等，2011）。每种方法都有各自的优缺点，所以进行浓密尾矿库的液化风险评估时，需要寻求专家意见。

4.3.4　地球化学

尾矿对环境的潜在危害主要取决于其酸度、碱度、浸出或氧化敏感性。酸碱度由化学特性决定，浸出敏感性可通过美国 EPA 毒性特征浸出程序（TCLP）和循序提取实验（美国 EPA，1990）进行测定。当尾矿含有硫化物时需要进行氧化敏感性评价，硫化物氧化会产生氢离子、硫酸盐和金属离子，可通过酸碱估算法对氧化敏感性进行评估。

酸碱计数测试法（ABA）程序 Comarmond（2000）是一种静态测试程序，它能够确定样品总的产酸潜力和酸中和潜力，也可用于样品产酸潜力的预测。具体而言，该程序可进行样品 pH 值、产酸潜力（AP）、酸中和能力（ANC）、净产酸潜力（NAPP）和净产酸率（NPR）的测定。酸碱估算程序能同时测定大量的样品，并根据理论产酸能力，将不同样品筛选分配到不同的地球化学组。膏体与浓密尾矿 pH 值是表征其酸碱性的简单参数，它能够体现样品中硫化物和酸中和矿物的即时反应。

酸中和能力（ANC）可以将样品中和硫化物氧化所产生的酸性物质的能力进行量化。测定废弃样品 ANC 的方法有很多，本书选择其中三种进行介绍。这三种方法能估算出“最佳情况”“最差情况”和“最有可能情况”三种状态下的酸中和能力，并具有使用方便、成本低廉的特点。

（1）Sobek 法：样品与已知量的热稀酸混合。

（2）修正 ANC 测定法，样品在室温下与已知量的稀酸混合。

（3）碳酸盐中和潜力（碳酸盐 NP）法，利用样品中的碳含量对 ANC 进行估算。

当样品与热稀酸混合时，可估算出“最佳情况”下的酸中和潜力，因为在最低 pH 值的测试条件下，所有碳酸盐和其他可溶性矿物质都已被考虑在内；基于样品碳含量的测定方法，可估算出“最差情况”下的酸中和潜力，因为仅考虑了碳酸盐，并没有考虑其他矿物质。对大多数尾矿材料而言，总碳含量近似于无机碳（存在于碳酸盐中）含量。然而，对于煤等含碳材料，就需要测定无机碳含量以更好地估算碳酸盐 NP。“最可能情况”下的酸中和潜力是利用室温下样品与稀酸的反应来进行估算的，因为仅考虑了碳酸盐和活性最强的硅酸盐。净产酸潜力（NAPP）是样品产生酸（通过硫化物氧化）的能力与中和酸（即 ANC）的能力之间的差值，如式（4.2）所示。

$$\begin{aligned} \text{NAPP}(\text{kgH}_2\text{SO}_4/\text{tonne}) &= \text{AP}(\text{kgH}_2\text{SO}_4/\text{tonne}) - \text{ANC}(\text{kgH}_2\text{SO}_4/\text{tonne}) \\ &= 30.6\text{S}(\%) - \text{ANC}(\text{kgH}_2\text{SO}_4/\text{tonne}) \end{aligned} \tag{4.2}$$

理论上，NAPP> 0 代表样品具有产酸潜力，NAPP<0 代表样品不具备产酸潜力。

净产酸率（NPR）是样品 ANC 与 AP 的比值，NPR 小于或等于 1 代表样品具有产酸潜力。

4.3.5 侵蚀性

膏体与浓密尾矿堆存侵蚀性的影响因素较多（见第 11 章），虽然坡度与侵蚀度并无直接关系，但坡角是影响侵蚀过程的重要因素。当坡度较小时，流体流动速度较低，坡面受侵蚀的可能性较小，但坡度小意味着坡面较长，坡面容易形成较大的集水区，导致单位面积含水量增加。当坡度大于 80%或小于 5%时，水流不会对坡面产生过多的侵蚀作用（Summerfield，1991），由于膏体与浓密尾矿库的坡面一般小于 5%，所以坡面侵蚀并不严重。由于尾矿库需要保持永久稳定，因此，包括膏体与浓密尾矿库在内的所有尾矿库设计均需要保证库内尾矿堆存体的长期力学完整性，这是实现尾矿库良好管理的重要方面。

材料的剪切强度也会对堆存体稳定性产生重要影响。材料剪切强度的增加，会导致颗粒分离所需的曳力增大，从而降低堆存体表面的剥蚀速率。脱水浓密后的尾矿浆不分层、不离析，尾矿的全部粒径会均匀分布于整个坡面范围内。与粒度分布均匀的尾矿相比，粒度分布范围较大的尾矿可形成更高的浓度，且其吸力值更高，表面剪切强度更大。因此，浓密尾矿堆存体的抗侵蚀能力优于传统尾矿堆存方式。

现有膏体与浓密尾矿库的观测结果表明，在相同的侵蚀条件下（如降水等），侵蚀度受多种因素的影响：

- 剪切强度对侵蚀度的影响：随着坡面剪切强度的增加，颗粒分离所需的曳力增大，侵蚀度降低。

- 坡面长度对侵蚀度的影响：侵蚀度随坡面长度的增加而增加，对于长度大于 25m 的坡面，侵蚀速率与坡面长度之间存在定量关系。

- 坡面角度对侵蚀度的影响：大多数高浓度浓密尾矿堆存坡面较为平坦，

坡面角对侵蚀速率的影响很小。

- 通用土体流失方程（universal soil loss equation，USLE）广泛用于预测土体的侵蚀速率，表征土体侵蚀速率各影响因素之间的关系，风蚀地貌的具体内容请参阅第 15 章。此外，相关替代技术也应用于侵蚀的研究，如模拟长期条件下的侵蚀模型，Osborne 尾矿库利用 SIBERIA 模型预测其长期侵蚀条件（McPhail 等，2004）。

4.3.6 粉尘

膏体与浓密尾矿堆存所产生的粉尘会对农业发展和人类健康造成不利的影响（Blight 和 Amponsah Da Costa，2001）。目前存在多种降低传统尾矿库粉尘产生和扩散的方法，包括采用垂直盛行风向的堆积构造、堆体表面覆盖大块岩石或植被，甚至使用化学除尘剂等。虽然已有尾矿库成功实现了全覆盖式闭库，但仍有大量尾矿库正在遭受粉尘的影响。

抵抗风力侵蚀能力方面，浓密尾矿库比传统尾矿库更具优势的证据不足。研究表明，由于高浓度尾矿抗离析性能较好，全坡面尾矿粒度分布均匀，故易形成较均匀的表面。与传统尾矿库相比，浓密尾矿库抗侵蚀能力大大提高，各尺寸尾矿颗粒紧密结合且相互嵌套，尾矿粒级分布范围越广，吸力越大，侵蚀作用下颗粒分离所需的曳力越大。上述机理虽然仍在研究过程之中，但能够体现浓密尾矿技术的主要优势。

为确保尾矿排放后能够得到充分干燥，浓密尾矿库会留干燥周期，从而提高了粉尘产生的可能性。为此，很多矿山采取了复杂的预防措施，如西澳 Alcoa 浓密尾矿库采用了自动弹出式喷洒器进行降尘，而加拿大 Elkview 矿山则利用喷雾器进行降尘。

随着时间的推移，尾矿库粉尘问题逐渐成为公众关注的热点，因此需要通过资源配置来改善这一问题。开发降尘除尘产品可以带来很大的利润，目前一些公司声称已经生产出了该类产品，但并没有资料和研究表明这些产品可长期有效，所以应谨慎选择。因此，应尽可能采用接近自然形态的技术措施来降低风蚀的影响，如创造可持续性地貌，建造天然材料表层覆盖系统等，而不是使用只能维持一两个季节的化学喷剂。

4.4 本章小结

高浓度尾矿地表堆存技术已经在世界上许多矿山得到应用并取得成功。结合膏体井下充填与地表堆存技术的相关经验，表 4.3 列举了一系列紧密相关的材料特性。表 4.3 中第一列为强烈推荐参数，将对浓密、输送、堆存等一个或多个环节产生重大影响；表中第二列为一般性推荐参数，此类参数会对尾矿库的稳定运行产生一定影响。

表 4.3 浓密尾矿工程中的可量化材料特性推荐表

强烈推荐	一般性推荐
粒度分布（包含-2μm 颗粒的粒度分布）	Zeta 电位
pH 值	阳离子交换量
水质（电导率）	液限和塑限
黏度（包括受剪切速率影响下的黏度变化）	不排水抗剪强度与含水量的关系
剪切屈服应力随固体含量的变化	水分特征曲线
有效应力强度参数（c'、φ'值）	渗透系数
液化灵敏度	浸出动力学实验
固结系数	细颗粒矿物学
缩限	
产酸潜力和酸中和能力（除非明显不必要）	

此列表仅供参考，针对不同项目表中各因素的权重会有所变化，但本表能够为项目可行性分析提供测试依据。

致谢

Richard Lawson 先生负责 2006 版“指南”第 4 章的撰写工作，本章节仍采用了其中的相关材料，在此对 Richard 先生表示衷心的感谢。

作者简介

第一作者
Andy Fourie
The University of Western Australia

Andy Fourie，西澳大学土木、环境与采矿工程学院教授，在矿山尾矿领域拥有超过 30 年的研究经验，主要致力于提高矿山尾矿库的安全性、稳定性及环境可持续性。

合作作者
David Reid
澳大利亚，Golder Associates Pty Ltd

David Reid，高达公司珀斯办公室尾矿高级工程师，在尾矿工程领域拥有超过10年的研究经验，研究方向主要包括实验室土体特性测试，与尾矿库相关的岩土工程勘察、液化及稳定性分析，FLAC和尾矿大应变固结模拟。

5

浆体的化学特性

浆体的化学特性 5

作者
Andrew Vietti
南非，Paterson & Cooke
Mark Coghill
澳大利亚，Consultant

5.1 引言

与土体中黏土结构类似，矿浆内的细粒基质可视为“凝聚态”(“condensed” colloidal system）的胶体系统（Quirk，2003)。引入能量和水可能会引起颗粒的膨胀和分散，形成“分散态”(“dispersed” colloidal system）的胶体系统。在分散状态下，颗粒的表面电荷性质及其相关作用力也可能使系统继续分散（稳定状态）或凝聚（不稳定状态)，在这种情况下颗粒之间重新结合成“凝聚态”(“coagulated” colloidal system）的胶体系统。状态的变化贯穿于从干矿石开始，经选矿/冶炼厂处理后的尾矿浆至浓密后进行地表堆存的全过程，如图 5.1 所示。

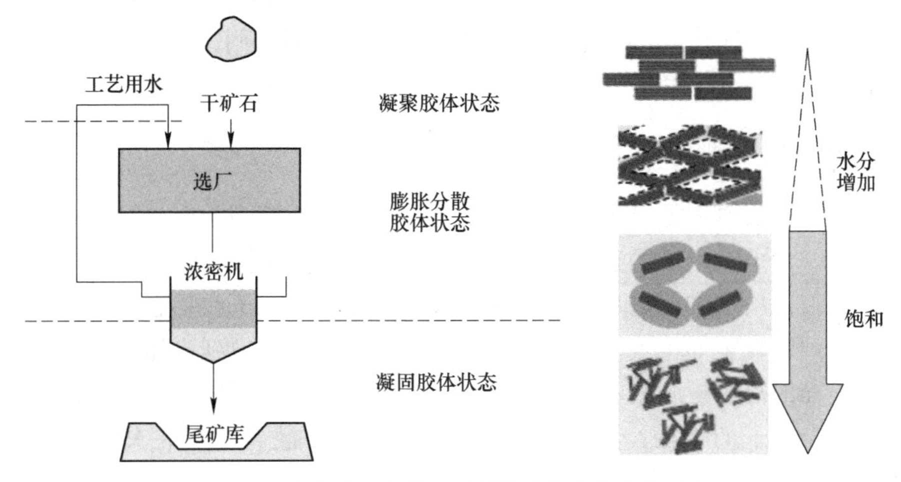

图 5.1　选冶过程中的尾矿颗粒胶体状态变化过程

尾矿的化学特性和胶体特征，是研究尾矿稀释状态（即浓密机进料）和浓密状态（即浓密机底流）行为的基础。

5.2　分散状态胶体系统

分散状态的胶体系统一般分成亲水系统和疏水系统。亲水系统是指包含大分子（如聚合物）的稳定系统。如果分散介质是水，则称为亲水系统。由于大分子物质在水中的溶解度较高，该胶体系统在热力学上是稳定的，只有通过提高温度或增加溶液离子浓度等改变其溶解条件的方式，才能使其从溶液中析出(Gregory，1989)。

疏水系统以具有低溶解度的亚稳态分散体的亚微观粒子为代表，比如矿物土体。粒子表面疏水且在水中热力学性质不稳定，由于受颗粒表面电荷和尺寸影响，颗粒间存在排斥作用，能够防止颗粒相互接触，因此该类系统在动力学上可能是稳定的。

大多数矿物的尾矿属于这一类，可根据颗粒表面电荷产生的原因将其定义为三组：

黏土矿物：黏土晶体结构存在缺陷（即同晶替代）导致颗粒表面产生负电荷。但奇怪的是，在分散的疏水性胶体系统中该类电荷产生机制是较罕见的（Devlin，1975；van Olphen，1977)。

卤化物矿物：在盐类矿物（硫酸钡、碘化银等）胶体游离的晶格离子将优先吸附到盐晶体，从而在固体周围形成一个带电的含水层。该带电层被一团积聚的带相反电荷的离子中和，继而形成围绕固体颗粒的双电层。

氧化物矿物：在氧化矿物胶体表面（或在黏土晶体边缘）的电荷由颗粒吸附 H^+或 OH^-离子产生。与卤化矿物表面电荷产生机制不同，氧化矿物颗粒表面吸附的定位离子与固体晶格离子不同。

5.2.1　疏水胶体理论

扩散双电层模型是描述疏水胶体系统的通用理论模型。假设在悬浮液中的颗粒获得一定电荷密度的正负表面电荷（通过上述机制），而液体获得等量相反电荷，液体所携带的电荷由液相离子携带，则液相离子在动态平衡作用下被静电吸引到颗粒表面，或由于热量扰动而由颗粒表面扩散到本体溶液中，最靠近颗粒表面的离子被吸附在固定的层位，从而形成 Stern 双电层（δ），其厚度为一个水合离子的半径；其余的离子从粒子表面扩散离开并进入低电位（ψ）的本体溶液。

在流体动力学中胶体颗粒沿着电位滑动面剪切远离扩散离子云，此电位被称为 Stern 电位，或 Zeta 电位（ζ）。

分散状态胶体粒子系统中，扩散双电层的电荷特性受两个因素影响，分别是表面电位的大小（作为ζ电位）和扩散层厚度或范围，两者决定了相互靠近颗粒产生作用的临界距离。

5.2.1.1　表面电荷电位

对于表面电荷由内部晶体缺陷决定的胶体粒子（黏土），Stern层的表面电位降（ζ电位）变化很大，受pH值、吸附的反离子的性质、液相离子强度等多因素的影响。在大多数情况下，Stern层的反离子可称为中性离子。然而在某些情况下，部分种类吸附的反离子可以由共价键或在更接近粒子表面的位置进行键合（内Helmholtz面）。此时Stern层的电位降比在前一种情况大得多，因此用较低的ζ电位进行表示（图5.2）。

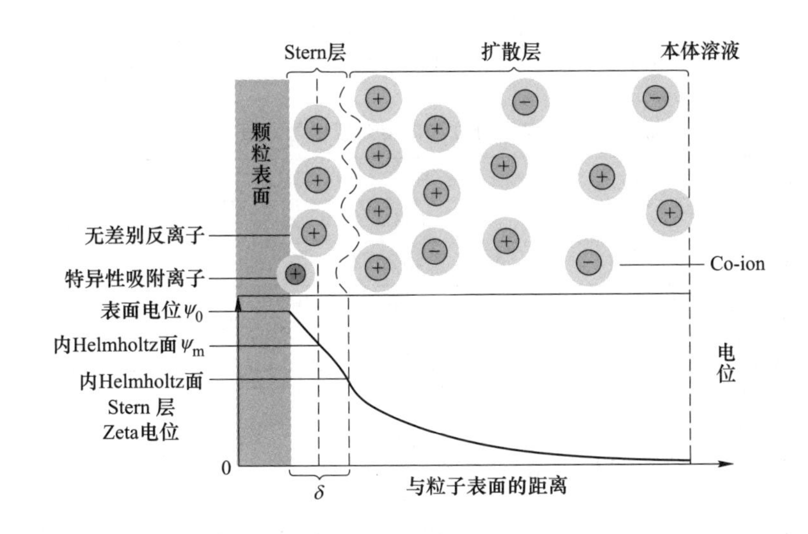

图5.2　疏水胶体体系的扩散双电层模型

最后，可能出现特异性吸附离子携带过量表面电荷的情况（多价离子）。在这些情况下，该离子可倒转ζ电位的电性，可能会发生表面电位的逆转(图5.3)。

5.2.1.2　扩散层厚度

扩散层的电位降或扩散层厚度取决于电解质浓度和阳离子在介质中的原子价态，如表5.1所示。在相同浓度下，与单价阳离子相比，二价阳离子能够更有效地压缩扩散层。该效应对于胶体粒子相互作用具有深远的意义。

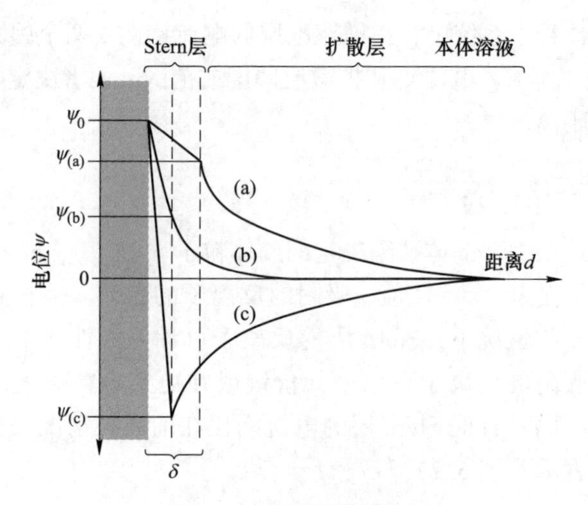

图 5.3 表面电位分布

（a）低离子浓度；（b）高离子浓度；（c）特异性吸附离子

ψ_0—表面电位；$\psi_{(a)}$—Zeta 电位；$\psi_{(b)}$—内 Helmoltz 平面电位等电电荷；$\psi_{(c)}$—内 Helmoltz 平面电位反电荷

表 5.1 阳离子价位和浓度对双电层厚度的影响

阳离子浓度/mmol · L^{-1}	双电子层厚度/Å	
	一价阳离子	二价氧离子
0.01	1000	500
1.0	100	50
100	10	5

注：1Å = 0.1nm。

5.2.2 疏水胶体粒子相互作用

Derjaguin Landau Verwey 和 Overbeck（DLVO）理论可用于描述分散状态的疏水性胶体体系相邻颗粒之间的相互作用，其稳定性受范德华引力和邻近颗粒间的扩散双电层排斥力作用影响。相互作用很大程度上取决于扩散双电层排斥力的大小和密度，而大小和密度由溶液电解质性质和浓度决定。

在低电解质浓度时，势垒（net potential energy barrier）使得颗粒无法聚合从而保持分散状态。在中等浓度的电解液中，势垒高度降低，颗粒可在二次极小值下保持弱凝聚状态（图 5.4）。当分散离子含量增加到势垒消失点时，粒子将自发凝聚。此离子浓度称为临界混凝浓度（the critical coagulation concentration, CCC）（Gregory，1989）。

分散胶体的 CCC 值取决于电解质的化合价和电荷密度。混凝能力主要取决于与胶粒带相反电荷的电解质离子价数，在大多数情况下，CCC 值与加入体系的

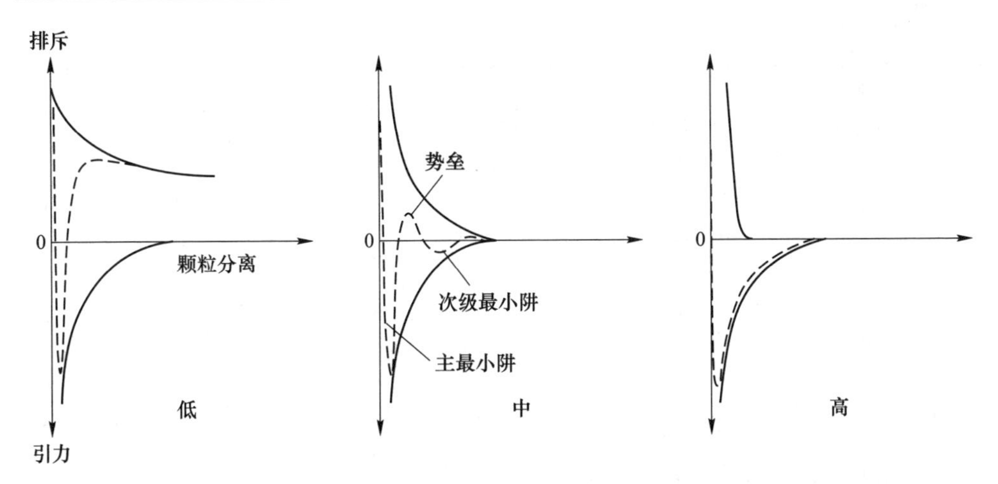

图 5.4 悬浮液中两种颗粒在三种电解质浓度下的势垒曲线

电解质的六次方成反比，该现象称为 Schaltz-Handy 规则。如，对于被 Na^+、Ba^{2+} 和 La^{3+} 絮凝的胶乳分散体的 CCC 值，其比例为 1∶0.014∶0.0014(Gregory，1989)。

另外，分散体的 CCC 值可在相同价数的反离子之间变化。例如在 $Li^+>Na^+>K^+>Rb^+>Cs^+$ 中，各种碱金属阳离子的临界混凝浓度值降低。该现象称为感胶离子序，是基于水合反离子的大小差异及其对 Zeta 电位的影响（Gregory，1989）。

5.3 黏土矿物特性

由于矿体不同，尾矿中所含矿物种类较多，并含有大量的细粒黏土矿物。黏土悬浮液胶体的化学性质非常敏感，因此，从浓密到输送排放环节，其特性将直接影响膏体浆体的各个方面。下面对黏土矿物进行详细的讨论。

5.3.1 黏土的分类和晶体结构

根据粒径大小，黏土（或层状硅酸盐）通常指浆体内部粒径在 2μm 以下的颗粒。但必须区分黏土尺寸颗粒和真正的黏土矿物（Fourie，2002)。根据晶格结构不同可将黏土分为两大类：第一类是 1∶1 型黏土，由一个单面八面体层组成，并与一个硅氧四面体层结合在一起，其典型代表是高岭土；第二类是 2∶1 型黏土，由四面体片层中间夹着中央八面体片层组成，其典型代表是蒙脱石。黏土根据晶体结构特征和电荷特性可进一步分为八大类（表 5.2)。

表 5.2 层状硅酸盐（黏土）的分类（Brindley 和 Brown，1980）

结构单元层型	族	亚族	种
1∶1 层型	高岭石-蛇纹石族 (x-0)	蛇纹石亚族 高岭石亚族	温利蛇纹石、叶蛇纹石、 高岭石、地开石、珍珠石

续表 5.2

结构单元层型	族	亚族	种
2∶1层型	滑石-叶腊石族 (x-0)	滑石亚族 叶蜡石亚族	滑石、叶蜡石
	蒙皂石族 (x-0.2~0.6)	皂石亚族 蒙脱石亚族	皂石、锂皂石、苏云石、蒙脱石、贝得石、囊脱石
	蛭石族 (x-0.6~0.9)	三面体蛭石亚族 二八面体蛭石亚族	三面体蛭石、二八面体蛭石
	云母族 (x-1.0)	三面体云母亚族 双八面体云母亚族	金云母、黑云母、橄榄岩、白云母、钠云母
	脆云母族 (x-2.0)	三面体脆云母亚族 双八面体脆云母亚族	绿脆云母、钡铁翠云母、珍珠云母
	绿泥石族 (x-任意值)	三八面体绿泥石亚族 二八面体绿泥石亚族	斜绿泥石、鲕绿泥石、镍绿泥石、片硅铝石
	坡缕石-海泡石族 (x-任意值)	海泡石亚族 坡缕石亚族	海泡石、丝硅镁石、坡缕石

第一类1∶1型的高岭石型黏土（高岭土），其四面体二氧化硅和八面体氧化铝（三水铝矿）材料通过范德华力和氢键连接在一起，并与二氧化硅四面体和相邻的八面体氧化铝形成公共层，从而允许硅和铝原子共享氧原子。因此高岭土具有两个不同的基底面表面，其中一个硅氧烷表面由惰性的Si—O—Si连接，另一个表面由八面体Al—OH基连接，导致其表现弱酸性和其他基础特性(图5.5)。

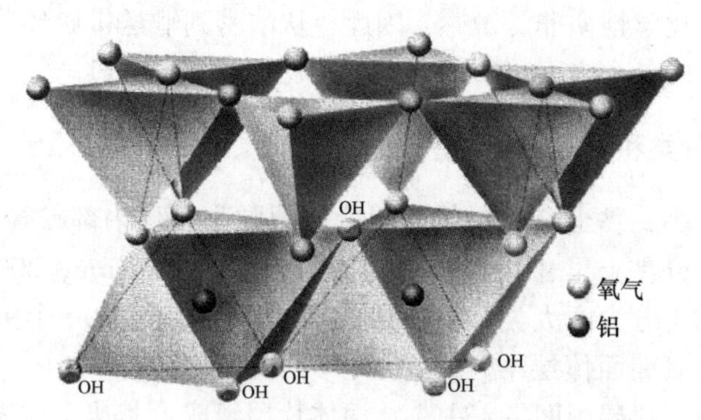

图5.5　高岭土的晶格结构（Klein 和 Hurlbut，1993）

基于黏土颗粒晶格的特定布置方式，蒙脱石为2∶1型黏土（van Olphen，1977）。晶体晶格由单一八面体三水铝石层（如果中心原子是Al^{3+}）组成，其夹在2个硅氧四面体层之间（Klein 和 Hurlbut，1993）（图5.6）。

受晶体结构的影响，黏土矿物通常表现为软的、片状形态，或是叶片状、针

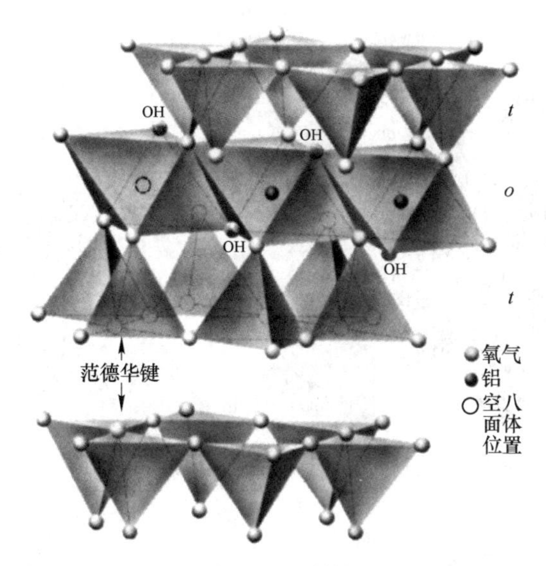

图 5.6　典型 2∶1 型黏土矿物的晶格结构（Klein 和 Hurlbut，1993）

状或板状的形状。多达 50 个独立晶体层（或薄片）相互层叠形成胶体尺寸的黏土类聚团或颗粒，从而形成土体和浓密浆体内部的基础结构，如图 5.7 所示蒙脱石黏土（Tuller 和 Or，2003；Tessier，1990）。

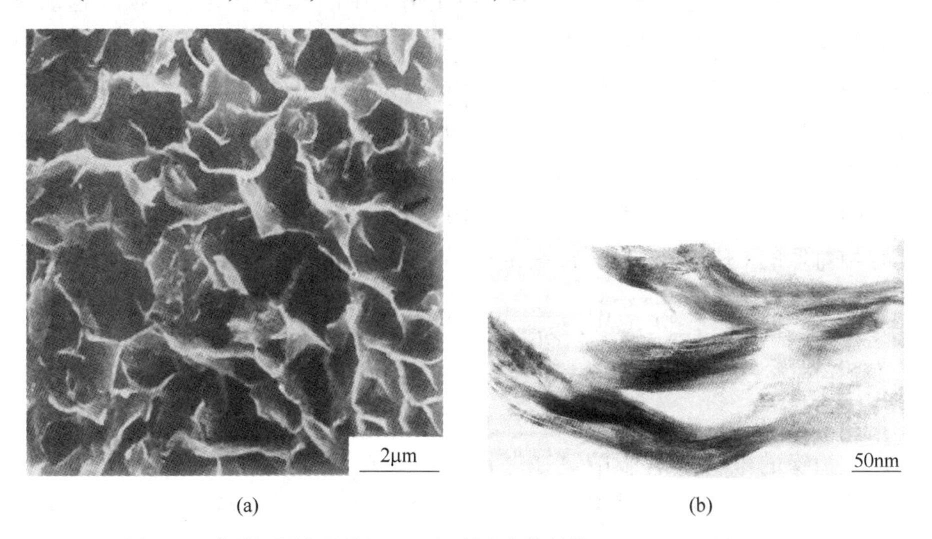

图 5.7　蒙脱石聚团颗粒(a) 和聚团片状结构 (b)(Tessier，1990)

高岭石晶体比蒙脱石黏土大，通常表现出扁平的六边形板状结构（图 5.8）。类似地，高岭石晶体层可以被堆叠成聚团（或像书一样多层的样子），有时高达几十微米厚(Meunier，2005)。

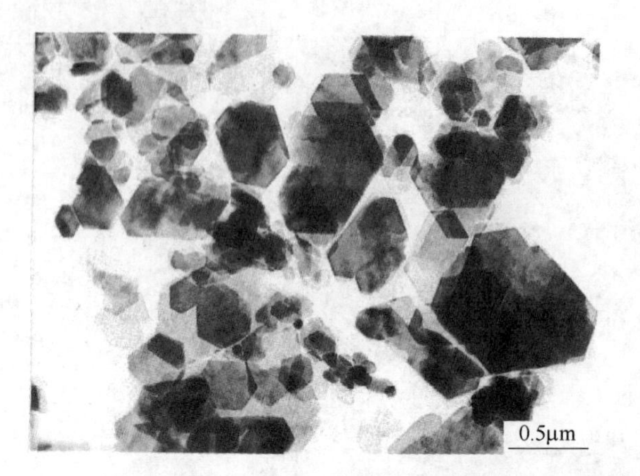

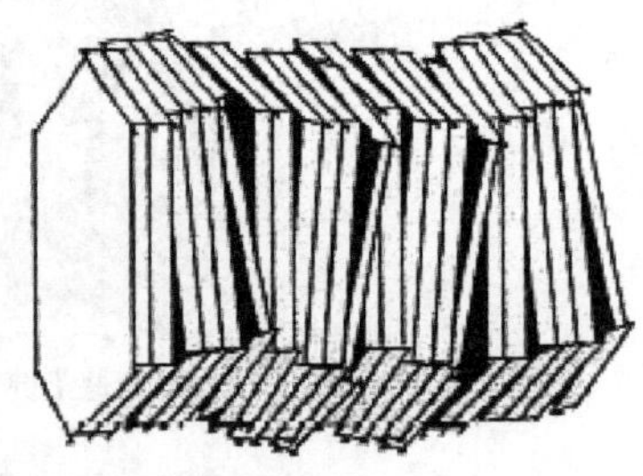

图 5.8　高岭石黏土晶体与聚团（Klein，2002；Meunier，2005）

5.3.2　黏土颗粒表面电荷

黏土表面电荷性质的不同是黏土晶格结构不完善的外在表现。现有原子被另一个低价原子同晶替代（例如八面体中 Mg^{2+} 取代 Al^{3+}）引起过量的负电荷，该负电荷分布在粒子表面。过量的负电荷通过阳离子吸附到晶格的外表面来进行电荷补偿。在水化条件下，补偿阳离子可以由溶液中的其他阳离子交换，这取决于它们与晶体表面结合的程度。因此，可称为交换阳离子，其浓度可表征晶格电荷或黏土的阳离子交换量（cation exchange capacity，CEC）。由于蒙脱石黏土通常具有非常大的表面积（40~100m^2/g），并具有相当高的表面电荷密度（10μC/cm^2），故黏土的 CEC 是高于土体的 70~100 毫当量/100g。另一方面高岭石黏土是典型的大尺寸颗粒，其表面积较小（10~30m^2/g）；其表面电荷密度较低，因此具有相对低的 CEC，在 3~5 毫当量/100g（van Olphen，1977；Grim，1968）。

$$\mathrm{Si—OH_3^+} \underset{\mathrm{OH^-}}{\overset{\mathrm{H^+}}{\rightleftharpoons}} \mathrm{Si—OH} \underset{\mathrm{OH^-}}{\overset{\mathrm{H^+}}{\rightleftharpoons}} \mathrm{Si—O^-}$$

酸性　　　　中性　　　　碱性

正电荷　　　电荷零点　　　负电荷

黏土边缘的电荷显著影响尾矿浆的行为。在饱和含水率下，羟基（—OH）基团与蒙脱石/高岭石黏土边缘暴露的硅和金属原子缔合。因此，黏土粒子边缘的电荷受环境 pH 值的影响显著。在酸性条件下，—OH 承载基团质子化以携带整体正电荷，使得粒子边-面相互作用，从而导致粒子聚集并在重力作用下沉降。随着 pH 值的升高，—OH 基团将去质子化，直到达到总边缘中性点。该 pH 值称为黏土晶体边缘的电荷零点（zero point of charge，ZPC）。pH 的进一步增加，将导致—OH 基团的完全失质子化，直至总负电荷占主导地位，从而使黏土颗粒由于负粒子排斥力而保持胶体分散状态。

因此，泥浆中悬浮的黏土颗粒之间相互作用复杂，且受黏土类型、水化学和浆液pH值等因素的影响，如图5.9所示的高岭石黏土颗粒（Wang和Siu，2006）。

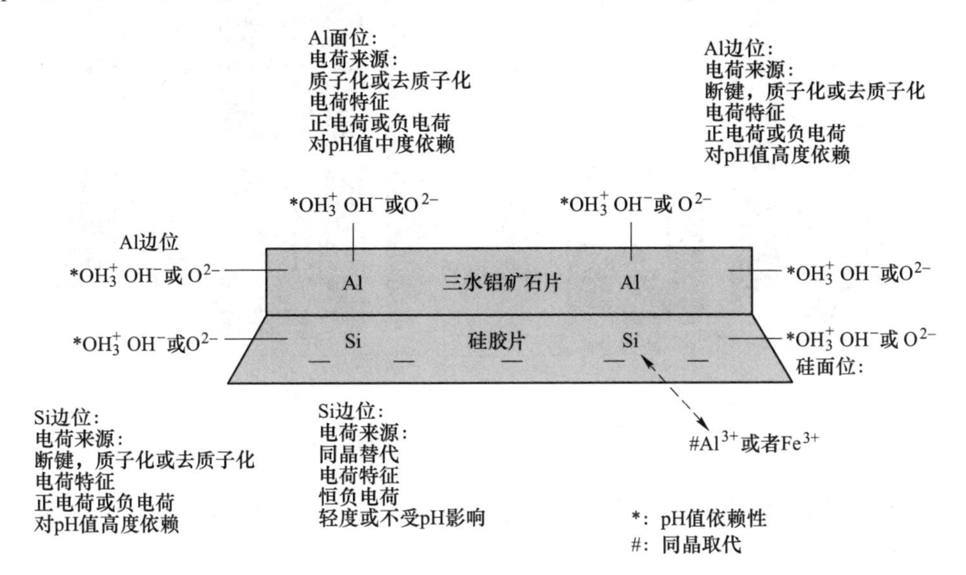

图5.9 高岭石黏土的表面电荷性质（Wang和Siu，2006）

5.4 黏土泥浆特性

上节主要阐述胶体系统中亚微观级的粒子电荷及其影响因素。本节介绍微观尺度因素在宏观层面上影响尾矿浆的行为特征。

土壤科学家早已认识到盐类对农业土壤中黏土成分可能产生有害影响。因此开发了对该类土壤进行识别和处理的诊断系统，测量土壤和灌溉水的化学成分，确定水对土壤的潜在危害（Richards，1969）。该诊断系统主要研究影响黏土对土壤中胶体性质的三个重要机制，通过扩大其应用范围，可用来检测尾矿中黏土矿物的影响机理。

5.4.1 悬浮黏土阳离子交换状态

黏土浆体内钠离子的交换性质可用悬浮液交换性钠百分比（exchangeable sodium percentage，ESP）进行表征，从而为浆液中与黏土结合的钠离子量或碱度提供了表征方法。具有较高ESP值的黏土浆体，往往是碱性较高和呈胶体状分散的，而较低ESP值的黏土浆体倾向于自然混凝和沉降（图5.10）。

与矿石接触的选矿厂水的化学性质也是重要的影响因素。选矿厂水化学性质在确定黏土ESP值中起重要作用。钠吸附比（sodium adsorption ratio，SAR）是

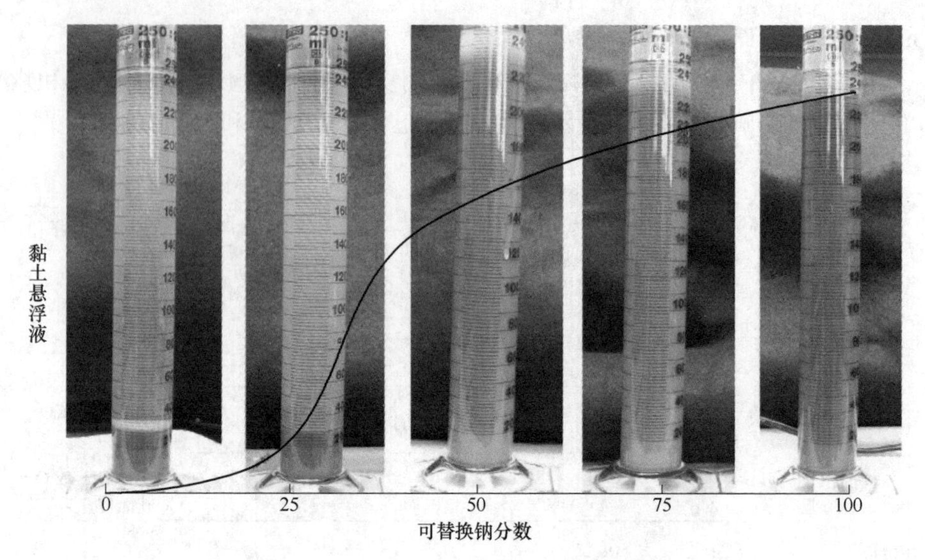

图 5.10　碱度升高对黏土浆体分散行为的影响

钠离子与钙离子和镁离子水溶液的比率，数据来源于选矿厂水化学分析（meq/L），计算方法如下：

$$SAR = \frac{Na^+}{\sqrt{(Ca^{2+} + Mg^{2+})/2}}$$

由于处理水的 SAR 值与其中悬浮的黏土的 ESP 值之间有较好的关联性，SAR 值可用于确定选矿厂水质量是否可能产生钠离子交换程度高的黏土浆体，从而确定该浆体的沉降性能。

5.4.2　悬浮液的 pH

如 5.3.2 节所述，悬浮液的 pH 对黏土颗粒边缘相电荷产生较大的影响。当 pH 值在黏土边缘 ZPC 值以下时，可能发生颗粒间的边-面作用，导致粒子聚集并在重力作用下沉降。当悬浮液 pH 值高于 ZPC 时，黏土颗粒由于表面负电荷排斥力保持分散。近晶黏土悬浮液的 pH 值与胶体类型关系曲线如图 5.11 所示，其中黏土颗粒胶态分散发生在 pH 8~10 之间；当 pH 值低于或高于该范围时，颗粒产生边-面引力并发生重力沉降。

在低 pH 值下，高岭石板基底表面所带的负电荷和结构边缘所带的正电荷之间的吸引力产生大量的边-面“纸牌屋”（house of cards）三维聚集结构。电解质的存在，可使其形成海绵状的半胶体凝胶，从而抑制脱水性能。当 pH 值在 7 以上时，高岭石板状结构更易表现为整体负表面电荷和较大的负 Zeta 电位（即厚电双层），产生分散颗粒的斥力，造成颗粒不易沉降。然而，薄片状颗粒的面-面方向更紧凑，故导致形成的聚集结构趋于致密。

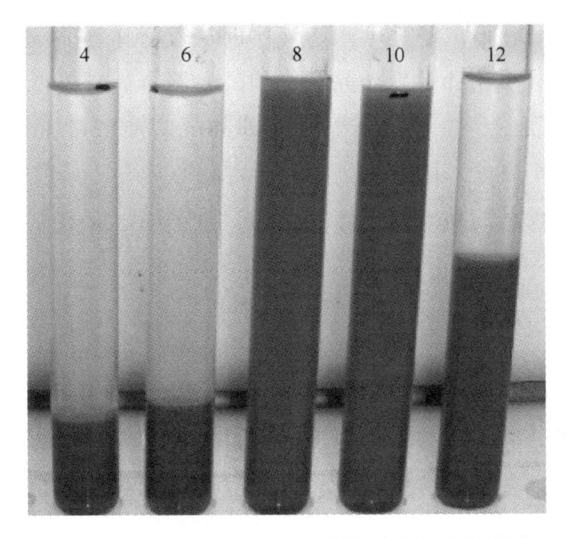

图 5.11 悬浮液 pH 对黏土浆体分散行为的影响

5.4.3 悬浮液离子浓度

影响低浓度黏土悬浮液分散行为的第三个且是最重要的因素是悬浮液的绝对离子浓度。可通过测量浆体提取物的电导率来检测浆体液相电解质浓度。电导率用于表征尾矿中的盐度或自由水溶性盐量，单位为毫秒每厘米（ms/cm）。

在低离子浓度下，浆体可能由于双电层斥力而保持分散，阻止悬浮颗粒相互作用。在高离子浓度下，超过悬浮液 CCC 值将导致颗粒聚集和沉降，蒙脱石型黏土沉降过程如图 5.12 所示。

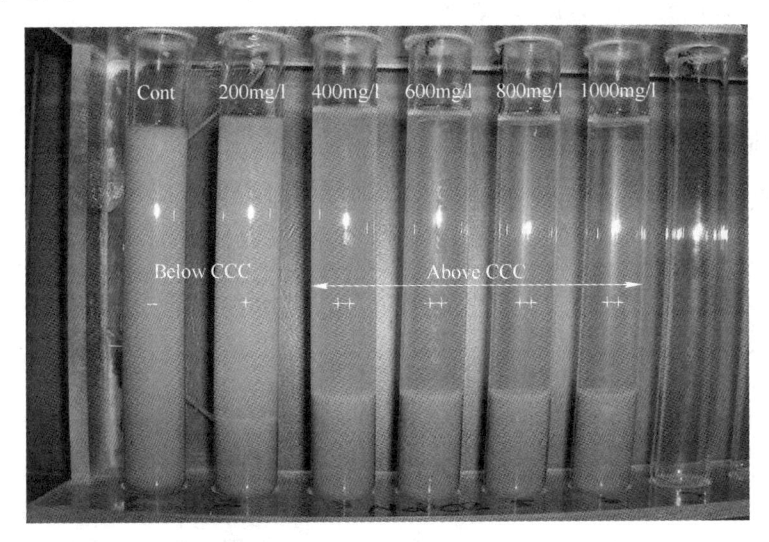

图 5.12 盐度增加对黏土浆体分散行为的影响

高岭石黏土分散在低离子强度水溶液中时，其等电点通常在低 pH 条件下获得。然而，对于部分风化和发生同晶替代的高岭石，其等电点可能难以测定。

高岭石黏土分散在高盐水溶液中时（即高电解质浓度下），双电层被压缩，斥力减小，颗粒发生凝聚。因此，高岭石悬浮液在高 pH 条件下可获得第二等电点。对于沉降性能较差的高岭石浆体，添加二价钙离子能够促使颗粒凝聚并提高沉降速率。

5.5 黏土浆体性质调节和絮凝

为了提高运营期间的固液分离效果，在添加絮凝剂的情况下应对浆体的 pH 值、离子强度和成分进行调控。高分子量絮凝剂将悬浮液中的黏土颗粒桥接，改善沉降速率。然而，在添加絮凝剂之前应确定黏土的自凝聚絮团结构对沉降与固结行为的影响。

通过对浆体化学特性（pH 值、电解质的类型和浓度）、剪切历史、溶解气体含量等因素的调控可以将颗粒接触方式由松散的边-面“纸牌屋”三维结构调整为面-面接触的致密堆积体，从而提高絮团沉降速度和浓度。因此，为了提高固液分离效果，必须对预先存在的自凝聚絮团结构进行优化。

研究表明，预处理作业也可用于煤尾中的蒙脱石和高岭石黏土的处置，中性或高 pH 的选矿条件易引起沉降和固结问题。例如，Min 等（2013）和 de Kretser（1995）讨论了高价阳离子对降低高岭石 ζ 电位、减少金属羟基物质的吸附、防止初始溶胀、为阳离子充分交换创造环境等方面的内容。因此，高价阳离子的加入可以改善煤尾矿脱水和流变行为。

聚丙烯酰胺絮凝剂通过与硅氧烷基表面的疏水作用吸附到黏土颗粒上，并与边-面基团形成具有 pH 依赖性的氢键（Taylor，2002）。因此，聚丙烯酰胺絮凝剂的有效性取决于聚合物的电荷、水溶液的 pH 值和离子强度。吸附速率也受黏土有效表面积和固体浓度的影响。通常，增加浆体固体浓度会降低吸附速率，因为黏土颗粒的存在阻碍了聚合物与颗粒表面的接触过程。

5.6 浆体测试

选矿厂一般将不同年代、类型、物理特性的矿石进行混合处理。可通过多项地质参数来表征选厂给料的物理特性。然而，矿石经过破磨、化学处理和分离等多工艺流程处理后，产生了大小、形状、表面积、孔隙率、成分和表面化学性质迥异的不规则颗粒。当颗粒尺寸降低到临界值后，原表征参数将不再适用，需要采用新的特性参数（液相导电性、颗粒形状、表面积、疏水性等）对浆体性质进行定义和表征。因此，需要进行浆体、固体和液体各相的相关参数检测，如表5.3所示。

(1) 浆体的固液相性质；

(2) 通过改变固相和液相性质或加入另一种外加剂时，检测浆体的反应；

(3) 对固液分离、泵送和尾矿存储等设施进行设计、优化和监测。

进行浓密机溢流和尾矿库泌水质量检测和监控，以确保水质符合上游选矿流程与库内排放要求，并对关键特性的演化趋势（如盐度）进行跟踪，以落实整改措施。

表 5.3 浆体、固相、液相检测内容

浆体	固相	液相（水）
一般检测内容		
电导率 密度 粒度分布 pH 流变特性 固体（体积）浓度	密度 矿物特性 粒度分布	电导率（离子强度） 密度 溶解固体 pH 悬浮物 浊度
深入研究时附加检测内容		
颜色	磨损性 摩擦系数 颜色 疏水性（即吸附特性） 颗粒形状 颗粒表面积 孔隙率 强度 表面电荷	磨损性 摩擦系数 颜色 疏水性（即吸附特性） 颗粒形状 颗粒表面积 孔隙率 强度 表面电荷

5.6.1 颜色

虽然尾矿库形貌、尾矿浓度和浆体颜色（外观）等参数通常不作记录，但却有助于现场人员了解工艺的变化情况并做出对应的调整。如黏土导致泥浆颜色变化时，可采取改变浓密机絮凝剂单耗、提高混凝剂单耗等措施应对。

然而，视觉颜色的评价取决于现场人员的经验水平、光线和观察条件。在正午阳光下与晚上荧光灯下观察到的浆体颜色不同。使用实验室在线反射计（或分光光度计）可以获得精确结果，仪器应使用已知光谱的光源，在受控条件下测量样品的反射光。

5.6.2　矿物组成成分

利用X射线荧光光谱（XRF）技术来检测固相的化学成分，利用X射线衍射（XRD）技术来确定矿物的含量，通过SEM技术与X射线能量射谱（EDS）技术来识别矿物的类型。

根据液体的组成，可使用滴定、电化学、光谱和色谱技术来检测阳离子和阴离子、微量元素和同位素、挥发物（溶解气体）、有机物质和营养物等物质的含量。实验室常采用电感耦合等离子体发射和质谱分析法检测，能够检测除碳、氢、氧、卤素和氮等以外的元素。此仪器使用等离子体将分子分解成单独元素并通过发射可见光和紫外光测得。该技术还可用于检测气体样品、溶解于酸溶液或气化溶液的固体样品。

5.6.3　电导率

浆体和工艺水的电导率可在实验室检测。施加恒定电压使溶解离子在两电极间移动，使得电荷流过液体，由于电流与溶解离子浓度成正比，因此，利用导电探针可测量总溶解固体（TDS）含量，应针对不同种类的盐离子选择电极。

提高浆体固体浓度和黏度可降低电极间的离子迁移率，从而降低电导率的测量值。因此，为确保结果的准确性应将液相分离出来，需在标准温度和压力下测量。

5.6.4　密度

选矿工程师利用浆体湿质量除以体积计算浆体密度（湿密度）。然而，岩土工程师更喜欢使用干密度，即固体干燥质量除以饱和浆体样品的体积。因此，浆体样品的干密度小于1t/m^3是可能的。表征方法的不统一易造成一些误解。

业界使用的其他密度包括以下几个：

- 比重或相对密度，无量纲，定义为在标准温度、压力下液体或固体密度与水的密度之比。详见第4章。
- 堆积密度用来描述多孔材料、土体和骨料的堆积体积。将样品填充容器并振动，近似获得最佳填料密度。传统方法检测容器自由落下后的密度，因此又称振实密度。
- 绝对密度等于材料重量除以外观体积减去开口孔隙的净体积。

样品质量和体积的准确测量是各定义的基础。测量技术如下：

- 比重瓶是确定体积的玻璃容器。液体密度通过称量比重瓶充满前后的重量差计算。

• Marcy 天平用于测量浆体的固体浓度，受到广泛应用。仪器结构包括称重秤和量规。在秤上悬挂给定容积的容器，用量规标定已知固体密度的浆体浓度。该方法易产生操作误差，特别是在测量快速沉降和非常黏稠（糊状）浆体时。

• 水银孔隙率法，使用方法是：将样品浸入汞中，测量不同压力下汞的体积，从而确定固体样品的总体积和孔隙率。

虽然样品质量可以在一定精度下测得，但样品体积值难以准确获取。一般采用如下间接方法检测。

• 比重计，一种长颈灯泡状称重玻璃器皿。液体比重计浸入浆液中，颈部刻度显示浸入深度，从而测得液体密度。浮力法已实现在线检测，用于监测浓密机运行过程中压缩和过渡区的深度。方法是：将比重计（容器）加重后安装在绳索上沉放至指定位置进行检测。

• 实验室振荡 U 形管，通过测量已知体积样品在管中的振荡阻尼来确定液体和浆体的密度。

• 科氏力质量流量计，通过检测浆体流经振荡管引起的相移和振荡频率来测量浆体的质量流量和密度。

• 在线放射性吸收密度仪发射的 γ 射线或 X 射线束，在穿过管道壁和浆体时部分射线被吸收，管道对侧的接收仪检测信号衰减，计算浆体密度或固体浓度。

• 微波相位差仪测量原始波和通过浆体的波之间的微波的相位差，不受流速、污染物或气泡的影响。

密度检测方法受到多种因素的影响，常见的问题包括：

• 不要在管道垂直段安装直管仪器，仪器安装位置应距管道弯曲段、阀门、限制或直径变化段保持适当的距离。

• 高浓度浆体具有较高的屈服应力和黏度，影响比重瓶和比重计的测量精度，并且无法在 U 形管和科氏力质量流量计中产生明显的振荡。

• 浆体温度可以改变体积和流变性。因此，应在标准温度下进行检测。

• 浆体表面张力可以影响比重计、比重瓶和 Marcy 天平测量精度。

• 固体存在表面气体或孔隙结合气体。

5.6.5 颗粒大小、形状和表面积

尾矿粒度分布（特别是较细的粒级）对浆体的剪切、压缩流变以及絮凝沉降行为影响显著。例如，终端沉降速度因粒径的减小而降低。如，比重为 2.7 的

球形颗粒稀释悬浮液，利用Stokes定律计算出直径为10μm和100μm的颗粒的沉降速度分别为0.3m/h和33.3m/h。

颗粒粒度检测方法包括以下几类。

(1) 颗粒粒度物理检测法。例如：

• 湿筛法和干筛法是由多项国际标准规定的传统检测技术，常用于测量不规则形状颗粒的最小直径，具体检测方法在第4章进行了介绍。尽管采用10μm筛孔筛分矿样是可行的，但由于时间和成本限制，很少采用筛分法测量小于38μm矿样的粒径。

• 沉降法粒度检测仪的基础是Andreason移液管法。通过检测液体中沉降过程中浓度的变化，利用修正后的Stokes定律预测颗粒尺寸。

• 水力旋流粒度检测仪，包括5个装有不同进口和出口直径的水力旋流器，串联安装，并在不同压力下运行。水力旋流将样品划分成不同尺寸，并将其干燥称重。虽然该技术较成熟，可生产适用于显微镜检测的样品，但检测结果易受筛网的尺寸和固体比重差异的影响。

• 电气感应区技术。仪器通过测量悬浮颗粒通过扭曲电场的小孔时产生的脉冲来确定颗粒大小。检测到的电脉冲与粒子的体积成正比。

(2) 粒度成像技术，其中包括摄影、显微镜、全息粒子图像测速。

(3) 光、声和辐射散射方法。例如：

• 光散射技术（也称为光电子关联、动态光散射和准弹性光散射）。该技术是指悬浮在水和空气中的颗粒物对单色或连续色谱光束产生散射作用，并由信号接收器检测散射后的干涉图像来进行颗粒尺寸的计算。

• 光反射技术是光散射技术的变体，通过在浆体中将聚焦光束进行旋转来测量颗粒的大小。当颗粒通过探头时，光被反射回来，通过反射的长度计算粒子弦长。

• 超声技术测量声波通过浆体后的衰减来检测颗粒的粒度。颗粒浓度（质量或体积）会使声波有规律的衰减。

检测方法的多样性提高了球形与非球形颗粒尺寸分布规律对比的可行性。然而，对于不规则颗粒的检测结果仍存在较大误差。例如，通过光学法和沉降法均可测量球形颗粒的平均直径。相比较而言，筛分法往往用于测量不规则颗粒的最小尺寸。因而光学法和沉降法的粒度检测结果往往大于筛分法。

样品制备方法会影响粒径分布检测结果。改变液相pH或溶解盐的浓度，进行稀释、干燥或混合样品等操作均可改变颗粒间的相互作用，使其分散或团聚。如图5.13所示，当浆体受到机械剪切作用时，打破了已存在的弱结合颗粒团聚体，从而改变铁尾矿颗粒尺寸分布。

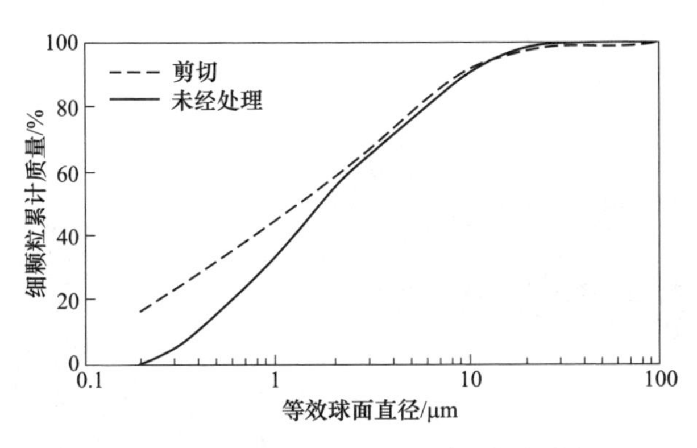

图 5.13 铁矿尾矿机械剪切前后粒度分布

各检测技术可获得粒子的数量、过筛当量直径、等效球体质量、等量球体、当量球体表面积、等效球体直径、空气动力学直径、体积直径、表面体积直径、流动直径或弦长等颗粒参数。参数之间的换算比较困难，如果都用简单的颗粒直径或半径来表征复杂的参数容易产生歧义。因此，需要精确测量尺寸分布范围较大的非球形颗粒，或者比较不同测量技术的测量值时需要具备谨慎的态度和丰富的经验。

矿物颗粒很少呈规则的球形。例如，高岭土颗粒通常具有板状六边形或假六边形晶体结构，具有较高的长宽比，也可表现为弯曲和卷曲（棒状）形状（图 5.14）。颗粒形状从球形变为薄片状或杆状会增加剪切黏度和剪切增稠行为。除了宏观形状外，在高浓度下浆体的流变特性也受颗粒表面结构的影响（图 5.15）。

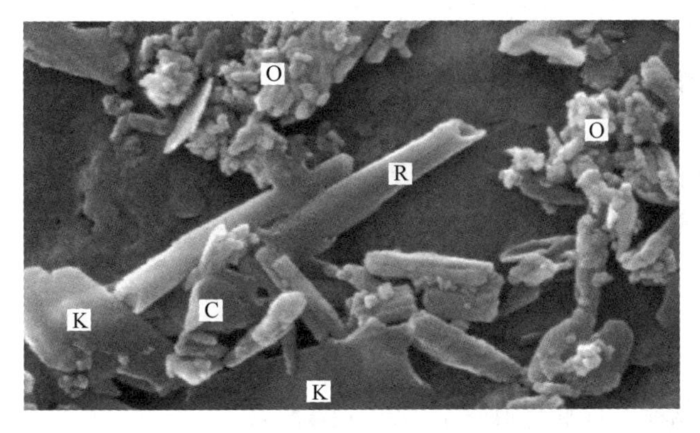

图 5.14 尾矿样品的 SEM 图像

K—扁平状高岭土颗粒；C—弯曲形高岭土颗粒；R—管状高岭土颗粒；O—氧化铁颗粒

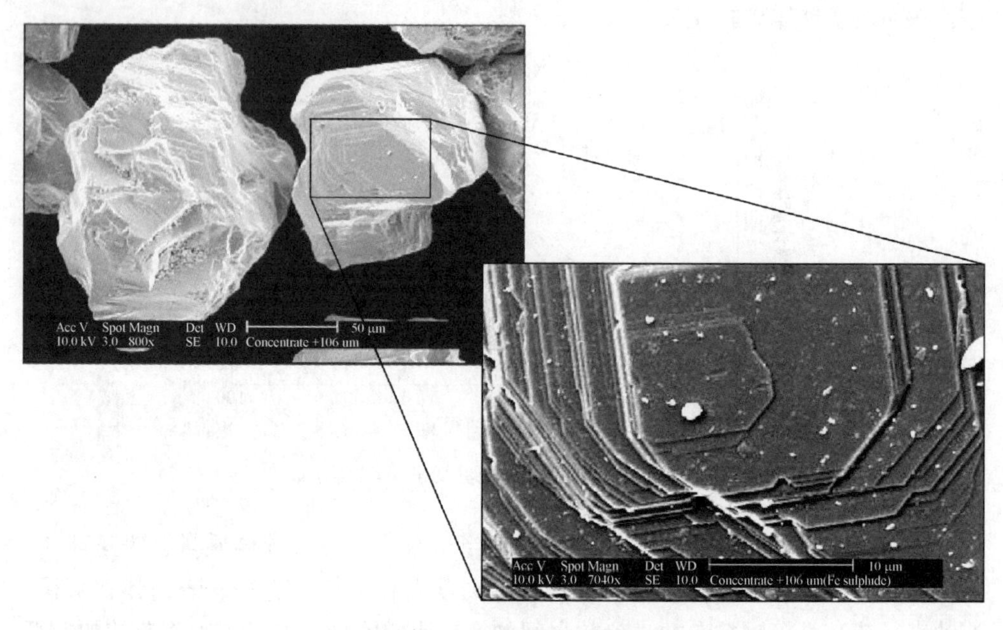

图 5.15　铜尾矿颗粒的非光滑表面

矿物颗粒越小表面积越大。如，粒径从 100μm 减小到 10μm，重量相同时表面积增加 10 倍。因此，细颗粒的含量影响浆体的外加剂用量、沉降和流变行为。传统的表面积测量技术包括：

- 光学、扫描和透射电子显微镜成像。
- 布鲁诺、埃米特和泰勒（Brunauer，Emmett and Teller，BET）检测仪和汞孔隙仪。BET 检测仪通过测量注入氮气的实际压力和理论压力之间的差值来测量吸附氮的含量。在不同氮气剂量下，样品更接近单层氮气覆盖，并计算表面积和孔径。汞孔隙仪施加压力迫使汞进入颗粒的孔隙中。所需的压力与孔隙的大小成反比，孔隙越细，所需要的压力越高。
- 原子力显微镜（atomic force microscope，AFM）通过精确“感知”颗粒表面来测量粒子的大小、形状和粗糙度。检测时，在样品表面上移动一个微小探针，使用激光测量垂直位移产生视觉图像，以获知颗粒表面形貌。

5.6.6　pH

如第 5.4 节所述，pH 值的变化将改变矿物颗粒的表面电荷，并因此改变浆体沉降行为、絮凝剂性能与流变学特性（图 5.16）。

pH 试纸检测是最简单的测试方法。将试纸浸入目标样品，待试纸变色后与标准色卡对比可获得 pH 值。

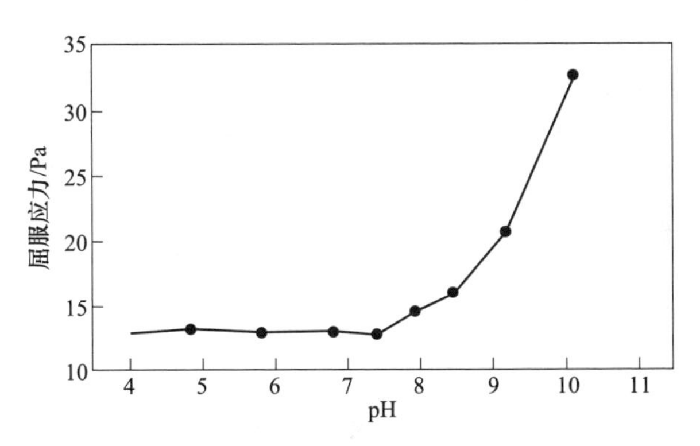

图 5.16 腐岩浆体浓度为 50%时的剪切屈服应力与 pH 关系曲线

实验室用和在线 pH 测试仪通过记录氢和羟基离子在两电极之间移动的电压（通常被封闭在单个电极体中）来确定氢离子浓度，将产生的电压与仪器的校准值自动比较，并显示 pH 值。

电极法测量受液体温度和溶解气体浓度（如二氧化碳）的影响。因此，pH 测量结果可在通气或真空处理后调整。

5.6.7 还原电位（氧化还原）

通过获取惰性铂与电极之间的电位差确定还原电位。还原电位，也称为氧化还原电位，表征物质获得电子从而被还原的能力。当需要将水分回收进入浮选流程时，或需要监测水分对基础设施的腐蚀率时，该参数的监测尤为重要。

5.6.8 流变

流变检测结果既可用于泵送系统、固-液分离工艺和尾矿存储设施的设计，也可用于浆体浓度、pH、水化学和外加剂的对浆体性能的影响评价等方面。剪切屈服应力检测也可用于确定颗粒的等电点（IEP），详见第 5.6.11 节。

5.6.9 固体含量

固液分离过程可提高浆体固体含量，降低液体含量。因此，矿物颗粒的自由空间减小，相互移动困难，由于颗粒表面化学、尺寸、形状和表面纹理等因素的影响，颗粒之间的相互作用变得更加显著。因此，浆体固体含量的升高会降低沉降速率（图 5.17）、提高浆体流变参数（图 5.18）和滤饼过滤阻力。

对于固体含量的表征，选矿工程师和尾矿工程师一般采用“质量浓度”的概念，而泵送工程师一般采用“体积浓度”的概念。将样品干燥后的质量除以浆体的总质量得到样品的质量浓度，而体积浓度的计算由固体颗粒的体积除以总体积得到。

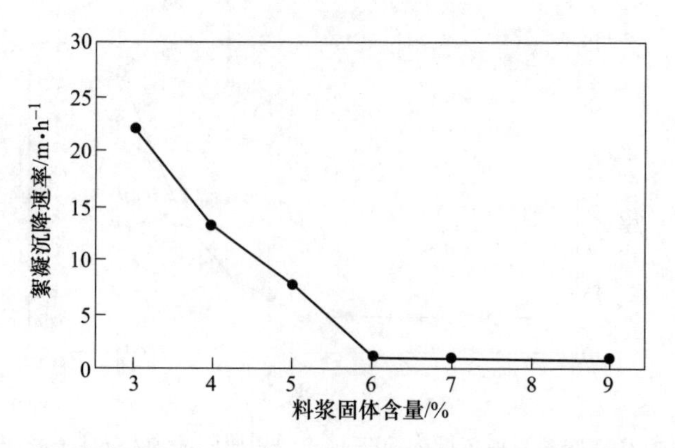

图 5.17　在固定絮凝剂单耗下黏土浆体絮凝沉降速率与固体含量关系曲线

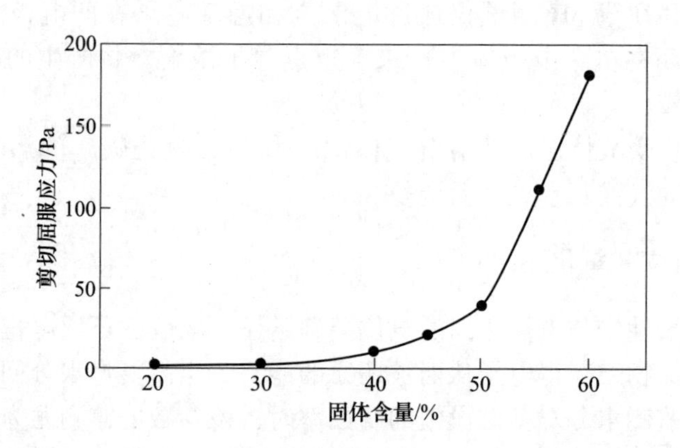

图 5.18　铁矿尾矿浆的剪切屈服应力与固体含量关系曲线

当对具有高盐度或挥发物的样品进行干燥处理时需要小心，防止干燥温度的错误设定导致样品干燥重量的改变。

5.6.10　悬浮固体

混凝剂和絮凝剂效果可用悬浮固体量进行检测，监测浓密机性能并确保水分（液体）满足处理或现场排放要求。进行絮凝剂制备站工业用水和选矿实验室用水对絮凝效果的对比时，检测不同水配制的絮凝剂获得的自由沉降速率，结果如图 5.19 所示。当絮凝剂单耗为 25g/t 时，由工业用水配制的絮凝剂作用效果较差，其效果仅为实验用水配制的 1/3，沉降速率变化曲线平缓意味着浓密机运营效果较差。由于矿区水库内有藻类生长，絮凝剂吸附到悬浮藻类物上导致絮凝效果变差。

悬浮固体量通过过滤法检测，用去离子水漂洗滤饼，除去夹带的溶解固体后进行干燥和称重，得到的总悬浮固体量（total suspended solids，TSS）单位为 g/L，

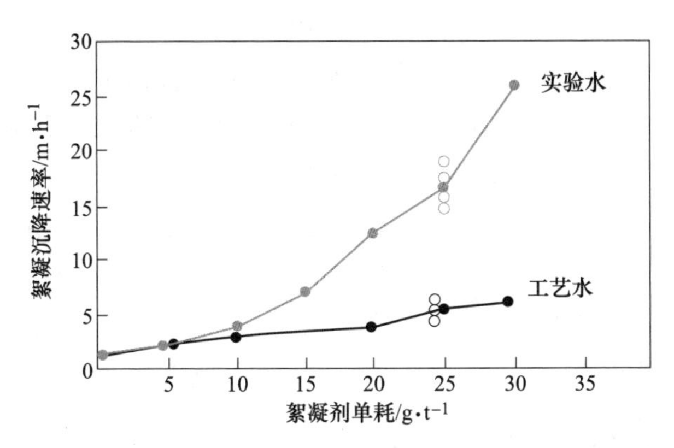

图 5.19 水质对絮凝效果的影响（铁尾矿量筒沉降实验）

或相对密度。总悬浮固体量可以利用浊度计和换算表近似计算。由于浊度值取决于颗粒性质（即尺寸、颜色、形状和反射率），因此需要为矿区专门开发换算表。

5.6.11 表面电荷

如 5.2.1 节中所述，矿物颗粒在浸入水中时获得表面电荷，从而决定了状态的分散或聚集。矿物表面电荷无法直接测量，因此胶体科学家测量浆体的 Zeta(ζ) 电位，即双电层“剪切面”上的电位。

通过测量悬浮粒子的电泳迁移率间接计算 ζ 电位。传统 ζ 电位检测仪需要对样品进行充分稀释，从而改变粒子的表面电荷。使用声波振动浆体中的颗粒并产生微小电子偶极子的新技术，可测量相对高浓度下的 ζ 电位和颗粒粒径。

受浆液溶解盐浓度、盐的离子类型和 pH 值等因素的影响，矿物颗粒可表现为正、零或负 ζ 电位。零 ζ 电位（零净表面电荷）称为 IEP。在 IEP 中，范德华力占主导地位，产生高强度的团聚粒子，导致浆体达到最大剪切屈服应力；相反，在正或负的高 ζ 电位条件下，粒子间斥力起主导作用，浆体内颗粒分散效果很好，表现出较低的剪切屈服应力。因此，通过桨式转子黏度计测得的屈服应力可用于“现场测试”，进行等电点的定量研究，以确定最佳试剂用量。

5.6.12 总溶解固体

TDS 可用来表征液体中溶解的无机和有机物总量。通常对已知质量（或体积）的过滤液通过进行干燥并测量残余质量的方法检测 TDS。TDS 也可通过电导率、比重计或折射仪等方式检测，折射技术从海水检测方法转换而来。因此，该技术并不适应于所有的矿山。

如第 5.4 节所示，液相中溶解离子的浓度和类型对絮凝剂的制备、沉降、固结和流变行为产生显著影响。总溶解固体浓度对铝土矿流变学的影响如图 5.20 所示。利用不同电导率（即盐浓度和类型）的水制备铝土矿浆，显著改变了浆体的剪切流变性。流变参数不随电导率增加而呈线性变化。原因在于溶解盐和矿物颗粒扩散双电层之间存在复杂的相互作用。

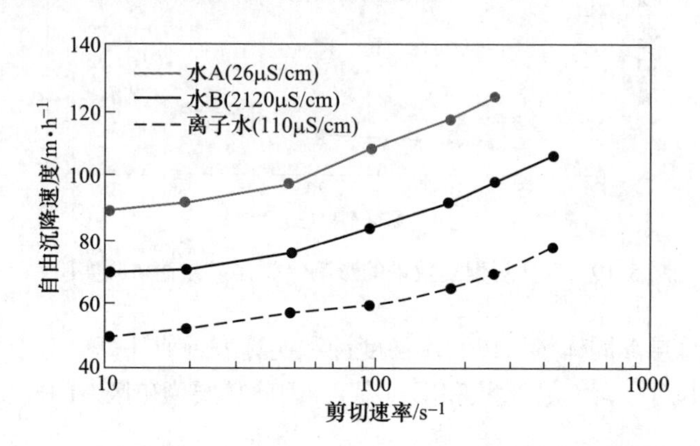

图 5.20　不同类型与浓度溶解盐条件下的铝土矿细颗粒浆体性能

5.6.13　浊度（澄清度）

浊度是液体中无机/有机悬浮颗粒和可溶性有色化合物散射光的光学度量。浊度可表征液体的 TSS 和清晰度（即视觉外观）。

从环保角度看，由于高浊度水影响水生生物的生存，因此控制选矿或尾矿设施排出水的浊度是非常重要的。从操作角度看，浊度值与悬浮固体浓度有关，从而影响絮凝、过筛洗涤、产品纯度等。因此，可用浊度评价固液分离效果。

常用的浊度计一般包括以下四种类型：单波束、比波束、双波束和调制四波束，通过照射样本，测量散射在 90°至各方向的光束来获得浊度值。液体浊度单位为 NTU（nephelometric units），与给定矿区的总悬浮固体相关。浊度计测量结果受颗粒大小、形状、颜色、气泡和碳含量的影响。因此，浆体矿物学性质或上游工艺变化，可以改变浊度计的读数。

可以通过检测浸没的 Secchi 圆盘（黑色/白色圆盘）的最大深度来确定浓密机或储水仓中水的透明度。Secchi 盘技术（Secchi disk）是一种改进的浊度管。在长圆柱体的底部放置一个 Secchi 盘，圆柱内装满待测的水样，操作员从上向下观测黑白盘，并记录该盘不可见时的液体深度。另一种现场测量方法是透明（或浊度）楔形图（clarity/turbidity wedge），这是一种透明楔形物，填充水样，由操作人员记录刻度上的最大可见数字。该楔可用于测量浊度大于 50 NTU 的水。

作者简介

Andrew Vietti
南非，Paterson & Cooke

Andrew 是帕特森和库克的主管，他在 De Beers Consolidated 矿山进行了 15 年的膏体和浓密尾矿处理系统开发和研究工作。他在全球范围内拥有超过 25 年的尾矿沉积研究经验，研究对象包括小型和超大型作业中的大多数矿物类型。

Mark Coghill
澳大利亚

Mark 是具有 30 年以上项目管理、冶金、选矿、尾矿和水管理经验的冶金学家，擅长黏土、流变学和固液分离的方面的研究。在世界范围内从事技改和新建项目的咨询工作，最近的研究重点是综合加工、尾矿和水管理策略等领域的发展。

6

外加剂

外加剂 6

第一作者
Phillip Fawell
澳大利亚，CSIRO Mineral Resources Flagship

6.1 引言

本章主要介绍提高细粒级尾矿浆脱水效果的外加剂。虽然很多出版物也有相关介绍，但本书着重于外加剂在尾矿方面的应用，这些应用可能与其他方面的应用截然不同。本章所指外加剂主要指合成絮凝剂，通过絮凝剂的加入将浓密机内的细颗粒聚集成团，加大颗粒的沉降速率，从而提高浓密机固体通量，减小浓密机直径。浓密过程将在第 7 章详细讨论，本章主要介绍絮凝剂添加的相关研究，包括絮凝剂溶液的基本性质、絮凝效果的影响因素等。

除重点介绍絮凝剂之外，本章也涉及无机和有机混凝剂的作用，重点分析其对含有超细颗粒的尾矿浆的作用；同时，对分散颗粒和改变尾矿浆流变特性的外加剂进行简要介绍，从而解释浓密机底部高浓度区内聚合物的内部作用对尾矿浆脱水、分散和固结特性的改善机理。

6.2 絮凝剂、混凝剂和分散剂

6.2.1 絮凝与混凝

絮凝是指使单一或少量颗粒聚集成多颗粒聚集体，提高固液分离效率的过程。多颗粒聚集体称为“絮团（floc）”。

混凝是发生颗粒聚集的双电层结构排斥势能降低的静电过程。悬浮细颗粒周围的电位被中和，阻碍了排斥作用，同时颗粒间的引力导致形成了凝聚团（大絮团可能发生凝聚，但通常混凝剂用于静态低密度细颗粒）。

很多与低浓度废水处理相关的文献均用“絮凝”描述上述两个过程，其实两个过程在尾矿处理（矿物加工）中的区别很大。在不考虑粒子电荷的情况下，絮凝形成的尾矿絮团通过水溶性聚合物的长链结构在两个或多个颗粒间形成物理桥接，多个桥接导致颗粒聚集形成松散且多孔的三维结构。絮团的混凝沉降是通过多价无机混凝剂改变颗粒表面电性来实现的，例如：硫酸铁、硫酸亚铁、明矾、低分子量高电性有机聚合物。

混凝和絮凝可同时作用于颗粒悬浮液。对于大部分尾矿，悬浮液中的细颗粒在可溶性盐、吸附阳离子和表面化学作用下处于自然混凝状态。

6.2.2 分散

与混凝、絮凝相反，外加剂也可用于防止或减少细颗粒聚集。在矿物体系中，该现象表现为细颗粒（矿泥）与粗颗粒的聚团，从浮选的角度看，在含有矿物组分的粗颗粒表面形成的细颗粒层是导致浮选困难的原因。在浮选前去除矿物颗粒表面的细颗粒层，就需要使用分散剂。在改性高岭土和碳酸钙的生产中，为保证实现高浓度浆体输送，在整个处理过程中都要用到分散剂。在含有不同矿物的体系中，添加分散剂可以避免不同相之间的聚团，实现选择性絮凝，例如从石英中分离铁矿石。同时，分散剂也可用于降低浆体的黏度。

6.3 外加剂的化学组成

正如絮凝、混凝和分散过程有很多相似点一样，不同种类外加剂之间也有很多相似之处。无机外加剂本身性能区别不大，其不同点在于用量的大小。有机合成聚合物的优点是，在其制备过程中可以定向设计不同形状、分子量、电荷量和功能的特定类型外加剂。

水溶性聚合物的性质可用“聚电解质”来描述，根据其在水中的溶解度，可以分为三种类别：

- 非离子型：呈电中性或微弱负电性，电荷量小于总体的1%。
- 阴离子型：绝大部分官能团从聚合物链上电离形成负电荷。
- 阳离子型：绝大部分官能团从聚合物链上电离形成正电荷。

图6.1表明分子量能够改变聚合物属性，使其具有不同的功能。低分子量阴离子型聚合物，可以增加颗粒表面负电荷，减少颗粒间的相互作用，常被用作分散剂或黏度调节剂；而带有与颗粒相反电荷的电解质，可以降低或改变颗粒表面电荷，从而达到凝聚效果；随着聚合物分子量的增加，桥接絮凝的可能性增大，并最终成为主要絮凝机理。

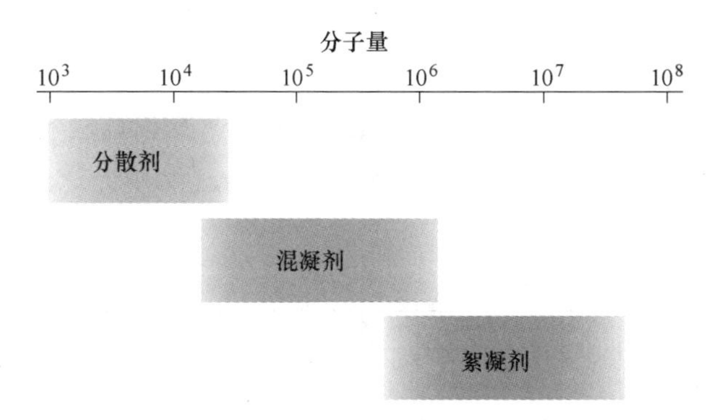

图 6.1　外加剂分子量及其应用关系（Moody，1992）

6.3.1　混凝剂

6.3.1.1　无机型

高电荷量的阳离子型混凝剂对于颗粒电荷改性方面效果最佳。常见的混凝剂包括铝盐和铁盐，有时也配合石灰或烧碱用以调整 pH 值。铝盐最合适的 pH 是 5.5~7.0；铁盐是 4.0~6.0，不过铁盐适应的 pH 可以一直到 11.0。

最常用的铝盐是硫酸铝，即明矾，化学式 $Al_2(SO_4)_3 \cdot 14H_2O$ 或 $Al_2(SO_4)_3 \cdot 18H_2O$，明矾的单耗是指 Al_2O_3 的含量，通常为 14%~17%。明矾的添加会产生很多中间产物，但最终均生成氢氧化物沉淀。部分水解聚合铝盐也可以用作混凝剂，特别是氯化铝（PAC），虽然价格较贵，但絮团形成速度快、单耗小，不降低 pH，在低温条件下效果更好。

铁盐通常包括硫酸铁和氯化铁，化学式为 $Fe_2(SO_4)_3 \cdot 7H_2O$ 和 $FeCl_3 \cdot 6H_2O$，其作用与明矾相似，但可以适应更宽的 pH 范围。氯化铝也可能有腐蚀性，出于溶液中铝含量对健康的影响考虑，铁盐更适合在硬水中使用。同时，二价铁容易氧化形成三价铁，从而获得硫酸铁和硫酸亚铁的混合物。

无机盐对处理浓度很低的悬浮液最有效，添加外加剂后形成的产物（通常是金属氢氧化物）增大了颗粒的表面积，进而提高了聚合碰撞的概率。无机盐的优势是价格低，但是用量较大，且对悬浮液的 pH 很敏感。无机混凝剂的添加会增加沉淀量，在某些条件下并不适用。

无机盐混凝剂形成的絮团通常小而致密，沉降速度低，絮团脆弱，在一定剪切力下易破裂，并且过量添加还会导致絮团的再次分解。

6.3.1.2　合成型

液态阳离子型聚合物能够改变颗粒表面电荷而不产生沉淀，不影响溶液 pH，与无机盐絮凝剂相比具有较多的优势：pH 适应范围广、用量少，可显著降低泥浆体积，很少出现结垢、腐蚀等问题。

阳离子混凝剂的主要种类和结构如图 6.2 所示。聚丙烯酰氧乙基三甲基氯化铵通常称为聚丙烯酰胺，一般含有高达 10%～80%（摩尔分数）的阳离子单体。聚甲基丙烯酸盐/酯也较易购买。

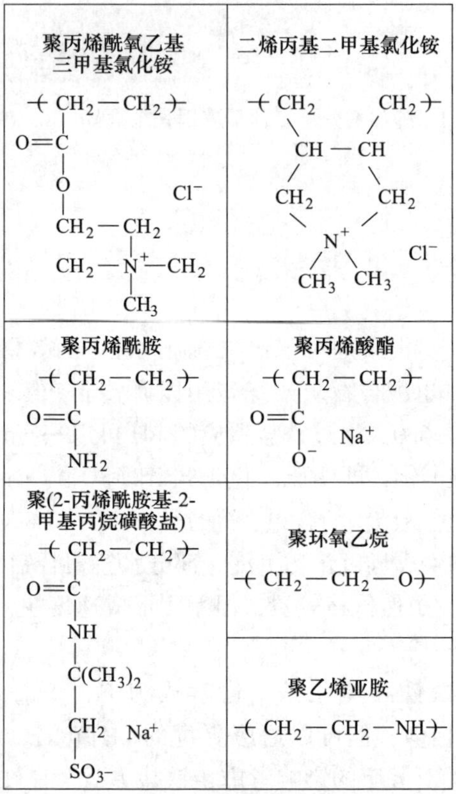

聚丙烯酰氧乙基三甲基氯化铵	二烯丙基二甲基氯化铵
$-(CH_2-CH-)-$；$O=C-O-CH_2-CH_2-N^+(CH_3)_3$；$Cl^-$	$-(CH_2-CH-CH-CH_2)-$；$CH_2-N^+(CH_3)_2-CH_2$（环）；Cl^-
聚丙烯酰胺	**聚丙烯酸酯**
$-(CH_2-CH-)-$；$O=C-NH_2$	$-(CH_2-CH-)-$；$O=C-O^-$；Na^+
聚(2-丙烯酰胺基-2-甲基丙烷磺酸盐)	**聚环氧乙烷**
$-(CH_2-CH-)-$；$O=C-NH-C(CH_3)_2-CH_2-SO_3^-$；$Na^+$	$-(CH_2-CH_2-O)-$
	聚乙烯亚胺
	$-(CH_2-CH_2-NH)-$

图 6.2　用于处理颗粒体系的有机合成聚合物

常用的聚丙烯酰胺是较低至中等分子量的聚二烯丙基二甲基氯化铵（常用名 polyDADMAC）。较高分子量的聚合物可以采用丙烯酰胺制成。PolyDADMAC 是最常用的高分子混凝剂，易在聚季铵盐中发生酯键的水解。

聚乙烯亚胺是另一种形式的聚胺，通常表现为简单的线性形式，如图 6.2 所示，但其结构往往高度分支化且分子量低。除季铵盐外，聚胺的电荷对 pH 具有较大的依赖性。

由于聚合物的桥接作用，高分子混凝剂可以产生比无机盐混凝剂更大的絮团，但是絮团的沉降速度仍然较低。

6.3.2 分散剂

6.3.2.1 无机型

硅酸钠（$Na_2SiO_3 \cdot 5H_2O$）通过共价键与颗粒连接，先与酸性官能团反应形成羟基化二氧化硅，之后吸附矿物，在 pH>2 的环境下，使矿物颗粒表面产生负电荷（Klimpel，1997）。聚磷酸盐（$[P_nO_{3n+1}]^{(n+2)-}$）作为分散剂和流变改性剂，广泛应用于矿物加工行业。$n>4$ 的长链具有很好的分散能力，通过吸附形成表面络合物。由于自身带电，与颗粒呈现部分弱链连接（Farrokhpay 等，2012）。多磷酸盐溶液能在某些条件下发生水解，分解为更小、失效的磷酸分子，例如高温、酸/碱性环境，或特定金属离子存在等条件。

6.3.2.2 聚合物型

低分子量的天然聚合物，如多糖（淀粉、糊精）和多酚（单宁、坚木）物质可以用作分散剂。分子量低于 100000 的合成聚合物，其特性可以根据需要进行改性调节，由于用量低而被普遍应用。许多聚电解质也可以作为分散剂，如图 6.2 所示，分散剂也可具有较多分支结构。

6.3.3 絮凝剂

6.3.3.1 天然型

由于多糖或天然高分子絮凝剂对环境具有保护作用，因此经常应用于废水处理工艺中。该类絮凝剂具有可再生、可生物降解、对剪切作用不敏感、无二次污染（Bolto 和 Gregory，2007）等优势。常见的有单宁、壳聚糖、纤维素和海藻酸钠。

6.3.3.2 合成型

合成絮凝剂主要是聚丙烯酰胺及其衍生物。聚丙烯酰胺（图 6.2）本质上是非离子型，但大多数产品会含有 1%的阴离子。可通过添加丙烯酸或水解非离子型聚丙烯酰胺来产生更多的阴离子。

阳离子聚丙烯酰胺是由聚丙烯酰胺与丙烯酰胺季铵盐衍生物制成的，如混凝剂。高分子量的阳离子絮凝剂表面含有的阳离子单体通常不超过 10%。由于阴离子型絮凝剂可与矿物表面形成强烈的吸附效果，具有较高的分子量，具有较好的价格优势，因此阴离子型比阳离子型应用更为广泛。

2-丙烯酰胺基-2-甲基丙烷磺酸钠（AMPS）单体与丙烯酰胺共聚，可得到比丙烯酰胺/丙烯酸酯共聚物分子量更低的产品，但产品仍能保证较高的絮凝活性。

AMPS 单体比丙烯酸单体酸性更强，在较低的 pH 时仍可保持非质子化。含有 AMPS 的聚合物对溶液中的钙离子和其他二价阳离子不敏感，但可在 pH<5 的铝液中形成沉淀。

高分子量聚氧化乙烯（PEO）可以用作絮凝剂，Rubio（1981）成功将其用于疏水性基质（滑石、石墨、黄铜矿、铜蓝、磷泥和黏土）的絮凝，但对亲水性基质却效果不明显（金红石、石英、方解石等）。实际上，PEO 的使用受到了其不良物理性质的限制。

可用作絮凝剂的物质，包括多种具有其他功能的化学药剂，尤其是异羟肟酸，其可引入聚丙烯酰胺/聚丙烯酸甲酯中，以增强与铁相之间的作用。异羟肟酸聚合物，可以用于铝土矿刚溶出后残渣的初次浓缩，但不能用于残渣处理的后期阶段，因此不能直接用于生产膏体或浓密尾矿。

6.3.3.3　合成絮凝剂的发展

高分子丙烯酰胺/丙烯酸絮凝剂（通常称为“常规絮凝剂”），其成分可根据特殊的需求进行专门设计。高分了絮凝剂显著提高了矿物加工行业固液分离的水平，显著提高了浓密机的处理量，在某些情况下，这使得低品位矿产开采成为可能。

表 6.1 总结了 20 世纪 60 年代以来的絮凝剂演变历程，展示了聚合物的分子

表 6.1　高分子量合成絮凝剂的发展概况

时间	相对分子量 阴离子/非离子　阳离子	特　点
1960~1969		第一种商业水溶性聚丙烯酰胺和丙烯酰胺/丙烯酸酯共聚物（最多 30%阴离子）
1970~1974		共聚物范围扩展至 100%阴离子。丙烯酸钠均聚物是首先应用于铝土矿残渣的合成聚合物。首先释放阳离子聚合物
1975~1979		专门为铝土矿残渣洗涤开发了高阴离子型丙烯酰胺/丙烯酸酯共聚物。引入了新的合成工艺
1980~1984		改进后新的合成工艺能够达到更高的分子量，这反过来又增强了絮凝效果
1985~1989		分子量更高的阴离子有助于提高铝土矿残渣洗矿效果，但新的羟基化阴离子以后将取代聚丙烯酸酯
1990~1994		链转移剂用于控制分子量分布（阴离子）。总分子量较低，但絮凝性能增强
1995~1999		链转移剂用于阳离子的合成。首次使用高分子量聚合物进行尾矿管理
2000 至今	更加重视非拜耳型尾矿；使用商业共聚物与其他单体；浓密机底流后处理添加高剂量聚合物显著增强了脱水效果	

注：□表示阴离子/非离子；▨表示阳离子。

量随时间的变化规律。表中使用的值是相对值，因为分子量的测量很少是绝对的，大多数制造商采用盐缓冲液固有黏度的测量获得分子量，检测结果受溶液性质的影响较大。此类试剂与传统产品相比是可靠的，但考虑替代单体情况下，此类试剂的性能仍可提高。

由表 6.1 可以得出一个重要结论，即絮凝剂厂家都意识到，单纯依靠增加聚合物分子量已不能持续改进絮凝效果。很多时候，低分子量的絮凝剂往往能取得较好的沉降效果。要提高沉降速度、降低絮凝剂单耗、提高细颗粒网捕率、优化浓密机底流浆体性能（获得最大的密度或达到一定的流变性能），絮凝剂分子量只是其中一个影响因素。

6.4 聚合物的桥接形式

6.4.1 颗粒桥接

桥接型絮凝剂，一般是指合成的高分子水溶性有机聚合物。桥接絮凝剂要求能强烈吸附在颗粒上，并且能够跨越颗粒间的空隙。高分子合成聚合物很容易达到这两个要求。在絮凝过程中，絮凝剂会瞬间吸附几个粒子形成三维矩阵（图 6.3），絮凝剂的分子量越高，絮凝效果越好。影响絮凝效果的其他因素将在后文进行详细论述。

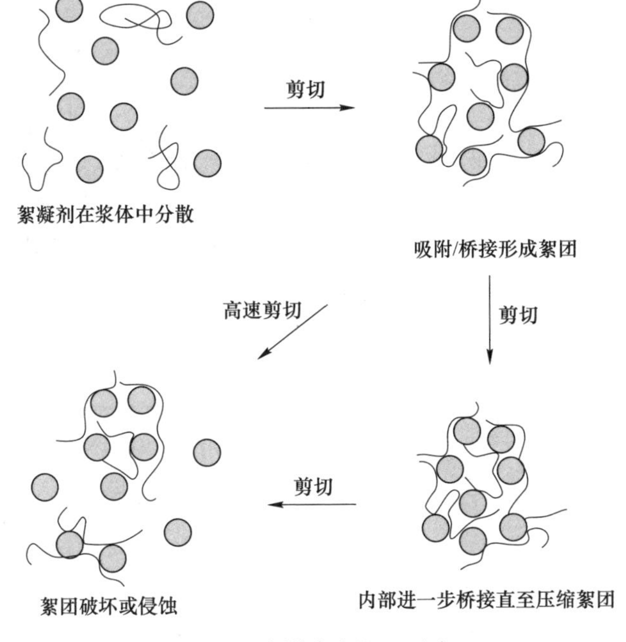

图 6.3 桥接絮凝机理示意

单独使用高分子桥接型絮凝剂时，对胶体或近似胶体状态的悬浮液是没有效果的。在对中等剂量（25g/t）絮凝剂（分子量 20×10^6）吸附不同大小颗粒的概率统计分析中，Hogg（1999）发现对于 1μm～0.2cm 的颗粒，絮凝剂能够全部吸附；而对于 0.5μm 的颗粒，吸附值降低至 0.1 以下，此时若要保证颗粒均有机会接触到絮凝剂，则需要特别高的絮凝剂单耗。因此，可使用混凝剂进行露天矿排水处理及去除影响浊度的超细颗粒。

合成桥接型絮凝剂在尾矿处理中的应用主要在以下两个方面：

• 分散的细颗粒经无机盐或合成聚合物混凝剂处理后，絮团的大小和沉降速率可通过桥接型絮凝剂的加入而进一步提高。所需的絮凝剂用量可大幅降低，原因不仅在于混凝剂提前聚合了细小颗粒，也包括混凝剂的加入改变了颗粒的表面电荷。

• 在许多情况下，高浓度或含有较大尺寸颗粒的悬浮液仅利用桥接型絮凝剂即可满足要求。

6.4.2　絮凝剂吸附

长链絮凝剂吸附在矿物颗粒表面是形成絮团的前提。电中性的粒子也可通过混凝剂对电荷进行调整实现吸附。吸附过程受到聚合物上的官能团和颗粒表面化学性质的影响。

6.4.2.1　非离子型絮凝剂吸附

非离子絮凝剂的吸附原理是，酰胺官能团的氢原子和矿物表面的极性氧原子之间的氢键作用。氢键不如共价键强，容易断裂。然而，絮凝剂链的吸附点较多，如图 6.4 所示，所以吸附点的强度整体表现为吸附有效强度，一般絮凝吸附过程是不可逆的。

通常高分子絮凝剂链上只有一少部分参与吸附，且它们之间存在“首尾相连”。絮凝剂的自由端（尾巴）是影响颗粒桥接作用以及后续絮凝效果的关键。

对于特定浆体，等电点附近常通过氢键产生吸附作用。重要的是，在等电点两侧会有一些电荷跨越氧化物颗粒表面。

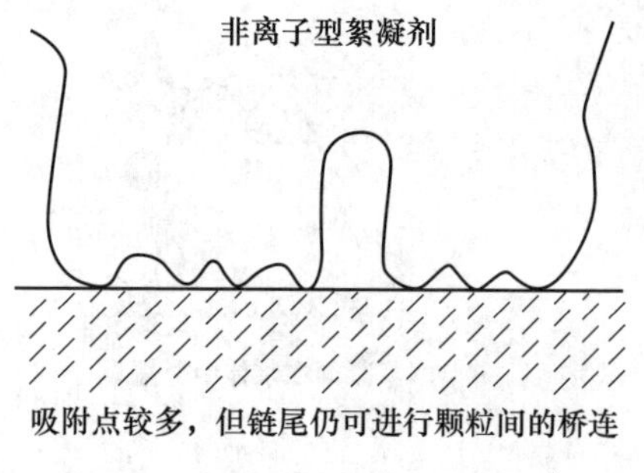

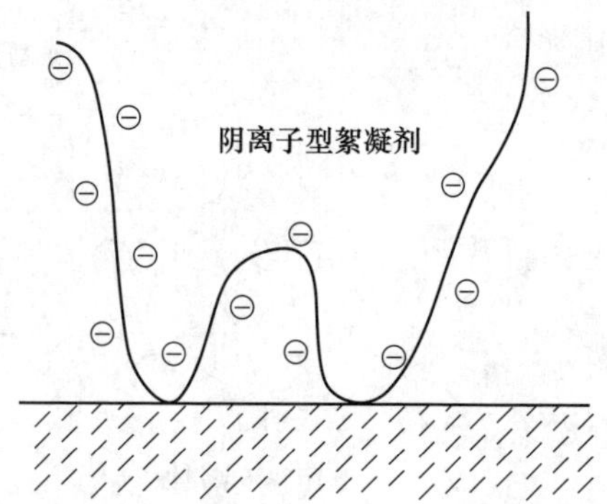

图 6.4　絮凝剂的吸附原理

在黏土矿物的絮凝过程中，薄片状黏土颗粒的边缘和基面的结构有明显的区别。基面几乎全部为 SiOH 组，而边缘包括不同比例的 AlOH 组和 SiOH 组，如图 6.5 所示。在浆体 pH 为 5~8 时，AlOH 组主导吸附作用，即使 pH 达到 9，仍有一定比例的 AlOH 组起作用。因此，在特定 pH 时，絮凝剂几乎会全部吸附在边缘，并最终决定了絮团的结构。在 pH 较低时，SiOH 基起主导作用。

6.4.2.2 阴离子型絮凝剂

阴离子型聚合物是矿物加工中最常用的絮凝剂，因为其带有与矿物颗粒表面极性相反的电荷，在一些中性条件下仍可用。吸附型絮凝剂的选择，主要依据矿物颗粒表面带电程度。

大多数聚合絮凝剂由低于 50% 的丙烯酸酯单体制成，酰胺官能团仍通过氢键吸附。如图 6.4 所示，由于电荷的排斥作用形成的溶解结构进一步伸展，聚在一起的长链更少，则絮凝剂的自由端也更舒展。因此，相比同等分子量的非离子型絮凝剂，阴离子型絮凝剂的桥接作用更好。

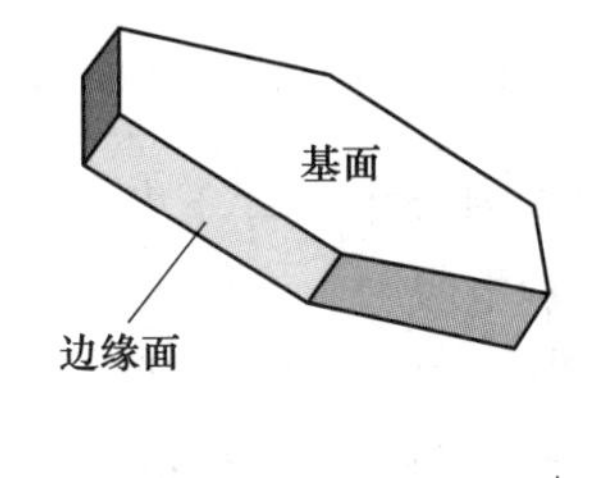

低pH值

高pH值

图 6.5 低和高 pH 条件下聚丙烯酰胺絮凝剂酰胺基团在黏土表面的吸附（Hocking 等，1999）

矿物晶格往往与合适的阳离子吸附位点结合（如 Ca^{2+}，Mg^{2+}，Al^{3+}，Fe^{2+}，Fe^{3+}），因此阴离子型絮凝剂能够吸附这些颗粒。共价键是一种很强的吸附形式，阴离子型絮凝实际上形成了矿物丙烯酸酯表面化合物。絮凝剂先吸附到矿物表面，然后通过聚合物链上的羧酸阴离子与矿物颗粒形成共价键或“盐键”。该连接形式更多存在于强阴离子型共聚物。就聚丙烯酸酯均聚物（100%阴离子）而言，如用于铝土矿尾矿的絮凝不需要考虑氢键作用。

阴离子型絮凝剂能被颗粒表面带正电的区域吸引。尽管颗粒的净电量是负的，但也会存在带正电的区域，从而导致在阳离子表面周围，初始静电或物理吸引后完全有可能出现化学吸附。

6.4.2.3　阳离子型絮凝剂的吸附

絮凝剂长链上带正电的官能团和矿物表面带负电的区域（O^-，CO_3^{2-}，S^{2-}）会发生静电吸引，其中聚合物上的阳离子基团专门吸附到矿物的 Stern 层（见第 5.2.1 节）。由于阴离子型絮凝剂的存在，很大一部分单体可能是丙烯酰胺，从而为某些矿物的表面提供氢键。

6.5　溶液中的聚合物链

6.5.1　溶液中聚合物的状态和尺寸

高分子聚合物以高水合随机线状分布在水溶液中。聚合物的尺寸由分子量（聚合物链的长度）、溶液的离子强度（溶解盐）、聚合物（阴离子或阳离子）的离子含量决定，阴离子型聚合物还受 pH 值的影响。

非离子型聚合物将盘绕在溶液中（图 6.6）。由于它不包含任何带电的官能团，聚合物在溶液中的尺寸不受溶液 pH 值的影响。相反，由于链上电荷之间相互排斥，高电荷的聚合物会有更大的扩展，如图 6.7 所示的阴离子型聚合物，因此，溶液的黏度会比等量的非离子型溶液高。然而，溶液的高离子强度会屏蔽此类电荷，很大程度上消除了排斥作用，从而形成更紧密的线状物，与非离子型聚合物相似。

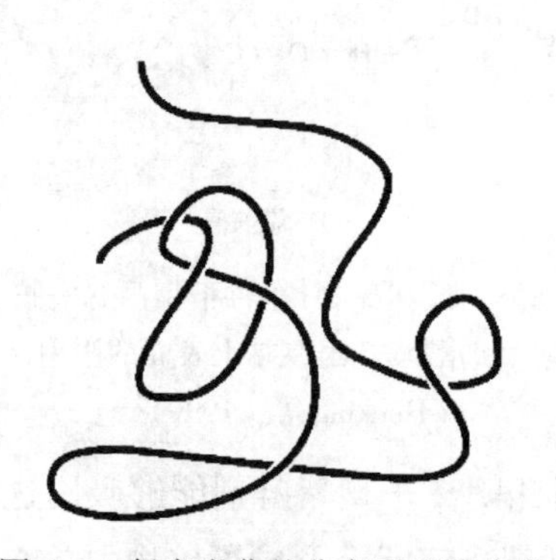

图 6.6　紧密卷曲的非离子型聚合物

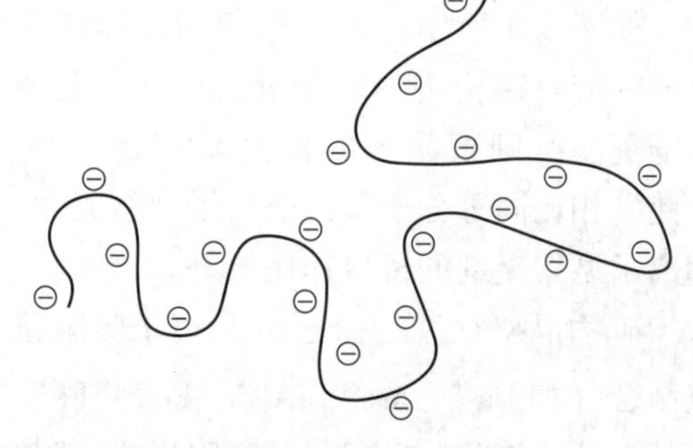

图 6.7　延展的阴离子型聚合物（低离子强度）

阳离子型絮凝剂产物中的季氮官能团，确保其能在较宽的 pH 范围内维持正电荷。阴离子型絮凝剂通常含有弱酸性的官能团，在低 pH 时是质子化的（因此不带电），但在高 pH 时会发生电离。丙烯酸单体的 pK_a 约为 4.7（$pK_a = -\log K_a$，K_a 为酸解离常数），即 pH 为 4.7，约有 50%的官能团会电离。当 pH 低于或高于此值，丙烯酸将完全质子化或完全电离。带有少量质子化阴离子官能团的聚合物的情况稍微复杂，其 pH 会保持在 9 左右。

因此，低 pH 值对阴离子型絮凝剂的影响与高离子强度的絮凝剂效果相同——溶液中聚合物链更加卷曲，导致溶液的黏度更低。pH 更低时，强酸性官能团（如磺酸盐）仍能够保持其原生电荷。

Stocks 和 Parker（2006）提供了一种简单有效的絮凝剂尺寸分析方法。假设分子量为 15×10^{6}，聚合物主链上的碳-碳链长度为 1.5×10^{-10}m，则每个聚合物链上有超过 2×10^{5}个单体，完全伸展后的长度约为 63μm，远远超过大多数矿物颗粒的尺寸。但聚合物的卷曲作用大幅度减小了聚合物的尺寸，上述分子量的非离子型絮凝剂卷曲直径约为 0.2μm，阴离子型絮凝剂直径小于 1μm。

6.5.2 絮凝剂溶液性质

高分子絮凝剂形成高黏度溶液，表现出剪切稀化（伪塑性体）的特性。长链聚合物的稀释过程易造成过度剪切，因此，在工业应用中需要专业的设备进行制备。粉末产品溶液在搅拌过程中的最优浓度是 0.25%~0.50%，该浓度产生的高黏度在溶液内部产生摩擦作用，有助于提高溶解速率和长链分散。低于该浓度时一般溶解较慢，具体情况与搅拌条件有关；高于该浓度时溶液黏度过高，不利于流动。溶解过程将在第 6.8.2 节详细讨论。

另外，具有自身卷曲作用的分散聚合物尺寸并不是固定的，会随着时间变化。溶液的主要过程是缓慢的链重构，伴随内部氢键溶解导致的初始扩展构象，逐渐转变为更稳定、更紧密的状态（Kulicke 和 Kniewske，1981）。由于尾矿絮凝所使用的絮凝剂溶液通常保存一天以内，上述作用对尾矿絮凝影响不大。注意，絮凝剂溶液表现出的高度时间依赖性，会不可避免地影响溶液特性（有时影响很大），而该因素往往被忽略。

6.6 高分子絮凝剂的物理形态

高分子絮凝剂厂家可以将产品制备成多种物理形态。虽然聚合物的成分是固定的，但不同的存在形态各有优缺点，从而影响产品的制备、处理及应用。

6.6.1 固态

固体絮凝剂存在两种形态：

- 粉末状（powder）絮凝剂（密度 0.6~0.7g/cm^3），形状不规则，颗粒尺寸由几毫米至 100 微米之间。
- 微珠状（microbead）絮凝剂（密度 0.8g/cm^3），尺寸更均匀，一般比粉末状絮凝剂的溶解速度快。

两种形态的聚合物纯度均较高（100%活化），但实际的产品会包含 5%~10%的残留水分，且具有吸水性，因此会影响储存。粉末状聚合物受到粉尘的影响，在料斗中容易组拱，从而影响制备的连续性。而微珠状产品颗粒相对均匀且流动性好，能很好地避免上述问题。

6.6.2 乳液状

许多絮凝剂由反向乳化剂聚合而成，导致浓缩聚合物液滴在连续的油相（油包水乳剂）中分散，如图 6.8 所示。在高速剪切下（通常是通过叶轮搅拌作用），添加合适的处理液可实现絮凝剂溶液的配制，且只发生乳液转化（如成为连续的水相），但这种方式并不推荐。因为纯乳化剂的内部已经稀释，活化作用可能并不完全。乳液状絮凝剂的制造比粉末状更简单，它们的转化过程比粉末状产品简单，合理的外部作用也会更快地实现乳液状絮凝剂的溶解。活性絮凝剂的质量浓度通常在 25%~35%之间或更低。

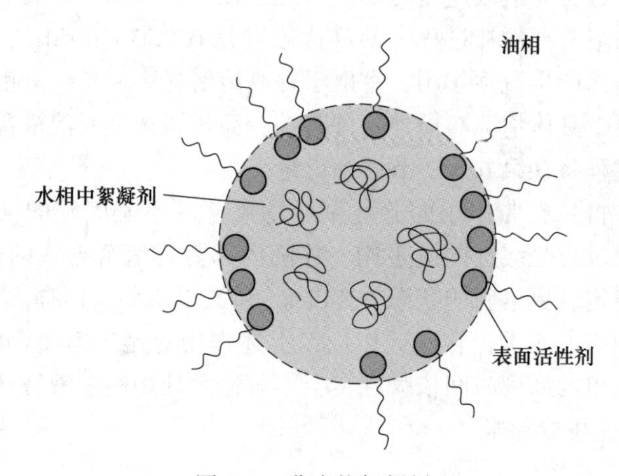

图 6.8 乳液状絮凝剂

乳液状絮凝剂结构示意如图 6.8 所示，为确保絮凝剂在转化作用下的活性，保证溶液的稳定和低黏度，需要添加许多外加剂（活化剂）。外加剂增加了溶液中的油相，有利用后续的溶剂萃取、电解等环节。

活化剂的目的是阻断乳液状絮凝剂（或分散剂）与水的快速接触。含有某些离子或高盐度的水不适合添加活化剂。水中的成分可能影响乳液状絮凝剂转化过程的速率和程度，从而影响溶液活性。与溶液中混进不溶性颗粒相比，该情况更加不易观察，可以通过与理想状态下去离子水的沉降实验结果进行对比，来区分溶液的差异。

6.6.3 分散状

分散状絮凝剂可看作无水乳液状絮凝剂，在不改变内部结构复杂性的前提下，去除了产品中的水分，使其具有更高的物理和化学稳定性。分散状的活性物质含量（质量分数约为 50%）通常比乳液状更高。虽然二者的溶解度相近，但是由于分散状中添加了更强的活化剂，所以在高盐度水中的效果更好。

6.6.4 块状

用絮凝剂添加装置，把块状高分子絮凝剂悬浮固定在工艺流程上游的流体中，通过控制块状絮凝剂周围的流体来控制絮凝剂的溶解：块状絮凝剂中的活性絮凝剂先分解为颗粒状絮凝剂，流到下游后溶解，从而使得流体中的固体颗粒发生絮凝。所以可以通过控制流体的流态，来控制块状絮凝剂的溶解速度，如当流速增加或者停止时，絮凝剂的溶解速度也相应增加或者停止。值得注意的是，块状絮凝剂的溶解速度与块度大小、颗粒尺寸以及矿物学性质并无太大关系。尽管块状絮凝剂的使用并不普遍，但是因为对添加设备、人员远程控制以及场地的要求小（传统絮凝剂往往不适用于这些情况），所以在某些特殊的场合却特别适用，如矿山地表排水处理。

6.6.5 溶液状

以溶液形式提供的聚合物通常是低分子量的，活性剂含量在 50%（质量分数），仅受到溶液黏度的限制。这些溶液通常可以稳定保存一年以上，但较高分子量的絮凝剂在充分稀释后会迅速失效。将浓度稀释到 1%（质量分数）以下能够提高絮凝效果，原因在于保证了絮凝剂在浆体中分布的均匀性，但未掺水的产品更容易直接添加而不需要其他准备。

6.7 絮凝和混凝理论

6.7.1 絮凝动力学

6.7.1.1 絮团孔隙率

絮凝或混凝形成的絮团孔隙率高，且孔隙率对絮团生长、沉降脱水和流变性影响明显。絮团孔隙度通常用分形几何进行描述，因此絮团孔隙度随着尺寸增加而增加。絮团总体积（固体颗粒加上空隙体积）可作为球体处理，并与特征长度（L）直径或半径的平方成正比。物质质量呈低幂指数上升，如式（6.1）所示：

$$m \propto L^{D_f} \tag{6.1}$$

式中，D_f 为质量-长度分形维数，取值范围是 1~3，数值最大时，代表球体形状。混凝絮团的 D_f 值更低，为 1.5~2，而絮凝得到的絮团 D_f 值超过 1.8。

实际上，单一的 D_f 可能不足以完全表征絮凝全过程行为，还提出了多个或可变的分形模型。然而，单一取值的应用能够明显反映出絮团孔隙率对大部分参数的影响。黏土的孔隙率进一步受颗粒形状和表面效应的影响，如后文所述。

6.7.1.2 絮团生长

絮团由于颗粒间的碰撞而形成，尺寸显著增加。碰撞模式包括颗粒-颗粒、颗粒-絮团、絮团-絮团，且多数在紊流条件下实现。Saffman 和 Turner（1956）提出了颗粒 i 和 j 之间的聚集核 β_{ij} 为：

$$\beta_{ij} = 1.294\alpha G\ (a_i + a_j)^3 \tag{6.2}$$

$$G = \sqrt{\frac{\varepsilon}{\nu}} \tag{6.3}$$

式中，a_i 和 a_j 为粒子半径，m；G 为平均剪切速率，s^{-1}；α 为捕获（碰撞）效率，0~1；ε 为能量耗散率，m^2/s^3；ν 为运动黏度，m^2/s。

参数 α 为每次碰撞的聚合效率，表明颗粒并不是每次碰撞都能有效絮凝，且该参数说明颗粒表面存在未被絮凝剂吸附的空位。针对桥接吸附的絮凝剂，La Mer 和 Healy（1963）提出了聚合效率 α 与絮凝剂表面覆盖率 θ 的关系：

$$\alpha = \theta(1 - \theta) \tag{6.4}$$

参数 α 与絮凝速率随着絮凝剂添加量的增加而增加，当表面覆盖率达到 50% 的峰值后，受空间覆盖率位阻的影响而逐步降低。研究虽然对参数 α 的计算作了大量修正，但很少涉及高分子絮凝剂，这是由于在颗粒表面覆盖率较低的情况下，高分子链尾部的阻碍会较为显著。

6.7.1.3 固体浓度的影响

聚合速率是颗粒浓度的二阶函数。在较低浓度下，聚合速率和絮团尺寸都随着浓度升高而增加。虽然絮团尺寸受很多因素影响，但是剪切速率的增加也会提高絮凝速率。通过增加碰撞速率来提高聚合速率，在水处理过程中至关重要，而细颗粒的捕获率是澄清工艺的关键参数。

随着固体浓度的增加，聚合速率将进一步上升，但是絮团破碎率 S_i 也成为一个重要因素（Curtis 和 Hocking，1970；Heath 等，2006a）。

$$S_i \propto \left(\frac{\varepsilon\rho}{\mu}\right)^n \tag{6.5}$$

式中，ε 为能量耗散率；μ 为悬浮液黏度，$N \cdot s/m^2$；ρ 为悬浮液密度，kg/m^3；n 为高于聚合内核的指数。

聚合通常与 $\varepsilon^{0.5}$ 成比例，因此 n 取值范围为 0.5~1.0。聚合速率和破碎速率都随着剪切速率的增加而增加，当破碎作用占主导时，絮团尺寸便会减小。

对于混凝，在恒定剪切速率下絮团的尺寸会达到稳定状态，但是当降低剪切速率时，絮团尺寸会增大（稳定状态上升），说明混凝过程中聚合与破碎之间存在平衡。但是对于桥接形式的絮凝，这种平衡并不存在，因为桥接形成的絮团破碎后不会二次絮凝形成新的絮团（除非添加新的絮凝剂）。因此，在絮凝过程中，受剪切速率、絮团结构和絮凝剂用量的影响，絮团尺寸先增加，然后随着时间会逐渐降低直至稳定水平。

混凝过程中施加恒定剪切速率，絮团尺寸将稳定在一定水平。剪切速率降低，会打破絮团的稳定，导致尺寸增加，从而验证了絮凝和破坏过程之间的有效平衡。而桥接型絮凝过程并不存在上述动态平衡，当絮团受剪切破坏后，在不增加絮凝剂的情况下不会二次絮凝。因此存在最优动态平衡，使絮凝尺寸达到峰值，但由于剪切力、絮团结构和絮凝剂单耗等因素的影响，絮团尺寸随着絮凝时间的延长而减小。

絮团尺寸不会随着固体浓度的增加而继续增加，即超过最佳浓度后尺寸会降低。尺寸降低的主要原因在于，浆体黏度和能量耗散率的增加导致絮团破碎率上升；次要原因在于黏度升高，导致平均剪切速率降低，继而造成颗粒碰撞速率略有下降（Heath 等，2006a）。絮团密度较低，导致了未絮凝浆体黏度上升，从而造成有效固体体积分数 ϕ_{eff} 增加，如式（6.6）所示（Heath 等，2006b；Richardson 和 Zaki，1954）：

$$\phi_{eff} = \phi_s \left(\frac{d_{agg}}{d_p}\right)^{3-D_f} \tag{6.6}$$

式中，ϕ_s 为固体体积分数；d_{agg} 和 d_p 分别为絮团和颗粒直径；D_f 为分形维数。低絮团密度（D_f 小）能提高 ϕ_{eff} 而降低最优固体含量。黏土特殊的边-面絮凝桥接效应会进一步降低最优浓度，如图 6.5 所示。

6.7.2 影响悬浮液颗粒的因素

悬浮液的稳定性，及对混凝/絮凝过程的影响受多因素的影响，其中关键因素如下：

- 固体成分的性质和尺寸；
- 固体含量；
- 表面电荷和浆体 pH；
- 溶解离子成分的类型和数量。

6.7.2.1 固体特性和尺寸

浆液中存在的固体颗粒可按其尺寸和沉降速率进行分类，如图 6.9 所示。粗颗粒包含砂子和砾石，尺寸通常超过 40μm，颗粒密度超过 2.5g/cm^3。此类固体通常沉降速率会超过 10m/h，且在工程实践中不使用絮凝剂即可达到较好的沉降效果。

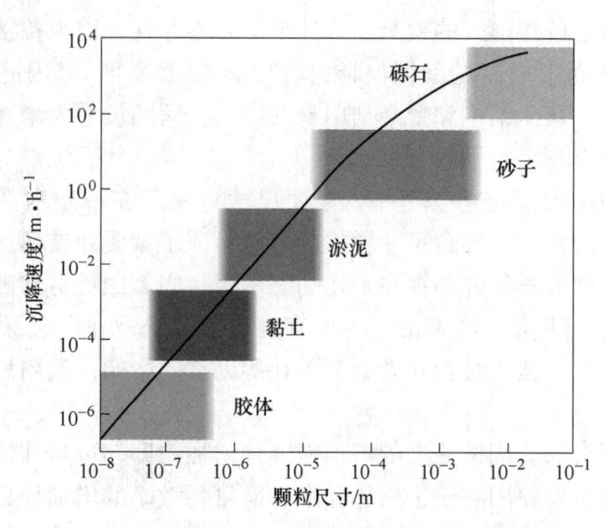

图 6.9　固体颗粒尺寸对沉降速度的影响规律

从粒径角度区分，淤泥介于黏土和砂子之间。沉降过程中，淤泥可视为存在于尾矿浆体中的非黏土相（如氧化物和硫化物）颗粒。与黏土不同的是，其暴露表面积较大，能够与传统絮凝剂充分接触，所以絮凝形成的絮团孔隙度更低（密度更高）。虽然某些淤泥颗粒的自然沉降速率较高，但大多数淤泥仍需要在浓密机中进行絮凝处理。

几乎所有黏土颗粒的真实或完全分散粒径都处于图 6.9 所示范围的末端部分，即胶体范围内。然而，尾矿浆体中的黏土却很难充分分散，这种现象提高了絮凝和浓密实践的可行性，原因在于，过度分散的黏土颗粒将大幅提高对絮凝剂单耗和尾矿浆稀释度的要求。黏土矿物学性质的变化主要通过扩散性和形状改变来影响絮凝效果，比如有的黏土其高宽比可能比图 6.9 所示的更大，从而导致形成的絮团结构孔隙率更高。

除了分散的黏土之外，胶体范围还可以包含表面积非常高且不适合絮凝的其他固体。污水（氢氧化物、水滑石）处理中产生的沉淀具有胶体性质，颗粒密度低。由于离子强度较高，固体颗粒将很容易通过凝聚而产生混凝现象，此类混凝物可发生絮凝作用。然而即使在高稀释溶液形成大絮团尺寸条件下，絮凝得到的絮团密度仍然极低，导致沉降速率低。因此，快速沉降只能通过与大颗粒固体的共絮凝（有时也叫做载体絮凝（ballasted flocculation））来实现。

6.7.2.2　固体质量分数

通常认为固体质量分数越高，絮凝剂单耗越高。但是正如 6.7.1 节所述，固体浓度增大会改变黏度和破碎率，进而影响絮团尺寸，即使提高絮凝剂单耗，也只能降低部分影响。另一个关键原因在于，在固体浓度较高的情况下，絮凝剂也难以较好地均匀分散。多数情况下絮凝剂的吸附过程非常快，如果絮凝剂的分散效果不好，则会在小范围的固体颗粒之间形成过度絮凝，而其他部分固体颗粒将无法与絮凝剂碰撞吸附。在这种情况下，为了达到较好的效果，絮凝剂单耗将被迫增加，此时絮凝效率（如细颗粒的捕获）也会受到影响。

很少有人意识到，固体浓度过低也会导致絮凝剂单耗增加。原因在于过低的浓度导致颗粒间距增加，粒子间碰撞效率降低（参见 6.7.1 节的方程）。固体浓度低时，絮团破碎率降低，因此可以采用更长的搅拌时间和更高的剪切速率来保证絮凝效果。已吸附在颗粒表面絮凝剂的自由尾部不能无限期地保持活性。在无有效的桥接碰撞条件下，其自由尾部可能再次吸附到同一颗粒表面形成絮凝环，这种现象显著弱化了聚合物的桥接作用。

6.7.2.3 表面电荷和浆体 pH 值

固体表面电荷可反映固相的矿物特性和液体 pH 值。例如，二氧化硅/石英的等电点通常在 3 左右，而在多数情况下，颗粒表面带负电。对于铁氧化物来说，等电点更高（pH 在 7~10 之间，取决于氧化物形式和纯度），倾向于带正电荷。如前所述，黏土的等电点具有误导性，絮凝剂通过边-面吸附，而颗粒边缘电荷对于整体表面电荷的影响较小。当然，在实践中遇到的大多数尾矿浆是不同性质的多相组合。一般说来，二氧化硅的等电点更低，对于氧化物来说更接近中性。多数尾矿悬浮液整体带负电荷，虽然这影响絮凝效果，但由于 pH 值高而无法絮凝的情况极少发生。

图 6.10 所示为浆体 pH 值对絮凝剂种类选择的影响，浆体 pH 值越大，所选

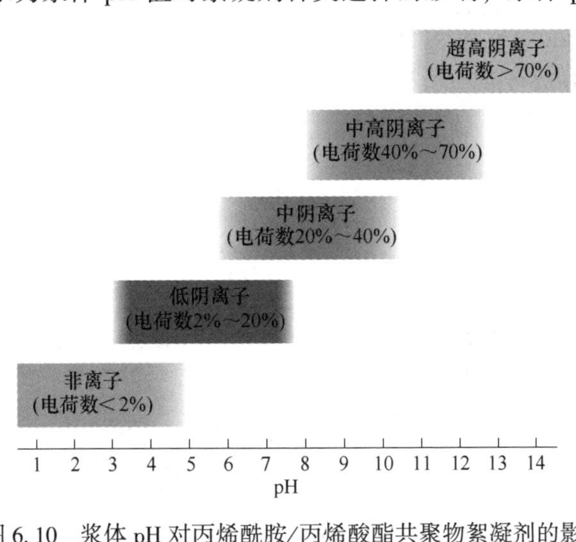

图 6.10 浆体 pH 对丙烯酰胺/丙烯酸酯共聚物絮凝剂的影响

（来源于 Connelly 等，1986）

择的絮凝剂阴离子特性越强。在低 pH 下，非离子型产物是有利的，因为丙烯酰胺/丙烯酸酯共聚物产品的阴离子官能团会被质子化，从而导致高度卷曲的构象。质子化功能并不会参与表面的吸附过程，因此非离子型产品会提供更高的桥接吸附可能性和更好的絮凝特性。pH>3 时，将有足够数量的去质子化阴离子官能团提供排斥作用，造成高分子长链充分伸展，更利于桥接作用的进行；pH>10 以后，酰胺水解和吸附的平衡导致了活性的丧失。100%阴离子聚合物和氧化物表面间的相互作用曾是主要研究内容，发现几乎所有絮凝都需要更高的离子强度条件，因此也可添加无机阳离子来改变絮凝效果。

6.7.2.4 溶解离子的种类和数量

表面电荷效应影响了悬浮粒子间的相互作用。颗粒电荷密度随尺寸的减小而增加，因此提高了聚合物的作用距离和能量势垒。溶液中的钙和镁等多价阳离子能够中和矿物颗粒表面起主导作用的负电荷，从而降低颗粒与颗粒间的作用距离。该效应增强了混凝作用，使随后的絮凝剂添加更加有效。注意，这种作用与阳离子对溶液中的絮凝剂的作用机理有很大的不同，详见第 6.8.4 节。同时，当黏土或者其他颗粒尺寸属于胶体范畴时，颗粒尺寸也是影响阳离子作用的关键因素。

6.8 影响絮凝剂活性的因素

6.8.1 产品寿命

受物理形态、聚合物特性和存储形式等因素的影响，絮凝剂的保质期差异较大。通常，保质期会在厂商提供的产品说明书中进行说明。由于乳液本质上是亚稳定性的，产品分离也成为一个共同问题，产品保质期通常不超过 1 年。粉状絮凝剂保存时间较长，但要避免过高的温度和湿度。粉末絮凝剂吸水性强，其活性会受到影响，并且通常容易结块，导致溶解困难，因此粉末絮凝剂对包装的要求更高。

6.8.2 溶液配制

粉状絮凝剂须经过非常复杂的溶解过程，才能使溶液达到最佳活性。在足够高的剪切作用下，溶胀的粉末成为分散的颗粒（因为结块导致凝胶状水溶物难以溶解）。但是，如果剪切速率过高或剪切时间过长，则会导致聚合物长链的剪切破坏。低速搅拌叶轮的搅拌混合效果较好，且达到理想搅拌状态下该系统可自动停机。

聚合物特性的改变受水溶液龄期的影响显著。虽然其影响程度小于剪切破坏作用，但仍然会导致絮凝剂性能下降、单耗增加。

图 6.11 所示为粉末絮凝剂溶液溶解的 4 个阶段，由 Owen 等（2002）提出。在非常短的溶解时间（图 6.11（a））之后，大部分粉末状絮凝剂仍然存在膨胀的微凝胶，在溶液中只有少量分散的聚合物链，从而限制了絮凝能力。几小时后，凝胶块逐渐扩散（图 6.11（b）），包含许多聚合物长链和亚微型纠缠长链的结块也会存在（图中红色部分）。几天后（图 6.11（c）），自由聚合物长链的浓度由于结块絮凝剂的分散而达到平衡，絮凝剂活性达到最大值。从表面上看，这一阶段将产生分散的单个聚合物成环，如图 6.6 和图 6.7 所示，但实际上聚合物长链仍存在一定程度的纠缠。当溶解时间过长时（图 6.11（d）），溶液中长链重构，尺寸减少，状态更稳定，进而导致絮凝剂活性降低（Kulicke 和 Kniewske，1981）。

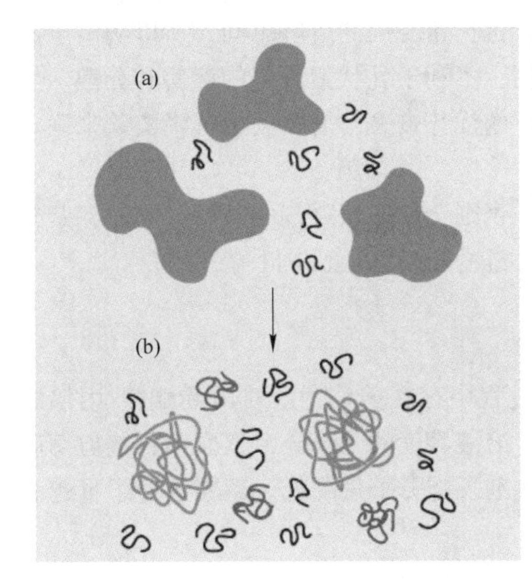

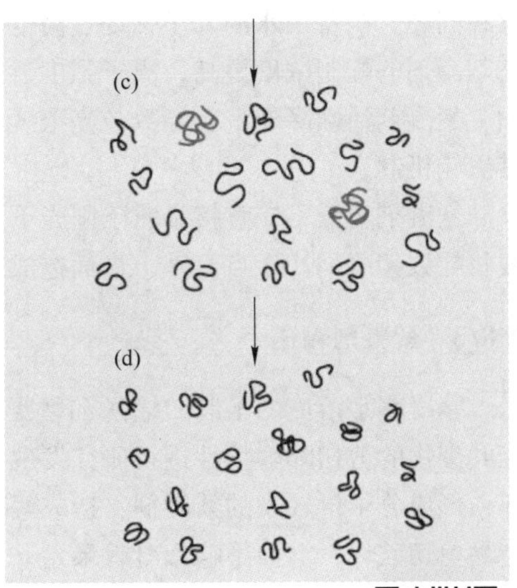

图 6.11　絮凝溶液溶解的四个阶段示意图
（源自 Owen 等，2002）

扫码看彩图

实际应用中，溶解周期一般不以天为单位来设定，多数情况下，以小时为单位的溶解时间即可达到预期效果。然而，受稀释器的容积限制，溶解时间不能低于 1h，此时扩散程度接近于图 6.11（b），絮凝剂活性未达到最佳，导致所需絮凝剂单耗增加，从而影响溶解周期的选择。在不增加稀释器体积的情况下，假定初始温度与室温接近，则通过提高溶液的温度可减少溶解时间（Titkov 等，1999）。由于低温会延缓聚合物溶解，因此对于搅拌温度低于 10℃ 的寒冷气候条件，溶解的温度对絮凝剂制备尤为重要。

乳状絮凝剂有效地消除了初始的浸湿、溶胀和分散（图 6.11（a）），因此能在更短时间（30min 左右）配制出活化状态的絮凝剂溶液。然而 Owen 等在 2007 年的研究表明，此类絮凝剂溶液要实现最大程度的活化至少还需要增加 24h，原因在于高度凝聚的聚合物长链解开较慢，所以乳状絮凝剂在溶解过程中无法完全分散。

Owen 等（2007）指出，粉状絮凝剂的粒度影响配制效果。Garmsiri 等（2014）将粉状絮凝剂分成不同粒径的组，进行更细致的研究，结果表明，颗粒尺寸越小，产生活性的速度越快。

活化时间受絮凝剂性质的影响，其长短一般与絮凝剂的物理形态无关。絮凝剂电荷密度越大、分子量越低，所需要的活化时间越短，但随产品浓度（初始浓度）的增加而增加。高分子量非离子型絮凝剂配制浓度接近 1%（质量分数），而等量阴离子絮凝剂的黏度更高，导致其在 0.5%（质量分数）浓度下制备仍然存在问题。制备用水的离子强度过高也会延长絮凝剂的溶解时间，所以阴离子固态絮凝剂的配制浓度更高。离子强度过高，不利于乳状絮凝剂的溶解和分散。然而，絮凝剂活性降低，会导致较高浓度下的优势丧失，需要利用沉降实验来确定其影响机制。

絮凝剂溶液不应直接暴露于阳光下，否则会加速絮凝剂的降解。同时，紫外线将导致絮凝剂产生自由基，进而造成长链的断裂（Caulfield 等，2002）。

6.8.3 絮凝剂输送

絮凝剂水溶液的配制、输送和絮凝过程中存在剪切力。对丙烯酰胺/丙烯酸酯共聚物的剪切降解特性进行研究发现，溶液黏度的下降导致絮凝剂长链剪切破坏，形成分子量较小的絮凝剂，造成絮凝剂长链分子量降低。絮凝剂分子量越高越易剪切破坏，继而影响絮凝效果。

与浓密机给料井内部剪切作用相比，絮凝剂溶液经管道由稀释设备输送至加料点的过程，所受的剪切速率更高，高速剪切所持续的时间也更长。Owen 等（2009）的研究证实，泵送和管道输送过程中絮凝剂溶液活性有所降低，其中泵送造成的损失是永久的，管道输送造成的活性降低却可以恢复。这说明絮凝剂的剪切降解同时存在断链（不可逆）作用和纠缠（可逆）作用。

为了降低絮凝剂单耗、最大限度地提高活性，建议尽量降低絮凝剂溶液在输送过程所受的剪切作用。利用往复式活塞泵输送时，絮凝剂结构会在溶液通过止回阀的过程中破坏；利用离心泵输送时，叶轮可产生较大的剪切应力，因此，上述两种输送方式均不建议使用。容积泵（特别是螺杆泵）造成的破坏较小，更适合絮凝剂溶液的输送。压力调节阀或半封闭阀也会对絮凝剂造成破坏，所以工程上应当尽量避免使用上述阀门。同时，尽管浓度越高越易在管道流动中形成剪切作用，但是通过降低输送速率可以降低剪切速率，因此建议以较高的浓度进行输送，当溶液接近絮凝剂添加点附近时再进行稀释。尽管有时长距离的输送不可避免，仍然建议在实际情况允许的条件下，尽量缩短絮凝剂溶液的输送距离。

6.8.4　水质

如6.5.1节所述，溶液中非离子聚合物的结构并不受溶解盐的影响，阴离子聚合物和阳离子聚合物在反离子静电屏蔽带电官能团的作用下会更加卷曲，溶液黏度也会降低。无机二价阳离子会进一步影响丙烯酰胺/丙烯酸酯共聚物的溶解结构，虽然该现象可反映聚合物溶液的活性，但相关文献无法对比形成明确的定论。Henderson 和 Wheatley（1987）认为絮凝剂溶液中的钙/镁离子并不影响黏土的絮凝效果，并证明1∶1的羧酸盐混合物对聚合物溶解结构影响最小。然而，Rey（1988）观察到，随着水中钙离子浓度的提高，絮凝剂稀释液中尾矿的活性显著降低；Peng 和 Di（1994）将类似的效应归因于聚合物卷曲和黏土沉降。高浓度的钙镁离子会造成阴离子絮凝剂沉淀，尤其在酸性和阴离子浓度较高的条件下；非离子型和阳离子型絮凝剂在低 pH 条件下性能良好。

Witham 等（2012）比较了三种搅拌模式下标准浆体的沉降速率，揭示了二价阳离子对阴离子絮凝剂的影响机制。在含有钠、镁或钙离子液体中，稀释的阴离子絮凝剂单耗的变化规律如图6.12所示。在最低搅拌速度（300r/min）下，二价阳离子溶液中稀释的絮凝剂在沉降速率10m/h时较易形成中等大小的颗粒，只有提高絮凝剂单耗，才能降低高分子缠绕圈的直径，因此该情况下不易形成尺寸更大、沉降更快的絮团。絮团尺寸越大越易破碎，所以大尺寸絮团一般只存在于低速搅拌状态下。相反，高速搅拌（600r/min）易导致絮团的破坏，因此掩盖了离子浓度对絮凝剂表面活性的影响。在絮凝过程中，剪切时间越长絮团破坏越严重。

针对不同的设备类型，溶液阳离子对给料井/浓密机性能的影响程度不一。对于传统浓密机，液体上升速率很低（<5m/h），即使有阳离子存在影响絮凝过程，絮团仍能达到目标沉降速率。针对现代高效浓密机和膏体浓密机，其工作原理在于通过提高液体上升速率来增大处理能力，因此沉降速率的提高成为影响浓密机性能的关键。此时，絮凝剂溶液的稀释水质量成为重要的影响因素。

与钙/镁离子相反，亚铁离子对絮凝效果极为不利。亚铁离子被氧化成铁离子，导致絮凝剂的断裂和分子量的急剧降低。即使铁离子浓度只有百万分之一，也会影响絮凝效果。高浓度的氯离子也会导致絮团破坏。碱性溶液会导致阳离子型絮凝剂水解，抵消了正电荷的作用；对于阴离子而言，带电荷的羧酸盐基团在碱性溶液中比较稳定，但任何中性的酰胺官能团都会水解为羧酸盐。拜耳法铝土矿尾矿的浓密实践表明，水解过程会随着温度的升高而加快。但上述过程不一定导致絮凝剂的大量失活，因此强阴离子型絮凝剂仍可应用于相关工程实践中，具有较好的应用前景。

溶液配制用水中所含的固体颗粒会被吸附，颗粒表面可能被絮凝剂包裹起来；颗粒表面的有效吸附率很高，被吸附后的絮团不再参与后续的桥接反应。该现象造成絮凝剂溶液的活性降低。在加入絮凝剂之前，水中固体对絮凝剂单耗影响较小，固体含量较低时（<200mg/L），则不会有明显影响。

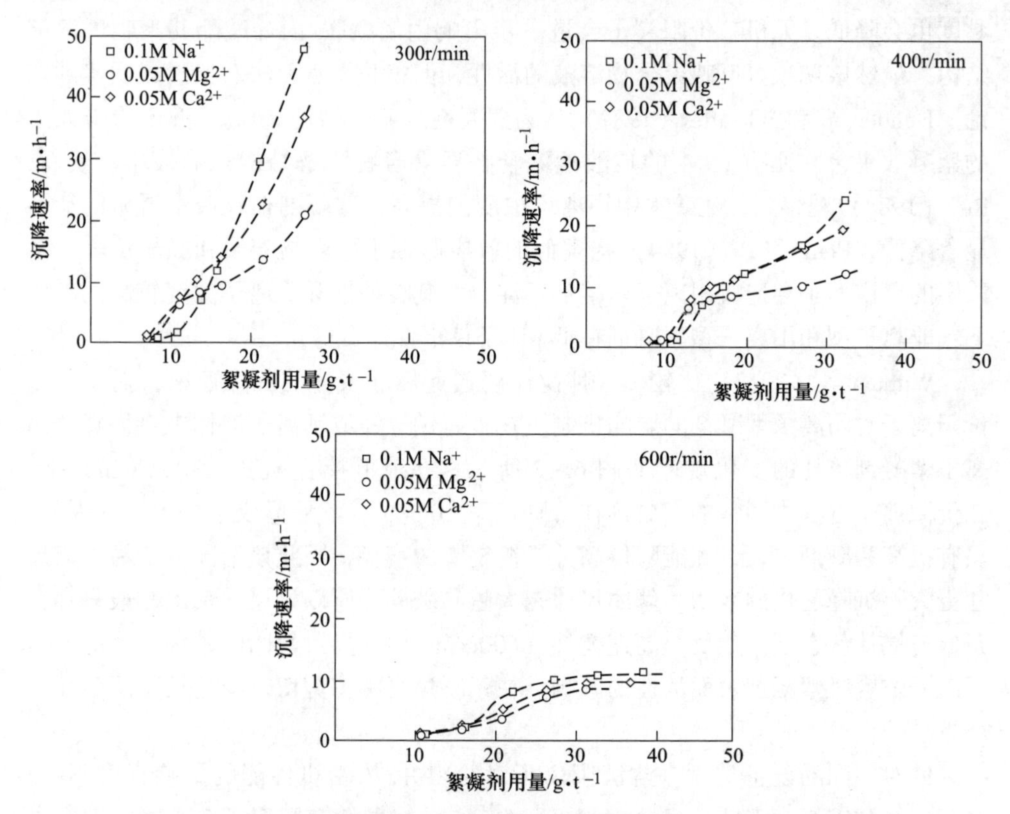

图 6.12　三种不同搅拌速率通过剪切混合装置对连续流的沉降速率关系

（其中阳离子型絮凝剂稀释到 0.005%（质量分数），溶液中有 0.1M Na^+，0.05M Mg^{2+} 或 0.05M Ca^{2+}）（Witham 等，2012）

6.8.5　絮凝剂制备的设备材料

应避免使用任何可能释放或使多价阳离子暴露于絮凝剂溶液中的材料，特别是在制备和储存阴离子絮凝剂溶液的情况下。禁止使用的材料包括镀锌钢或富锌涂料、铝或铝基涂层、以及所有的铜合金；可用于制造相关设备的材料，包括高分子聚合材料、低碳钢或不锈钢等。

6.9 影响聚合物应用的因素

6.9.1 外加剂的选择

6.9.1.1 絮凝剂

用于尾矿处理的絮凝剂种类选择除考虑尾矿沉降速率、絮凝剂单耗、相对成本等因素外，同时还应考虑其他因素：

高分子絮凝剂在沉降速率较高（>20m/h）时性能更优，但在许多液体上升速率高的老式浓密机中，在相同单耗情况下，低分子量絮凝剂也能形成充分的沉降并达到较好的澄清效果。

为了降低综合成本，应根据浓密阶段选择不同的絮凝剂类型。全流程仅使用1~2种絮凝剂的作法是不可取的。对于对浓密机性能需求较低的系统，可选择制备和预处理费用较低的絮凝剂（性能不是最优），以降低综合成本。

在选择絮凝剂类型方面，需要考虑尾矿颗粒的矿物学性质、粒度和固体浓度的潜在变化等因素。例如，絮凝剂化学性质的改变可能影响所形成的絮团密度，从而降低对絮凝剂稀释过程的需求。在较高固体浓度下，提高絮凝沉降速率可提高给料井的处理能力，但具体效果因实际情况不同而有差异（Grabsch等，2013；Tanguay 等，2014）。

尾矿絮凝过程对后续的固结、输送、流变与沉积行为的影响，日益成为研究的热点。初始沉降性能优异的絮凝剂对于下游工序来说不一定是最优的，故在絮凝剂优选过程中，应避免为改善浓密机絮凝效果提高单耗而造成后续过程絮凝剂过量的情况。

6.9.1.2 混凝剂

与絮凝剂相比，低分子量的合成混凝剂不仅影响生产能力，而且降低了在较高分子量下电荷中和的有效性。单独使用混凝剂时，进料颗粒的粒度分布范围越窄，有效混凝所需的分子量越低。另外，混凝剂分子量分布的影响也不可忽略。例如，与一般沉淀池相比，处理矿坑水过程中，由于其条件变化多样，需要使用分子量分布范围更大的混凝剂。

在絮凝剂之前添加混凝剂，可提高沉降过程中细颗粒捕获率，并降低絮凝剂单耗。混凝剂的作用是在无桥接作用的情况下使细小颗粒形成有效的聚集体。因此具有低分子量高电荷密度的混凝剂更受欢迎。

如前所述，高分子混凝剂和分散剂一般仅在分子量上有所区别，混凝剂的过量使用会在颗粒表面产生过量的正电荷，从而导致浆体分散。因此，应注意混凝剂适量添加，防止上述现象的发生。

6.9.2 外加剂稀释

为保证正常添加量下快速吸附颗粒，浆体中絮凝剂及其他高分子试剂的均匀分散十分关键。絮凝剂的稀释既增加了絮凝剂体积，又降低了溶液的黏度，因此稀释有助于絮凝剂在悬浮液中的分散。需要注意的是，降低溶液的黏度非常重要，因为即使在湍流管道输送时，高黏度的絮凝剂也不易实现有效的混合。向浓密机给料中加入的絮凝剂溶液浓度一般不应超过 0.1%，因此，絮凝剂溶液的稀释和加液应分两步工序分别进行。

絮凝剂稀释对于浓密过程的重要性不言而喻，它既能降低絮凝剂用量，又能提高上层清液的澄清度，但对絮凝动力学可能造成的影响却极少受到关注。絮凝剂溶液浓度过高将提高对搅拌过程的要求，而浓密机给料井下部加液口的絮凝剂极有可能未充分分散便已流出，此时絮凝剂会进入溢流并对下游工序（电解、溶剂萃取和过滤）产生不利影响。

6.9.3 外加剂单耗

絮凝剂/混凝剂在处理亚微米颗粒时需要较大的单耗，剂量要超过 50%有效表面覆盖面积，从而影响颗粒絮凝过程中的碰撞效率（如 De Witt 和 van de Ven，1992；Olsen 等，2006）。当絮凝剂添加量超过最优剂量后将导致絮凝效率降低，甚至造成总体性能的急剧下降。

相反，对于大颗粒尾矿的桥接絮凝，相同的单耗会造成絮凝剂的严重过量。此时絮凝剂单耗会显著降低，而单耗对颗粒碰撞效率的影响也将很小。过量的絮凝剂导致沉降速度超出目标需求，主要缺点在于导致沉积床层具有较大强度和明显的结构，即某些案例中观察到的“高黏度泥床”。絮凝剂的过量添加会造成搅拌耙架扭矩增大、底流浓度降低。由于颗粒堆积方式不良、固结阻力大，导致底流浓度难以进一步提高。

絮凝剂单耗对浓密机底流流变特性的影响规律如图 6.13 所示。虽然不同情况下的相对误差被放大，而绝对值变化通常不超过 10%。絮凝剂的添加提高了浆体的屈服应力，絮团的形成会提高浆体/膏体的固体体积分数，从而造成屈服应力的上升。若在较低的单耗下实现有效的絮凝，则所得絮团在泥床中的强度较低，因此可在不提高屈服应力的情况下达到更高的固体浓度。

如图 6.13 所示，水平虚线代表浓密机产生的底流屈服应力。絮凝剂掺量高时，泵送过程中的剪切稀化作用导致屈服应力急剧下降，最终排放浓度较低。较低的絮凝剂单耗更有利于实现有效絮凝，浆体在相同屈服应力条件下能够达到更高的浓度，剪切稀化效应减弱，从而保证最终排出的浆体仍然具有一定的屈服应力。絮凝剂种类对该行为也产生一定影响，某些产品可能使屈服应力曲线小幅向左移动。

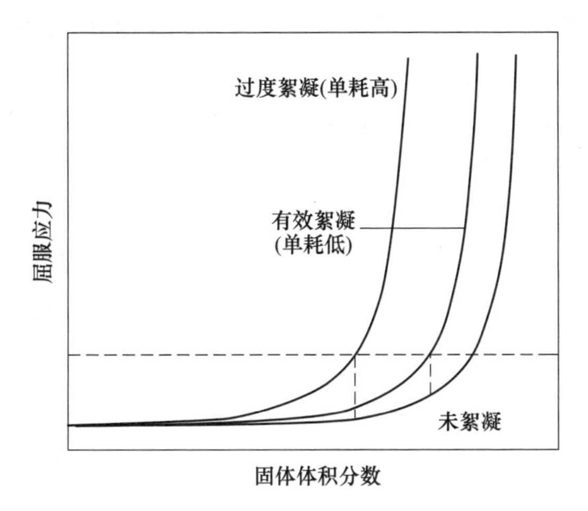

图 6.13 絮凝剂单耗对泥浆流变性能的影响

6.9.4 剂量/添加条件

絮凝效果差，经常归因于絮凝剂自身性能。虽然通过絮凝剂种类的优选，可以一定程度改善絮凝效果，但很多情况下，絮凝效果差的主要原因在于絮凝作业设备的设计或操作不当，如浓密机给料井和给料管等。当出现絮凝剂与给料未充分接触或絮凝环境存在过度剪切情况，设备工况不适合絮凝作业时，实际絮凝效果一般较差。此时，一般采用提高絮凝剂用量的方法，以改善絮凝效果，但该方法不仅进一步降低了絮凝效率，而且会带来前文所述的沉积床层黏度过高等问题。

对于现代絮凝剂和浓密机而言，适合的添加量和合理的絮凝环境尤为重要。在传统浓密机中，往往通过添加大量混凝剂或自然絮凝剂的方式来提高颗粒沉降速率。由于对添加量的大小和剪切速率不敏感，该方式并不要求最优的絮凝环境。然而，在添加分子量高、单耗低的絮凝剂时，需要更严密的调控措施（引入合理的剪切作用），以确保聚合物在物料中能有效分布。

6.9.4.1 絮凝剂添加点

如果絮凝效果只取决于混合效果，那么在给料管或给料井中进行上游式添加絮凝剂的方式将取得良好的效果。上游添加方式显然更适合于混凝剂。对于絮凝过程，上游添加会导致絮团的过度剪切破坏，从而增加絮凝剂单耗。因此不建议采用向搅拌槽中添加絮凝剂的投料方式。

当浓密工艺的目的是追求最大处理能力时，在絮凝剂加入之前必须进行充分稀释。未经稀释的絮凝剂溶液将限制絮团的尺寸。在浓密机给料井外部推荐设置专门的絮凝剂溶液稀释设备。为了保证絮凝剂在给料井中充分混合，通常应有一定比例的絮凝剂通过给料井中的投料点添加。

对于同类絮凝剂，采用分段添加的方式具有扩散性好等优势，因此能够显著提升絮凝效果。Moss 在 1978 年发现，将絮凝剂分成多份并在不同添加节点投料，可以最大程度地实现颗粒捕获，并获得更大尺寸的絮团。絮凝剂初次添加产生的絮团尺寸较小，但仍吸附了大量颗粒（与混凝剂投放前相似），因此二次添加的絮凝剂仅与初次絮团外部颗粒产生絮凝作用，与絮团内部的颗粒并不接触，其原理如图 6. 14 所示。

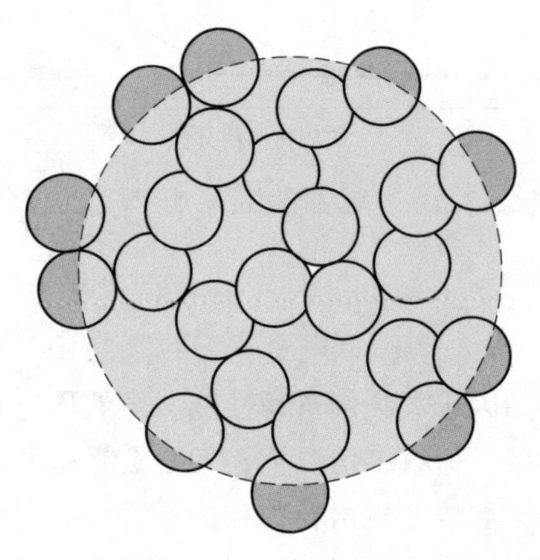

图 6. 14　初次投放絮凝剂后形成絮团表面

上述吸附机理有效提高了单位面积上絮凝剂的吸附密度，并显著降低了絮凝剂的单耗。图 6. 14 所示絮团表面模型，可以解释絮凝环境中固体浓度升高时吸附密度降低的现象（Chaplain 等，1995）。颗粒表面有效性覆盖对絮凝效果的影响已经得到了相关的研究（Kislenko，2000）。

Owen 等（2008）研究表明，当絮凝剂主要通过第二添加点投料时，分次添加的效率最高。应在有效表面积较低的条件下提高絮凝剂用量，提高表面覆盖率，从而弥补初次絮团尺寸较低的缺陷。虽然初次絮团尺寸较小，但如果能够基本完成细颗粒的捕获，有效表面积将大大减小。但是在剪切环境或流体力学环境中，分次添加的效果提升幅度有限。

6. 9. 4. 2　剪切条件

如 6. 7. 1 节所述，剪切速率的增加可造成絮团的生长和破碎速率同时增加，而破碎速率的增速更快，从而限制了絮团的尺寸。动力学实验中的平均剪切速率在整个絮凝过程中保持不变，剪切速率增加可导致絮团尺寸的峰值下降，而且絮团超出尺寸峰值后，破坏的程度也增加（如随着反应时间的增加絮团尺寸急剧减小）。锥形剪切是指初始剪切速率高但随后降低的剪切方式，它明显有利于絮凝过程的进行。初期较高的剪切速率有利于絮凝剂的初始混合与絮团的形成，后期较低的剪切速率可提供适用于絮团尺寸生长的更优环境。

该理念在水处理领域的应用较好（Nan 和 He，2012；Yukselen 等，2006），尽管在矿业领域中仍未得到广泛认同，许多精心设计和运营的浓密机给料井中已经形成了优化絮凝环境的基础共识与实践（Owen 等，2008）。例如，带隔板切向入料口的开放式给料井，可以形成有效的两段絮凝空间，隔板上方的旋流可创造良好的混合条件，隔板下方的低剪切力可促使絮团增长速度提高（Nguyen 等，2012）。

然而，许多浓密机，特别是传统浓密机，并未按照设计规程进行操作。进入给料井的低流速浆体在靠近管道入口处表现为湍流形式，但没有迹象表明给料井其他部分也是湍流。这解释了给料井中的浆体多数快速沉降而未能在给料井保持足够的停留时间的原因。给料井中的絮凝剂利用效果较差，因此絮凝剂应尽早添加，并尽量靠近给料井的入口处。

在另一种极端条件下，高速入料会导致剪切过剩，不仅不会产生较好的环向旋流，还会造成给料井内部的过度紊流。絮凝剂添加过早将导致大量浪费，因此为了最大程度地改善絮凝效果，絮凝剂添加角度至少设置为入料点后 90°。即便如此，絮凝剂实际单耗值仍远高于最优状态预测值。

6.9.5 调控

本书第 7 章将探讨浓密机的调控机制，在此不再详述。本节仅指出调控是在絮凝后测量得到相关参数（泥床高度、底流通量和泥床扭矩）的基础上完成的。这些性质不足以反映入料或给料井中的变化，从而导致调控无效等问题。在某些浓密机给料井中取样检测（通常自动完成）沉降速率，为絮凝剂用量的控制提供数据支撑。该方法可提供更及时的反馈信息，虽然沉降速率受质量分数、颗粒尺寸和矿物属性变化的影响较大，但与絮凝剂单耗之间并不是简单的正负相关。另外，流量的变化会造成给料井内部流体动力学性质改变，从而造成采样点数据代表性较差。

基于给料性质的絮凝前馈控制是非常重要的。虽然目前可实现质量分数与流速的检测，但对颗粒尺寸实现可靠经济的表征仍存在较大困难。同样，目前尚无实用的物料矿物学特性变化的在线监测或原位检测设备。特别是当黏土类型发生变化时，应在采矿规划阶段进行相关检测。合适的传感器及其有效应用仍存在以下前提：能够实现多条件下絮凝行为的详细描述、能够利用先进的模型表征絮凝与水力动力学之间的响应关系（如 Stephens 和 Fawell，2012），目前上述研究仍处于起步阶段。

絮凝剂添加时的监测不良是有效控制絮凝的又一难点。添加前絮凝剂稀释过程无法定量化调控，多点添加方式中各点的添加比例无法监测。添加比例的监测与调控是体现絮凝过程调控技术先进性的重要方面。

6.10 管道絮凝

目前，通过向管道内注射高剂量絮凝剂的脱水方式成为尾矿领域的研究热点。管道注射絮凝技术的优势在于，某些情况下其脱水浓度可超过普通浓密机底流浓度。该领域已经公开了一些专利（如 McColl 和 Scammell，2004；Poncet 和 Gaillard，2010），并应用于矿业和石油领域（第 13 章将就油砂尾矿作专门讨论）。

管道注射絮凝技术主要依赖高分子聚丙烯酰胺的应用，并通过对絮凝剂分子结构进行精确改造以得到特殊性能。例如，丙烯酰胺和 AMPS 共聚物对水的盐度和温度耐受性更强。高分子聚合物的混合也相当有效，添加低分子量成分可增加对细颗粒的捕获能力，并形成强度更高的絮团。Watson 等在 2011 年提出，相对于单纯使用高分子聚合物，采用低分子量和高分子量阴离子聚合物混合添加，能够增强脱水和固结作用，从而缩短脱水周期。

目前该技术的研究基础相对薄弱，尚不能充分对比其与传统絮凝剂的优劣。应用于浓密给料井中的桥接型絮凝剂与应用于管道絮凝的高分子聚合物，存在几个基本的不同点，见表 6.2。该表尚不完善，需要进一步的研究。

表 6.2　传统给料井絮凝剂与管道注射絮凝剂差别

对比	给料井絮凝	管道注射絮凝
混合效果/吸附效果	絮凝剂吸附迅速，有效表面覆盖率基本<20%	初始吸附很快，但使用剂量高可能导致表面覆盖率>50%，表面过量聚集可能限制吸附
初始絮凝成团	增大可用表面积的占比，有利于提高颗粒桥接及絮团碰撞的效果；增大絮凝剂剂量可提高碰撞效率。减小料浆浓度，会降低絮团生长速率，但也会降低黏度和因剪切引起的絮团破碎	表面覆盖率高将导致碰撞效率降低（可吸附的位点减少）。固体含量高会增加碰撞概率，但也会增加因剪切引起的絮团破碎。高黏度也会降低成团速率
絮团破碎	絮团破碎是不可逆转的。断链后仅有较短的絮凝剂自由端（尾巴）可用于吸附	絮团破碎一定程度可逆，因为颗粒及絮团更为接近使断链保有桥接能力
剪切作用对絮团结构的影响	在絮凝时，过量的剪切会导致絮团破碎而非进一步浓密；在絮凝之后适量的剪切有益于进一步浓密	絮团核心结构重新排列，破碎释放出包裹水

管道注射絮凝技术的创新之处是在接近排放点处向管道内注射大量絮凝剂，

在沉淀过程中形成可快速脱水的固定结构（Riley 和 Utting，2014）。可根据水分回收率和堆积坡度等不同的堆存参数，选择高分子化合物的种类。由于桥接絮凝机理相同，浓密机给料井用的絮凝剂种类筛选实验与管道注射絮凝絮凝剂的选择往往具有相似的结果，两者之间最大的不同体现在分子量的选择上。与传统的给料絮凝一样，在浆体搅拌强度与絮团结构的剪切敏感度之间达到较好的平衡，是影响絮凝效果的关键。

管道内部絮凝剂与尾矿的混合可视为一种试错过程，小型实验测试仅使用烧杯、活塞或搅拌器进行，无法准确模拟实际絮凝过程。混合条件应与现场保持一致，如液体流变参数和流动速率等参数。管道絮凝过程中，由于颗粒间的大量碰撞，絮团结构将暴露在剧烈的破坏条件下，此时混沌层流的絮凝效果要优于紊流扩散状态（Lester 等，2009；Costine 等，2014）。混沌层流的拉伸和折叠机制产生了材料纹理，其厚度随时间呈指数衰减，这将有利于设计出基于低剪切或小尺寸条件的高效混合系统。

此外，锥形剪切搅拌技术对脱水效果也能够产生较好的促进作用，絮凝剂长链在液体中的快速分散，使得絮团可以在较低剪切环境中生长，并形成抗剪切强度。

6.11 外加剂测试

目前在矿物加工领域研究絮凝效果的主要手段仍然是简单的量筒沉降实验，通过量筒倒置或活塞运动来实现尾矿与絮凝剂混合（烧杯实验（jar test）主要用于废水澄清研究，一般用于固体浓度非常低的实验）。

尽管量筒沉降实验很常见，但经常被滥用或在条件选择不合理的情况下进行，这引起了人们对已发表结果的关注，主要体现在以下几个方面：

- 絮凝剂稀释不充分。絮凝剂与浆体相比添加量很低，如前所述，絮凝剂稀释通过降低浆体黏度、增加添加量的方式提高絮凝剂在浆体中的混合和扩散效果。许多研究的絮凝剂添加浓度过高（≥0.1%），无疑增加了絮凝剂的单耗。将絮凝剂稀释到0.02%更为合适，降低到0.01%则效果更好，可降低絮凝剂的单耗和搅拌的敏感度。在固体浓度较低或者需要检测上清液澄清度等对絮凝效果要求更高时，可将絮凝剂进一步稀释。

- 在同一单耗下对比不同类型的絮凝剂效果。絮凝效果与添加量的关系并不是线性的，曲线形状也因产品种类而不同，分子量和化学性质对絮凝效果影响更为关键，因此某单耗下观察到的变化趋势可能并不具有代表性。絮凝剂的分子量相同的情况很少，所以只有当项目特别关注成本因素时才以 g/t 为单位进行絮凝剂选型的比较。絮凝剂溶液黏度对絮凝剂单耗测量结果影响也很大，可采用高度稀释的办法降低黏度的影响。能够使絮团从开始形成到快速沉降的全过程效果均达到最优的添加量，才能称为最优单耗。

• 絮凝剂添加过量。人工絮团目标沉降速率一般不超过 30m/h，只有捕捉固液分界线图像才能实现 40m/h 的沉降过程的可靠测量（e. g. Zhu 等，2000）。部分案例中沉降速率为 50m/h 左右时结论不一（Chen，1998），絮团尺寸过大，受添加量和搅拌条件的影响更加显著，使得沉降速率曲线发生实质性的偏移，从而降低数据的可信度。速度限定在 5～20m/h 的范围内更利于絮凝效果的比较。

• 在单一固体浓度下进行絮凝效果的比较。浆体浓度过高或过低都会造成结果不稳定。浓度过高时，对絮凝剂种类差异的敏感性降低，甚至被搅拌作用所掩盖。如果絮凝剂可产生更加密实的絮团，则其相对效果取决于固体浓度。

• 沉降前过度混合/错误混合。进行室内烧杯实验时，对于低浓度的浆体宜采用几分钟的搅拌时间。室内实验浓度一般远低于浓密机中的浆体浓度。由于絮凝效果性能趋势被掩盖甚至逆转，絮凝剂单耗的实验预测值要高于实际值。

• 在相同的搅拌条件下对比不同种类的絮凝效果。低分子量絮凝剂的桥接作用更显著，絮凝过程中可抵抗更大速率的搅拌，对细颗粒的捕获效果优异；然而高分子量的产品对搅拌作用更为敏感（更易受搅拌作用的影响）。适用于低分子量絮凝剂的搅拌方式，可导致高分子量絮凝剂单耗过高，原因在于搅拌条件超出了临界速率或临界量分数的限制。

上述问题在高浓度尾矿处理中更为显著。小规模实验的主要不足，在于黏性聚合物在高浓度尾矿悬浊液中搅拌困难、分散性差，导致对处理固体特性调控较弱。例如，Mizani 等（2013）在加工后的细尾矿浆（质量分数为 35%左右）中加入 0. 4%的絮凝剂溶液，混合后在叶轮搅拌器中搅拌，添加点靠近叶轮，反应时间仅有 10s。搅拌仓里剪切速率波动大，导致絮凝剂消耗量更高、过度絮凝，且絮凝效果受尾矿性质影响严重等情况。解决上述与搅拌作用相关的问题，有助于准确认识絮凝剂特性（分子量和电荷密度）对脱水性能优化的影响。

6. 12　外加剂的发展趋势

科技文献经常推荐能够提高沉降速率的新型絮凝剂，研究方向基本保持稳定。许多研究通过将人工合成的聚合物嫁接到自然聚合物骨架上来实现絮凝剂性能的提升，或者通过合适的制备方式降低生产成本和环境影响。虽然在其他领域这些问题相当重要，但尾矿处理领域中，上述研究在众多亟待提升的性能面前处于次要地位。与传统研究利用沉降速率来衡量絮凝剂性能的方法不同，目前的研究越发关注絮凝剂对浓密机底流或堆存膏体性能的影响。

功能的多样化可实现特定目标物质的吸附，但对于尾矿脱水而言，真正的优势在于，可观察吸附功能在多工艺流程循环过程中对絮团结构的影响。正如6.9.1.1节里所提到的，絮凝剂产生浓度更高的絮团结构，降低了前期的稀释需求，而且相关优势也会作用到浓密机底流。可采用刺激灵敏絮凝（高效（快速)-敏感（脆弱）絮凝）的方式提高底流浓度，即在给料井中能快速形成絮团，但是后续条件变化使得絮凝能力下降，桥接结构也快速消除，从而减少了颗粒进一步聚合致密的障碍，进而提高底流浓度。

目前，已经研究了温度变化对聚合物（N-异丙基丙烯酰胺）絮凝过程的激发作用机制，该聚合物具有亲水性，且可在50℃条件下作为絮凝剂使用，但当温度下降至临界溶液温度（32℃）以下时，依然具有亲水性，此时表面吸附能力丧失（Franks 等，2009）。该现象在半工业级沉降柱连续实验中得到了证明（Franks 等，2014），但实际絮凝效率不高且絮凝剂消耗量大，且温差控制有效性较低。虽然该絮凝剂在工业应用中仍然存在适应性的问题，但依然为探索改善絮凝剂的功能性提供了思路。

Berger 等（2011；2013）还考虑了改进压缩床基于屈服应力的表征方式，并改进了“大于凝胶浓度的底流特性表征方法”理论，该理论已经得到工业级浓密机给料的验证，但至今仍没有披露实际应用细节的相关文献。

第6.10节中，关于管道注射絮凝技术中絮凝剂分子量调整的研究，已经应用在了低浓度矿浆中，采用将高-低分子量絮凝剂混合作用的方式，在特定情况下可达到更优的效果。该领域的研究鲜见报道，但是随着近期絮凝效果表征方面的新进展，该方向必然赢得更多的关注。

目前，絮凝剂添加过程优化与絮团流体动力学研究对外加剂的发展做出了重要贡献。对混凝剂的关注仍然较少，与浓密机絮凝剂相比，混凝剂涉及面更广。鉴于管道注射絮凝技术中絮凝剂用量高，进行优化的范围非常大，且具有很高的潜在价值。因此，该领域研究必然成为未来几年的研究热点。

作者简介

第一作者
Phillip Fawell
澳大利亚，CSIRO Mineral Resources Flagship

Phillip 在 Murdoch 大学获得化学博士学位。在过去的20年里，他通过 AMIRA P266“浓密机技术进步”系列项目致力于絮凝工艺的理解和优化研究。他是 AMIRA P266G 的项目负责人，同时负责相关技术转让活动。

合作作者
Stephen Adkins
英国，Mining Solution，BASF plc

Stephen 先后就职于 Allied Colloids 和 Ciba Specialty Chemicals 公司，专门从事固/液分离、浮选、凝聚和尾矿处置方面的研究，其中尾矿处置为尾矿可控堆存提供了新颖的化学处理方法。自 2010 年起，他在巴斯夫 Mining Solution 部门担任固/液分离、尾矿处置和材料处理的全球流程负责人。

Allan Costine
澳大利亚，CSIRO Mineral Resources Flagship

Allan 在爱尔兰 Limerick 大学获得化学博士学位。他目前是 AMIRA P1087 “综合尾矿处置”项目的专题负责人，主要从事脱水效果增强的浓密机底流后处理聚合物添加方面的研究。

7

尾矿浓密技术

尾矿浓密技术 7

第一作者
Daniel Bedell　美国，Bedell Engineering

7.1　引言

本章讨论了尾矿沉降技术、浓密机生产膏体或高浓度尾矿浆的实用性、浓密机的类型和结构等几个方面。利用化学药剂提高沉降性能与浓密效果的研究已经在第6章进行了讨论。本章的目的在于引导读者理解如何设计浓密机以制备高浓度尾矿浆，实现地表堆存或井下充填。与本书第一版（2006年）相比，对于浓密机和过滤机设计的论述有了实质性的改进（关于过滤机的论述单独列为第8章）。膏体与浓密尾矿是未来的发展趋势，因此必须对可进行输送堆存的高浓度尾矿浆的生产方式有清晰理解。

7.2　尾矿浓密技术的发展

7.2.1　浓密机

沉降设备主要应用在两个方面：澄清工艺和浓密工艺。尽管两个工艺过程较为相似，但是目的不同（澄清工艺追求较低浊度的溢流，浓密工艺追求较高浓度的底流），进而导致二者在实验测试、设备设计、运行管理等多方面的不同。澄清器一般为沉降容器，形状简单并无特别之处；但澄清器的体积应足够大，以提供足够长的停留时间，使固体能够从给料中沉降分离；或者具备精巧的给料井，使混凝剂或絮凝剂能够与固体有效接触，形成较大的絮团快速沉降澄清。其目的是获得不含固体颗粒或者仅含有少量固体颗粒的清澈溢流水（Emmett，1986；King，1978；King和Baczek，1986）。

浓密机的主要目标是获得高浓度的底流，同时保证溢流水的澄清度满足要求。与澄清器相比，浓密机溢流水的固体含量较高。目前，浓密机可应用于多个领域、多种物料的脱水，且在同一生产流程中，可设置多台浓密机。近年来，借助絮凝化学的发展，浓密机技术已经发生变革与创新，从而提高了现有浓密机的工作能力，并且可在生产能力不变的前提下适当减小浓密机尺寸（Suttill，1991）。但是，综合经济与环境方面的因素，业界对于底流浓度的要求越来越高。因此，浓密机技术不断创新，并催生了新的设计理念与技术改进。与传统浓密机设计相比，新型浓密机设计要求更大的驱动扭矩、更现代化的给料系统、絮凝剂搅拌和添加系统，以及更可靠的控制系统。

历史上，传统浓密机不使用絮凝剂。当引入有机絮凝剂、现代合成絮凝剂之后，产生了目前常见的高效浓密机，紧接着又产生了超高效浓密机。但是，这些浓密机排出的底流仍然表现出一定的沉降特性。在 20 世纪 70 年代，浓密机技术进一步发展，其底流为膏体状态（即浓密尾矿），膏体浆体具有不沉降、不离析的特点，同时也出现了深锥浓密机、高浓度浓密机以及膏体浓密机等新型浓密机。

注：业界一直致力于浓密机的标准命名，如深锥浓密机、超高效浓密机、膏体浓密机、高浓度浓密机以及高压浓密机等。但很遗憾，大量的文献对浓密机的命名并不统一，从而导致读者对浓密机的型号模糊不清。

浓密机生产厂家有各自的命名方式，但是均与底流的流变特性有关。如，艾法史密斯（FLSmidth）将其命名为高浓度浓密机和深锥浓密机，韦斯特克（WesTech）命名为高浓度浓密机和深床浓密机，德尔可（Delkor）命名为高浓度浓密机和膏体浓密机，奥图泰（Outotec）命名为高压浓密机和膏体浓密机。

本书用高浓度浓密机（high-density thickener，HDT）和深锥浓密机（deep-cone thickener，DCT）进行命名。通常，传统浓密机的底流浓度较低，浆体屈服应力仅为 20~30Pa，而高浓度浓密机和深锥浓密机的设计目标是生产更高浓度的底流。高浓度浓密机底流的屈服应力为 30~100Pa，而深锥、深床或膏体浓密机的底流屈服应力可达到 100Pa。值得注意的是这些设计涵盖的流变特性范围很广。因此，30Pa 底流的浓密机与 100Pa 底流的浓密机设计区别很大，并且生产成本差别也很明显。

7.2.2 过滤机

一直以来，过滤机一般作为最后环节对浓密机底流进行固液分离。部分案例直接向过滤机给料而不需要浓密机。虽然这种工艺在过去成本较高，但是随着过滤机更新换代，过滤脱水工艺的成本正在逐步降低。近年来的案例中，在取代高成本的传统尾矿库方面，尾矿干堆法表现出更佳的经济可行性。过滤机可以生产含水率很低、利用皮带输送机输送的滤饼，也可以生产滤饼形式的膏体。该工艺的设计细节和运行方式将在第 8 章中进行讨论。

7.3 浓密科学

7.3.1 浓密理论

浓密的实质是利用重力沉降的方式将来料中悬浮的固体颗粒进行富集浓缩，悬浮颗粒经历自由沉降、干涉沉降、压缩沉降过程后，最终到达浓密机底部。早期，Coe 和 Clevenger（1916）对自由沉降和压缩应力的影响因素进行了研究。之后 Kynch（1952）、Talmage 和 Fitch（1955）进行了进一步的研究。不过，该技术取得较大进展源于 Wilhelm 和 Naide（1981）在实验过程中引入搅拌耙动机制。基于上述测试程序、数据分析手段，并结合全尺寸实验结果，设计方法得到了较好的发展。设计人员可以利用室内间歇实验结果来计算传统全尺寸浓密机的单位面积（m^2/tpd），单位处理能力（即每平方米每天可处理多少尾矿）。

7.3.2 浓密过程的阶段划分

重力浓密过程可以划分为三个阶段或区域：自由沉降区、干涉沉降区、压缩沉降区。自由沉降区内颗粒进行自由沉降，且间距较大；在干涉沉降区，颗粒间距减小，沉降方式变为群体沉降，其沉降速度是固体浓度、絮凝效果、颗粒密度等因素的函数；在压缩沉降区，颗粒沉降速度既受下部颗粒支撑性能的影响，又受上部固液压力的影响。每个阶段的沉降行为均在实验中进行测试，每个阶段均影响浓密机的尺寸和设计。

7.3.3 浓密过程的影响因素

影响浓密性能的关键因素：

- 进料浓度（也叫做给料浓度）；
- 进料固体颗粒粒级组成与形状；
- 固液密度差；
- 是否添加絮凝剂；
- 液体黏度；
- 温度；
- 絮凝剂添加方式；
- 润湿颗粒表面化学（颗粒润湿特征）；
- 颗粒运移行为（如耙动）。

7.3.4 絮凝剂与混凝剂的使用

目前，绝大多数浓密机通过引入絮凝剂来提高沉降速度、减小设备尺寸。值得注意的是，虽然絮凝剂与混凝剂可以交替使用，但是这二者的作用与行为却是不同的。絮凝剂一般是指有机、合成高分子材料或天然聚合物；通过吸附在固体颗粒表面，将颗粒连接聚集成较大的絮团，加速颗粒的沉降。絮凝作用在矿物加工处理中是极为有效的，第6章已经进行了深入的讨论。混凝剂一般是指用在水处理行业中的化学药剂。为了提高溢流水的澄清度，混凝剂与絮凝剂组合使用的方法已经开始在矿物处理行业应用。对于不易沉降的胶状悬浮液，有些天然材料就可以达到较好的澄清效果，如明矾、石灰和铁盐等。但是与针对矿物加工领域专门研发的新型聚合物相比，这些天然材料的处理效率相对较低。

7.3.5　浓密机单位面积处理量的确定

目前，基于室内实验、现场经验和特定床层高度（1m）的假设，可获得单位面积或单位面积处理量（m^2/tpd）这一参数，用于计算高效浓密机尺寸。但是一般情况下，由于不同的条件形成膏体底流所必须的床层高度或体积不同，所以该参数并不适合应用于膏体浓密机的设计。

7.3.6　溢流水上升速率的确定

自由沉降区内的颗粒沉降速度大于从溢流槽排出的清水上升速度（单位为溢流上升速度：$m^3/(h \cdot m^2)$），否则固体颗粒将跟随浓密机溢流流出。浓密机的最小直径应能保证上清液上升速度小于固体颗粒沉降速度。由于固液逆流、半径方向上的颗粒分布不均匀等因素，在室内实验的基础上进行工业放大时，需要对液体上升速度乘以一个放大系数，以保证上清液中较低的含固量。

无论是超高效浓密机、高浓度浓密机，还是膏体浓密机的参数计算，传统的自由沉降区和压缩沉降区是必须考虑的两个区域。与之相比，干涉沉降区的范围较小，在某些情况下甚至可以忽略，但是赤泥浆浓密过程中干涉沉降区的范围较大，不能将其忽略。因此，可以利用自由沉降区或压缩沉降区确定浓密机尺寸，但对于某些沉降速度较慢的固体颗粒，需通过溢流上升速度确定浓密机直径。

7.3.7　压缩区域的确定

与其他因素相比，底流浓度可认为是床层停留时间的函数（固体在浓密机床层内部的时间）。目标停留时间的确定受很多因素的影响，如固体颗粒粒级分布、颗粒矿物组成、絮凝剂单耗、目标底流的流变特性等。对于膏体浓密机，固体停留时间长达数小时；而对于高效浓密机和超高效浓密机，停留时间大大降低（<1h）。对于特定的案例，如何确定停留时间成为浓密机生产厂家的专有技术之一。对于给定的停留时间，可由直径、床层高度、浓密机数量等参数综合计算得出。直径的选择必须要满足对上述上升速度和停留时间等因素的要求。

7.3.8 无耙高效浓密机的尺寸确定

絮凝给料的自由沉降速度是高效浓密机尺寸确定的首要因素。该类型浓密机往往设计较大的面积，成锥状或者盘状，以便于固液快速分离。颗粒直接从自由沉降区进入压缩沉降区。该设计有效消除了干涉沉降区的存在，而且不会对无耙高效浓密机产生影响。浓密机的底流浓度可由浆体在1L量筒内静态沉降24h后的浓度进行粗略的确定。

7.3.9 膏体浓密机的尺寸确定

膏体浓密机内固体浓密过程描述的理论性远小于传统浓密机和高效浓密机。膏体浓密机利用絮凝剂加速颗粒的沉降速度，提高压缩区的高度来增加底流浓度，以便生产高浓度的膏体。在膏体浓密机中，颗粒迅速进入压缩床层，在压缩床层中的停留时间远远长于自由沉降区和干涉沉降区。两者的综合效应导致传统浓密机的设计方法在膏体浓密机中的应用效果不佳。尺寸的确定需要考虑压缩区停留时间、上清液上升速度、床层高度等因素。

7.3.10 底流浓度与流变特性

7.3.10.1 膏体浓密机底流浓度与流变特性预测

浓密机底流浓度的预测及相应的流变特性可通过参考数据库得到。该数据库是通过前期对具有相似固体种类、粒度分布、絮凝剂单耗的浆体的检测建立起来的。流变数据库应包括设备类型、检测手段、剪切历史等方面的数据。

7.3.10.2 底流流变特性影响参数

膏体浓密机的设计需要进行多种絮凝和沉降条件下的流变学室内实验。流变学基础参数包括与浓度相关的屈服应力、管道输送过程中剪切应力作用下的流变行为。

不能直接把底流浓度等同于流变参数，这一点非常重要。例如，如果某一浓度底流中含有适量的黏土，那么其黏度有可能较高；而其他底流虽然浓度更高，但是黏度却不高。通过底流的流变参数来精确预测底流浓度是很困难的。反之亦然。因此，必须开展实验来获得真实的数据。同时影响流变特性和底流浓度的参数如下：

- 固体颗粒的粒级分布；
- 细颗粒（<20μm）含量；
- 絮凝剂单耗；
- 是否含有膨胀性黏土；
- 温度；

- 液相中的化学药剂；
- 浆体中的化学反应。

7.3.11　浓密机尺寸设计总结

新型浓密机已经能够生产浓度非常高的底流，要求浓密方式和流程必须考虑到过去被忽略的因素。对于任何计划生产高浓度或者膏体材料的项目来说，极其重要的一点是应至少开展室内实验和半工业实验。大型的动态半工业实验可以精确反映全尺寸浓密机的真实过程，并对合格的底流进行堆积坡度和泵送实验。但是大型实验需要的物料较多，并不是每个项目都具备这样的条件。由于膏体与浓密尾矿的制备过程涉及众多因素和变量，因此，非常有必要与具有浓密机设计相关经验的研究人员和供应商开展合作。

7.4　浓密机种类

浓密机的尺寸和结构千差万别。对浓密机进行概述，有助于增进读者对浓密机及其构成的理解。一般可根据驱动类型的不同将浓密机分为 4 类：桥式中心传动浓密机、中心柱式中心传动浓密机、周边传动浓密机和沉箱式浓密机。

在选矿和冶金领域应用的沉降浓密机（沉降池）是典型的固液分离设备，如图 7.1 所示。其基本包含了所有浓密机通用的构件：沉降容器、给料井、溢流与底流排放系统、耙式系统（驱动、耙架、驱动支撑结构）。根据不同的目标和需求，可根据经验、目标浆体的沉降性能测试数据等对上述构件进行针对性的设计。

图 7.1　膏体浓密研究的典型工业级装置

7.4.1　高架沉降罐体

将沉降罐体架高有利于在地面对底流泵进行地面维护、泄漏检测和维修。如果将沉降罐体放在地面上，则需要开凿隧道或者沉井作为底流泵的安装场所。安全法规强制规定需要具有两个逃生通道，从而影响设备投资成本。本节将讨论下述类型的高架沉降罐体，如图 7.2、图 7.3 和图 7.4 所示。

图 7.2　桥式中心传动浓密机

图 7.3　中心柱式中心传动浓密机

图 7.4　桥式中心传动浓密机桥架支撑机械装置

7.4.2　桥式中心传动浓密机

桥式中心传动浓密机将驱动机构安装在上部桥架的中部，即浓密机的中心位置。桥架的安装方式有两种：一种直接固定在沉降罐壁上，另一种在罐壁以外设置独立支撑。

混凝土或钢制罐体的强度足以支撑罐壁固定或者独立支撑驱动机构。但是如果罐体的材料为木棍或者纤维增强塑料（FRP），则无法支撑罐壁固定的驱动机构。除非将浓密机建造在建筑物之内，并使用独立支撑驱动方式。

图 7.4 所示为罐壁固定式的桥式中心传动浓密机。值得一提的是，有许多浓密机的驱动桥架是在地平面高度上的。对于这些浓密机，如果尺寸较小可不使用通道；如果尺寸较大，为了进入底流排放区域（相关的阀门和泵）必须开凿地下隧道。图 7.5 所示为一个正在建设中的独立支撑桥式中心传动浓密机。

图 7.5 桥式中心传动浓密机

7.4.3 中心柱式中心传动浓密机

中心柱式中心传动浓密机是指驱动电机安装在中心柱上，如图 7.3 所示。一般来说，浓密机直径较大时采用这种安装方式。利用桥架将浓密机外部/边缘与中心柱进行连接，并作为进出通道。桥架作为给料管道的支撑，某些特殊情况下，桥架也作为底流排放管道的支撑。对于直径大于 150m 的超大直径浓密机，可不设桥架，而是利用摆渡船接近驱动头。中心柱的给料一般通过固定在桥架上的管道或者流槽，也有部分工程实例利用中心柱给料，该方式常见于纸浆、造纸、化学工程领域，但不适用于矿业，因为矿浆比重大，易对中心柱产生磨损和腐蚀。中心柱式中心传动浓密机的剖面如图 7.6 所示。

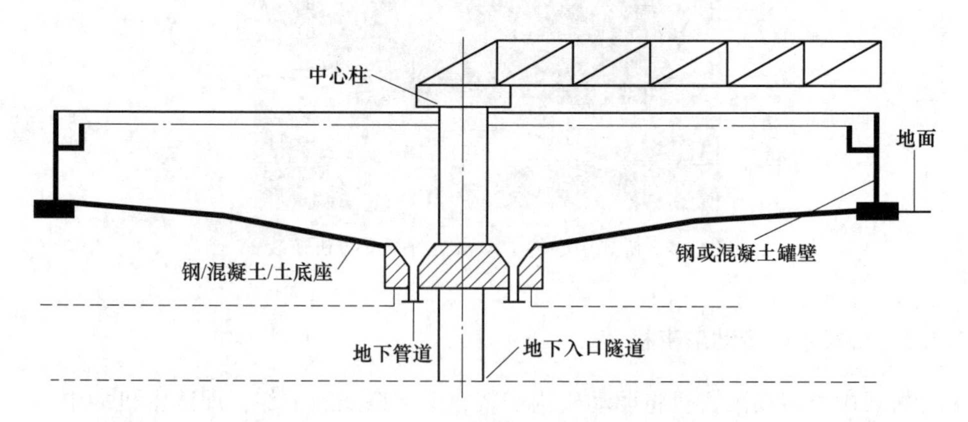

图 7.6 开凿进出通道的大型中心柱式浓密机

图7.7所示为一种大直径浓密机（直径120m），其中心驱动机构安装在中心柱上，给料管道或流槽安装在桥架上，底流排放管布置在地下隧道中。图7.8所示为一种周边传动的中心柱式浓密机，桥架作为给料管道的支撑，其支座布置在罐体以外，底流排放管也布置在隧道中。

图7.7 大型中心柱式浓密机

图7.8 周边传动的中心柱式浓密机

7.4.4 沉箱式浓密机

沉箱式浓密机的搅拌耙驱动可采用中心柱式传动或周边式传动。图7.9所示的沉箱式浓密机，其中心柱直径较大，底部可安置底流泵，特殊情况下可设置隧道以便底流管道布置和维护。然而，大多数沉箱式浓密机都不设置隧道，意味着底流必须先上升到浓密机内部并沿着桥架布置的底流管道进行排放。图7.10所示为中心柱式中心传动沉箱浓密机，顶部桥架支撑着底流管道。但是，目前安全要求需要两种逃生方法，这可能使不设隧道的沉箱式浓密机逐渐被淘汰。如图7.11所示为周边传动的沉箱式浓密机，其底流排放管布置在隧道内。

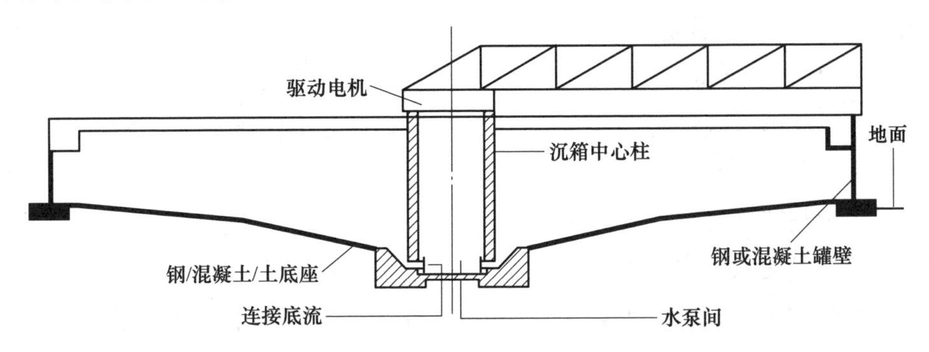

图7.9 沉箱式浓密机（无隧道）

图 7.10　中心柱式中心传动沉箱浓密机

图 7.11　周边传动沉箱浓密机

7.5　浓密机搅拌耙

浓密机搅拌耙由在浓密机内部运动的多个部件组成。通过搅拌耙的机械转动，将底部流动性较差的固体物料转移至排放口附近，并在一定程度上提高脱水效率。对于桥式中心传动浓密机，搅拌耙通过立柱与电机连接并驱动；对于中心柱式中心传动浓密机，搅拌耙与驱动的连接是通过一个可在中心柱外面旋转的笼型部件。搅拌耙的设计类型可以分为 4 种：单管式（single pipe）、低矮式（low profile）、桁架式（箱形和三角形）（truss（box and triangular））和摆动提升式（swing lift）。除了摆动提升型，导水杆是所有类型耙架的通用部件。

7.5.1　单管式耙臂

单管式耙臂将数个刮齿安装在一个管道式耙臂上，其耙臂可根据实际情况设计为圆管、矩形或方形管、特制的三角形管。此类设计一般出现在小直径浓密机上，但是也可用于钢索固定的大型设备（见 7.5.3 节，摆动提升式耙架）。这种单臂式的耙架投影面积小，运动阻力小，其典型结构如图 7.12 所示。

低矮式耙臂用在膏体浓密机中，其形态与单管结构一样，但是可以减小旋转过程中的扫过面积。该设备需要支柱或 Thixopost™ 来支撑耙齿，从而保证桁架对床层的有效作用。低矮式耙臂可以降低转动阻力，从而减小对驱动扭矩的要求。典型的低矮式耙臂如图 7.13 所示。

图 7.12 单管式耙臂

图 7.13 矮型耙臂用以降低阻力

7.5.2 箱形桁架式耙臂

当耙臂过长时，为了达到较高的强度和刚度，可将大直径浓密机的耙臂设计为箱形桁架。在所有桁架类型中，箱型桁架是稳定性和刚度最高的，因此具有较高的可靠度。另一方面，三角形桁架虽然刚度有所降低，但是可以减小构件的面积。这两种桁架均是较常见的类型。为了减小构件重量，桁架可设计为椎形。典型的箱型桁架构造如图 7.14 所示。同时，高支架也可用于箱型桁架中。箱型或三角形桁架可用于中心驱动或者周边牵引驱动的桥式、中心式或沉箱式搅拌耙。在一定条件下，浆体易附着在桁架内部或杆件上，易在浓密机构件内部形成“岛屿”或者在杆件周围形成“面包圈”一样的附着体。当使用絮凝剂或者尾矿中

图 7.14 箱形桁架耙臂

含泥量高时，上述问题将更为严重。具有提耙装置的浓密机可以使耙架上升或下降，耙架的运动可使桁架内部堆积的浆体流出，从而缓解上述情况。

7.5.3 摆动提升式耙臂

如图 7.15 所示，摆动提升式耙臂由缆绳悬吊支撑。悬吊是指耙臂通过缆绳吊挂在耙架立柱或者旋转笼上，特殊情况下可以提升或者摆动。由于赤泥在耙架上结垢情况非常迅速和严重，该设计目标是应用于氧化铝行业中的赤泥处理，如图 7.16 所示。在浓密机搅拌耙架上堆积 100t 的物料屡见不鲜。因此，为了降低附着面积才产生了这种摆动提升搅拌耙架。虽然有将这种搅拌耙运用到其他领域中的尝试，使用效果却不尽如人意。然而，在氧化铝和烟气脱硫领域的应用，却效果显著。

图 7.15 摆动提升式耙臂

图 7.16 浓密机耙架上附着的赤泥

7.5.4 浓密/脱水导水杆

最新研究表明，导水杆可以有效加速封闭水分的排出（导水杆的长度较长，从搅拌耙臂向上延伸并穿过床层），从而有助于进一步提高床层含固量和底流浓度。除了摆动悬吊式耙臂以外，导水杆可以均匀地安装在任何类型的搅拌耙架上。图 7.17 所示为膏体浓密机搅拌耙架的导水杆安装方式。

图 7.17 装有导水杆的耙臂

7.6 浓密机传动类型

浓密机的动力源是传动头或牵引机。桥式浓密机上的动力来源于桥架上的传动头，主要有三种类型：涡轮、行星齿轮和直齿圆柱齿轮。桥式浓密机可以是中心传动或者周边传动。

7.6.1 中心传动

一直以来都是以涡轮作为浓密机的传动装置，而目前的市场上主要采用涡轮和行星齿轮机构。直齿圆柱齿轮传动器可承受的最大扭矩为 14000kN · m。绝大多数厂家的润滑方式为油浴齿轮和轴承润滑（少数制造商在非常小的驱动器中使用润滑脂进行润滑）。但是，一般的制造商都会采用精密齿轮来制造传动头。在重型工业和冶金服务业中使用的衬垫轴承是过时的产品，仅在一些较老旧的工厂中见到。一般用电动机或者液压马达传动。耙架提升系统一般为选装件，可提高系统运行时的灵活性和安全性。图 7.18 所示为中心桥式安装传动中装配有精密齿轮的老式涡轮。图 7.19 所示为中心桥式安装的行星齿轮传动。图 7.20 所示为中心柱式安装的行星齿轮传动。

由于膏体浓密机直径较大，底流浓度较高，因此膏体浓密机的传动扭矩

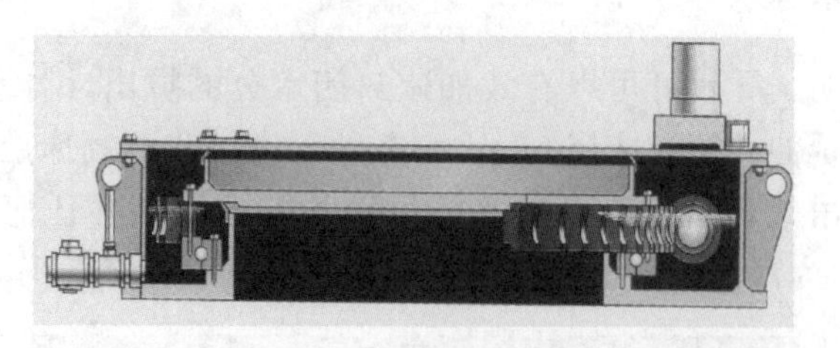

图 7.18　蜗轮传动头

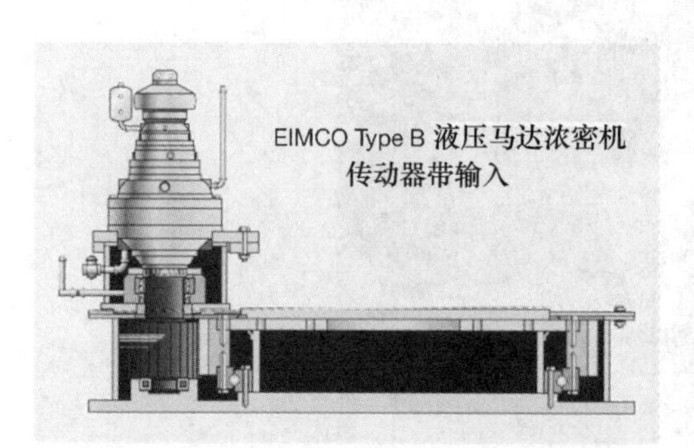

图 7.19　中心桥式浓密机行星齿轮传动示意与典型安装方式

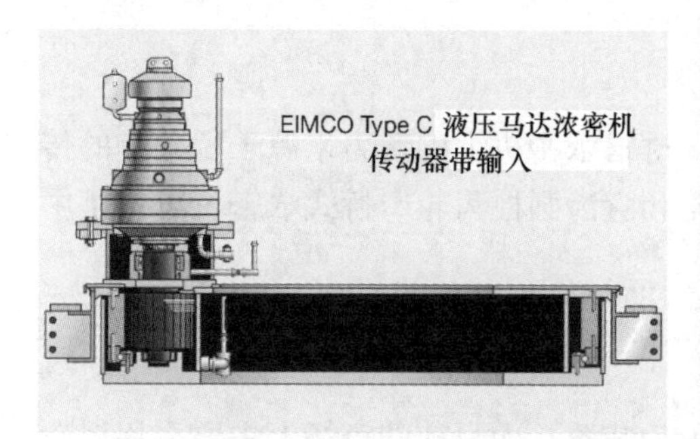

图 7.20　中心柱式浓密机行星齿轮传动示意与多行星齿轮传动实际安装

要大于高效浓密机。在确定传动参数的时候，供应商一般参考以往的经验。

7.6.2　周边传动

周边传动或拖拽式传动用于超大直径浓密机。周边传动式的浓密机，其传动装置位于中心柱，传动装置于罐壁或罐体外独立安装。图 7.21 所示为罐壁安装拖拽式传动；图 7.11 所示为地面独立安装的拖拽式传动浓密机。

图 7.21 罐壁安装拖拽式传动浓密机（外视图）（搅拌耙附在另一侧牵引传动装置上）

7.7 浓密机设计类型

与所有设备一样，随着技术的发展，浓密机已经变得更加高效和经济。较早时期，尾矿浓密机更多被用于回收水和生产用于堆存的尾矿浆体，对于尾矿自身性质的考虑较少。随着尾矿处置对矿山生产运营愈发重要，目前这种情况已经大为改观。影响浓密机设计与计算的因素众多，具体包括回收更多水资源带来的经济效益、环保与企业社会责任、实现稳定尾矿堆存的迫切性等。浓密机发展的过程示意如图 7.22 所示。

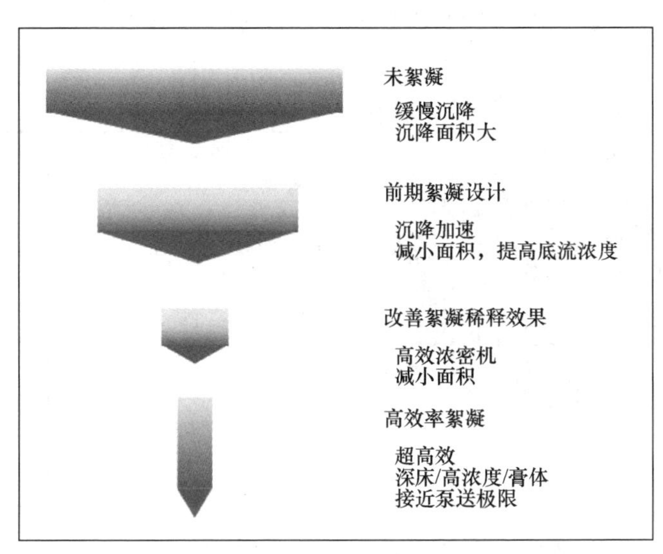

图 7.22 浓密机发展历程

7.7.1　传统浓密机

现在用的很多浓密机都是传统浓密机。在早期，浓密机不使用加速沉降的药剂，然而，现在多数浓密机均引入自然或合成絮凝剂来提高固体颗粒的沉降性能。传统浓密机的结构可能是桥式、中心柱式、沉箱式，部分具有提耙装置，甚至有一部分浓密机不使用搅拌耙。传统浓密机给料井是给料进入罐体之前的导流桶，其形状为圆柱体的变体。如图 7.23 所示，从底部观察传统大直径中心柱式中心传动浓密机的给料井，该类型给料井将给料分割成两股相对的流线。给料井内部配置一个或多个隔板，以降低和控制给料的流出速度，给料井底流排出沉降性浆体，具体特征和参数见表 7.1。

图 7.23　传统中心柱式浓密机及其给料井

表 7.1　给料井设计的发展与创新

给料井类型	要求/特征	使用数量
	·应用 100 年以上 ·中心筒上有/无挡板 ·单/双进料口 ·导流	几千
	·应用了 30 年以上 ·切向单/双进料 ·有挡板 ·导流 ·减少不均匀排料	几千

续表 7.1

给料井类型	要求/特征	使用数量
	· 应用了 20 年以上 · 外部稀释 · 稀释系统根据进料流量自动调节 · 有挡板 · E-Duc 稀释结构	几百
	· 应用了 20 年以上 · 稀释窗 · 底部锥形排料 · 浓度差稀释 · AutoDil 稀释结构	>100

7.7.2 高效浓密机

在过去 25~30 年里，浓密机厂商和矿业公司为了提高传统浓密机效率做出了大量的努力。Dorr-Oliver EIMCO（FLSmidth）和 Outokumpu（Outotec）公司是该领域的先锋，后 WesTech 公司加入并成为全球主要的浓密机供应商之一。通过努力，原有浓密机的单位面积处理能力及固体颗粒沉降速度得到了提高。技术进步的关键在于对絮凝剂的合理使用（特殊的给料井和控制方法）、床层的精确控制、处理能力与浆体密度相互关系的揭示。固体通量与给料浓度的关系曲线（图 7.24）表明，存在使絮凝效果达到最佳的最优给料浓度。

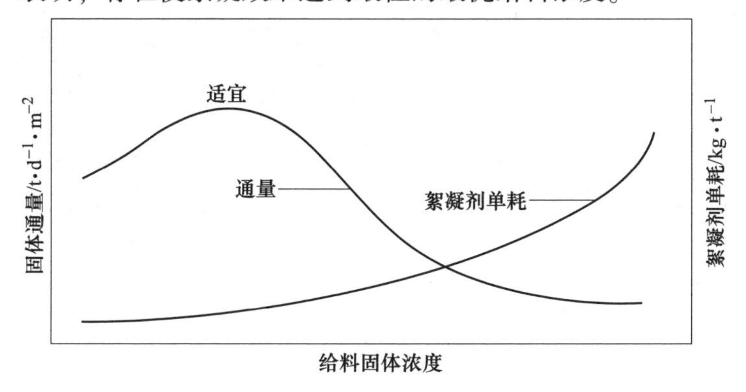

图 7.24 给料浓度与固体通量关系

理论研究的深入可有效提高絮凝剂使用水平，从而显著提高浓密机的处理能力。最佳给料浓度可通过实验室实验、工作台实验和半工业实验获得。絮凝剂性质及技术详见第6章，浆体化学详见第5章。

7.7.2.1 给料井设计

给料井早期设计为圆柱体形状，用于降低给料速度、释放夹带的气体，并为固体颗粒的重力沉降提供环境。随着时间的推移，给料井逐步引入了挡板技术，从而更好地控制物料流动模式，同时对浓密机上部涌入给料井的液体加以利用，进一步稀释给料。为了获得最好的给料混合效果，进料管的入口高度和位置必须通过实验才能确定。自从发现了给料浓度与沉降速度之间的关系之后（尤其是絮凝剂的使用），给料井对于物料处理效果的影响和给料井设计方法的演化愈显重要。

CSIRO 与 AMIRA P266 浓密机研究计划（个人与企业赞助），通过长达十余年的研究，探明了给料井内的流场特性与絮凝机理。计算流体动力学（CFD）模拟结果表明了给料井系统内部流动的复杂性。这些研究不一定产生完美的给料井，但在内部流动和复杂性方面有很大的启示，如图7.25所示。上述研究直接促进给料井结构的优化，见表7.1和表7.2。

相关企业和研究机构已经在给料井优化设计中取得了突破性进展，并为了达到最大的沉降速度与效率，还针对给料井内部流场控制提出了不同的控制方法。

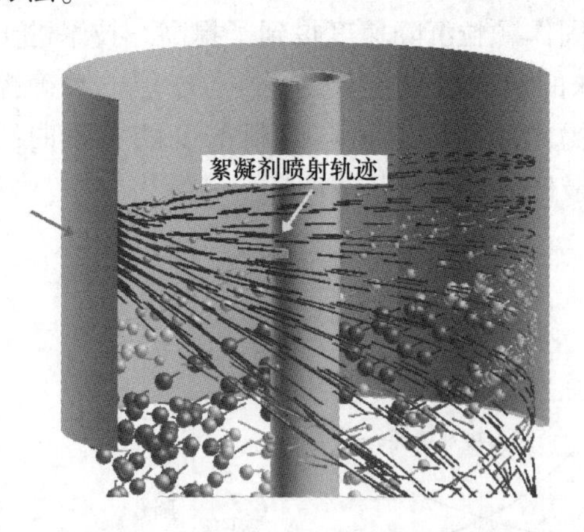

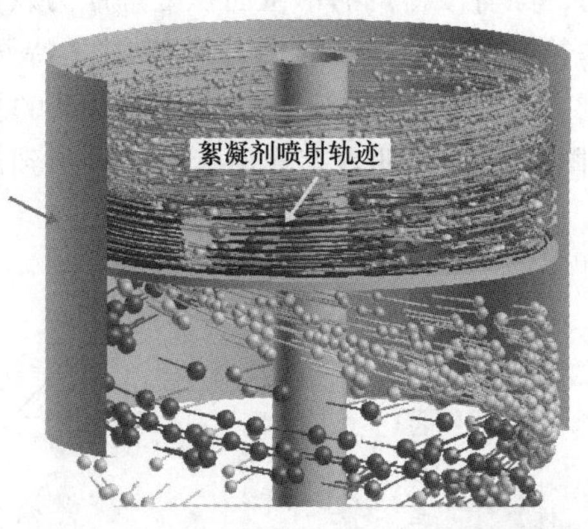

图7.25 CFD模拟给料井内部流场特性（无挡板或者有挡板）
（蓝色线条为进料流场方向，红色圆球为大尺寸絮团）

扫码看彩图

表 7.2 浓密机给料井设计的进一步发展与创新

给料井类型	要求/特征	使用数量
	·2012 年开始应用 ·控制内部流场 ·依靠重力控制稀释 ·稀释系统可选：轴流泵或气力提升泵 ·Westech-EvenFlo™	>35
	·2008 年开始应用 ·外部稀释 ·有挡板 ·流场控制 ·底部为锥形 ·SupaFlo-Vane Feedwell™	>180
	·应用了 20 余年 ·内部稀释 ·干涉沉降区最小 ·单/多个内部锥角 ·E-Cat™ 和 Ultrasep™（详见图 7.26）	>175
	·自 2012 年开始使用 ·控制流场速度 ·控制稀释 ·均匀分布 ·控制剪切 ·FLSmidth—E-Volute™	>60

7.7.2.2　稀释系统

根据固体通量与给料浓度的关系（如图 7.24 所示），研究人员可以研发出更特殊、更深的给料井，并通过是否安装底部隔板以及特殊的稀释系统获取最优的固体通量，进而生产出高效浓密机，有助于减小浓密机尺寸或提高浓密机处理能力。应用最广的稀释系统是 FLSmidth（EIMCO）公司的 E-duc 系统和 Outotec 公司的 Autodil™系统。

在稀释系统性能完善方面，研究人员进行了持续的研究。表 7.1 和表 7.2 对各种给料井的核心要素进行了详细说明，如基础构成、应用案例数量（2014 年）等。可知，在市场上已经能够见到若干最新的给料井设计。2008 年 Outotec 公司增加了 Autodil Vane™给料井，2012 年 WesTech 公司的 EvenFlo™给料井上市，同时 FLSmidth 公司引入了最新的 E-Volute™给料井。

7.7.3　无耙高效浓密机

内部稀释的概念最早于无耙高效浓密机中提出。EIMCO（FLSmidth）公司的 E-CAT 系统和 Bateman 公司 Ultrasep™系统最早开创了这一理论并付诸实践。其后，Westech 公司的 Alta-Flo™系统也加入了该类型的浓密机。简而言之，上述系统使液体能够在干涉沉降区内迅速排出，使颗粒沉降从自由沉降区直接进入压缩区。浓密机罐体具有较大的高度和较陡的底部锥角（60°），使得压缩区能够生产较高浓度的底流。

无耙高效浓密机如图 7.26 所示。现场双机运行的无耙高效浓密机如图 7.27 所示。

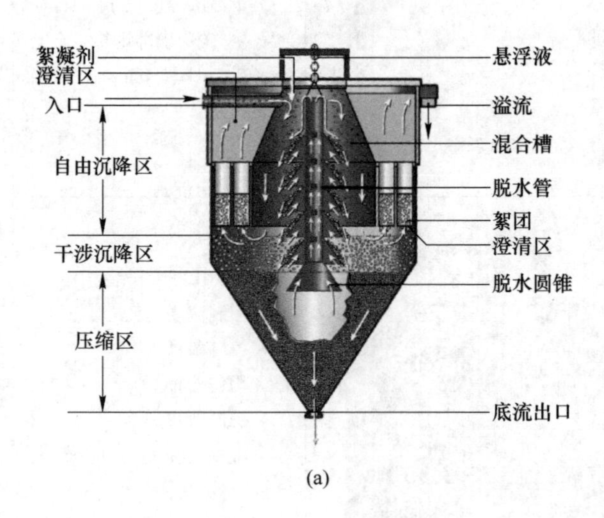

(a)

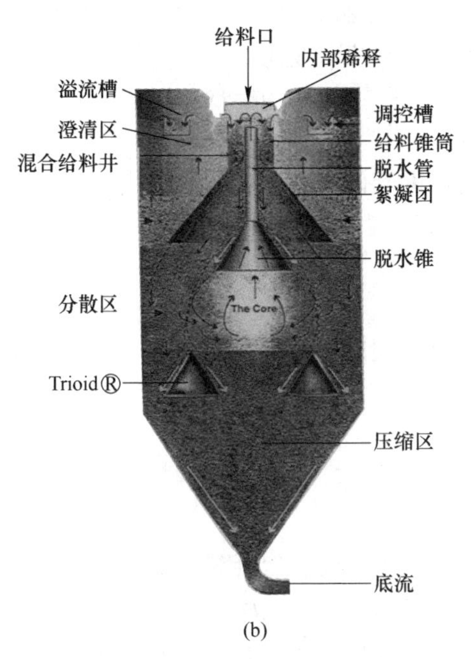

(b)

图 7.26 E-CAT®澄清器内部（a）和 Bateman's Ultrasep™浓密机（b）

图 7.27 现场双机运行的无耙高效浓密机

7.7.4 高浓度（膏体）浓密机

膏体浓密机最早在氧化铝行业实现了成功应用，虽然其底流尚未完全达到膏体的均质特性。加拿大铝业（Alcan）和 EIMCO 公司在该领域处于先驱地位。1996 年，加拿大铝业（Alcan）和 EIMCO 公司签订了技术许可协议，以便

EIMCO 公司在氧化铝行业以外的其他行业使用膏体浓密机。该技术能够生产可堆积的尾矿，用于地表堆存和井下充填。Outotec 公司和 WesTech 公司也生产高压浓密机和膏体浓密机，取得了较好的销量与应用效果，而其他设备供应商尚在开发自己版本的过程中。

膏体浓密机生产均质的膏体底流应具备的条件：

- 固体通量最大化；
- 优选絮凝剂；
- 应用给料稀释系统；
- 利用大深度机体进行床层压缩；
- 料浆停留时间长；
- 锥角 30°~45°；
- 采用具有高扭矩的特殊搅拌耙架系统；
- 采用剪切稀化原理；
- 采用高精度的仪器仪表，控制絮凝剂的添加量、固体存量和底流浓度。

许多类型的浓密机均可生产高浓度底流，但是困难在于实现膏体制备的浓度稳定性与经济高效性的双重目标，而工业膏体浓密机已可实现上述目标。工业膏体浓密机通过有效的絮凝剂添加系统、有效的床层压缩、特殊的耙架机构和精准的操控等技术措施可以保证膏体的制备效果（Arbuthnot 和 Triglavcanin，2005）。然而，浓密过程易受给料性质的影响，生产中给料性质不断变化，且变化信息反馈的不及时，往往导致操作人员无法对浓密机做出正确及时的调整。因此，在固定条件下生产均质且浓度稳定的膏体底流是比较困难的。典型的高效浓密机或传统浓密机只能生产浓度较低、具有沉降性能的底流（而非不沉淀的膏体）。如果利用传统浓密机或高效浓密机制备膏体，唯一可行的方法是利用过滤机对浓密机底流进行进一步脱水浓密。

Outotec 公司的高压（膏体）浓密机、FLSmidth（Dorr-Oliver EIMCO）公司的深锥（膏体）浓密机、WesTech 公司的高浓度（膏体）浓密机分别如图 7.28~图 7.30 所示，浓密机的现场应用情况如图 7.31 所示。上述浓密机底流的流变特性区间位于图 7.32 所示部分，此时浓密机底流的屈服应力随固体浓度的增加而迅速增大。

深锥膏体浓密机的底部锥角一般为 30°~45°。锥体固定在“腿”一样的立柱上，或者在坡面较陡的情况下布置一个中心锥体。高浓度浓密机坡角较缓，可以直接建在地面上，利用钢或者锚固混凝土结构制作浓密机的机体。因此，高浓度浓密机的直径（50m）远大于深锥浓密机。对于中心柱式中心传动浓密机，当机体直径较大时，为了安装底流泵，需要建设隧道作为通道。膏体浓密机的设计基础是流变学，因为膏体是不沉淀的非牛顿流体，需要克服其本身的屈服应力才能

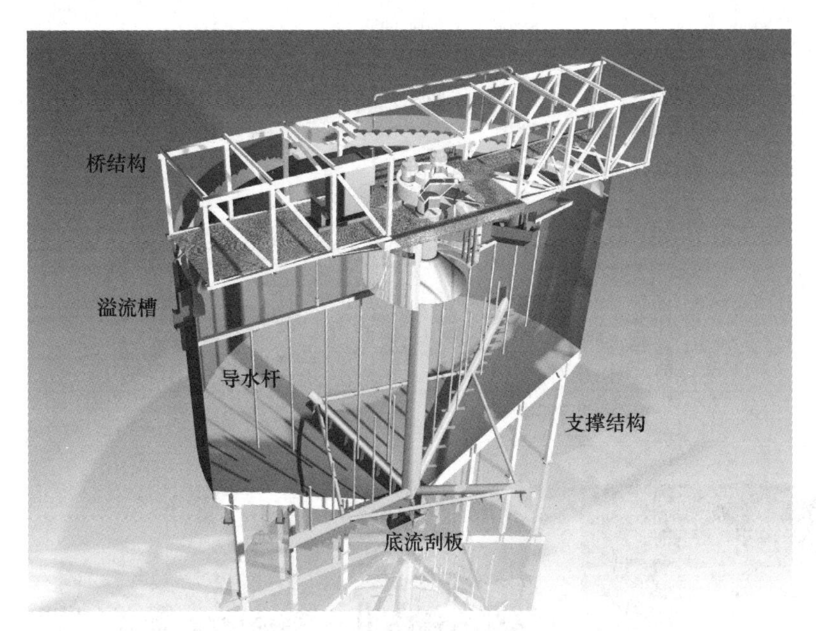

图 7.28 Outotec 膏体浓密机

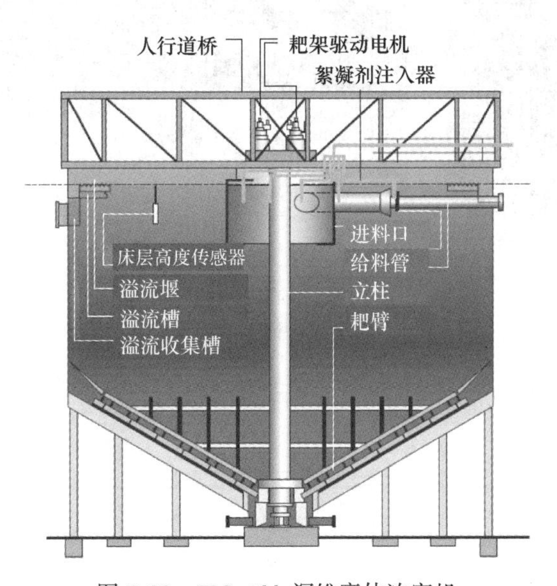

图 7.29 FLSmidth 深锥膏体浓密机

使膏体流动。屈服应力是固体浓度的函数，且受尾矿特性的影响。图 7.32、图 7.33 和图 7.34 所示为屈服应力随固体浓度的变化规律，屈服应力呈指数型上升，直至浓度接近滤饼，此时屈服应力趋于无穷大（更多流变问题已在第 3 章进行了详细的讨论）。

图 7.30　WesTech 高浓度膏体浓密机

(a)

(b)

图 7.31　膏体浓密机现场实际运行情况

（a）WesTech 浓密机；（b）Outotec 膏体浓密机

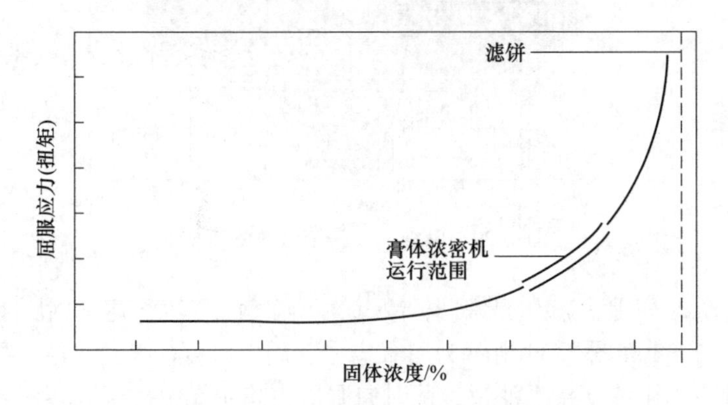

图 7.32　高浓度（膏体）浓密机及膏体曲线

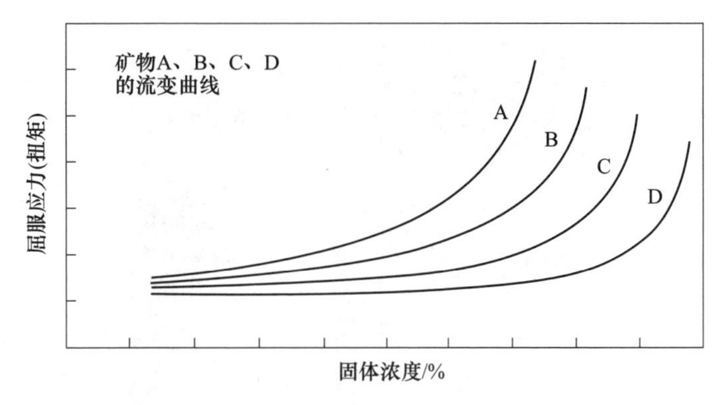

图 7.33 不同尾矿浆体流变特性

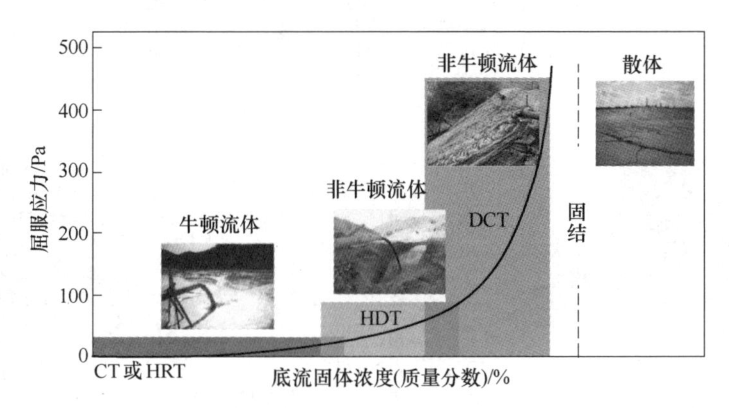

图 7.34 不同浓密机底流的屈服应力

在低屈服应力区域（一般 <30Pa），浓密机底流可视为沉降性浆体（而非膏体）。屈服应力随着浓度的增大而升高，因此必须保证底流的流变特性处于较好的工作区间，以便膏体能够流出浓密机进入排放系统。

图 7.35 展现的是半工业浓密实验获得的底流，但这种状态的底流具有很强的误导性。一定情况下，浓密机能够生产如图 7.35 所示的柱塞流，但是这种浆体的工业应用价值较低。因为，达到该状态的底流需要相当长的停留时间和床层高度，需要极大的驱动扭矩来保持耙架的转动以维持浆体的流动性。另外，该膏体的泵送成本极高。因此，工业实际应用较广的是屈服应力大于 100Pa 且仍然具有较好流动性的膏体底流，如图 7.36 所示。

通用的浓密机分类方式见表 7.3。目标浓度浆体的流变特性是确定耙架驱动扭矩的基础。根据传统浓密机和高效浓密机的经验，提出了利用浓密机直径预测浓密机驱动扭矩的影响因子 K。在膏体浓密机中也可应用相同的计算公式，与一般经验公式相同的是，K 因子等于浆体的未剪切屈服应力，单位为 Pa（Schoenbrunn 等，2009）。根据底流特性的不同，浓密机底部锥角也不相同，屈

图 7.35　浓密机可获得的柱塞流（但不具可操作性）

图 7.36　高浓度膏体浓密机典型底流

服应力较低时，角度可以小于 15°；浆体浓度升高时，为了增加底流的流动性，一般采用 30°~45°的锥角。

表 7.3　浓密机分类

分　类	K[①]	屈服应力/Pa	锥角/(°)
澄清器	<20	0	<5
高效浓密机	30~40	<20	9
高压缩浓密机	40~50	<30	9
高浓度浓密机	60~150	<100	14
深锥膏体浓密机	250+	>100	30~45

① K 为经验系数（lbs/ft），一般认为 $T=KD^2$，T 为扭矩（ft · lbs），D 为直径（ft）。

7.8　浓密机控制

与传统浓密机相比，高效浓密机和膏体浓密机需要更高水平的自动控制系统。浓密过程要求使用良好的自动化设备和反馈控制系统，从而清楚地了解以下信息：浓密对象、浓密程度、材料流动特性等。浓密过程中的浆体黏度、密度、流动性能随时发生变化，因此为了保护设备不受损坏，保证底流的均质性与浓度稳定性，需要进行实时的调控。堆存设施排放产品的最终形态决定了系统的控制因素及膏体制备与输送方式（Erickson 和 Blois，2002）。

7.8.1　传统浓密机控制

传统浓密机在选矿工艺中应用良好，主要在于其操控要求低且可保持相对平稳的运行，往往要数小时才能发现其运行状态的波动变化。自动提耙机构是传统浓密机最重要的调控技术，该技术能够检测床层高度增加造成的耙架扭矩升高，从而自动做出反应。一旦自动提耙机构启动，可以为操作人员提供报警，以便查明扭矩上升的原因，从而采取正确的调整措施。床层高度检测仪可以显示床层的高度，并向絮凝剂添加系统传输信号，继而控制絮凝剂的添加速率。手动排料阀可以确保系统处于平衡状态（Schoenbrunn 等，2002）。

7.8.2　无耙高效浓密机控制

无耙高效浓密机是具有较大处理能力且对底流和溢流质量有严格要求的浓密机。与传统浓密机相比，无耙浓密机处理单位体积物料的停留时间较短，其底流浓度处于高浓度浓密浆体和膏体之间的较小范围，意味着浓度的微小变化会对浆体的黏度和塑性造成显著影响。浓密机操作被限制在较小的区域，从而要求使用更高精度的监测和控制设备；如果监控失效，浓密机会在很短的时间内进入不稳定的状态，并很有可能造成设备的损坏。

7.8.3　膏体浓密机控制

高浓度（膏体）浓密机与高效浓密机的共同点在于具有较大的处理能力。高浓度（膏体）浓密机的运行范围处于屈服应力曲线中急剧上升的区域，因此必须进行严格的质量平衡。可利用流量计和浓度计检测给料和底流的流量和浓度，并将信息传输至可编程逻辑控制器（PLC）中；同时传输的还有床层高度检测器信号和机体底部压力传感器信号。底流通过 PLC 控制的变速泵或可调的管夹阀排出。所有的仪器信号进入到 PLC，并通过质量平衡来计算处理能力。在可接受的固体浓度范围内，PLC 可以控制底流泵的泵速。部分设备对溢流的浊度有要求，因此，可以设计专用设备监测溢流固体含量。检测信号同时输入絮凝剂添加控制系统的回路中。实质上，耙架驱动扭矩输出信号是底流固体浓度和黏度的反映。

来自泵送或堆存流程的下游仪表或反馈信息可以改变上游控制设置；相关信息可绑定到自动浓缩机控制系统中或手动输入。目前正在研究利用具备自动调整和学习功能的智能控制系统进行浓密机的控制，系统将会对上述所有参数及时进行综合控制。一般高浓度和高效浓密机的控制系统流程如图 7. 37 所示。

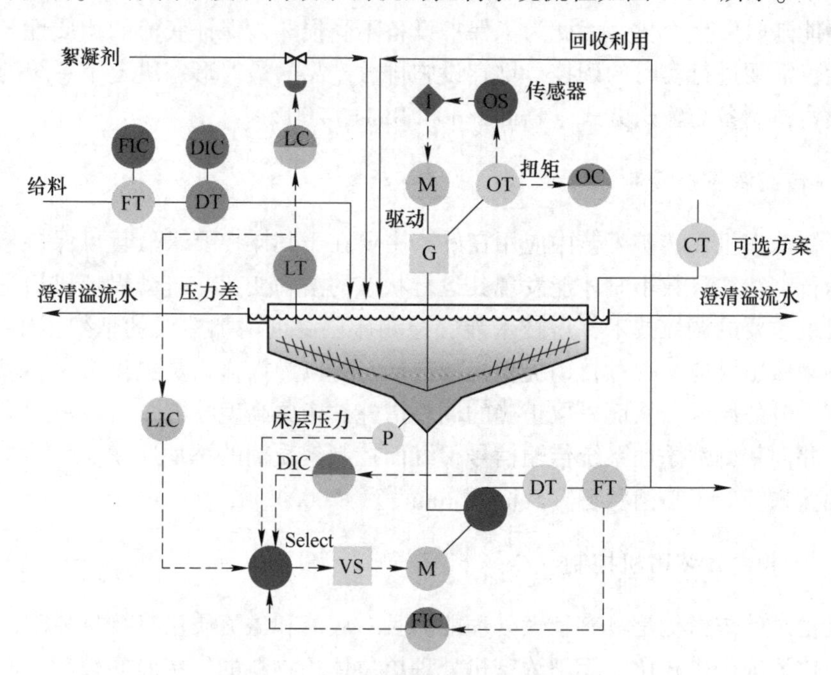

图 7. 37　高浓度和高效浓密机控制系统

M—电动机；G—齿轮（驱动器）；I—开关；FT—流量传感器；FIC—流量指示器控制器；VS—变速控制；DT—密度传感器；DIC—密度指示器/控制器；LIC—液位指示器/控制器；LC—液位控制器；OT—扭矩传感器；OS—扭矩过载传感器；OC—扭矩控制器；CT—溢流浊度传感器；P—压力传感器

7.9　浓密机与过滤机的组合应用技术

在很多情况下，浓密机与过滤机的组合使用是最经济的选择。在膏体浓密机之后串联过滤机的工艺，可以制备出浓度更加均匀的膏体，更适于井下充填。一般情况下，过滤工艺采用的是成本较高的浓密方式，尤其是处理量较大的情况下。如果过滤机处理能力足够大且滤饼能够堆积则可以消除尾矿库，此时该技术能够成为可行的备选方案。

组合应用工艺常用于井下膏体充填，膏体与水泥等胶凝材料混合后通过垂直钻孔输送至井下采空区进行充填（见第 14 章）。在充填工艺中增加过滤机，会增加一定的费用，但是充填浓度较高、水泥用量下降，可抵消过滤机增加的费用。

不考虑井下充填的结构性要求，当浓密机生产的浓密尾矿或者膏体能够满足地表堆存的要求，则不需要增加过滤环节。当面临下述情况时可考虑增加过滤工艺：

- 浓密机底流的特性是什么？
- 海拔高度（海拔越高，有效的真空度越低）。
- 运行温度是多少？
- 是否将浓密机底流泵送或直接输送到过滤机中？
- 系统处在室内还是室外？
- 滤饼的下游工艺和输送方式是什么？
- 是否将水泥加入滤饼中？
- 过滤机的运行方式是连续运行或是间歇运行？

为了实现不同使用条件下的产品性质优化，第 9 章综合讨论了多种设备的不同组合方式。

7.10 输送的注意事项

浓密设备的类型由浓密尾矿的输送系统决定，为在保证底流在管道末端时的输送性能（参考第 10 章）。由堆积工艺沿流程逆向设计可确定输送系统类型，从而确保物料的顺利输送。输送系统影响膏体的性质，因此必须了解输送过程中物料性质的变化规律，从而进行基于输送系统的物料特性设计（例如浓密机或过滤机生产的膏体）。第 10 章详细讨论了物料特性变化规律，有助于设计人员进行全系统的物料特性设计。能够同时影响浓密机和输送系统设计的因素如下：

- 输送距离；
- 堆存方式：地表或者井下；
- 膏体在输送时的物理缺陷（输送过程中是否剪切稀化或者分层）；
- 竖井或长垂直管道输送时物料的行为；
- 是否添加其他物料，如水泥、粉煤灰等；
- 输送方式：泵送、皮带、卡车；
- 是否进行了环管实验。

7.11 膏体浓密系统设计方法

浓密机下游工艺的膏体处理系统设计受现场情况影响较大。浓密尾矿地表堆存系统的设计需要考虑以下参数：

- 堆存需求空间的大小；
- 下游山谷式尾矿库的现有坝体和新坝体建设；
- 在最低泵送和回水成本下的膏体浓密站与尾矿库相对位置确定；
- 在制备站与尾矿库之间高黏度浓密尾矿的泵送条件；

- 尾矿库的潜在库容；
- 与矿山寿命相匹配的地表堆存系统寿命；
- 尾矿库最优库容优化的膏体长期分布状态；
- 尾矿库环境需求；
- 用户偏好（对容积泵、浓密机自动控制系统需求等有抵触）。

膏体系统设计团队应有浓密系统、输送系统、岩土工程等方面的设计方和业主方等多方参加，这样才能确保设计方案能够满足特殊的设计参数，解决特殊的困难和需求，对于获得最优设计方案尤为重要。膏体系统的评价必须考虑每个参数的要求，从而提供与各阶段的要求相兼容的设计工艺，如图 7.38 所示。操作人员必须清楚地了解物料的化学性质，包括是否含有黏土、有机物（在油砂中）或其他影响底流流变特性的化学物质。

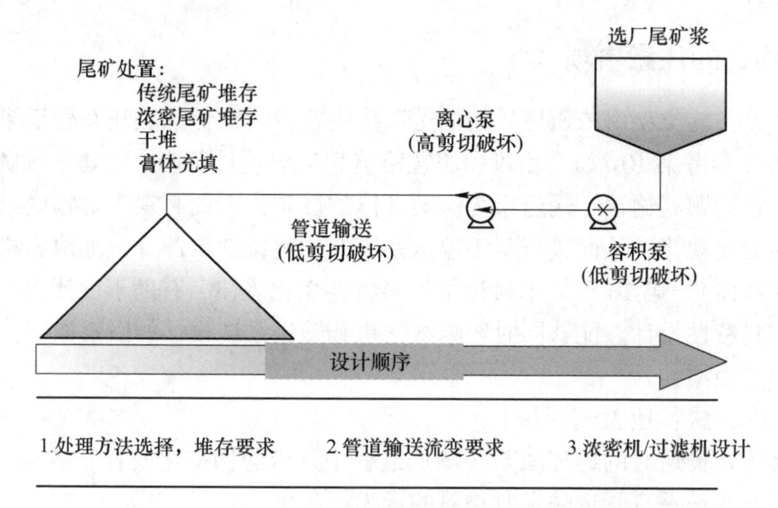

图 7.38　从处置场地到浓密机逆向设计的重要性

应用目的和设计参数之间会发生一定的冲突，如为了获得最大库容时的地表堆存尾矿安息角与浓密尾矿管道输送要求是一对常见的冲突。堆积尾矿的安息角对尾矿库的寿命和库容的最优化均产生较大影响。泵压和管道输送过程影响下的尾矿流变特性（不同剪切条件下表现出的黏度和屈服应力）是设计中必须考虑的因素。剪切作用对尾矿浆体塌落行为的影响如图 7.39 所示。堆积坡角较大可以有效降低尾矿库面积，在技术经济上均具有较大优势，但此时泵送成本较高。如果无法达到目标坡度，所需的堆存面积就会显著增加。图 7.39 所示为泵送或剪切作用对膏体流动性能的影响及变化。其后每一步均会造成流变特性的持续改变，这一点必须在系统设计时加以考虑。

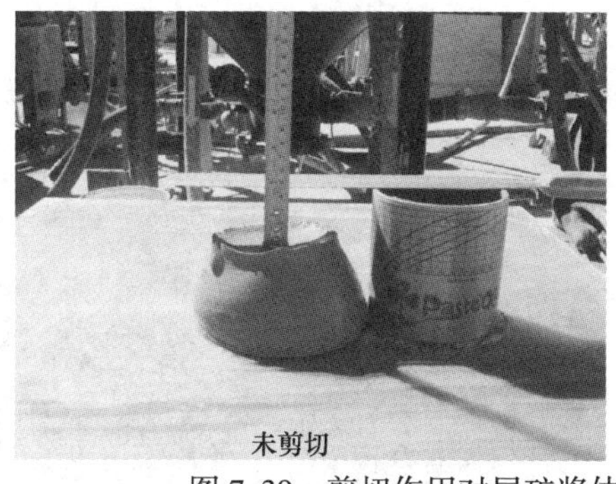

图 7.39 剪切作用对尾矿浆体塌落度的影响（65%的铜尾矿）

7.12 本章小结

在过去的二十年里，尾矿浓密技术取得了长足的进步，人们对浓密尾矿和膏体产出过程的了解也逐渐深入；同时，对于传统难处理尾矿，浓密机的处理能力和底流浓度也得到了显著提升。膏体与浓密尾矿技术的应用有助于获得很好的企业和环境效益，为了解决该技术发展过程中面临的多方面挑战，研究学者和工程技术人员进行了大量尝试和创新，取得了诸多令人振奋的成果。图 7.40~图 7.46 为最近安装使用的各类浓密机。

图 7.40 加拿大纽芬兰直径 25m 的高效浓密机（整体生产完成后再运输到现场（FLSmidth））

图 7.41 智利铜尾矿两台直径 125m 周边传动高效浓密机（FLSmidth）

图 7.42 芬兰金尾矿直径 25m 高压缩浓密机（Outotec）

图 7.43 巴西铝土矿尾矿地面安装的高浓度浓密机（WesTech）

图 7.44　南非铁矿尾矿直径 18m 的膏体浓密机（WesTech）

图 7.45　芬兰磷酸盐尾矿直径 35m 高效浓密机

图 7.46　伊朗铜尾矿 12 台直径 12m 膏体浓密机（FLSmidth）

致谢

非常感谢各位作者在本章节分享其辛苦获得的宝贵经验并对浓密章节给予充分的关注。正是因为他们的积极参与和分享，我们才对膏体制备技术与浓密工艺有了全面细致的了解与认识。目前，膏体技术与浓密工艺已经取得了很大的进展，相信在不久的将来，在工艺和环境保护方面都一定会取得更大的突破。

作者简介

第一作者
Daniel Bedell
美国，Bedell Engineering

Daniel Bedell，美国 Bedell Engineering 公司顾问，毕业于美国 Brigham Young 大学化学工程专业。曾在 EIMCO 公司和 FLSmidth 公司工作 35 年，曾参与编著《Perry's Chemical Engineers' Handbook》（8th edition）、《SME's Plant Design Book》《ACG's Paste and Thickened Tailings—A Guide》（editions 1 and 2）。

合作作者

Phillip Fawell

澳大利亚，CSIRO Mineral Resources Flagshlp

Phillip Fawell，澳大利亚联邦科学与工业研究组织（CSIRO）矿物资源部主任，澳大利亚 Murdoch 大学化学专业博士学位。现任 AMIRA P266G 项目负责人，并负责技术转化。过去 20 余年，通过 AMIRA P266 "浓密机优化技术" 系列项目，长期致力于絮凝领域的研究。

Steve Slottee

美国，WesTech Engineering inc.

Steve Slottee，美国 WesTech 公司化学工程师，多所大学兼职教师，长期与 Eimco 公司合作。曾参与编著《Perry's Chemical Engineers' Handbook》（7th edition）和《Paste and Thickened Tailings—A Guide》（editions 1 and 2），并发表了多篇关于浓密与膏体的论文。很遗憾的是他已于 2014 年 3 月 29 日不幸去世。

Fred Schoenbrunn

美国，FLSmidth

Fred Schoenbrunn，美国 FLSmidth 工程师，长期致力于深锥浓密机的市场开发和膏体浓密机的标准制定。发表论文 16 篇，授权专利 2 项，曾参与编著《SME Plant Design Handbook and Perry's Chemical Engineers' Handbook》（8th edition）。

8

尾矿过滤技术

尾矿过滤技术 8

第一作者
Christian Kujawa　美国，Paterson & Cooke

8.1　前言

与传统的浓密/膏体尾矿技术不同，尾矿过滤技术可生产出部分饱和的滤饼，滤饼适合带式或卡车输送且便于堆存，可采用压实的方法来提高尾矿堆存体的结构稳定性，从而实现永久堆存。

将过滤尾矿称为“干堆”尾矿的说法具有一定的误导性，因为即使是过滤后的尾矿仍然含有相当比例的水分。事实上，过滤尾矿并不需要将滤饼含水量降低到极低的水平，也不需要追求过滤液的澄清度，在绝大多数情况下滤液和清洗水都将循环回流至尾矿浓密机。

尾矿过滤技术在地下开采胶结充填体制备中得到了广泛的应用。部分过滤技术将尾矿进行有效的脱水，采用添加补充水的方法来控制其流变特性，从而满足膏体输送和井下固结的需要。通过过滤技术生产的流变性能可控的膏体，也可用于地表膏体堆存工艺中。

8.2　引言

人们普遍认为，过滤技术的投资成本与经营成本均较高。但是，应根据尾矿处理的各种备选方案来评估过滤技术，包括货币的时间价值以及每种工艺固有的风险和责任。在寻找满足尾矿处理要求的最佳解决方案时，许多因素必须考虑在内。一些有利于尾矿过滤技术的因素如下：

• 堆积尾矿不太容易受到静力和地震力的影响，因此降低了溃坝的风险，尤其是在地震活动较频繁或地形极端的地区。

• 在低于饱和点的水分含量下沉积可以实现良好的压实，从而降低渗透率。堆存尾矿的部分饱和状态进一步降低了酸性排水的可能性。

• 与浓密机生产的略泌水膏体相比，滤饼的含水量更低，物料特性属于土力学的范畴。如果浓密机底流超过 100kPa 完全剪切屈服应力的膏体标准，其浓度和流变特性将产生很大的变化。此时，材料难以实现层流状态下的水力输送，因此造成了风险和设计上的不确定性。

- 过滤技术的研究较为深入。过滤设备的规模大大增加，设计水平在最近几年进展较大；与早期的过滤技术相比，自动化水平已经大大提升。
- 在水资源缺乏的地区，过滤技术的水资源回收利用率高，可以显著节省成本。
- 堆积尾矿所需的坝体高度较低，在建筑材料较昂贵的地区，过滤技术的性价比较高。
- 在某些情况下，如黄金提取领域，回收滤液就等于回收黄金产品。
- 带式输送和干式堆存是矿业领域中的成熟工艺，较易获得规模效益。
- 通过提高压实度和堆积高度可有效减小尾矿库面积。
- 对尾矿进行可持续改进的连续复垦，使闭坑成本融合在运营成本里，而不需要专门投入闭坑资金。
- 由于过滤尾矿永久堆存的风险降低，因此建设审批的过程更快，有利于提高资金的时间价值。

与尾矿浓密性能类似，尾矿的过滤性能明显受到尾矿的组成和选矿工艺影响，特别是过滤速度和滤饼浓度两个参数。当尾矿中含有黏土成分时影响更加严重。为了控制尾矿的过滤性能会增加设备或工艺环节，继而使得投资与运营成本显著增加。

过滤是一个过程函数，可采用质量百分比表示固体和液体浓度。

8.3　尾矿过滤技术发展历史

尾矿过滤技术一直是尾矿处置技术的重要组成部分。Adams（1909）介绍了 Kalgoorlie 地区尾矿地表堆存的应用情况：

“最初，本地区条件的好坏取决于过滤车间所处的位置：一些厂区处于较高的地势，暂时具备较充足的排渣空间；部分厂区所处的工业场地平坦，附近的排渣空间较小。在绝大多数情况下，矿山以滤饼形式进行排渣作业，并通过传送带或卡车运输至较高的堆场。如果部分尾矿用于井下充填，那么剩余的堆场可被视为有价资产，未来将被重新启用。”

Robertson（1982）研究了过滤技术在铀和其他种类尾矿中的应用，主要目标是控制铀尾矿库的污染，并寻求更加安全先进的地表堆存技术。他们认为，尾矿脱水难度随着尾矿中细颗粒含量（尤其是黏土矿物）的增加而增加，随着颗粒平均粒径的增加而降低。

最近，在水资源稀缺和气候干燥条件下，为了追求较高的水循环利用率，智利 La Coipa 地区广泛应用了尾矿过滤技术。而对于一些环境极为敏感的地区，如 Greens Creek 和 Rosemount，如果不采用尾矿过滤与干堆技术，那么项目将不可能被批准。同时，由于无法获得经济上可以接受的水价，西澳的 Karara 项目也采用了尾矿过滤技术。

8.4 尾矿过滤技术背景

8.4.1 引言

过滤技术是固液分离技术的一个大分支。过滤技术属于机械式脱水，而非依靠重力分离的沉降脱水。过滤技术的核心在于将固相和液相分离的多孔介质（也曾称为隔膜，如滤布等)。根据过滤动力的不同，可分为以下几类：

- 重力脱水：如槽式过滤机（一般为非连续运行）——该技术在现在已经不再使用。
- 负压（真空）过滤：鼓式、盘式、水平带式。
- 超常压（压）过滤：垂直板凹室压力过滤机或者隔膜压滤机。
- 高压过滤：通常是在加压空气室内布置圆盘过滤器。
- 离心过滤：脱水筛和离心机。
- 毛细过滤：通常是陶瓷或塑料膜盘过滤机。

一般情况下，只有压滤机的生产能力能够满足大吨位尾矿处理的要求，表现出良好的成本效应。其余类型的过滤设备在处理量比较小的情况下具有较高的性价比，或尾矿的特殊性质要求特定类型的过滤设备。

8.4.2 固液分离的成本

固液分离成本的发展趋势如图 8.1 所示。

- 降低尾矿中含水量最有效的脱水方法是热力干燥法，其次是机械脱水和沉降脱水。
- 上述三种脱水方式，随着脱水效果的增加，能耗也呈数量级式的增加。不同脱水方法的相对成本反映了能耗的要求。
- 物料粒度越细，脱水的能耗和成本需求越高。

由于脱水是速控环节，因此，为了提高过滤环节的成本效益，应对浓密机给料进行低成本的沉降预脱水处理。

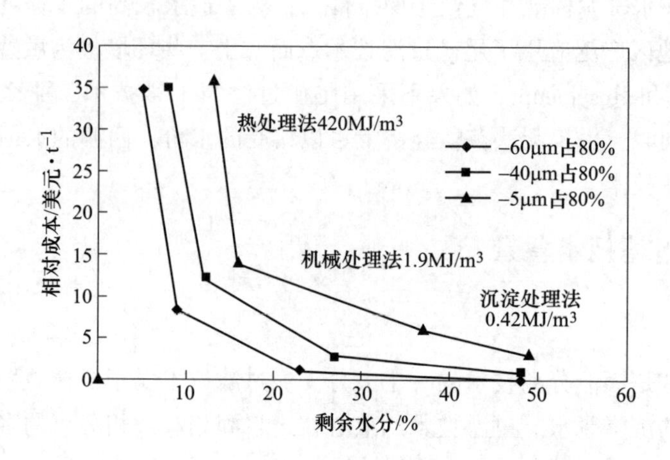

图 8.1　固液分离的相对成本（Svedala，1996）

8.4.3　过滤方法

目前主要有三种过滤方法：

• 介质过滤：固液分离是通过过滤介质本身来实现的。错流过滤是介质过滤的一种变形，在不形成床层的条件下，将液体连续脱出。

• 深床过滤：该方法用于澄清工艺，如游泳池水的砂滤。

• 滤饼过滤：滤饼是从液体中分离出来的固体物质，滤布仅在过滤的初始阶段产生作用。

只有滤饼过滤应用于尾矿脱水处理。

8.4.4　过滤脱水曲线

图 8.2 所示为在零压力时固体、液体和气体（空气）的体积分数随着固体浓度的变化规律。该图说明了从固液两相完全饱和状态下的无泌水点至三相部分饱和状态的转变过程。但是在压力的作用下（图中未画出）三相之间的关系发生改变，并且其变化不一定是线性。

8.4.5　过滤系统设计注意事项

过滤工艺设计必须在尾矿处理全系统设计流程中进行统筹考虑：

• 在某些情况下，如果尾矿处理成本过高，可以通过降低初始磨矿解离目标来获得更好的总体工程造价。

• 过滤之前一般进行前处理，比如利用浓密机或添加助滤剂来进行预脱水。一般建议利用浓密机进行预处理，可有效降低过滤工艺的投资和运行成本。

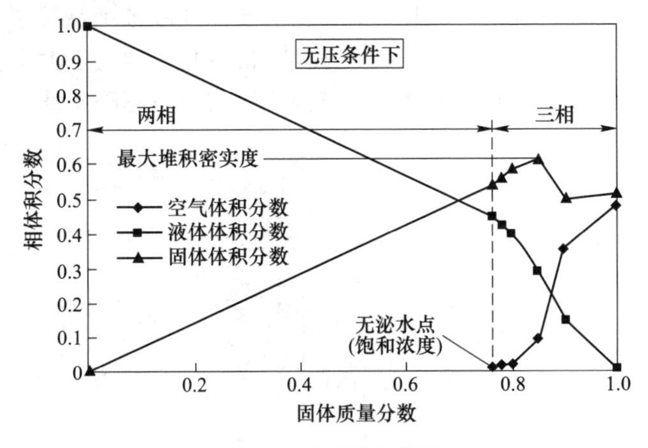

图 8.2 过滤脱水曲线

• 后处理可能涉及机械挤压和空气/蒸汽干燥。

在工艺流程设计和过滤设备选择时，需要考虑以下问题：

• 包括颗粒粒度分布、颗粒形状、矿物学特性、液体化学性质、颗粒表面化学性质等在内的过滤体系内在影响因素过多，造成物料的过滤行为响应无法预测。因此，必须进行实验以获得每种材料的过滤特性。

• 过滤设备的选择涉及独立但又相互作用的两个方面。一是给料与滤饼的性质（主要是渗透性曲线），很大程度上不受过滤设备的影响。二是过滤设备选择的控制因素（处理能力、目标滤饼含水量、目标滤液澄清度、间歇或连续运行、过滤驱动机构类型）。

8.4.6 过滤理论

8.4.6.1 多孔介质流动理论

床层压缩或多孔介质的流动理论可用于描述滤饼过滤原理（图 8.3）。

以下几点需要说明：

• 滤饼厚度、流动速率、滤饼压力损失在过滤过程中不断发生改变，因此这些参数与过滤时间紧密相关。

• 如果滤饼视为不可压缩，则滤饼全厚度范围内的渗透性系数是恒定的。如果滤饼是可压缩的（则在介质分界面处渗透性最小，在浆体-滤饼分界面处渗透性最大），那么渗透性的变化需要引入过滤方程中。尽管在过滤初始阶段，尾矿的可压缩性取决于浆体浓度，但是一般情况下尾矿材料是不可压缩的。有机物或黏土的存在必然会产生更高的可压缩性。由于可压缩性能可以显著影响过滤机的尺寸和设备选择，因此，物料的可压缩性能应提前在实验过程中确定。

● 随着过滤工艺过程的不断推进，过滤介质的孔隙被细颗粒堵塞，导致过滤阻力增大，因此，构建过滤方程需要考虑阻力的变化。但对于大多数尾矿相关的工程实践而言，浆体通过过滤介质产生的压力损失可以忽略不计。

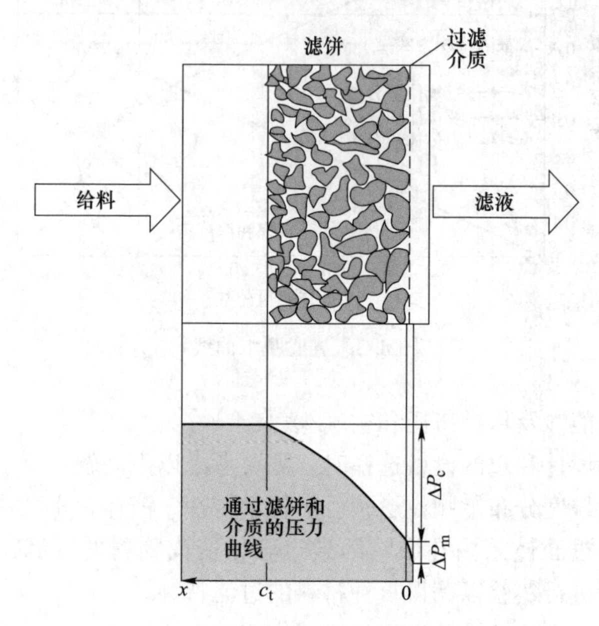

图 8.3　滤液通过多孔介质

8.4.6.2　过滤周期

过滤周期包括以下部分：

(1) 给料和填充阶段（feed or fill step）：一般不适用于连续运行的过滤设备，但对于具有填充容积且间歇运行的过滤设备，它确实是过滤周期的组成部分（给料和充填阶段，过滤介质的孔隙被颗粒充填）。

(2) 滤饼形成阶段（form step）：滤饼层在过滤介质上形成。只有当所有的浆体都被转换成滤饼，该阶段才能完成。一般情况下，滤饼的形成越有效、滤饼厚度越大，则过滤越充分。随着运行时间的延长，过滤速率降低，滤饼形成阶段的延长会影响干燥阶段和后处理阶段等脱水流程。

(3) 干燥阶段（drying step）：在滤饼形成后开始进行。所有的浆体已转换为滤饼，随着脱水的进行，开始进入部分饱和状态。为了将滤饼中的液体除去，压差必须克服滤饼内部的毛细吸力。空气逐渐取代毛细管内的液体。一般来说，干燥阶段持续时间越长，滤饼中的水分越少，但是其水分减少速率也会逐渐降低。最终残余水分含量受压力差的影响。干燥阶段的延长会缩短滤饼形成阶段和后处理阶段的时间。

(4) 后处理阶段 (post-treatment steps): 包括滤饼洗涤、机械挤压、空气干燥或蒸汽干燥。

(5) 部分过滤设备，特别是间歇运行的设备，其必要的运行时间包含大量的非生产性流程。这些时间通常被称为“技术时间”，一般是为了间歇运行的重新开始而做的准备工作。技术时间包括过滤设备的开机、排空、清洗和关机等操作。

8.5 过滤测试工作

8.5.1 引言

过滤设备厂家和工程公司一般都有过滤性能近似预测的数据库。经典过滤理论用于分析测试数据，但是尚无过滤性能的预测模型。在实验室或半工业实验进行测试工作可为设备尺寸和过滤器过程性能评估提供最准确的方法。

测试结果可用于确定过滤流程、物料平衡和建立初步的工艺设计标准，如过滤速率、含水率、滤饼洗涤效率和配套设备尺寸。

8.5.2 浆体特性与技术预选择

8.5.2.1 浆体特性

物料进入过滤环节之前的工序往往侧重于矿物分离，并提供良好的化学或矿物学特性数据。然而，固体浓度、比重、粒度分布、溶液和表面化学特性等因素都会对特定材料的过滤性能产生影响。因此，在过滤实验开始前应对上述因素进行分析和记录。

液体的 pH、温度、固态溶解物和化学药剂等因素也会影响过滤性能，因此，实验条件应尽量接近实际工艺条件。

浆体性能是固体和液体成分相互作用的结果。如果含有细颗粒，则浆体表面化学特性会受到显著影响，同时样品性能可能随着时间降低或改变。

为了获得准确的结果，必须保证样品的代表性，同时新鲜样品的效果肯定优于老样品。当测试尾矿的过滤性能时，由于尾矿的性能变化较大，因此需要检测多种类型矿石的尾矿。

8.5.2.2 测试策略

过滤设备种类繁多，因此，模拟不同设备的性能常常需要特定的测试设备。然而，项目开展过程中测试所有类型的设备会消耗大量时间，这种做法是没有必要的。最佳的测试策略是，对物理性能进行初步检查，缩小备选的设备类型，从而显著减少测试工作量。

在测试工作开始前，需要明确过滤产品的目标性能。制定“尽量干的滤饼”这样的目标是没有意义的。下游工艺会提出一些具体的要求，比如便于输送的滤饼浓度、便于回收利用的滤液澄清度。除了物理目标之外，项目的规模是一个重要的因素。规模的大小可能会限制过滤技术的应用，因此应在前期进行确定。

实验材料的数量取决于实验设备的大小和实验次数。目前实验常用的最小尺寸设备为工作台实验至少2kg物料的真空过滤机或活塞式压滤机。在该尺度上，滤饼的过滤速率和滤饼性能可以进行合理精度的检测。对于相同比重的滤饼，其实验面积更大，所以真空过滤实验一般更准确。

8.5.2.3　测试程序

矿浆过滤实验目前尚没有标准的测试程序，每种类型的实验设备都有特定的测试说明。对实验设备的操作方法进行了解释，但是很少包含提高测试效果必要的技巧和提示；而且每个品牌的设备都有自己的规格。为了获得最好的结果，应由经验丰富、训练有素的公司进行测试工作。

许多研究机构、设备厂家和实验室均有相关的过滤测试经验，但并不是所有机构都可以测试所有类型的过滤设备，应在测试之前确认相关测试计划和方法。

8.5.3　实验室和半工业实验

在实验室级别的设备中，与压滤设备相比，真空过滤设备的局限性较少。使用小规模的设备可以很容易获得准确的结果。

各个规模的测试都能准确地确定过滤速度和滤饼含水量，但由于过滤边缘的泄漏，当过滤面积小于0.01m^2时真空动力消耗和滤饼洗涤精度会迅速下降，这些泄漏随样品类型而变化，而且在过滤性能的检测中难以避免。

然而，实验室规模的设备是准确和高效的，与之对应的全尺寸实验结果不稳定，效率也较低。因此，计算全尺寸设备参数时，需要将室内实验的结果进行下调。实验结果的高估会造成全尺寸设备的缺陷，如过滤介质堵塞、管道充填滞后、支管排水滞后、搅拌敏感度降低、滤饼开裂、设备泄漏以及随之而来的驱动传动效率降低。

对于中试实验，其规模可从0.01m^2的过滤面积到全尺寸设备，压滤设备可以较好地模拟生产。采用中试实验的一部分原因在于辅助设备的应用可以提高过滤作业的便利性。随着设备尺寸的减小，不再需要泵。室内实验设备能不能有效模拟泵送过程，往往取决于可变容积测试单元。同样，在室内实验中，干燥空气和洗涤水的应用是瞬时的，这与全尺寸设备是不同的。柱塞式实验设备的局限导致了它可以进行理论状态下的模拟，但在全尺寸设备的模拟中效果较差。

8.5.3.1 真空过滤检测设备

真空过滤的主要设备是一个覆盖过滤网、面积已知的格栅。该过滤元件通过一个长颈真空瓶与真空源连接。通过调整真空度和过滤面的方向，以适应全尺寸设备。

利用布氏漏斗开展过滤面积为 0.01m^2 的真空过滤实验，模拟水平带式过滤机（图 8.4）；利用倾斜测试盘模拟盘式或鼓式过滤机（图 8.5）。

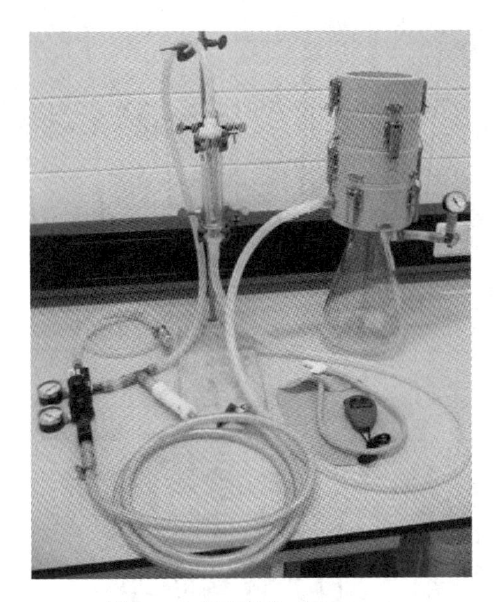

图 8.4 布氏漏斗（Outotec）

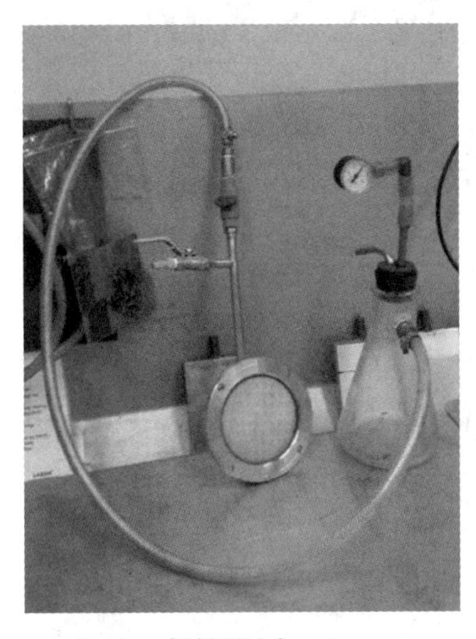

图 8.5 倾斜测试盘（Outotec）

转鼓过滤机测试通常采用浸渍实验元件在由满量程设备的浆体水平和旋转速度限定的时间内进行。

水平真空带式过滤机的测试更灵活，但受到全尺寸设备可达到的带速限制，一般采用布氏漏斗进行测试。

滤布的选择非常重要，应在真空过滤机的各个测试之前完成；同时，混凝剂和絮凝剂有助于提高过滤性能，应筛选其有效性。测试时，应涵盖一系列的滤饼厚度（通常为 5~35mm，但带式过滤机还可测试更厚的高渗透性滤饼）、生产能力、滤饼含水率和过滤周期时间。滤饼开裂是过滤测试的一个主要限制，可能需要考虑压力过滤。

8.5.3.2　压力过滤检测设备

压力过滤的全尺寸设备种类多样，相应的测试仪器也各不相同。台架实验装置既可以是压力罐，也可以是活塞式容器，其一端带有滤布和支撑网格（图8.6~图8.10）。

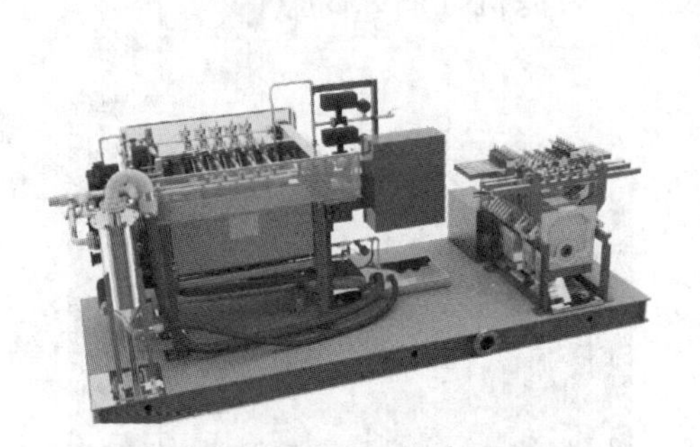

图8.6　隔膜凹腔板式中试压滤机（FLSmidth）

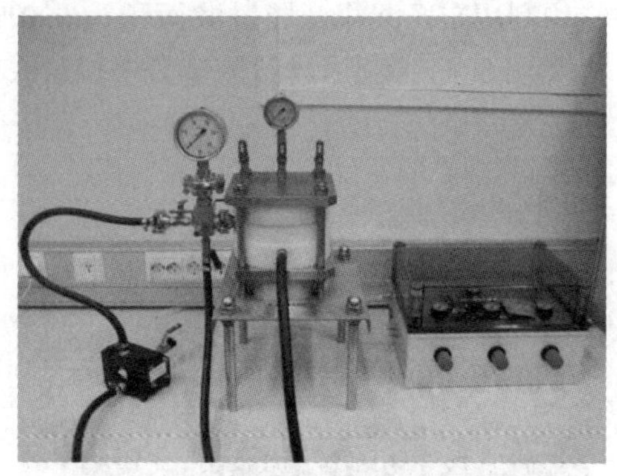

图8.7　0.0025m² 活塞式实验过滤机（Outotec）

图8.8　0.01m² 带膜压力实验过滤机（Outotec）

图8.9　0.1m² 室内实验用塔式过滤机（Outotec）

活塞式压力测试过滤器的有效面积为0.0025~0.005m²，用于模拟压力过滤器。小规模的压力过滤可能会受到边缘泄漏的影响，当单位尺寸降至0.01m² 以下时，结果可重复性降低。边缘泄漏可能使干吹和滤饼洗涤结果不可靠。

图 8.10 0.3m^2 室内实验用的带膜压滤机（Outotec）

在更大规模下，测试设备往往是更小版本的过滤单元，其过滤板类似于全尺寸单元。它们的尺寸由过滤面积 0.1m^2 到全尺寸设备的几平方米不等。压力过滤器可以在有或没有隔膜以及不同腔室厚度和压力下进行测试。滤布的选择不如真空过滤器重要，当为了改变滤液的透明度时可以改变滤布。所测试的滤饼厚度范围应与腔室厚度相匹配，对于难以处理的材料采用较薄的腔室。所有压力过滤器都具有机械时间，必须将其添加到测试过程时间。

8.5.3.3 数据采集

数据采集技术是相当成熟的，与全尺寸设备相比，室内实验设备具有更好的测量系统。

8.5.3.4 浆体性质

影响过滤性能的参数包括固体密度、液体密度、黏度、温度、比表面积和颗粒粒径等，可在过滤实验之前确定。

8.5.3.5 滤饼性能

过滤性能的评价通过以下参数进行：滤饼质量、密度、孔隙率、含水量和厚度等，且上述参数可通过过滤实验进行准确检测。

8.5.3.6 随时间变化的变量

虽然物理性能易于测量，但是包括滤液体积在内的部分参数在过滤测试过程中是随时间变化的。通过电子测量和记录参数可以提高分析水平，减少测试工作量。随时间变化的变量包括滤液体积、滤饼厚度、干燥气流、真空（稀薄空气）流、洗涤水、滤液固体浓度和压力。

8.5.3.7 样品制备、滤饼和滤液分析

过滤实验的样品应在搅拌槽中保存，且浆体浓度、温度和 pH 值应满足实验要求。由于样品可能沉降和降温，每次实验之前都需要对上述参数进行检测，但过度剧烈混合或长时间搅拌可能会导致样品磨损。在样品量有限的情况下，重复制浆和重复使用样品还可能会改变浆体的性质。因此，重复使用样品之前应当开展基准测试，以确认实验物料性质的变化。

8.5.3.8 实验安全

每种测试设备都应该有专门的安全指南，在测试开始前应知道所有样品的毒性或反应特性。除了这些风险，过滤所需的压力可能泄漏或造成真空，容易形成蒸气。

建议将安全评估作为测试计划的一部分，包括所有实验材料的数据表。同时在测试中应使用正确的个人防护用品。

8.6 过滤设备

8.6.1 引言

用于尾矿脱水的过滤设备种类较多，常见的有真空过滤机和压滤机。在某些特定的条件下，也可选用带式压滤机、脱水筛、盘式过滤机、毛细管过滤机、高压过滤机等。

8.6.2 真空过滤机

真空过滤机自 20 世纪 70 年代以来就开始应用于尾矿脱水工艺中。其优势在于可连续运行、处理界面简单、可生产非饱和的滤饼（即滤饼内的孔隙不含滤液，并含有一定的空气）。驱动压力差来自于真空源产生的气压和负压之间的压力差。

当海拔为 0 时，真空过滤的压力差达到 80kPa，但在高海拔地区（如 Atacama 沙漠）只能产生小于 40kPa 的压力差。压力差降低会导致过滤机性能下降。因此，真空过滤机通常不用于海拔大于 2500m 的地区。

真空过滤机是矿物加工行业最常见的设备，根据机构的不同可分为鼓式、盘式和水平带式（图 8.11）。鼓式和盘式过滤机通常用于处理量较小的井下膏体充填作业。对于处理量较大的地表堆存系统，绝大多数采用水平带式真空过滤机，

过滤面积可达 300m²。自 1990 年以来，智利的 La Coipa 矿的尾矿日处理量为 2 万吨，尾矿地表堆存系统使用 100m² 的水平带式过滤机（在当时是世界上最大的过滤机）。

图 8.11 水平带式真空过滤机（TenovaDelkor）

8.6.2.1 水平带式过滤机

水平带式过滤机的给料通过泵送或重力的方式输送到滤布上。在这两种输送方式下，必须将给料的能量消耗，才能使得浆体均匀分布在滤布的宽度方向上（宽度可达 6.5m）。滤布通过橡胶排水带沿着过滤机长轴向下输送。当给料浆体分布到过滤机上时，真空作用施加压力到浆体上形成滤饼。滤饼形成后，在到达过滤机末端之前会有一段额外的过滤时间，此时气体从滤饼中抽过，将滤饼中的水分进一步脱出；当滤布到达过滤机末端时排出滤饼，卸料后对滤布进行连续冲洗以保证其孔隙的贯通。

8.6.2.2 水平盘式过滤机

水平盘式过滤机自 20 世纪 30 年代以来应用至今，是适用于粗颗粒和快速过滤的理想设备，典型设备如图 8.12 所示。过滤机由许多滤饼形滤盘组成，滤盘仅围绕中心真空密封圈或阀毂转动。与其他类型设备相似，盘式过滤机的作业方式是连续运行的。同样，与水平带式过滤机相似，盘式过滤机也是依靠给料浆体的重力作用，并适用于多次滤饼洗涤。

图 8.12 盘式过滤机（FLSmidth）

给料的初始分布是至关重要的，以补偿过滤机直径增加造成的过滤面积利用不均匀。利用螺旋卸料机将干滤饼从上部排出。在螺旋卸料机和给料段之间使用反吹风和清洗装置（可选），将剩余的滤饼变得松散并将细颗粒从滤布上冲洗掉。当给料粒径足够粗时，可利用耐磨损、寿命周期更长的不锈钢楔形滤网代替滤布。

粗颗粒床通常是多孔介质，所需要的真空度较低，但对空气流动性能要求较高。与昂贵的水环密封真空泵相比，仅需采用低压泵，因此具有更好的成本效益。多孔结构床层的滤饼含水量更低、处理能力更大。

8.6.3　压滤机

与真空过滤机相比，压滤机的优势在于提供的压差更高，尤其适用于高海拔地区。压滤机可分为水平和垂直板框压滤机两种类型。垂直板框压滤机如图 8.13 所示。水平板框压滤机具有一些特殊的设计和性能，适用于细颗粒精矿的脱水，能够使得滤饼的含水率尽可能地降低，但是受限于可堆叠的板框数量，在处理能力较大的尾矿过滤工艺中成本较高。

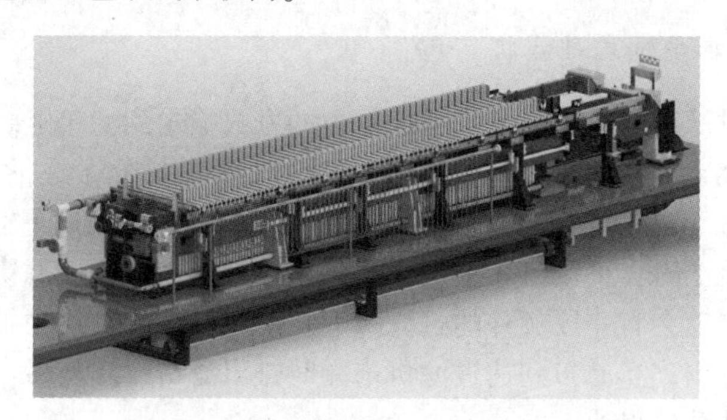

图 8.13　垂直板框压滤机（FLSmidth）

压滤机可进一步分为凹式压滤机和膜式压滤机，其各方面性能基本相同，唯一不同的是膜式压滤机可提供额外的压力。结构上，两种类型的压滤机两面均有滤布（即双面），所不同的是，膜式压滤机在过滤腔的一侧滤布下面有一个可膨胀的橡胶膜。

垂直板框压滤机的过滤面积可超过 2000m^2，适用于尾矿过滤等处理量较大的过滤工艺；但缺点在于其运行方式为间歇运行（非连续运行）。多过滤机工作时，非连续排放的滤饼导致下游物料处理流程与设备的设计难度增加。由于给料方式为物料从缓冲罐中抽出进入压滤机，故缓冲罐的容量应足够大，以便将浓密机中的浆体稳定连续地提供给过滤机。

在液压缸和多个过滤板的组合作用下形成过滤压力。当过滤板关闭时形成捕获滤饼的过滤腔，其厚度一般为 32～60mm。过滤板能同时形成 257 个过滤腔，并保证每个过滤腔的过滤面积高达 9.6m^2（双面）。过滤板由单龙骨、双龙骨或者侧边栏支撑。

压滤机进料的泵送过程会在过滤腔内部产生较大的压力差，从而在过滤腔内部形成滤饼。滤饼形成后，过滤腔内部的压力稳定上升。

对于一些厢式压滤机，尾矿过滤工艺的压力差一般为 600~1500kPa，其压差来源于离心过滤给料泵或离心泵与容积泵的组合。或者，也可以利用低压进料泵将过滤腔填满，用膨胀膜使过滤腔达到终压，进而形成滤饼。膨胀性滤膜采用液压或者气动方式工作，可优先选择敏感性较高的气动膨胀膜。当膜过滤压力达到 1800kPa（甚至更大）时，采用机械力将滤饼中的水分压滤排出。压滤阶段紧随滤饼形成阶段之后，此时滤饼仍然处于饱和状态。通常情况下，对于含有有机物或溶盐的可压缩滤饼，可采用膜过滤技术。在将低压形成阶段与膜压阶段相结合提高了脱水率时，或为了获得与无压滤功能的厢式压滤机相比浓度较低的滤饼时，均可使用膜压滤技术。同时，在鼓风干燥阶段也可以使用膜过滤技术，从而压缩滤饼以保持滤饼含水率的一致性，有效防止气流在滤饼裂缝部位发生短路。如果滤饼不持续保持压缩状态有可能发生短路。但是要注意，膜压滤阶段会延长间歇作业的循环时间。

滤饼形成以后，应对滤饼施加 600~1000kPa 的高压风，以进一步降低滤饼的含水量，生成非饱和的滤饼。

在过滤循环结束时，压滤关闭机构打开，滤饼通过自动移板机构进行排料。根据自动移板机构类型的不同，滤板可单独打开或者一次性全开。由于现代压滤机的尺寸和滤板数量较多，移板和排放流程可能耗时 30min。压滤机排出的尾矿由一个“炸弹仓门”形状的出口排出，在滤饼排放至输送机之前，该出口处于缩回的状态。滤液进入污水池，之后返回尾矿浓密机循环利用。为了保证自动化生产，建议在每一个过滤循环结束后对滤板进行振动和清洗，去除滤饼残留，保证滤布的孔隙率，防止孔隙堵塞。

在大多数现代过滤设备中，在滤饼排放之前，从给料口进入的未过滤浆体会形成一个“黏核”，该黏核由冲洗水或者高压气流清除，从而减少排放的水分，保持设备良好的运行。循环时间包括单次压滤生产时间和下次生产的准备时间。由于给料性质不同、滤饼含水率要求不同，导致压滤循环时间也不同，一般为 6~20min。自动控制的压滤机可以将循环时间降至最低，并最大限度地提高生产效率。

压滤滤饼的固体含量一般为 75%~90%。滤饼是否达到饱和状态取决于过滤机的设计和岩土工程的要求。根据矿物特性和粒度分布的不同，滤饼表现为黏性状态或易碎状态。滤饼的性质对下游物料处理设备的运行影响较大。黏性滤饼会堵塞输送槽或黏结在输送机上，因此需要对系统进行合理的设计。

为了提高生产效率和过滤次数，必须降低过滤循环时间。

铜尾矿的自动压滤机循环周期分解见表 8.1。机械或技术准备时间（等待时间）是其中最应该降低的部分，可通过将所有滤板同时打开、所有滤布共同振动和冲洗等方式来实现。即使过滤面积较大，现代自动压滤机可以将技术时间降低至 3.5min，而老式过滤机的技术时间则高达 30min。

表 8.1　铜尾矿箱式过滤机典型循环周期分解表

项　目	单位/h
给料时间	0.6
滤饼形成阶段	1.5
鼓风阶段（干燥阶段）	1.0
技术准备	3.9
全生命周期	7.0

8.6.4　脱水筛

如图 8.14 所示，脱水筛属于床层过滤设备，筛孔的尺寸远大于颗粒的尺寸，因此，液体通过床层而非筛孔进行过滤。振动电机驱动床层振动，颗粒加速运动以克服毛细吸力，进而实现水分的排出。脱水筛对于 75μm 以下粒径含量很低的粗颗粒物料应用效果较好。

图 8.14　脱水筛（Eral）

8.6.5　毛细管过滤机

毛细管过滤机发明于 20 世纪 80 年代，首先由 Outokumpu 公司引入市场。典型的毛细管过滤机设计如图 8.15 所示。毛细管过滤机是通过多孔陶瓷或塑料介质在空心板外部实现的，过滤板的形状与安装方法与真空盘式过滤机的滤盘相似。多孔介质和液体之间的表面张力差异使液体在毛细作用下在孔隙内流动。过滤过程连续且无需外力帮助。中空板内残留的滤液可通过较低的真空度除去。

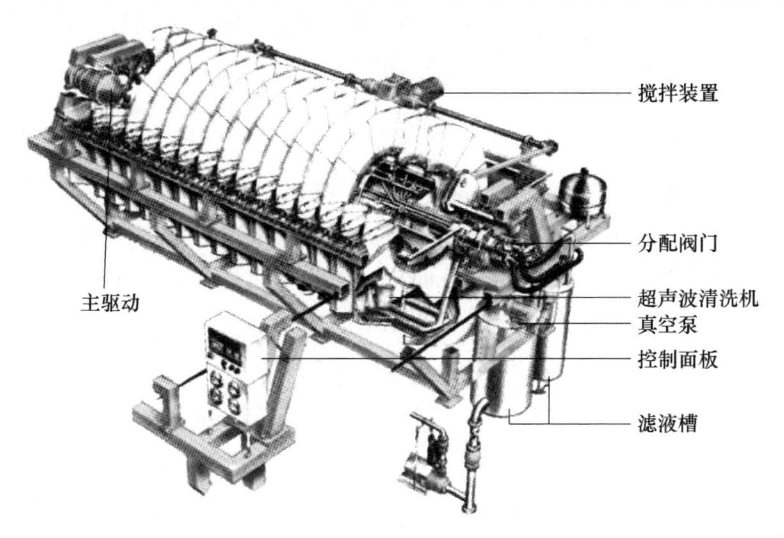

图 8.15 毛细管过滤机（Outotec）

由于毛细管作用，过滤机的运行成本很低；而且过滤孔隙小，滤液的澄清度非常好。给料材料应能利于形成渗透性和孔隙率良好的滤饼。一般情况下，给料材料应具备以下特点：浓度高、粒度细、粒径分布窄，有利于提高过滤速度，降低滤饼含水量。

8.6.6 高压过滤机

将真空盘式过滤机布置在高压室内形成高压过滤机，如图 8.16 所示。通常

图 8.16 高压过滤机（Andritz）

高压过滤机的压差可达到400~600kPa，是普通真空过滤机的11倍，过滤速度非常高。与传统真空盘式过滤机相比，高压过滤机的结构较为复杂，因此更易受各项参数的影响。通过两个水平滑动门的顺序开启和关闭，可实现滤饼的半连续卸料作业，并能在卸料的同时维持高压室内的压力。

8.6.7　过滤设备对比

表8.2总结了可用于尾矿脱水的过滤设备类型。每种类型的设备均具有各自的优缺点，应用范围也不同。脱水筛和盘式过滤机的处理能力较高，但仅适用于粗颗粒物料的处理。由于较大的过滤面积和较大的过滤压差，垂直板框压滤机更适用于细颗粒、难脱水、大生产能力的尾矿脱水。

表8.2　过滤设备比较（常用值）

过滤机类型	最大尺寸	适用颗粒尺寸	最大过滤速率 /t·h^{-1}·m^{-2}	最大过滤能力 /t·h^{-1}·台$^{-1}$	滤饼水分质量分数/%
水平真空带式过滤机	300m^2	中/粗粒级	1.25	375	15~25
垂直板框压滤机	2300m^2	细/中粒级	0.4	933	10~20
脱水筛	3层24m^2	粗粒级	14	1000	15~25
盘式过滤机	125m^2	粗粒级	10	1250	10~25
毛细管过滤机	240m^2	细/中粒级	1.7	400	10~20
高压过滤机	168m^2	细/中粒级	1	168	10~20

8.7　过滤成本

8.7.1　引言

过滤设备往往和其他工艺设备联合使用，很少独立运行。所以，过滤设备的投资成本和运营成本也应该放在整个系统流程中进行对比，而不是单独评价。

8.7.2　工艺流程的注意事项

8.7.2.1　传统脱水流程

浓密工艺一般在过滤工艺的上游。传统的工艺流程中浓密机往往作为过滤机的前处理设备。浓密工艺在固液分离过程中的性价比更高，应尽量提高浓密设备的底流浓度。但是，生产更高浓度的底流是有代价的，由于高浓度浓密机和膏体浓密机尺寸的限制，大型尾矿处置项目必须采用多机并联的方式提高处理能力，这也就限制了膏体浓密机的应用。另外，在某些情况下，高浓度浆体的流变性可能会对过滤设备的进料产生不利影响。

8.7.2.2 分离式脱水流程

如前所述，每种过滤设备都有其优缺点。根据给料的性质和设备的特性，可利用价格较低的设备替换成本较高的设备，从而降低系统的投资和运营成本。比如，真空过滤机不适用于细颗粒的脱水，可以利用水力旋流器等分级技术生产细颗粒浆体供给压滤设备，以提高脱水效率；同时，分级出来的粗颗粒可以利用盘式过滤机、脱水筛、水平带式真空过滤机进行有效脱水，从而降低整体脱水成本。一旦实现分离脱水，便可利用细颗粒和粗颗粒自身的特点提高两者的利用率，如粗颗粒可以用作尾矿库筑坝材料。

8.7.3 成本案例

本案例是包含细粒级、中细粒级颗粒过滤的现代大流量压滤工艺项目，其中的定价适用于2014年的美国市场。

8.7.3.1 投资成本

确定了操作范围或工艺路线后，可确定全尺寸设备的关键设计点，并选择过滤设备和辅助设备的型号。根据过滤设备的型号、数量，确定给料泵、给料筒、空压机、储气罐等辅助设备的型号和数量。通过共用压缩机、给料泵和其他辅助设备，可降低设备投资。例如，当一个过滤机利用给料泵进行给料作业时，第二台设备可用压缩空气进料；第三台设备可以进行滤布振动和冲洗作业，做好进入下一循环的准备工作。通过三台设备的间隔作业，可以降低辅助设备的用量，比如仅使用一台给料泵、一台空压机和一台滤布清洗泵。对于10万吨/d处理能力的尾矿过滤脱水站，可以按照表8.3所示的方法进行设备配置。

表8.3 10万吨/d尾矿过滤工艺设备数量

设备名称	数量/台
垂直板框压滤机	7
搅拌槽筒	1
给料泵	14
清水泵	2
滤布清洗泵	2
滤眼/孔清洗泵	1
压气机	3
卸料输送机	7
带式输送机	1

多台过滤机并联系统可以共用辅助设备和设施以降低成本，FLSmidth 2040 AFP 系统的平均安装成本仅为 700 万~800 万美元，如图 8.17 所示。对于本案例，总成本（不是安装成本）可能介于 4900 万~5600 万美元。总成本可以应用于直接设备的安装成本，在无围墙、无顶棚等基础设施需求的情况下，对于过滤机和辅助设备的安装成本预计是足够的；而本案例中，过滤系统的总安装成本可以达到 9800 万~11200 万美元。输送机和堆存设备的成本受输送距离、地形的复杂程度和海拔等因素的影响，排除维护成本之后，一般具有相同的规律。与尾矿浆体堆存设施（TSF）的安装成本（高达 50 亿美元）相比，具有明显的竞争优势。注意，总成本中必须包含带式输送与筑堆设备的维护运营成本。多台过滤机沿着同一条线安装，通常应至少布置一个维护仓，如图 8.18 所示。

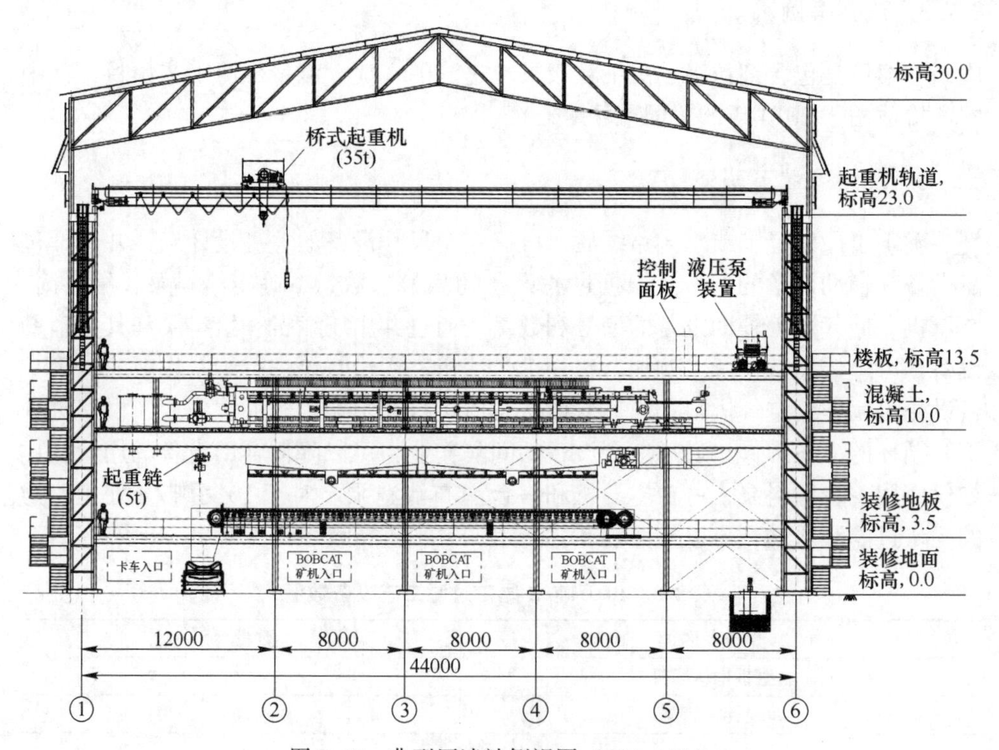

图 8.17　典型压滤站侧视图（FLSmidth）

8.7.3.2　运营成本

过滤设备的运营成本包括人工、电力和维修成本。当滤布冲洗水可循环利用时，水的成本可以忽略不计。假设每小时的人工成本为 25 美元，电费为 0.1 美元/(kW·h)，对于处理能力为 10000t/d 的 FLSmidth AFP 尾矿过滤站，其总运

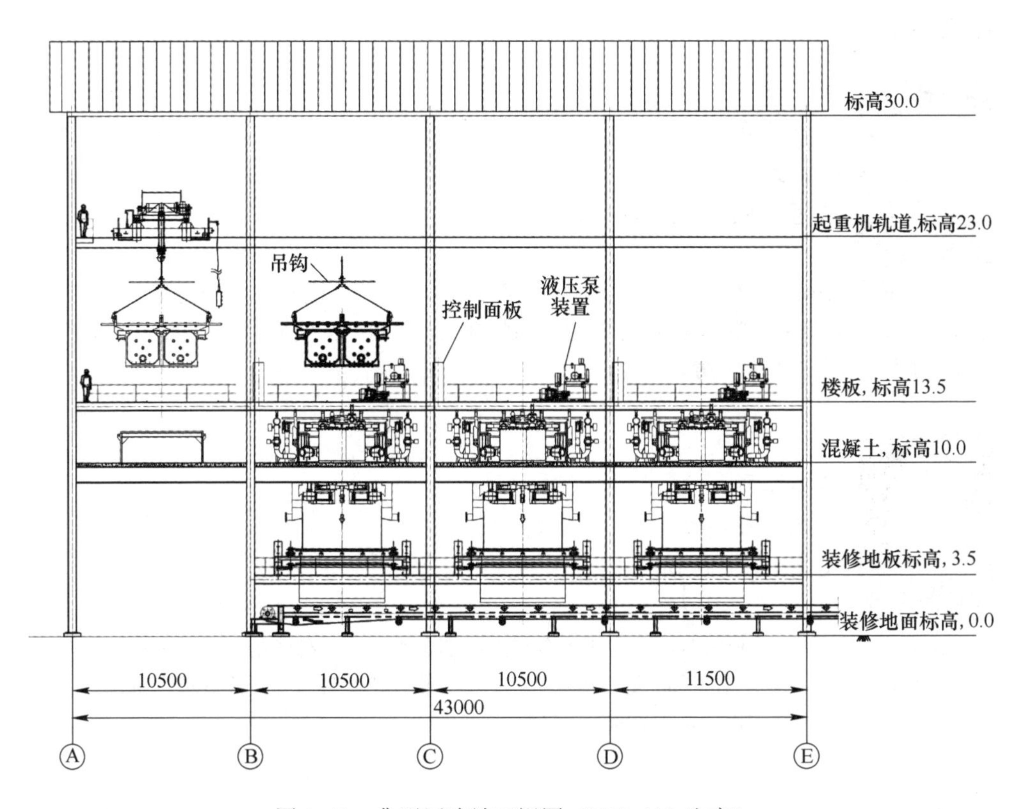

图 8.18 典型压滤站正视图（FLSmidth 生产）

行成本为 0.30~0.35 美元/t。

8.8 本章小结

过滤技术是一种很好的尾矿脱水技术，发展较快、自动化程度也较高。随着采矿规模的迅速增长，厂商生产了处理能力更大的过滤设备，且模块化的过滤设备有利于降低系统的冗余。

过滤技术的良好应用可以降低尾矿脱水投资和运营成本。传统的过滤技术成本较高，尤其是黏土的存在会显著提高运营成本。因此，设计阶段应对过滤技术作全面评估，并基于整体性的理念和资金的时间价值对过滤技术的经济性进行对比，同时考虑系统的全生命周期，如前期低浓度排放设施建设成本、永久负债成本、复垦和闭坑后的运营成本等。

作者简介

第一作者
Christian Kujawa
美国，Paterson & Cooke

Christian Kujawa，美国 Paterson & Cooke 公司工程师，毕业于化学工程和商业专业。拥有超过 27 年的工作经验。曾全程参与尾矿过滤站的升级和扩建，在整个设计、调试、实施过程中提供了技术支持与咨询服务。

合作作者
Todd Wisdom
美国，FLSmidth

Todd Wisdom，美国 FLSmidth 公司固液分离产品部负责人，本科毕业于 Oregon 州立大学化学工程专业，硕士毕业于 Houston 大学大学化学工程专业。长期致力于固液分离设备设计、安装、调试与优化研究，拥有 20 余年的工程经验。

Jason Palmer
澳大利亚，Outotec Pty Ltd

Jason Palmer，澳大利亚 Outotec 公司工程师，拥有 30 余年的工程经验，长期致力于过滤与浓密机设备的销售、维护，涉及铜矿、铁矿、镍矿、钴矿、锌铅矿等多类型矿山。

9

浓密流程设计理念

浓密流程设计理念

第一作者

Gordon McPhail　澳大利亚，SLR Consulting Australia Pty Ltd

9.1　引言

根据浆体性质的不同，浓密、过滤等工艺的脱水效果可通过水力旋流器或振动筛进行补充优化。多种技术组合使用时，可将尾矿浆分流成两部分，一部分脱水后的浓度比目标值高，另一部分脱水后的浓度比目标值低，然后将两部分重组以满足最终的目标要求。采用这种设计可以较好地适应矿山全生命周期内尾矿性质的变化，在保证浓密尾矿达到设计要求的同时降低成本。

技术的组合方式有多种，一般包括：

- 对全部或部分尾矿浆进行一级旋流处理，将旋流器溢流进行浓密后，与浓密机底流、旋流器底流等浆体进行再混合。
- 两级旋流。利用二级旋流器处理一级旋流器的溢流，二级旋流的溢流进入浓密机，将旋流器底流与浓密机底流进行混合。
- 对全部或部分尾矿浆进行一级旋流处理，对旋流器底流进行过滤脱水，对旋流器溢流进行浓密脱水，最后将滤饼与浓密机底流进行混合。
- 对全部或者部分尾矿浆进行振动筛处理，筛下物料进入浓密机，然后将筛上物料与浓密机底流进行混合。
- 对全部或者部分尾矿浆进行一级旋流处理，旋流器底流进入振动筛，旋流器溢流与筛下物料一起进入浓密机，筛上物料与浓密机底流进行混合。

工艺选择的基础包括：

- 提高脱水工艺最终产品的可靠性和可控性。可通过对高浓度底流的轻度稀释来保证浆体稠度的稳定性。
- 减小浓密机直径。浓密机负载会有所降低，同时也会降低对浓密机底流的要求。这是由于旋流器底流和振动筛上物料浓度可达 75%以上。

辅助脱水方法详见下文。

9.2　水力旋流器

水力旋流器通过给料压力和切向流动行为产生离心力来进行固液分离。给料沿切向进入锥形旋流器从而控制物料流动方向，如图 9.1 所示。涡流发生器由一段直管与锥体连接组成，浆体形成涡流，离心流动导致物料沿着缩小的出口向上流动，直到成为溢流。旋流器内部的离心流动使得在器壁上的固体浓度较高，因此，进而导致旋流器溢流浓度较低，底流浓度较高。

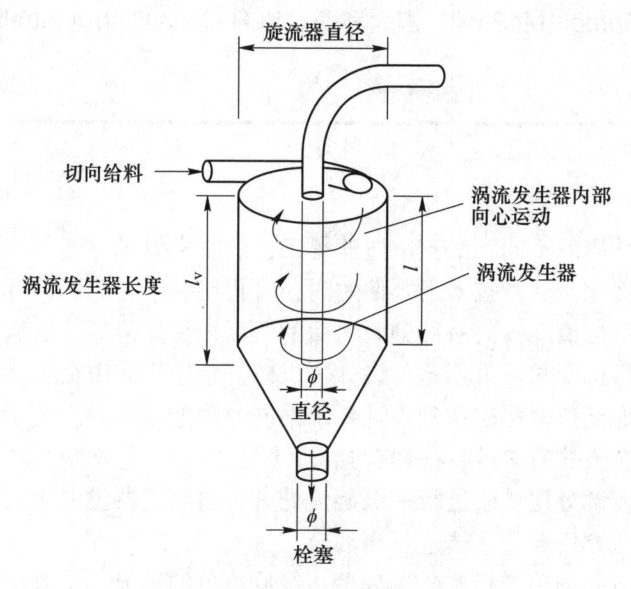

图 9.1　水力旋流器示意图

除了给料浆体性质和压力之外，还有 9 个参数会影响旋流器的性能，都与图 9.1 所示的尺寸相关。旋流器的设计可利用计算机模拟的方法，但为了提高模拟精度一般应提前进行物理实验，为模拟提供依据。

如图 9.2 所示，与单台大型旋流器相比，设计更倾向于采用多个小型旋流器组成的旋流器组的工艺。给料分别进入各个旋流器中，可根据给料性质调节旋流器的数量，从而提高系统的适应性和灵活性。当机组中的某个旋流器不参与作业时进行单独的停机维修，可在不影响其他旋流器单体作业的情况下进行维修作业。

为了达到 75%以上的底流浓度，应对旋流器尺寸进行专门设计。

为了达到最优的运行状态，旋流器的给料浓度应较低，一般为 25%~35%；当给料浓度较高时，应进行稀释。由于浓密机溢流水充足，且稀释用水仍在浓密机的闭路循环里运行，因此稀释过程较易实现。

图 9.2 生产中的旋流器组

全尾矿一级旋流工艺流程如图 9.3 所示，二级旋流工艺流程如图 9.4 所示。

第 16 章（16.12 节）介绍了澳大利亚 Osborne 矿的案例，在浓密机前设置了一套旋流器组，与图 9.3 中的布置方式相似。该矿尾矿堆存角约为 4%，浓密尾矿的排放点在坡顶处，排放浓度长期稳定。

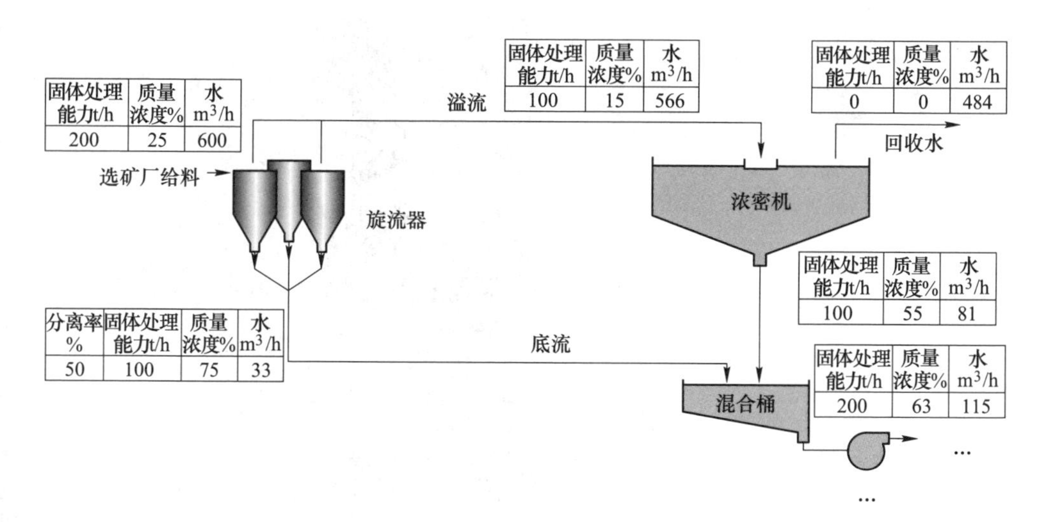

图 9.3 一级旋流器与浓密机组合流程示意图

在旋流器底部排放口处增加吸力可提高旋流器的脱水效率，但会影响颗粒分离尺寸，造成旋流器底流含水率更低。可在旋流器底部出口处安装柔性橡胶扁口管以形成负压，如图 9.5 所示。

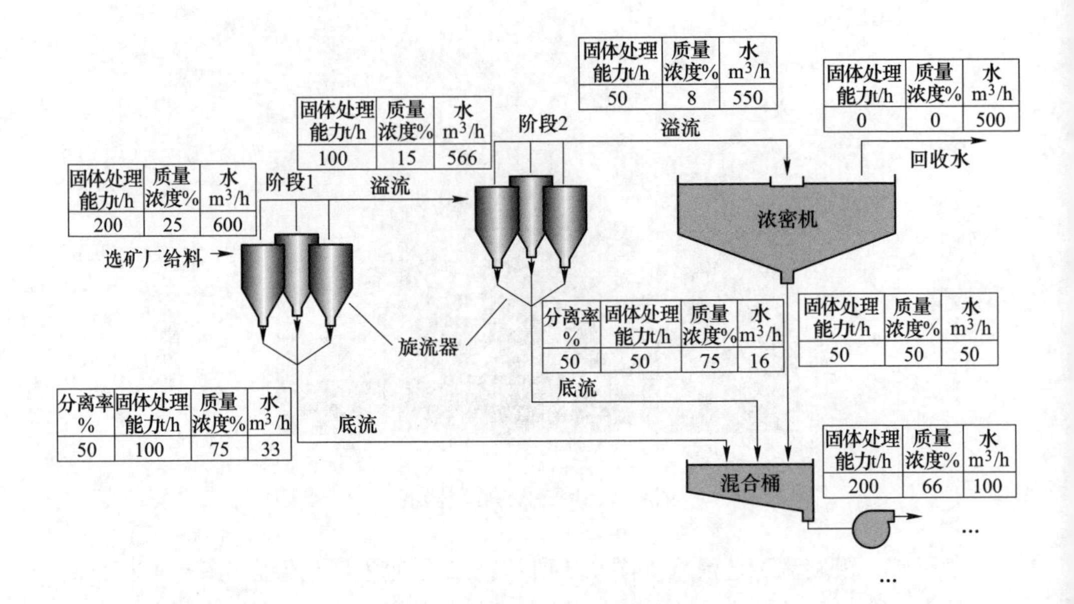

图 9.4　二级旋流器与浓密机组合流程示意图

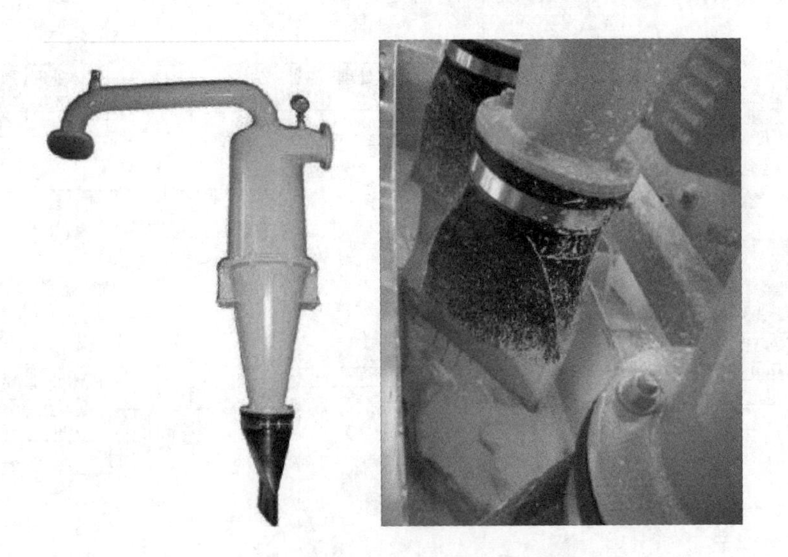

图 9.5　典型真空旋流装置（ITE GmbH，2013）

旋流器单机底流质量分数可达到 70% 以上，旋流器组底流一般大于 75%（Knight 等，2012）。真空旋流器工艺典型流程如图 9.6 所示。

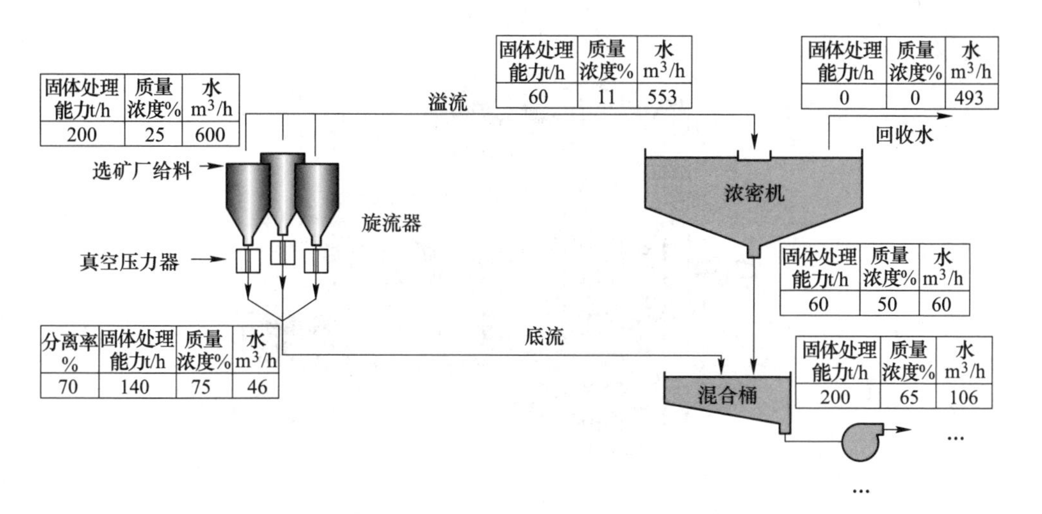

图 9.6 一级真空旋流器和浓密机组合流程示意图

9.3 振动筛

振动筛可对较低浓度的浆体进行有效脱水。偏心振动电机将颗粒从筛网表面振起，提高了液体的流动速率，加速了液体和细颗粒的分离；在筛网上部形成含水量较低的滤饼。

图 9.7 和图 9.8 所示为两种典型的振动筛。

可向振动筛给料全尾矿浆体或分级尾矿浆体，当给料为旋流器组的底流时，颗粒一般较粗。

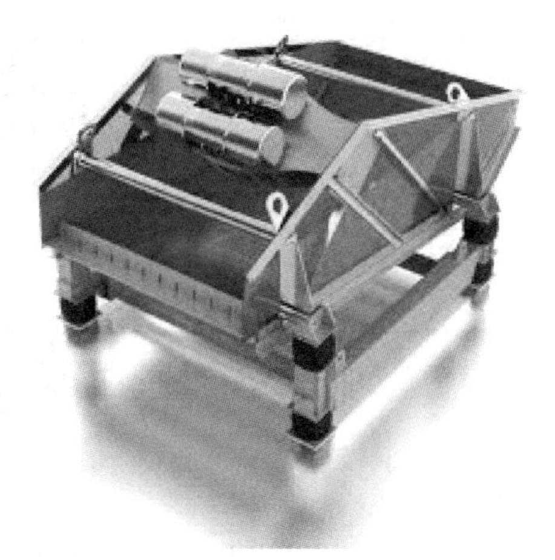

图 9.7 典型振动筛（Weir Minerals，2013）

振动筛的处理能力可以达到 300t/h，浆体浓度可以提高至 80%~85%，工艺

图 9.8　典型振动筛（Derrick Corporation，2013）

流程一般如图 9.9 所示。第 16 章（16.13 节）介绍的智利 Mantas Blancos 矿，使用振动脱水筛替代带式真空过滤机。如图 9.3 所示，选厂尾矿浆首先经旋流器分级处理，溢流经高效浓密机处理后进行传统尾矿堆存。底流经带式真空过滤机或振动筛处理后，由带式输送机输送至指定堆场堆存，如图 9.9 所示。

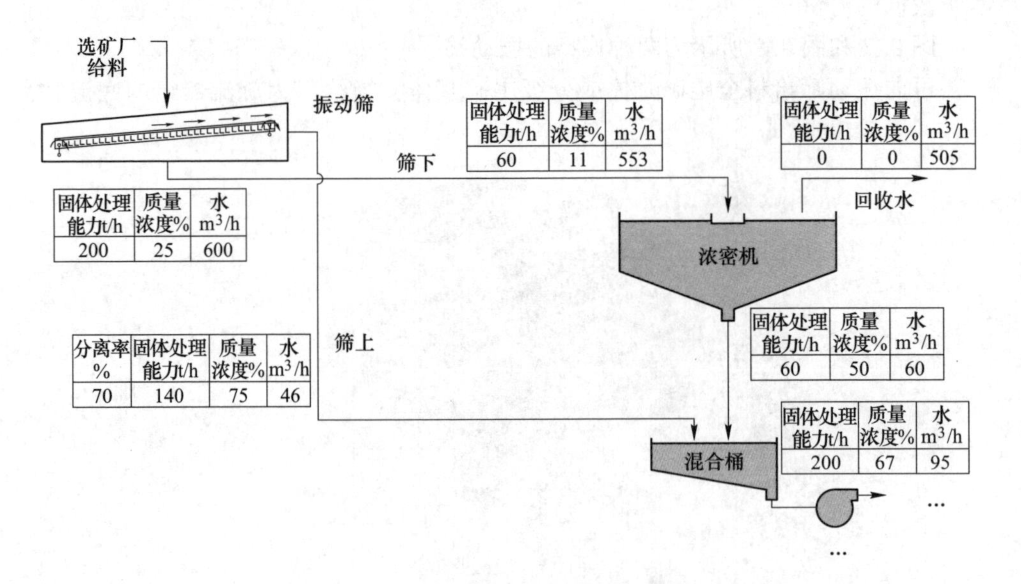

图 9.9　振动筛和浓密机组合的流程示意图

作者简介

第一作者
Gordon McPhail
澳大利亚，SLR Consulting Australia Pty Ltd

Gordon McPhail，1974年毕业于约翰内斯堡 Witwatersrand 大学土木工程专业。作为咨询工程师，35年来一直专门从事矿山废物管理的岩土环境方面的工作，并参与了非洲、澳大利亚和美洲的相关项目。

合作作者
Sergio Barrera
智利，Delfi Ingenieria SPA

Sergio Barrera，土木工程师，有着丰富的尾矿管理经验。他主要从事不同规模和技术的南美尾矿储存设施研究，撰写了涉及尾矿管理和研究的不同方面的大量论文。Sergio 是 Delfi lngenieria 公司的创始人，该公司是一家致力于采矿项目和研究的工程公司。

10

高浓度水力输送系统

高浓度水力输送系统

第一作者

Angus Paterson 南非，Paterson & Cooke

10.1 引言

本章介绍膏体与浓密尾矿（管道）输送设计涉及的技术经济因素，探讨尾矿浆体流动特性对泵送设备与管道选型的影响，并从机械与水力学角度分析离心泵与容积泵的差异，阐述输送系统设计方法的发展过程。

管道输送是将高浓度尾矿浆从选厂运输至尾矿库的最常用方法。输送泵和管道系统等各部分相互影响，任何环节的设计失误都可能造成输送系统无法正常工作。只有充分理解各环节的浆体特性才能保证输送系统设计的可靠性。

本章节以尾矿浆泵送系统为背景，重点介绍高浓度尾矿浆的泵送。

10.2 浆体管输行为

尾矿浆体在管道中的流动特性受多因素的影响，其中最重要的是浆体中固体质量分数和固体颗粒的粒度分布。尾矿浆体的流动状态可分为均质流、非均质流、非牛顿流或者混合流等几类。膏体与浓密尾矿在管道中一般以非牛顿流体的形式流动，并发生缓慢沉降。

10.2.1 非均质流

受颗粒的沉降特性影响，非均质浆体的管道流动状态一般为紊流形式。由于黏性对于非均质浆体没有任何实际意义，因此在研究非均质浆体流动时不使用“流变学”一词。该类浆体包括污泥、粗骨料浆体和低浓度尾矿浆。传统的尾矿浆管道输送的大多是非均质浆体。

10.2.2　均质非牛顿流

非牛顿流体的特征包括流变曲线不经过原点且呈非线性；流变特性受剪切历史影响，具有记忆效应；流动过程中固液相之间不发生沉降或离析。然而实际上，如果时间够长，所有浆体都会发生沉降。

膏体与浓密尾矿中含有大量细颗粒，使浆体呈现出非牛顿流体的特性。非牛顿流体的屈服特性主导着膏体与浓密尾矿的流动状态。虽然浆体中也含有部分较粗颗粒，但粗颗粒引起的管输压力损失并不明显。

10.2.3　密相流

密相流体中，颗粒的受力特性主要受颗粒接触形式的影响。尽管高浓度浆体可以阻碍颗粒沉降，但密相流中的细颗粒含量仍不够高，不足以完全改变浆体的流变特性，因此密相流砂浆仍然表现出沉降的特性。水力旋流器分离出来的尾矿浆一般表现为密相流的特点。高浓度的密相流砂浆不适宜管道输送，因为浓度的微小变化就会引起管道压力梯度的剧变，继而导致爆管。

10.2.4　混合流

混合流可同时表现出沉降与不沉降性浆体的特性。混合流浆体较常见，如中等或高浓度下的浓密尾矿浆。浆体中细颗粒和水形成黏性、不沉降的均质浆体，而粗颗粒分散在细粒均质浆体载体中，表现出沉降的性质。混合流的流态主要由浆体固体含量、粗颗粒特性和细粒均质浆体载体的黏性决定。混合流中的粗颗粒和均质载体浆体可由固体颗粒的粒级曲线确定，并分别针对粗颗粒和细颗粒做以下分析：

粗颗粒通过颗粒的粒径、形状、密度和自由沉降床层浓度进行确定；

细颗粒均质浆体由流变特性表征，可由旋转式黏度仪测定。

对于混合流浆体在管道中的输送特性，要分别考虑粗颗粒和细颗粒组分，单独计算粗、细颗粒组分对壁面剪切应力的贡献。

图 10.1 所示为不同类型浆体表现的管道输送特性。沉降性浆体与均质浆体的区别可概括如下：

沉降性浆体和混合流浆体的压力损失与平均流速关系曲线都呈钩状。曲线的形状受管道中浆体浓度径向分布不均匀程度的影响。在低速流动条件，浆体中的固体颗粒发生沉降，静置在管道底部；浆体的流动面积减小，管输压力损失增大。当浆体流速提高时，颗粒逐渐浮起，沉降床层厚度降低，流动面积增大，管输压力损失减小。使固体颗粒开始浮起的浆体流速称为临界流速，此时管道压力梯度最小。当流速继续提高，管道内将形成紊流，压力梯度急剧增加。

均质非牛顿体浆体的流动一般处于低雷诺数的层流区域，管道压力梯度受流速影响较少。一旦浆体流速上升，达到层流-紊流过渡区流速，管道压力梯度也随流速的提高而迅速上升。

膏体与浓密尾矿黏度大，只在流速极高的情况下才达到紊流状态。膏体与浓密尾矿在管道输送的流速范围内一直处于层流状态。

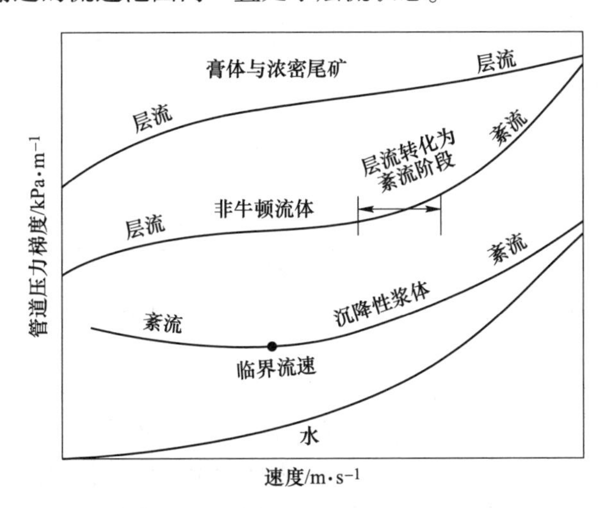

图 10.1 不同类型浆体的管道输送特性

10.2.5 最小输送速度

选择输送管道直径最重要的依据是，在目标流量下的浆体流速能够保证固体颗粒不发生沉降。对于混合流浆体，设计直径必须使得浆体输送速度大于临界流速。计算临界流速时必须同时考虑固体颗粒的粒径分布和管道内壁的层流厚度。由于远离紊流区域，处于层流内层的固体颗粒易在管道底部沉积，形成沉积床层，因此对于临界流速的分析需要同时考虑细粒浆体载体的黏度和沉降床层中粗颗粒的压实特性。

图 10.2 所示为临界流速与管道直径、浆体浓度的关系。当浓度较低时，浆体黏度小，临界流速随管道直径变化明显。随浆体浓度逐渐增大，浆体中细颗粒组分浓度也随之增大，形成的载体浆体黏度增大。此时临界流速受浓度的影响更加明显，而管道直径对其影响逐渐降低。

随着浓度的持续增加，浆体的性质开始由混合流转变为非牛顿流，管内流态也转变为低速层流形式。对于静态时不沉降的浆体，在流动状态下也会因剪切效应发生粗颗粒沉降。该沉降很难通过机械方式消除，因此需要对管道直径进行精细化设计。从图 10.3 可知，屈服应力低的浆体更适合紊流输送。浆体黏度越大，形成紊流所需的临界流速越高。系统输送能力确定的情况下，提高输送速度则会

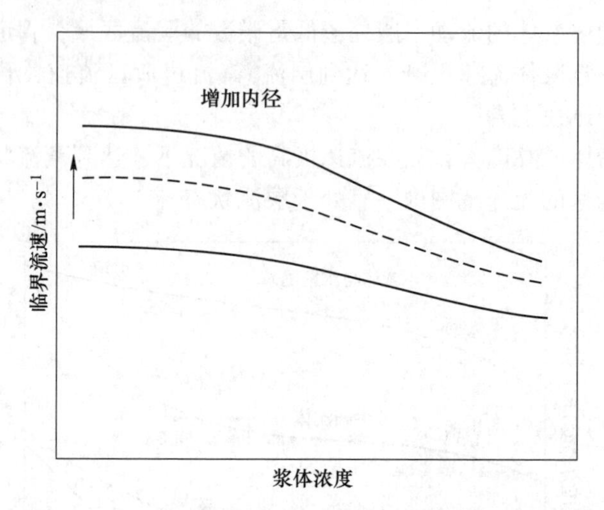

图 10.2　混合流浆体临界流速与管道直径、浆体浓度的关系

降低管道直径，因此，以紊流的方式输送高浓度的浆体可行性较低。此时只能选择层流输送系统，将高浓度浆体在管道中以层流的形式输送。层流是指管壁附近的粗颗粒床层以滑移的形式流动，而粗颗粒床层上部的浆体以层流形式运动。如此，即便管道直径略微增大，管道中的压力梯度也能维持相对稳定。然而当压力梯度不足以使管壁上的粗颗粒床层产生滑移时就存在堵管的风险。

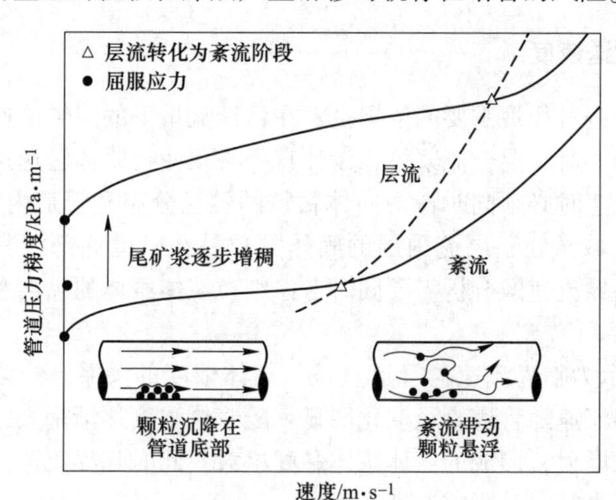

图 10.3　低屈服应力均质尾矿浆管输送过程中的非牛顿流变行为

在膏体与浓密尾矿输送系统设计中，最优固体浓度和管道直径的标准取决于浆体固体浓度与黏度的关系。Goosen 和 Paterson（2014）研究了不同管径下浆体屈服应力与临界流速间的关系。不同浆体浓度条件下，浆体流态转变以及颗粒沉

降对应的临界流速如图 10.4 所示。

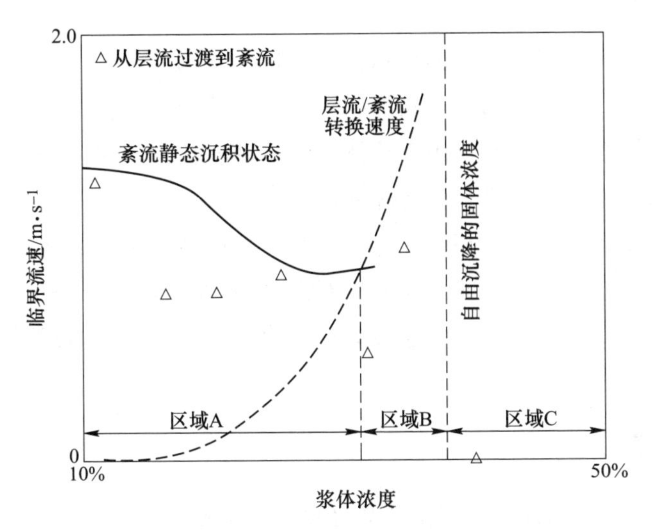

图 10.4 基于临界流速的浆体浓度分类

A 低浓度区：低浓度浆体在管道中总是以紊流形式输送，并且在紊流区域产生静态沉积。

B 中等浓度区：中等浓度浆体拥有低至中等的屈服应力，静态沉积曲线与层紊流转换速度曲线的交点即为中等浓度区与低浓度区的分界点。中等浓度区的管输流态既有层流也有紊流，浆体沉降发生在层流状态，并形成静止或滑移的沉降床层。

C 高浓度区：大于自由沉降的浆体浓度属于高浓度区，高浓度区的浆体总是以层流形式输送，即使流速很低也不产生静态沉积。

高浓度尾矿、膏体、混凝土等均为黏度非常高的浆体，虽然可采用低速输送，但压力损失非常大，且输送成本也较高。由于浓密成本已经非常高，如果再加上高昂的输送成本，大部分矿山将无法接受膏体与浓密尾矿技术。而在一些干旱缺水的地区，节水产生的效益可抵消部分成本。南非 Kimberley 地区的 De Beer 混合选矿厂（Johnson 和 Houman，2003）将尾矿在选厂脱水后泵送至几千米外进行排放。由于浆体浓度高，堆体形成圆锥形沉积地貌，且耗水量非常低。De Beer 浆体中的黏土含量高，且含有较大粒级的粗颗粒。尽管含有黏土的浆体具有非常高的黏度，但浆体的输送也不是均质的层流。由于粗颗粒的沉降，浆体在管道内部发生离析，粗颗粒床层在浓密黏土浆牵引下沿管壁滑移，形成分层层流。

10.3 泵的种类

泵的种类很多，根据能量转化的方式不同，大致可划分为离心泵（动力泵）和容积泵两大类。离心泵通过叶轮加速，将浆体的动能转化为压能；容积泵通过活塞或齿轮等机械部件间断作用于浆体，将机械能转化为浆体的压能，容积泵内浆体的通流部分不连续，排料具有脉动性。

离心泵泵体无法承受过高的压力，限制了其在高压泵送方面的应用。多台串联离心泵组可将浆体加压到泵体可承受的最大压力，大致为 4MPa。容积泵适用于高压输送系统，最大泵压可达 25MPa，管道特性变化对容积泵的影响相对较小。

10.3.1 离心泵

用于泵送尾矿浆的离心泵结构较为紧凑、价格便宜、稳定性好、处理能力大、处理浆体种类广，因此，离心泵被广泛应用于低压输送系统中。新型的离心砂浆泵均采用双壁结构设计，泵体的铁质外壳承受浆体的压力，可更换的内衬用于减小磨蚀。根据不同浆体的输送要求，内衬可由弹性材料、硬质合金或者陶瓷材料加工而成。

10.3.1.1 固相对工作特性的影响

离心泵的工作特性曲线一般只适用于清水。离心泵输送砂浆和水的工作特性有很大区别，研究浆体中固相成分对离心泵工作性能的影响非常重要。影响参数包括浆体的固体颗粒浓度、颗粒粒级、固体密度和浆体黏度。

离心泵在处理水和尾矿浆时的工作特性如图 10.5 所示，在特定泵速或流量下，处理尾矿浆与处理水的泵压和效率的差别可以通过以下公式计算：

压头比
$$H_R = \frac{H_m}{H_w} \tag{10.1}$$

效率比
$$E_R = \frac{E_m}{E_w} \tag{10.2}$$

式中，H_m 为泵送尾矿浆所需的压头，m；H_w 为泵送水所需的压头，m；E_m 为泵送尾矿浆的效率；E_w 为泵送水的效率。

高浓度尾矿浆通常为非牛顿流体，应尽可能实测确定其对泵的扬程和效率的影响。非牛顿流体尾矿浆一般表现为 Bingham 塑性流体。研究认为，当泵的雷诺数下降时，泵送尾矿浆的压头比和效率比会急剧降低。泵的雷诺数（Re_p）可由

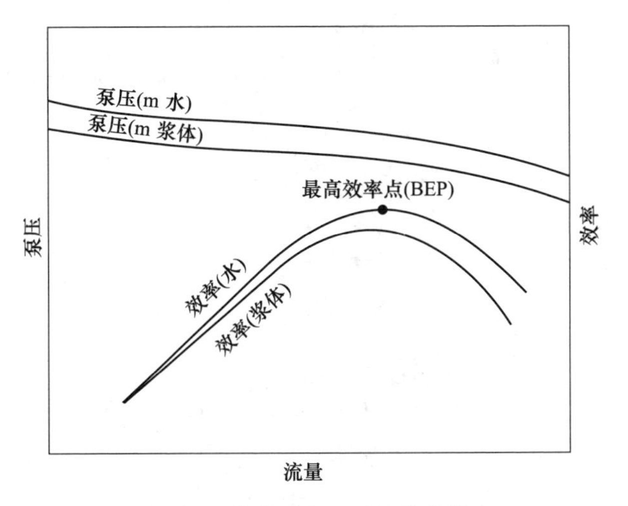

图 10.5 浆体对离心泵性能的影响

下式计算（Walker 和 Goulas，1984）：

$$Re_{p}=\frac{\omega D_{i}^{2}\rho_{m}}{\eta_{p}} \tag{10.3}$$

式中，ω 为泵的转速，rad/s；D_i 为叶轮直径，m；ρ_m 为尾矿浆密度，kg/m^3；η_p 为浆体黏度系数，Pa · s。

对于叶轮直径为 0.365m 的全金属泵，浓密尾矿浆泵送压头比和效率比与雷诺数的关系如图 10.6 所示。图中虚线为 Walker 和 Goulas（1984）得出的关系曲线。数据显示，离心泵的工作性能受雷诺数的影响比 Walker 和 Goulas 的推测更大。但两者一致显示，当雷诺数低于 10^6 时泵的性能会大大降低。

10.3.1.2 磨损对工作特性的影响

输送尾矿浆时，除了浆体中固体组分会降低离心泵的压力和工作效率，砂浆对泵的磨损也会逐渐降低泵的性能。对于已磨损的泵，建议将压头和工作效率再降低 10%计算。

10.3.1.3 磨损的控制

叶轮的叶尖速度是影响离心泵磨损率的决定性因素。控制叶尖速度和排料速度可减少不必要磨损。根据浆体的类型，（ANSI/HI Standard 12.1-12.6—2011）标准提出了关于泵体材料选择和工作参数限制的方法。叶尖速度计算如下：

$$U=\frac{\pi D_{i}\mathrm{RPM}}{60} \tag{10.4}$$

式中，RPM 为叶轮转速，圈/min。

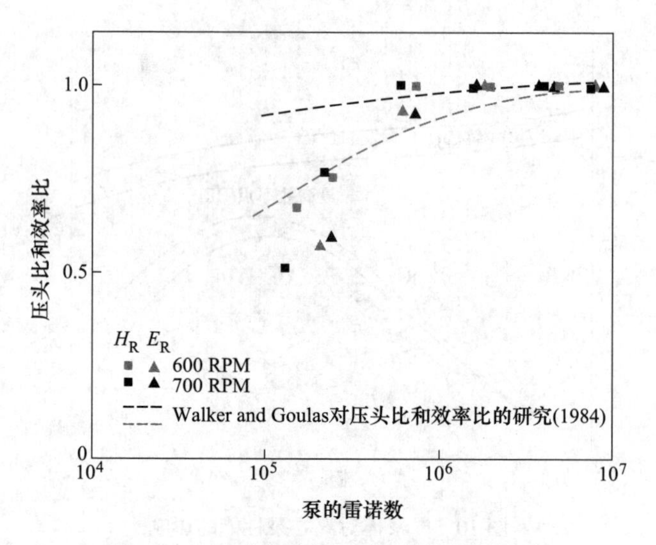

图 10.6　雷诺数对离心泵工作性能的影响

ANSI/HI 标准中，输送浆体类型根据浆体浓度和固体颗粒粒径进行确定，如图 10.7 所示。膏体与浓密尾矿基本属于该图中的Ⅲ类或Ⅳ类，以Ⅳ类为主。对于这四类浆体，ANSI/HI 标准推荐的离心泵工作参数为：

全金属泵：每级最大压头：Ⅲ类浆体 55m，Ⅳ类浆体 40m；最大叶尖速度：Ⅲ类浆体 33m/s，Ⅳ类浆体 28m/s。

衬胶泵：胶质叶轮每级压头通常小于 40m；工作在最佳效率时，Ⅲ类浆体排放范围为最大流量的 40%～100%，Ⅳ类浆体排放范围为最大流量的 50%～90%。

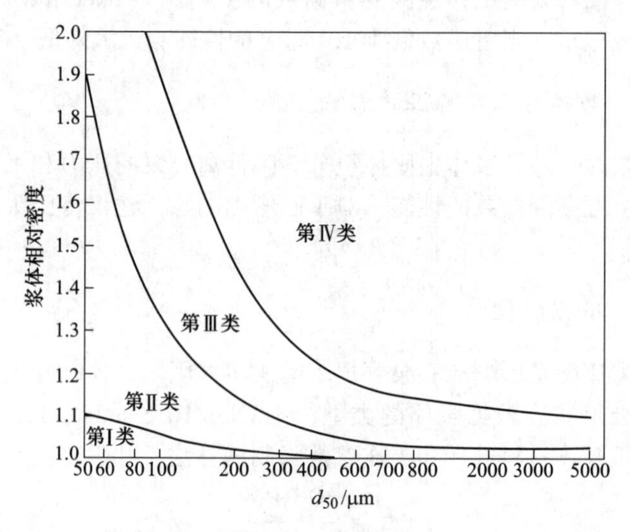

图 10.7　离心泵泵送浆体类型（固体密度＝2650kg/m³（ANSI/HI 12.1-12.6—2011））

10.3.2 容积泵

膏体与浓密尾矿的黏度非常大，离心泵产生的压力无法达到输送要求。容积泵的排料压力高，可用于浆体长距离输送，从而减少设置接力泵站。容积泵也常被用于选矿过程中需要高压给料的场合，如尾矿脱水和垂直水力提升。因此，容积泵更适合处理膏体与浓密尾矿浆。

容积泵可分为旋转式泵和往复式泵两大类。旋转式泵的处理能力比往复式泵低，通常用于车间内小规模的输送，大型往复式泵则被应用于规模较大的管道系统。

10.3.2.1 旋转式容积泵

旋转式容积泵常用于泵送磨蚀性低的细粒浆体。泵的磨损速度主要由运转速度决定。从泵的整个服务周期来看，大型旋转式容积泵低速运行的成本通常比小型泵高速运行要低。蠕动泵为最常见的旋转式容积泵之一，包括泵壳、泵腔两部分。泵腔内固定在转子上的压块随转子转动，沿软管挤压管内的浆体，从而推动浆体实现连续输送。同时泵腔内充满如甘油之类的液体，使软管和转子全部浸没在液体中，起到润滑和导热的作用。蠕动泵的流量可达 $80m^3/h$，泵压可达 1.5MPa。软管的寿命主要取决于泵压和泵的运转速度。蠕动泵常用于小型膏体浓密机中。

10.3.2.2 往复式容积泵

活塞泵是最常见的往复式容积泵，活塞由曲轴驱动，活塞速度一般小于 100 冲程/min，以减少活塞和套筒的磨损。活塞泵可分为单动式和双动式。单动式泵只在活塞前进时排料一次，通常为三缸结构；而双动式泵在活塞前进与后退时各排料一次，通常为双缸结构。活塞泵的工作原理决定了泵的流量和压力有一定脉动，通常需要在排出管路上设置空气或者氮气室减小脉动。

活塞泵处理细粒浆体时泵压可达 30MPa，处理粗粒浆体时泵压可达 15MPa；流量最高可达 $800m^3/h$，电机额定功率 2MW。由于浆体的磨蚀，阀、活塞、缸体内衬和双动式泵的活塞杆填料箱均为易磨损元件。

液压柱塞泵通过液压动力箱驱动液压油缸内液体，液压油缸推进柱塞作往复运动。柱塞泵的冲程速度小，连续工作时小于 10 冲程/min，间断工作时小于 30 冲程/min。配备液压提升阀的泵常用于处理细粒、中粒浆体或充填浆体，在工作泵压 13MPa 时排料流量可达 $280m^3/h$。当浆体颗粒较粗或含粗骨料时，需要使用开度更大的 S 形转换阀，以便大颗粒通过。

浆体的最大粒径限制着进料阀和出料阀的形状，活塞泵的选型主要是根据最大颗粒直径选择驱动和阀的类型。同时应考虑与浆体直接接触的配件，如缸体内的内衬、活塞杆、活塞和阀的阀芯、阀座、橡胶垫片。这些配件磨损大，需要定期更换。

10.3.2.3　活塞隔膜泵

活塞泵工作时，活塞直接作用于浆体，因此泵体磨损严重。隔膜泵在活塞泵基础上，使用弹性隔膜和油液将活塞和浆体分开，以改善活塞磨损的问题。隔膜泵的曲轴及曲轴架结构和传统活塞泵非常相似，但是活塞的往复运动是通过液缸内的油传递到隔膜，使隔膜来回鼓动作用于浆体，如此浆体对泵的磨损就只限于阀和隔膜。隔膜泵可分为两类。

传统隔膜泵：传统隔膜泵采用的隔膜被加工成凹形，以减小张应力，延长隔膜寿命。浆体通过隔膜与液压油隔离。

软管隔膜泵：软管隔膜泵的工作原理和传统隔膜泵相似，区别在于软管隔膜泵采用双重隔膜。液缸中的油先作用于碟状隔膜，碟状隔膜作用于水，通过水将能量传递到软管隔膜作用于浆体。该设计的优势在于，软管隔膜破损时，浆体只是进入水中，不会污染工作油。

隔膜泵处理速度为70 冲程/min，与高速工作的活塞泵相比，阀的寿命大大提高。相比活塞泵，隔膜泵的投资成本高，但是日常维护要求低。相比离心泵，处理相同要求的浆体，隔膜泵效率更高，因而总体成本更低。

10.3.2.4　活塞泵阀

往复式泵的阀体和阀座工作在高周期反复载荷和高磨损的环境中。因此，阀体和阀座一方面要有足够的强度以承受浆体的压力，同时要有一定的抗磨蚀能力，在高压浆体磨蚀下保证其密封能力。往复式泵阀根据活塞或柱塞的运动每个周期平缓地打开和关闭一次。然而若阀口净吸力过小，阀门关闭速度过快，长期工作于低吸力条件下会加速阀的磨损。

10.3.2.5　泵的吸力

容积泵正常工作时，入料口处的正吸力必须大于一定值才能确保进料连续，并保证阀门平缓运动减小磨损。容积泵的入料一般以泵送的形式给料，以提高浆体压头。就浓密尾矿而言，通常采用砂浆（离心）泵将浆体从蓄砂池或浓密机泵送至容积泵入口处。容积泵厂家须在泵上注明最小吸力要求。容积泵处理高黏度浆体所需的正吸力通常不小于450kPa。

10.3.2.6　工作特性曲线

不同于离心泵的流量，容积泵的浆体流量由泵送速度直接决定，受管道特性曲线的影响很小。图 10.8 所示为典型的容积泵压力–排量曲线。

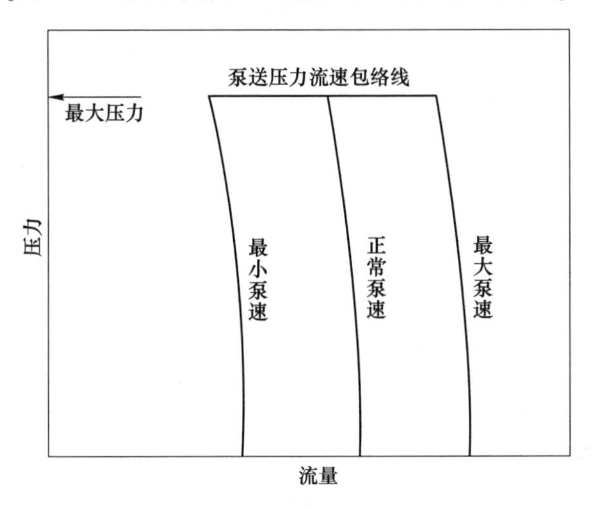

图 10.8 容积泵的压力–排量曲线

10.3.3 离心泵与容积泵的比较

容积泵的价格昂贵，但其成本若均摊到整个工程周期上，则仍具有运行成本低、可靠性高的优势。表 10.1 综合比较了离心泵和容积泵的优缺点。

表 10.1 离心泵与容积泵的比较

比较项目	离心泵	容积泵
投资成本	低	高
运行成本 （包括能耗、维护费用）	较高	较低
工作效率	低（50%~80%）	高（80%~95%）
利用率	较高 备用泵比例为 1∶1	高 基本不需要备用泵
处理能力	高 不建议并联运行	可达 $1000m^3/(h \cdot 泵)$，依使用情况而定 可并联运行
泵压	低，压头 40m/泵，可串联工作，最高可达到壳体的额定压力 4~6MPa	高，压力可达 25MPa/泵
浆体稀释	串联工作时密封水可能稀释浆体 采用机械密封可避免浆体稀释	柱塞泵工作时可能稀释浆体 隔膜泵不会造成浆体稀释

续表 10.1

比较项目	离心泵	容积泵
磨损	叶轮磨损大，可通过控制浆体泵送速度减小磨损	阀、阀座、缸体磨损大 隔膜泵的磨损相对较小
维护	维护简易，大部分技工使用常规工具均可胜任 磨损部件的维护和更换频繁	维护复杂，需按指定程序使用专用工具 磨损部件的维护和更换较少
系统运作	排量根据系统需求而变化	排量，不受浆体、输送系统影响
浆体流变性影响	随着黏度增大，泵压降低，泵的工作效率降低	真空吸力足够大时，基本不受浆体流变性能变化的影响

10.4　其他输送方式

管道泵送在所有的尾矿输送方式中是最常见的，且研究最深入，但对于深度脱水后的滤饼，则需要考虑用传送带或卡车输送。

10.4.1　传送带输送

传送带输送可作为膏体管道泵送方式的备选方案，但在需要同时处理粗骨料和细粒浆体时，则具有较大的优势。传送带输送的物料含水率很低，浓密机脱水的浆体固体浓度无法达到传送带输送要求，因而浆体通常需要使用过滤机脱水。此时输送成本就要额外考虑真空过滤机或压滤机的成本。此外，部分尾矿滤液含有可二次回收的金属，使用过滤机提高尾矿水的回收率，可降低带式输送和干式堆存的综合成本。

使用标准皮带机或者槽式输送机输送物料的缺点在于，如物料不慎进入托辊，可能引起皮带振动，物料在振动下会进一步脱水。传送带输送膏体时，皮带振动引起水分从膏体孔隙中流出，润滑皮带和膏体的接触面，引起膏体和皮带间发生滑移。当输送带的倾角增大，物料滑移可造成严重的后果。为解决这一问题，可在皮带驱动端使用皮带刮板，保证皮带清洁，防止物料掉入托辊和轴承。

混合输送时应首先将粗骨料铺于皮带上，再往粗骨料上倾倒膏体物料。粗骨料可以一定程度上缓解膏体液化带来的问题，但这在长距离输送时作用不明显。也可采用管状输送机，但需要在返程段和密封区使用专用刮板，以防止托辊和皮带过度磨损。

10.4.2　卡车输送

短距离输送时卡车更有优势。长距离输送，卡车返程时间过长，运输系统效率降低。也有部分矿山膏体充填系统使用卡车将膏体从制备站运送至地表充填钻孔，如澳大利亚的 Olympic Dam。该系统采用的充填方式为粗骨料胶结膏体充填，由于粗骨料粒径过大，不适宜管道泵送。通过改造卡车的卸料槽，粗骨料膏体可以直接由卡车卸入垂直的充填钻孔中。充填钻孔位置随充填采场不断移动，无须设置水平输送管道，粗骨料膏体直接由钻孔进入充填采场。

水力输送系统的处理能力受到管道直径和泵处理能力的制约，生产能力较固定。当矿山生产能力变动较大时，使用卡车输送灵活性较大。一些投资资本有限的小项目，也可考虑在地表干式排放时采用卡车输送。

10.5　高浓度管输系统方案

输送系统设计需要反复校核，与清水管输相比，浆体输送受到更多因素的影响。尾矿浆管道输送系统的设计基本步骤如下（图 10.9）：

确定输送系统目标：指定系统运行关键参数，包括管道路线、工艺条件（浆体浓度和流量）、环境条件（如气温变化、海拔高度）与系统设计寿命。

确定浆体特性：管道系统可行性研究或短程管道系统设计时，可采用相似材料的实验或工业实践数据验证浆体流动模型，但对于膏体与浓密尾矿的输送系统设计，必须采用真实尾矿浆通过环管实验来获取相关数据。测试数据包括使用黏度计或环管实验测浆体流动特性，并进行磨损测试确定管道磨损速率。长距离输送系统的管道需要服务整个项目周期，因此管道磨损速率的数据至关重要。管道磨损速率是确定系统耐磨度和管道内衬材料选择的依据，该数据既可参考管道磨损的历史数据，也可以从环管实验、浆体磨损实验推算。浆体磨损性测试是容积泵选型的重要依据，如米勒数测试（Miller number，ASTM Standard G75-01）。米勒数低于 50 的尾矿磨蚀性低，可以选用活塞泵；米勒数高于 80 的尾矿磨损性大，建议使用隔膜泵。若米勒数介于 50～80 之间，则需要慎重选择合适的容积泵类型。

管道选型：根据系统流量、系统压力和尾矿磨蚀特性选择合适的管道。根据泵和管道间的交互作用，估算输送系统对流量变动的响应。针对所有的输送条件绘制水力坡度线，避免管线中出现负压。根据浆体的瞬态流动分析，决定管道是否需要防止水击现象造成瞬间压力过高。此外本书 10.5.3 小节还将介绍如何根据水力坡度线分析确定管道压力等级。管道直径对成本的影响非常大，需要反复设计核算以优化管径尺寸、系统稳定性、能耗、运营成本和投资成本。

泵选型：根据系统流量、压力要求、浆体固体颗粒特性和泵耐磨性，从离心泵和容积泵中选择合适的泵型，确保所选方案为长期最佳。

估算总成本：项目整个生命周期的总成本估算需要考虑投资成本、维护成本和运行成本。将资本偿还和运行成本换算成矿山生命周期内的单位体积输送成本，最终综合生命周期成本确定可行的输送方案。

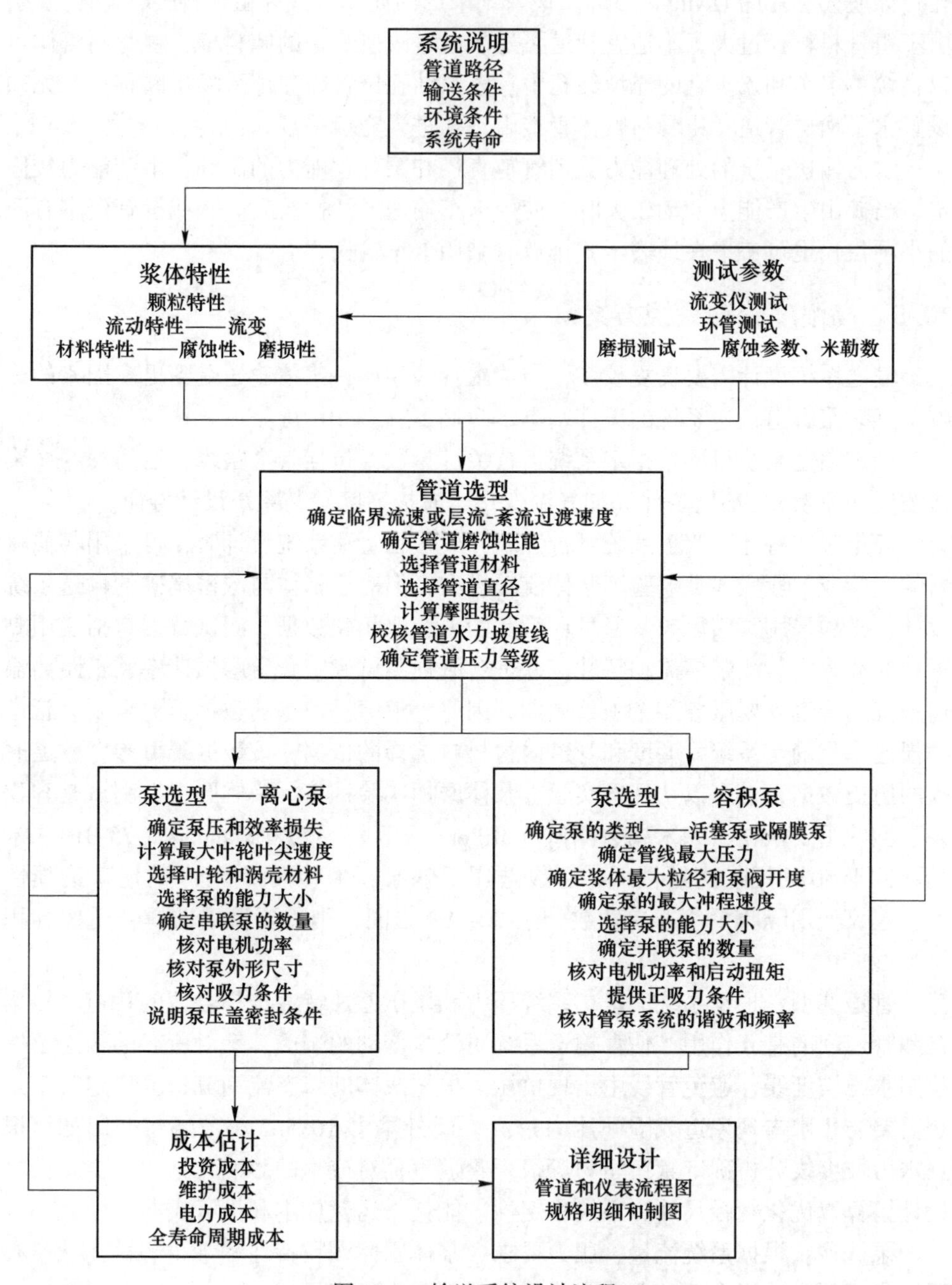

图 10.9　输送系统设计流程

详细设计：详细设计阶段的设计内容包括泵和泵站、阀门、泵密封水、管道排放方式，以及远程控制系统。

10.5.1 膏体与浓密尾矿管流模拟

尾矿浆管道输送系统设计的第一步是尾矿浆管流行为的建模，可从以下方式获取相关信息作为系统设计的依据。

- 相似浆体的管道输送系统实例；
- 相似浆体的环管实验结果；
- 真实浆体输送的环管实验；
- 经验关系；
- 力学模型。

在管道系统设计时，设计人员必须确定所需要的信息量和资料完整度。基础资料越丰富，则进行的假设越少，最终方案的风险越小。但是设计人员不可能在每一次设计前都进行环管实验，因此应对基础信息和方案风险进行对比和评估。

室内实验可减小管道系统设计和运行的风险，而且室内实验成本相对于项目投资成本很小，充分的室内实验数据可大大降低项目的投资和运行成本。

为预测混合流或具有沉降特性浆体的流动特性，可对照相似颗粒级配的浆体特性，或利用合适的方程进行估算。由于该类浆体以紊流输送为主，浆体的黏性通常可以忽略。在详细设计阶段，仍然有必要开展相关测试工作。膏体与浓密尾矿浆具有非牛顿流体特性，如不进行流变测试，将无法预测浆体屈服应力和黏度等流变参数，确定流变参数后可选择合适的流动模型估算层流或紊流状态下的管道压力梯度。本节不涉及管流模型的介绍，但提供了以下非牛顿浆体管道压力梯度的预测方法。

- 根据室内实验确定浆体是否为沉降性浆体。
- 对于需要浓密的浆体，开展额外的测试以确定所需的化学添加剂（如絮凝剂、混凝剂）。
- 尾矿浆制备用水的化学特性会影响浆体的流动性，因此应利用矿山工业用水制备浓密尾矿；在无工业用水的情况下，应分析记录制备用水的化学特性。
- 根据浆体选择合适的黏度计进行流变参数检测，在输送系统可能的剪切速率范围内，绘制不同浆体浓度和输送环境（如温度）下的浆体流变曲线。
- 根据流变曲线分析可能由边界滑移、颗粒效应、搅拌紊动等引起的误差，并尽量校正。
- 如果流型是层流，应确定最佳流变参数组合。
- 针对所需的管道，确定浆体输送的流态，进而选择合适的模型。当流动状态为层流时，需要避免固体颗粒发生沉降。

• 分析输送过程中浆体的流动行为是否发生改变，管道冲洗是否造成非牛顿浆体转变为沉降性浆体。如果浆体存在沉降的可能，必须保证输送速度始终满足浆体不沉降的要求。

10.5.2　泵与管道的相互作用

10.5.2.1　离心泵

图 10.10 所示为离心泵在处理水和非牛顿浆体（膏体与浓密尾矿等）时的不同工作特性曲线，包括泵的压头-排量曲线和管道的压头-排量曲线关系。图中压头以输送材料的密度为计算基准，即水的压头以水的密度为标准，浆体的压头以尾矿浆密度为标准。泵的工作特性曲线和管道特性曲线的交点确定了管泵系统工作时的压头和排量，即点 A 为系统泵送水的工况，点 B 为泵送浆体的工况。泵速一定时，系统的工况点随管道的阻力损失变化而变化。因此，为保证浆体输送流量恒定，泵的处理速度就要变化。

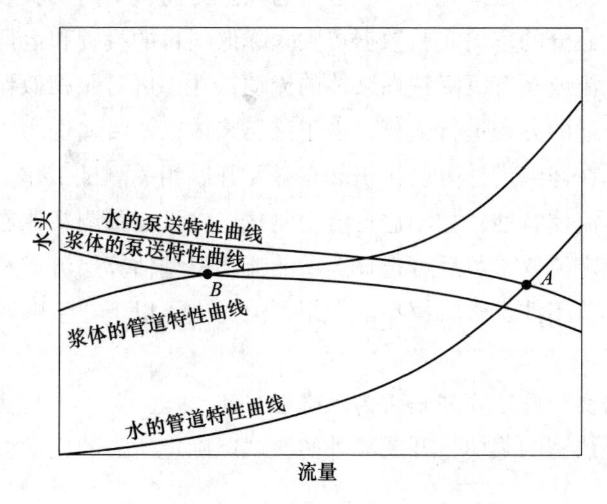

图 10.10　管-泵（离心泵）交互压头-排量曲线

当泵的瞬态工作条件发生改变，如泵送对象由水变为浆体，或由浆体变为水时，对泵送系统的稳定性非常不利，因此需要根据泵和管道的压力-排量曲线分析过渡工况。图 10.11 所示为根据图 10.10 绘制的泵和管道的压力-排量曲线。由于浆体的密度大于水，图中泵送浆体的工作特性曲线在水的工作特性曲线之上，点 A 和点 B 分别为系统输送水和浆体的工况点。

泵送物料由水变为浆体时：随着泵送水的系统中加入固体的比例上升，浆体首先进入泵，泵处理水的工作特性曲线向上移动至泵送浆体的特性曲线。由于浆

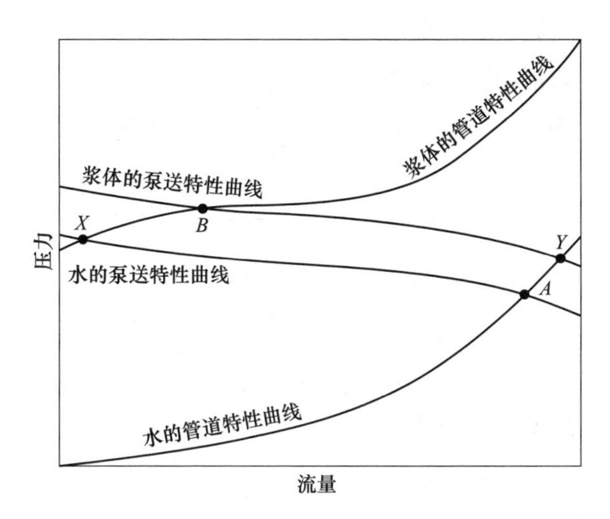

图 10.11 管-泵（离心泵）交互压力-排量曲线

体尚未进入管道，故管道的特性曲线不会立即响应，仍处于处理水的曲线上。此时系统的工况点沿着管道输送水的曲线由点 A 移至点 Y，泵的流量和功率增大。为应对突然增大的流量，泵的料槽必须足够大，以防止物料液面降低引入空气；同时泵的电机功率也需要足够大以应对工况点 Y 的功率要求，从泵的净吸力方面来看，工况点 Y 也是泵最不利的工作状态。随着浆体进入管道，管道的输送特性曲线沿输送浆体的曲线由点 Y 逐渐移动至点 B，直到管道中充满浆体，系统达到稳定的工作状态。

泵送物料从浆体变为水时：泵的料槽一旦开始进水，其工作特性曲线由处理浆体的曲线下降到处理水的曲线上；同理管道输送特性曲线不会立即响应，系统的工况点沿管道输送浆体的工作曲线由点 B 移至点 X，流量下降，因此，所设计的系统还需要保证流量突然下降时管道输送仍具有一定稳定性。随着管道中的固体逐渐被水冲走，系统的工况点由点 X 移至点 A。

除此，还应针对泵送系统开展浆体浓度变化、固体颗粒粒级变化以及泵的启动和关闭情况下的瞬态分析，探明这些变化对泵送系统的影响。

10.5.2.2 容积泵

容积泵与管线的压力-排量曲线关系，不同于离心泵与管线的压力-排量曲线关系，容积泵的压力-排量曲线（图 10.8）几乎垂直于流量轴。系统的流量完全取决于容积泵的排放速度，管道压力的变化只影响容积泵的泵压。从图 10.12 可看出，若泵的排料速度一定，则系统流量基本恒定，不受管道压力变化影响。

当管道压力过高时，可引起系统流量微小变化。其原因可能是泵阀处压力增大造成阀门泄漏。系统的压力受容积泵的大小和类型限制，如果系统压力超过泵的安全压力限制，泵将停止工作。

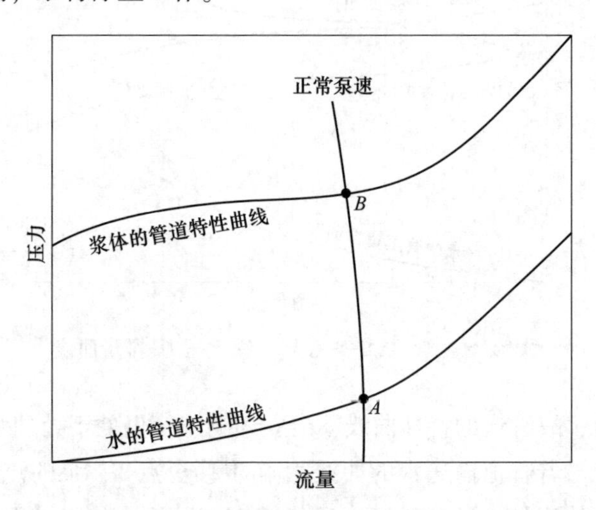

图 10.12　管-泵（容积泵）交互压力-排量曲线

10.5.3　水力坡度线

浆体的管阻损失确定后，需要沿管道核对水力坡度线，以保证系统处于满管状态。必要时可通过改变局部管道路线或者直径来保证水力坡度线略高于管线高程曲线。如果总输送压头发生变化，泵的选型也可能要随之变化。

水力压头指的是一定压力作用下浆体在开口立管中的上升高度。水力坡度线指的是水力压头沿着管线变化的曲线。在绘制水力坡度线时，压头的计算应以浆体的密度为基准。水力坡度线低于管道纵断面线表示管道中为负压，如果该负压达到液体的蒸汽压水平，可引起不满管流和气蚀，对管道造成严重损坏。因此，一定要保证水力坡度线高于管道纵断面线。

图 10.13 所示为基本的水力坡度、管道纵断面线和管道压力等级示意图，图中管道压力等级已转换为浆体水头。管道 2 为低压管，若在泵站处使用该管，水力坡度线将高于管道压力等级线，因此管线的前一段需使用高压管道 1。从图 10.13 可知，在尾矿库筑坝初期，初始的水力坡度线与管道纵断面线部分相交。在水力坡度线低于管道纵断面线的管段，管道内处于负压状态，可引起非满管流；此时，若水力坡度线与管道纵断面线的高差大于大气压，该段管线可能会

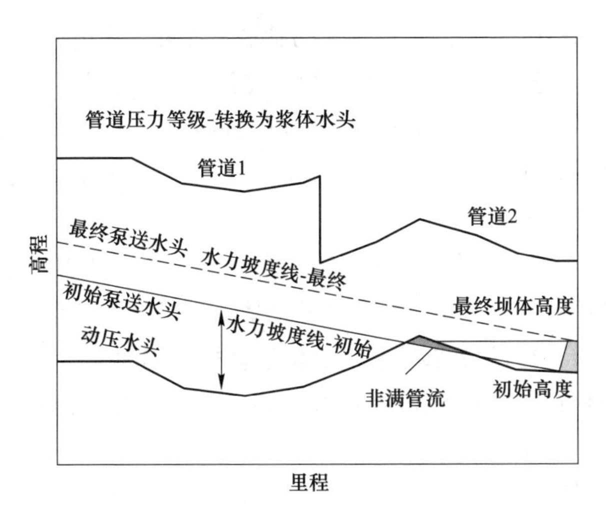

图 10.13 水力坡度和管道路线

发生气蚀，气蚀会造成管道的局部磨损以及管道内衬破裂甚至脱落。如果已经出现气蚀问题，可在气蚀管线段的下游布置管径较小的管道，以提高阻力，从而提高水力坡度线的坡度，同时也可考虑在排放处设置节流站，或考虑在该管线段建立一个断流水箱，使浆体在该段自流输送。

由此可得，水力坡度线分析对管道输送系统设计至关重要，系统设计时若忽视水力坡度线分析，即使许多潜在的问题不会在输送系统运行的初期显现，也会给后期运行带来极大麻烦。

10.5.4 管道力学设计

管道设计标准建立的目的是简化设计、生产、安装和维修过程，推广使用通用设备，从而降低成本，提高操作人员的安全性。在设计标准应用过程中，设计师仍有责任对设计内容作出敏锐的工程判断，核对计算内容。国际上针对管道和管道系统部件的设计标准种类繁多，工程设计师需要根据实际情况选用合适的区域或者国际标准。

ASME B31 标准包含适用于多个行业与应用场合的管道系统的设计标准，各标准尽管有部分差异，但其主要内容均包含以下方面：材料及部件的要求，管道的设计、加工、装配、架设、检查、探伤、测试。ASME B31 的每一个系列都是根据一种特定应用场合而制定，每个系列随不同输送材料的要求和危险性设置不同规定。因此熟悉各系列的应用范围至关重要，尤其那些针对许用材料、管道、法兰和配件的标准。

以下内容是 ASME 专门为输送浆体的管道系统设立的标准。

ASME B31.3 工艺管道标准：工艺管道常见于石油提炼厂、化学、制药、纺织、造纸、半导体、低温设备等行业中，以及相关行业的加工处理厂。尽管上述标准并未专门针对采矿和选矿行业，但仍适用于工业场地内小规模的浆体输送，尤其是危险浆体的管道。

ASME B31.4 液体和浆体类管道输送系统标准：液体和浆体类管道输送系统标准适用的输送系统常用于输送无危害的浆体，如煤浆、矿浆、精矿浆及其他固液两相浆体等。该类输送系统常见于浆体处理站（中转站）和接收站（中转站）间。该标准专为各设施间的浆体管道系统而设，通常为矿山和工厂的浆体输送系统。

ASME B31.3 和 ASME B31.4 标准并不覆盖所有浆体管道系统，例如从选厂至堆存场地（而非中转站）的尾矿输送系统。在标准没有明确涉及的输送系统设计过程中，上述标准仍可作为参考，但设计工程师需要根据浆体特性、操作人员安全、安装方法、管道材料和配件明细等具体情况决定有无必要考虑其他安全因素。

10.6　高浓度管输系统经济评价

提高尾矿浓度在堆存、筑坝、节水等各方面均有较大优势，但是高浓度浆体输送成本也较高，因此有必要权衡提高浆体浓度的利弊。从浆体的流变特性曲线来分析，提高尾矿浓度至一定值后，其屈服应力将呈指数增长。可见，提高尾矿浓度对于矿山的综合利益具有明显的收益递减性。因此，有必要确定最佳浓度，使浓密、输送、堆存总成本最低。对于管道泵送系统来说，需要综合考虑泵和管道的投资成本、运营成本、维修成本以及用水成本。

10.6.1　投资成本——离心泵与容积泵

10.6.1.1　泵压要求

对于有一定堆积坡度的排放设施，首先需要获得浆体的流变特性，才能确定管道的压力要求。随着堆积坡度不断增大，浆体的屈服应力必须随之增大，泵送系统也应随屈服应力而改变。

离心泵站的最大压力一般为 6MPa，并需要通过多台离心泵串联才能实现。若系统所需压力大于该值，则需设置中间增压泵站。设置增压泵站会大大提高成本，为避免设置过多泵站，可考虑建设一个容积泵站取代多个离心泵站。对于压力要求在 6~8MPa 之间的系统，比较两种系统的优劣就较为复杂。但是如果单个离心泵站无法满足系统需求，容积泵站的成本优势通常较为明显。

10.6.1.2 备用泵要求

备用泵是离心泵站和容积泵站投资成本的一部分。通常高压离心泵站需要配备一套备用泵，而容积泵站一般不需要备用泵。一些容积泵站会设置两台泵和一台备用泵，同时也有些泵站不设备用泵，而是利用浓密机的超负荷能力或者调压池解决容积泵维修时的流量需求。

10.6.1.3 电机要求

大型容积泵可能具有超过 1~2MW 功率的电动机，这些电动机需要复杂的变频器和驱动单元，包括专用变压器、驱动单元、电机和电缆，它们在变电室中占据相当大的空间。多级离心泵站需要设置多个定速驱动器或者变速驱动单元。虽然单独的驱动器不像容积泵那样大，但是操作和备用单元的驱动器数量是相当可观的。

10.6.1.4 工艺要求

泵的选型也影响着浆体制备设施的控制，所带来的隐性成本通常被忽视。对于尾矿产量小的矿山，可能使用一台浓密机处理浆体，然后直接连接排放管网即可。浓密机的调控原则受很多因素制约，其中之一是膏体与浓密尾矿的排出速度。由于容积泵和离心泵的压头-排量曲线不同（10.5.2 节），因此有必要分析浓密机和排放管网直接连接对泵的影响。

通常浓密机和排放管网间会设置一个蓄砂池，这样浓密机可不受泵送系统的影响而独立工作。有些情况下也可将多台浓密机连接到泵送系统上，但是浓密机的调控和泵送系统的运行参数必须相互配合。如果需要设置蓄砂池将浆体制备设施和泵送系统隔开，与此相关的额外成本亦需要计入管道泵送系统中。

10.6.2 投资成本——输送管道

10.6.2.1 压力要求

管道成本是泵送系统总成本的重要组成部分。多数情况下，可用低压高密度聚乙烯管道代替钢管。聚乙烯管具有灵活性高、移动性大的优势；而钢管需要每隔一定距离用法兰连接，可移动性降低。表 10.2 总结了管道选型时需要考虑的因素。泵站的排料压力是决定管道用材的最根本的依据，即在高压管网段仍需要使用钢管。

表 10.2　钢管和高密度聚乙烯管性能比较

钢管	高密度聚乙烯管
可承受最大管压 25MPa	可承受最大管压约 2.4MPa
受温度影响小	管道压力等级受温度影响
需要抗腐蚀保护	具有抗化学腐蚀性
可能需要抗磨内衬	抗磨性能好（取决于浆体颗粒直径）
长管线需焊接并内衬可滑动高密度聚乙烯	可直接加工成长管道，也可现场电熔焊接
热胀性小（管道需一定热胀性以减小应力）	可设计为高热胀性材料，以防止管线偏移

10.6.2.2　管道连接要求

法兰间距的设置对管道系统成本的影响很大，在允许范围内建议法兰间距越大越好。图 10.14 所示为不同法兰间距下每米高密度聚乙烯管与普通钢管的成本比较。图中所涉及的成本只包括管道材料成本、法兰成本和安装费，不包含管道运送费用。但对于偏远地区的矿山而言，管道的运送成本相当高，应当计入管道供应成本中。从图 10.14 中可分析出，当管道压力等级增大时，法兰间距对管道成本的影响更显著。其原因为，法兰强度需要随管道压力等级的提高而增大，高强度的法兰成本更高。

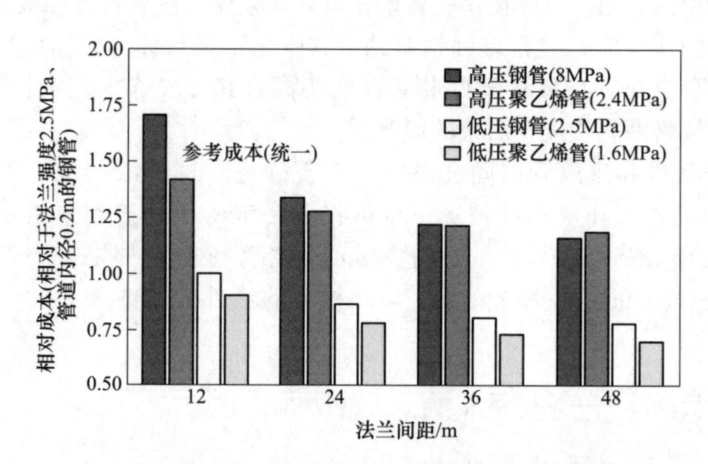

图 10.14　不同法兰间距下每米高密度聚乙烯管与普通钢管成本比较

当管道压力等级低于 1.6MPa 时，高密度聚乙烯管的成本比钢管低 10%～30%。当管道压力等级大于 2.4MPa 时，聚乙烯管道的壁厚需要显著提高，因此其成本比钢管高 20%～40%。低浓度尾矿输送系统对管道压力等级要求不高，因此聚乙烯管被广泛应用于低浓度系统中。膏体或浓密尾矿系统输送压力一般较高（除非输送距离非常短），多数情况下需要使用钢管。

10.6.3 投资成本——其他成本

除了泵和管道这两大主要成本外，输送系统成本估计时需考虑以下其他项目：

建筑施工成本：由于泵站类型不同，该成本的差异很大。离心泵通常可采用开放式安装，但容积泵一般建议设置在泵房内。

蓄砂池和焊接成本：包括蓄砂池、污水池及其焊接费用。

其他机械设备成本：包括密封水供应设备、溢流泵、维修时所需的提升设备。

阀门成本：高压泵站需要在泵的出口和管道之间设置阀门，这类阀门的价格较高。

电力设施成本：包括变压器，配备通风设备或空调的变电站。

控制系统和仪表成本：除浓密机供料部分所需的仪表外，管道泵送系统所涉及的其他所有仪表成本均应计入此部分，此外作为整体监控系统一部分的泵的控制系统也应计入此项中。

一般合同成本：包括初步成本、综合成本、工程费用和管理费用，此外还应包括突发事件的处理费用和系统升级翻新的预备费用。

10.6.4 年运营成本

年运营成本包括水电燃料费、维修费，以及人员工资。电力成本为水电燃料费中最大的一部分。

10.6.4.1 水电成本

年电力成本可根据高峰供电价格和日常供电价格来计算。本地供电商一般为矿山提供大型用电客户费率，不同地区费率不一，大致为70~75美元/(MW·h)(偏远地区)。由于基于装机功率计算的电量包括备用泵供电，通常比实际用电量高很多，因此计算用电量时应根据实际用电而非装机功率。

水费是采用浓密/膏体处置系统的一个重要原因，因此需要仔细核算。尾矿处置系统所涉及的水费包括浓密、泵送、堆存及回水循环中的用水。这是矿山用水的主要部分，但在其他过程中产生的水费不应计入此部分。

随浆体的浓度提高，屈服应力增大，浆体输送的电耗也随之增大。因此，应分析增加的电力费用和节约的工业用水量之间的关系。Paterson（2003）比较了三类不同浓度尾矿（低浓度尾矿、浓密尾矿、膏体尾矿）输送系统的用水量，系统的处理能力为300t（固体）/h，结果见表10.3。研究涉及的用水量为尾矿处理系统处理1t固体的综合用水量，包括处理系统中非输送部分的耗水。用处理 1t 固体的每千米输送电力除以综合用水量可得出不同浓度尾矿处理系统每节约 $1m^3$ 需额外支出的电费。

浆体浓度从 40% 提高至 60%，每处理 1t 固体可节约用水 $0.206m^3/t$，电力增加 0.245kW/(t · km)，因此每节约 $1m^3$ 水需额外支出电力 $1.189kW/m^3$。

当浆体浓度从 60% 提高至 70%，每处理 1t 固体可节约用水 $0.042m^3/t$，电力增加 0.673kW/(t · km)，此时每节约 $1m^3$ 水需额外支出电力 $16.02kW/m^3$。

水电费是选择最佳的浆体浓度需要权衡的重要因素，此外还应综合考虑制备站和处置场所的生命周期成本。例如高浓度尾矿浆处理的运营成本较低，可抵消增加的泵送成本。尽管如此，总有一笔支出与节水所带来的收益相对应。以表 10.3 为例，泵送浓度 60% 砂浆在合理的电力支出增加下可带来可观的用水量降低。

表 10.3　节水能耗与浓度的关系

固体质量分数/%	约 40	约 60	约 70
屈服应力/Pa	11	86	274
浆体类型	沉降砂浆	高浓度砂浆	膏体
用水量/$m^3 \cdot t^{-1}$	0.701	0.495	0.453
用水量差/$m^3 \cdot t^{-1}$	—	0.206	0.042
电力/$kW \cdot t^{-1} \cdot km^{-1}$	0.183	0.428	1.101
电力差/$kW \cdot t^{-1} \cdot km^{-1}$	—	0.245	0.673
节水能耗/$kW \cdot m^{-3}$	—	1.189	16.02

注：表中屈服应力基于 Bingham 模型计算；用水量和电力均以处理 1t 尾矿固体的用量计算。

10.6.4.2　维护费用

管道系统的维护主要是针对易磨部件，如离心泵叶轮、容积泵阀和隔膜、管道上的浆体阀等。辅助设备如蓄砂池、搅拌器和电机也需要定期维护，尽管这部分的维修费相对要低很多。

离心泵的维护费随处理浆体特性和系统压力要求不同差异很大。离心泵维护费的计算准则为：维护费约占离心泵投资成本的 15%~25%。容积泵的年运营成本远低于其投资成本。容积泵的阀门需定期更换，更换间隔为 1000~2000h；隔膜通常一年更换一次。

输送管道通常带耐磨内衬，寿命期限较长，其维护可采用常规路线检查法。但是管道廊道仍需要定期维护，以保证管线不发生偏移。同时防腐蚀也是管道维护的一部分，常用的防腐蚀方法有：阴极保护法防止管道外部腐蚀，或者针对矿用水中硫还原菌而进行的杀菌和清管处理，以防管道腐蚀。

10.6.4.3 员工工资

与尾矿处理系统相关的员工工资通常被忽视，不同的堆存方案雇佣人员数目相差很大。尾矿处理系统的雇员主要为负责尾矿制备和泵送设施的操作维护人员，员工的工资都应当分摊到整个处理系统上。

10.6.4.4 膏体制备相关费用

与膏体制备相关的支出，应该包括絮凝剂、混凝剂和浓密机的维护费用等。随浆体浓度提高，絮凝剂耗量增大，絮凝剂成本也是年运营成本的重要组成，因此絮凝剂的耗量也是选择最佳浆体浓度的重要参考之一。如果尾矿浆脱水使用的是过滤机，过滤机的易损耗部件的更换成本也应作为一个参考指标。

10.6.5 综合经济分析

比较不同尾矿处置系统时，不应孤立考虑输送系统或者堆存系统，而应对不同系统做综合经济分析比较，将制备、泵送、堆存等总成本均摊到矿山生命周期上作为比较依据，同时权衡不同系统的利弊。最常用综合经济比较方法为净现值法，但是如果通胀率估计不准确，净现值法估计的综合成本和项目结束时真实的成本也可能有较大偏差。

10.7 本章小结

尾矿管道泵送系统设计需要深入理解尾矿浆的流动特性，以及浆体特性对浆体制备设备、泵和管道的影响。同时，还应考虑泵的工作特性曲线和管道特性曲线间的相互作用，因为泵和管道间的交互作用可能引起浆体特性、泵的压头和效率等系统工作参数的变化。

浆体流动模拟和管道直径选择对于设计高浓度尾矿输送系统尤为重要。浓密尾矿可使用离心泵输送，但是必须要充分调查浆体对泵的压力和效率的影响。当浆体浓度增大，黏度超过一定范围时，则应当考虑使用容积泵。

容积泵的种类广泛，在选型时应当结合投资成本和运行考虑。容积泵由于其易损耗部件（如阀、活塞衬等）运行成本较高，故在做成本比较时，应当将成本均摊至整个项目周期。

致谢

本章是基于 Paterson & Cooke 设计手册编写的，该手册经过多年的发展注入了许多优秀工程师的心血。特此向他们的意见和建议表达谢意，尤其是 Robert Cooke 博士，Graeme Johnson 和 Mike Fehrsen。

作者简介

Angus Paterson
南非，Paterson & Cooke

Angus 是 Paterson & Cooke 公司开普敦办事处的总经理，他于 1991 年与 Robert Cooke 共同创建了该公司。Angus 一直致力于长距离浆体管道输送、膏体和井下充填系统，以及传统的高浓度和膏体尾矿管道系统的研究。

Peter Goosen
南非，Paterson & Cooke

自 1993 年在开普敦加入 Paterson & Cooke 公司以来，Peter 参与了各类浆体管道输送的项目。Peter 是开普敦 Paterson & Cooke 公司水力设计监管人，并负责拓展料浆水力设计相关的业务。

11

地表堆存

地表堆存 11

作者兼编辑
Andy Fourie
The University of Western Australia

11.1 引言

目前全世界建立了大量的浓密尾矿地表堆存设施，这些设施的成功运行说明浓密尾矿地表堆存在技术经济上是可行的，然而早期文献对该技术的介绍过于简单。本章着重介绍相关的成功经验，为浓密尾矿地表堆存设施的设计和运营提供指导。此外，本章还将介绍采用浓密尾矿地表堆存的当前和潜在优势，并讨论能够提高尾矿库功能的部分调控措施。

11.2 地表堆存简介

浓密尾矿的固体浓度一般接近不泌水的程度。在不泌水的堆存条件下，浆体摊开后迅速干燥，体积减小，强度增大，堆存优势明显。传统尾矿排放后立即开始泌水，泌水贯穿尾矿浆固结的过程，造成尾矿干燥速度低、沉缩过程缓慢、强度上升周期长。

浓密尾矿堆存时不易离析。传统低浓度排放方式易发生离析，浆体中大颗粒尾矿沉降较快，而细颗粒流动沉积距离较长，部分细颗粒甚至被带到沉淀池附近。与此相比，由于浆体的离析，低浓度堆存坡面呈凹形（图 11.1）；而理想的浓密尾矿堆存不离析，堆积坡面基本呈线性（图 11.2）。但实际操作中浓密尾矿排放坡面基本也都为凹形，除了西澳 Alcoa 的浓密赤泥尾矿（Cooling，2007）。尽管如此，浓密尾矿排放形成的凹形坡面并不像低浓度排放的明显。此外，浓密尾矿的浓度更高，处理的固体量更大。

虽然在大型实验中（尺度达到 50m）可经常检测到线性坡面，但对于浓密尾矿排放形成非线性坡面的原因仍存争议。其中一个观点是，浆体沿坡面流动时的能量损失现象必然形成非线性坡面。另一观点宏观地认为浓密机底流浓度必然随时间波动，从而造成屈服应力的波动；而浆体的屈服应力和堆存角度有很强的相关性，因此形成的坡面必然非线性。浓密机底流浓度波动确实为常见问题，尤其在浓密机调试阶段波动更明显，如图 11.3 所示。由图可知，调试阶段的浓度波动极大，此后浓度虽然相对稳定，但仍无法避免偶尔的巨大波动。浓密机初期底流浓度波动大的问题也给一些项目在启动阶段带来极大的挑战。

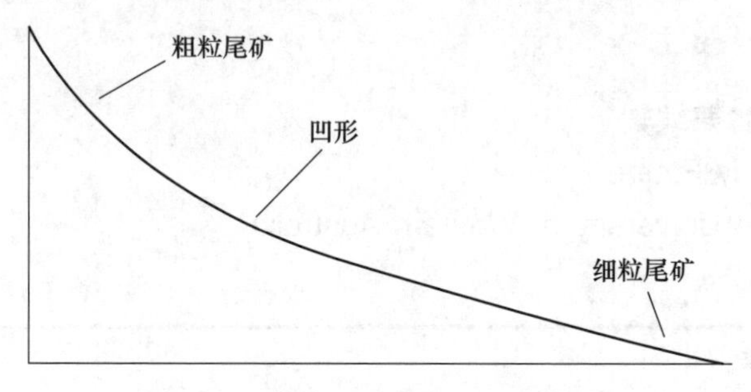

图 11.1　传统尾矿堆存坡面（凹形）

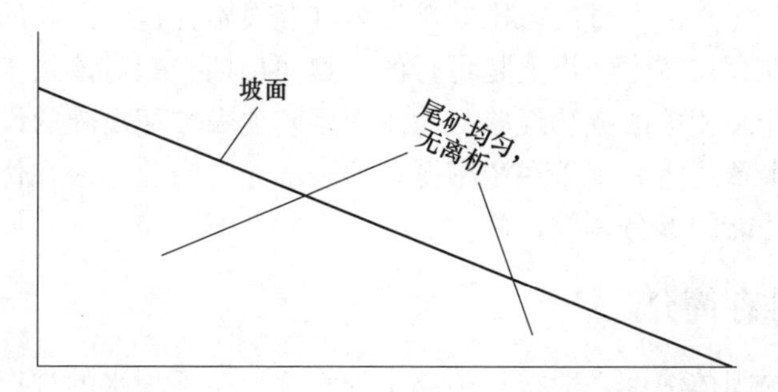

图 11.2　理想浓密尾矿堆积坡面（由于浆体不离析坡形呈线性）

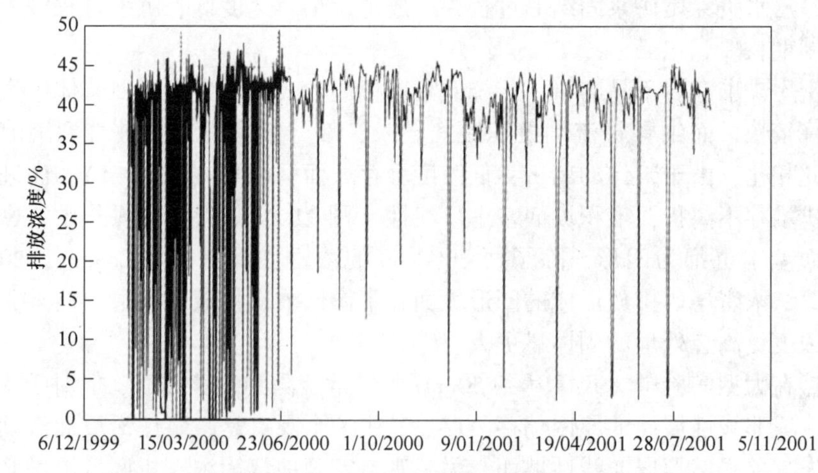

图 11.3　浓密机底流浓度的变化（Williams 和 Seddon，2004）

浓密尾矿排放堆积过程中，凹形坡面形成的原因及其调控方式是需要着重考虑的问题，为此，在实际操作过程中，不要一味追求坡面呈线性。

11.3　浓密尾矿地表堆存管理技术

与传统排放方式相比，浓密尾矿排放的灵活性更高，尤其是在堆存场地布置和地形选择方面。低浓度排放设施都有一个大型集水池，或采用其他方法进行处理，而浓密尾矿排放通常不需要这种大型集水池，因此尾矿库运营方面选择性更大。今后浓密尾矿排放的处理方式将更加多样化，下文将介绍几种成功的排放方式。

11.3.1　中心排放

中心排放法与 Robinsky（1975）描述的浓密尾矿处置的概念十分相似。西澳大利亚的 Sunrise Dam 金矿、南非的 Kimberley 钻石矿、澳大利亚 New South Wales 地区的 Peak 金矿，都是使用中心排放法的典型例子。

如图 11.4 所示，浓密尾矿从中心排放塔排出。正常情况下浆体从中心塔流出，向流动阻力最小的方向堆积。随着尾矿堆高度的增高，尾矿浆覆盖的地面面积也逐渐增大。为限制中心排放堆场的占地面积，可在排放站四周筑坝，或者如果有优势地形可利用，只需部分筑坝。

图 11.4　De Beers 中心排放调试场景（两个不同视角）

在不筑坝的情况下，浆体流动范围将不受控制，浆体堆积角将不超过 4%，尾矿库的覆盖面积持续扩大（详细内容将在 12 章介绍），汇水面积也将更大。尤其当有持续强降雨时，尾矿库的尾矿可锁住大量雨水；即使在干旱或半干旱地区，积水的现象也存在，Mount Keith 矿的浓密尾矿排放尾矿库就存在这一问题（图11.5）。Mount Keith矿山位于西澳地区，年降雨量少于300mm，排放站四周筑坝，设有9座中心排放塔。各中心塔轮流排放，以利于尾矿浆干燥。中心排放法也需考虑尾矿库闭库管理和尾矿水管理，尾矿库闭库后仍占用土地，需设计合适的覆盖系统。但是，中心排放法的堆积坡度远小于传统低浓度排放法，坡面所受风化侵蚀更小，因此所需覆盖厚度更小。

在中心排放法基础上改进的多塔排放法在实践中运用较多。Mount Keith浓密尾矿排放就是一个典型的例子（图11.5）。Cooper和Smith（2011）提出，一个排放塔连续长期排放时，仅堆体表面干燥，而表面下尾矿浆仍可流动，尾矿浆将无法完全干燥龟裂，强度也无法提高；这一现象在尾矿渗透性差时更为明显。

图11.5　Mount Keith尾矿库（9座中心排放塔，集水区位于右下角）

11.3.2　沟谷排放

中心排放法适用于地势相对平坦的地区，如果地势条件不满足，浆体的流动将无法控制，会迅速覆盖大量区域。因此在地势较陡的地区，宜选用沟谷排放法。图11.6所示为澳大利亚Century矿沟谷排放法的尾矿库。沟谷排放法需建设有排水能力的坝体（理论上无需建设）。通常坝体位于浆体流向的下游，排放点（可采用大间距）设置于上游。伊朗Miduk矿就采用这种布置方式，尾矿直接由几台布置在山谷上游源头的浓密机排出，坝体设于浆体流向的下游。

尽管浓密尾矿浆的泌水量很小，但仍需考虑库内大量积水的可能，例如强降雨时期，库内的集水区可储存大量雨水。因此沟谷排放的坝体仍需设置溢水口，同时堤坝应具备足够的蓄水能力。

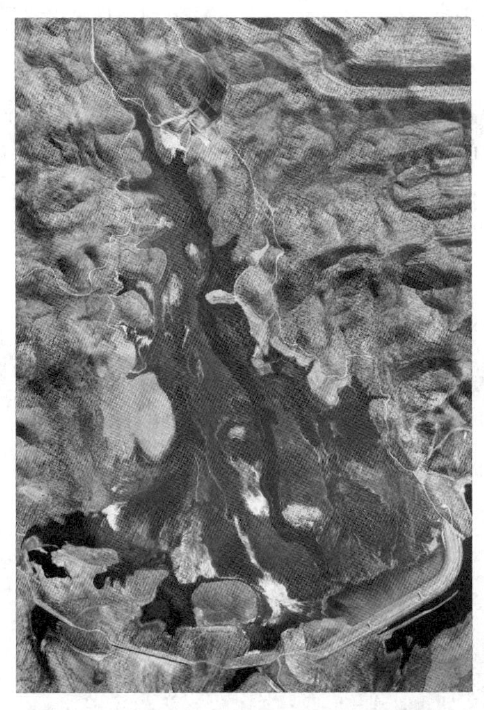

图 11.6 澳大利亚 Queensland 地区 Century 锌矿尾矿库

Minera Esperanza（现为 Minera Centinela）在智利 Atacama 地区拥有一座处理量约为 95000t/d 的大型尾矿库，采用沟谷排放法。堆积谷地坡度较缓，排放口紧密布置在堆积谷地海拔最高处，下游筑坝围起足够大的尾矿堆存空间。由于初期浓密机工作性能的问题（Gaete 和 Bello，2013），该排放站对运营方式进行了重大变革，同时增设了一台浓密机保证高浓度尾矿浆的稳定性。尽管项目启动阶段面临各种困难，但目前该排放站的运作已逐步完善，证明了浓密尾矿排放同样适用于大处理量的排放站。

11.3.3 环形筑坝排放

浓密尾矿排放同样可以采用传统排放法的环形筑坝，尤其是在场地受限时（如河流流域或者运输路线附近）更倾向于使用环形筑坝法。如图 11.7 所示，南非的 Hillendale 堆存场地是采用环形筑坝的典型案例（详见 16.6 节），选厂尾矿的细粒部分经深锥浓密机处理后排放至此处。同传统环形筑坝的尾矿库相似，Hillendale 尾矿库内部同样设有一个集水池，但浓密尾矿的泌水和固结排水量很少，该集水池主要用于管理暴雨时期的雨水。目前该尾矿库已经进入闭库阶段，与类似砂矿泥质尾矿库相比，堆体表面强度更高，人员更易进入。

其他采用环形筑坝法的还有 Alcoa 在西澳的几座尾矿库，如 Kwinana Pinjarra 和 Wagerup 等（Cooling，2007）。Alcoa 采用的一种“似干堆”技术处理铝土矿尾矿（在《膏体与浓密尾矿指南》第 2 版 12.3 节有详细介绍），该技术的关键是控制浓密机底流屈服应力在一定范围内以保证尾矿浆浓度，从而有效控制尾矿浆堆积坡度，形成更为均匀的堆层。

图 11.7 南非 Hillendale 赤泥尾矿库

11.3.4 坑内排放

如果矿山有废弃露天坑，可利用露天坑作为浓密尾矿排放场地。如南非 Kimberley 地区的 Ekapa 露天坑回填项目，该钻石矿床早期露天开采形成巨大露天采坑，将开采时期的废石和选矿阶段产出的尾矿回填至露天坑内。露天坑回填的主要目的是加固边坡，从而保护边界附近的铁路。采用浓密尾矿排放方案的原因在于传统低浓度排放会在露天坑内形成大量积水。一方面，若处理积水，只能通过泵送将其排出露天坑；若不处理积水，堆积浓度将远小于预期要求。另一方面，大量的积水也导致露天坑回填速度增加，固体容量大大降低，而且低浓度尾矿浆经更长的时间固结后堆面的沉降量也更大。

有关浓密尾矿排放技术的争论一直持续不断，倡导和反对双方各执一词但都略有偏颇。出于中立的态度，下文将结合浓密尾矿排放的应用实践，介绍浓密尾矿排放的潜在优势。从下文的论述中可以看出，部分优势已被验证，而其他一些尚待论证，甚至可能无法实现。

11.4 浓密尾矿排放的优势

11.4.1 节约用水

对矿山而言，低浓度排放时尾矿库大量蓄水，不仅是重大的安全隐患，也意味着一笔巨大的水费支出。一些政府在环境保护立法时限制企业（包括矿山）用水，同时提高水费。因此，浓密尾矿堆存对矿山企业来说非常具有吸引力。智利 Minera Esperanza 出于节水考虑，采用处理能力 95000t/d 的浓密尾矿排放系统，矿山每年可节水 8000 万立方米（Luppnow 和 Moreno，2008）。类似的，位于 Quebrada Honda 河流域和 Chuquicamata 矿区的排放设施，出于水环境的考虑，建立了处理能力 147000t/d 的浓密尾矿排放系统（Rayo 等，2009）。南非 Botswana 地区水资源特别稀缺，为达到节约 50%用水的要求，也采用浓密尾矿的处理方式（Busani 等，2006）。在伊朗，为最大化回收水资源，建设了一座处理能力 96000t/d 的排放站，使用 12 台直径 24m 的深锥浓密机处理尾矿（McNamara 等，2011）。由于深锥浓密机就坐落于山谷源头，因此尾矿经浓密机处理后可直接排放到山谷中（山谷下游筑坝控制流动范围）。南非 Voorspoed 煤矿的浓密尾矿排放系统利用两台直径 18m 的高效浓密机制备高浓度尾矿以达到节水要求（Cooper 和 Smith，2011）。吴爱祥等人（2011）提到中国乌山铜矿出于节水考虑，采用浓密尾矿堆存技术，使用两台直径 40m 的深锥浓密机将尾矿浆浓度提高到 70% ~ 72%，系统处理能力 40000t/d。尽管该处气候环境恶劣（年平均气温-0.7℃），系统仍实现了节水的目标，具体节水量并未报道。

图 11.8 所示为输送每吨干尾矿所需的理论水量，从该图可看出，尾矿浆浓密过程中含水量递减并非线性过程。将浆体密度由 1.2t/m^3 提高至 1.4t/m^3，处理每吨干尾矿可减少用水量 1.58m^3；而将浆体密度由 1.4t/m^3 提高至 1.6t/m^3 时，处理每吨干尾矿可再节约 0.52m^3 的水。

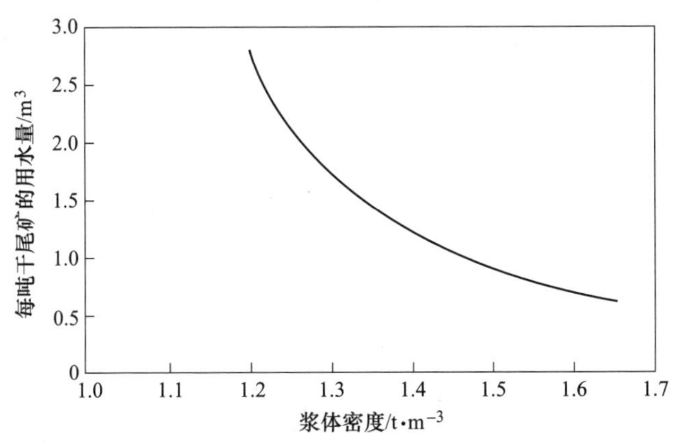

图 11.8 浆体含水量随密度变化

由图 11.8 可以看出，如果只是出于节水考虑，将浆体浓密至膏体浓度并非完全必要，应当权衡泵送电力成本增加与节水量的关系（详见第 10 章），而且排放至尾矿库的水也并非完全无法回收。传统低浓度排放，当浆体浓度为 25%（密度 1.18t/m^3）时，浆体中约 1/3 的水可通过集水池和渗滤回收系统重新利用（其余流失的水分主要为蒸发水、未进入渗滤系统的渗透水和封闭在库内尾矿中的水）。这意味着当排放浓度为 25%时，每处理 1t 干尾矿需要使用 3m^3 的水输送，其中 1m^3 的水可以被回收，另外 2m^3 水将流失。如果采用浓密尾矿排放，可从尾矿库回收大约 5%的水，即排放浓度为 65%时，尾矿库中可回收水 0.03m^3。详细对比见表 11.1，可知浓密尾矿排放（65%）每处理 1t 干尾矿总共可节约 1.5m^3 水。表 11.1 仅作为一个说明实例，不同矿床的尾矿比重不同最终结果也不同。但从该表可得出的结论是浓密尾矿排放可在源头处（浓密环节）节水，输送过程和尾矿库中损失的水量相应也更低。

表 11.1　传统尾矿浆和高浓度尾矿浆节水比较

参数	传统尾矿浆	高浓度尾矿浆
固体浓度/%	25	65
含水量/$m^3 \cdot t^{-1}$	3.0	0.54
水回收率/%	33	5
水回收量/m^3	0.99	0.03
水损失量/$m^3 \cdot t^{-1}$	2.01	0.51

部分矿山将尾矿处理系统由传统方式改为高浓度排放后，证明了浓密尾矿技术在节水方面的优越性。如澳大利亚 Murrin-Murrin 将处置尾矿浓度由 36%提高至 39%以提高压煮器性能，结果节约了 6%的水（Wallace，2004）。Osborne 矿通过提高尾矿处理浓度，节水 40%（McPhail 和 Brent，2007）。此外，澳大利亚 Alcoa（Cooling，2007）、加拿大 Ekati 钻石矿（Oxenford 和 Lord，2006）均通过实践证明了提高尾矿处理浓度可以降低耗水量的事实。

11.4.2　运营成本低

浓密尾矿排放可显著降低设施的土建工程成本。在有利的地形条件下，或者砂堆表面径流或风化不会造成环境污染时，可简化甚至消除堤坝、排水或者集水池等设施。如 Kimberley 的 De Beers 中心排放站（详见 16.4 节），图 11.9 所示为 De Beers 尾矿库内高浓度尾矿浆逐步推进形成堆面边缘，可看出该尾矿浆泌水量很少。在需要控制堆存范围的情况下，浓密尾矿排放只需沿设计界限设置简易的小型堤坝。爱尔兰 Aughinish Island 的赤泥浓密尾矿排放项目（见《膏体与浓密尾矿指南》第 2 版 12.6 节），使用破碎废石筑阶梯型堤坝控制堆存范围，无集水池和堆下排水设施，降低了土建成本。若堤坝需要增高，则需进行专业岩土咨询保证堤坝的稳定性。

图 11.9　中心排放法金伯利浓密尾矿推进面

浓密尾矿排放的设备投资通常较高，但是如果尾矿浆浓度在离心泵的处理范围内，设备投资可有所降低（详见第 10 章）。矿山在一些利益驱动下（如节水）有时采用较高的浆体浓度，但是制备高浓度尾矿的设备投资成本很高（详见第 7 章），还可能需要使用容积泵和高压管道等。如果采用单点排放，还可能需要一套备用泵送系统，大大增加了初期投资成本。

对于浓密尾矿排放和传统排放的经济比较，目前一些公开的对比数据并不完全公正。如 van der Walt 等人（2009）预测并比较了一套传统低浓度系统和三套浓密系统的成本，得出传统排放方式的投资和运营费用最低的结论。但是在这一对比中并未将尾矿库建设、运行、管理费用考虑在内，而实际上采用浓密处理可大大降低尾矿库初期和运营中的土建成本（本章下文将细述）。

1985 年，Alcoa 提出了一种高浓度尾矿“干堆”的排放方案，并为实施该方案投入 1.5 亿澳元以上（Cooling，2002）。Alcoa 在西澳地区有三个尾矿堆存设施，每天处理 3.9 万吨矾土矿尾矿。该项目预计投资回收期为 7~8 年，运营成本为原湿排处理（低浓度排放）成本的 70%，同时该项目也为 Alcoa 带来了一系列其他效益（下文详述）。同样在西澳的 Sunrise Dam 金矿一处尾矿处理厂，使用高碱性地下水制备浓密尾矿。最初成本比较时得出浓密尾矿排放的成本为 0.24 澳元/t，传统排放成本 0.58 澳元/t。实际运作时浓密尾矿排放的成本为 0.3 澳元/t，计划外的支出主要花费于封闭尾矿库的调控上。

澳大利亚 Century 露天铅锌矿采用浓密尾矿排放技术，处理量为 10000t/d。最初预计浓密尾矿排放系统的净现值为 4330 万澳元，传统排放系统的净现值为 6510 万澳元。该排放系统位于亚热带地区，在山谷源头位置采用单点排放，处理浓密尾矿浓度为 40%。目前世界上许多尾矿处理厂公开了可行性研究时期的成本对比数据，下面专门介绍两个大型尾矿处置系统的情况。秘鲁的 Quebrada Honda 尾矿排放系统设计处理能力为 14.7 万吨/d，设计初预计采用浓密尾矿排放的方式可使运营费用降低 9%；同时按 35 年的项目生命期计算可节约大量的水，因此最终采用浓密尾矿排放的方案（Serpa 和 Walqui，2008）。智利 Chuquicamata 尾矿库的处理能力为 23 万吨/d，需要进行尾矿库扩容，由 Rayo 等人（2009）为两个扩容方案进行了成本对比评估，方案一是在已有尾矿堆存设施的基础上建立浓密尾矿排放系统，方案二是在 50km 外新建一个传统尾矿库。尽管两个方案在净现值上相当，但是浓密尾矿排放方案预计可节约 65%的水。

尽管可引证的数据有限，但大部分实践证明浓密尾矿排放的运营成本低于传统排放，不过浓密系统的絮凝剂成本支出也相当大。就投资成本而言，浓密尾矿排放的优势更不确定，尤其是需要使用容积泵输送尾矿浆时。不过高浓度处置还具有安装电力成本低、辅助（备用）设备需求少、泵送效率高、维护费低等优点（R. Cooke，2011，pers. comm.），或可抵消投资成本高的缺点。最后，需要思考的一点是目前尚无针对浓密尾矿排放与传统排放尾矿库闭库成本的比较。虽然浓密尾矿排放形成的尾矿堆更不易风化，覆盖系统投资可能更低；但是浓密尾矿堆存需覆盖的坡面面积也可能比传统堆存更大，从而需要更多的覆盖材料。

11.4.3　尾矿库强度高

浓密尾矿库没有集水池，这意味着尾矿堆内将无浸润面，可大大提高尾矿库的力学稳定性。Williams（2000）绘制了 Peak 和 Elura 两个尾矿库内尾矿饱和度随深度的变化，如图 11.10 所示。两者都进行了尾矿浓密处理，虽然尾矿浓度较低，但堆存时基本不离析。从图 11.10 可以看出，堆存尾矿饱和度远低于 100%。图中达到 100% 饱和的几处，实际测得含水量比最小饱和含水量更高。Williams（2000）提到，这一明显的反常只是尾矿局部较湿未固结的表现，但整体仍是不饱和的，可推测尾矿库内无浸润面（浸润面下尾矿均为 100%饱和）。

如 Davies 和 Martin（2000）所述，大部分报道的尾矿库重大灾害都和上游式筑坝法的尾矿库溃坝相关。由于超载荷排放，随尾矿浆表面不断上升，尾矿坝强度不足，大量的尾矿和水将从尾矿库泄出。将尾矿库中的水排出，可大大降低溃坝的风险。饱和态的尾矿抗剪强度最低，可在砂堆中形成薄弱剪切面，因此理想

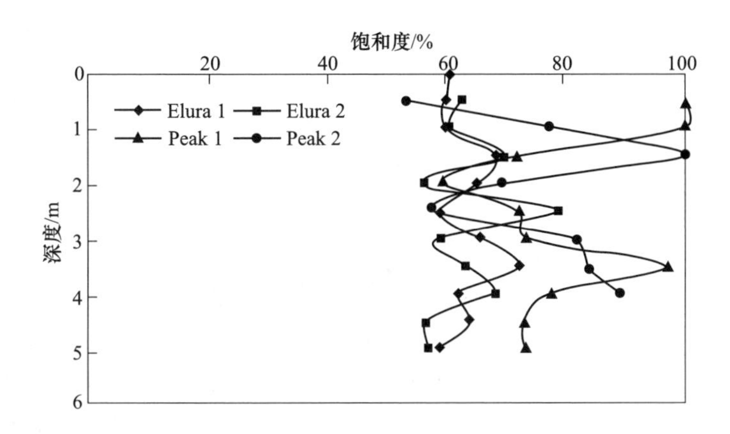

图 11.10 Peak 和 Elura 堆存饱和度随深度变化（引用自 Williams，2000）

尾矿库中的尾矿应当全部处于不饱和状态。部分文献认为浓密尾矿排放法可提高砂堆强度。Alcoa 使用浓密尾矿技术后，堆积强度的提高导致了堆高增大（Cooling，2007）。加拿大 Musselwhite 矿从传统排放转变为浓密尾矿排放后，砂堆的密度增大了 10%；尽管浓密尾矿干燥也不快，强度增加慢，但相比传统尾矿，其初始密度更高，最终砂堆强度也更大（Kam，2011）。McPhail 等人（2004）也提及了浓密尾矿的堆存密度更高，相比传统尾矿的平均堆存密度 1.8t/m^3，浓密尾矿的平均堆存密度可达 1.95t/m^3。

11.4.4 占地少

相比传统排放方式，浓密尾矿排放技术占地更少。经浓密机处理后浆体初始堆存密度更高，最终砂堆的强度也更大，可以达到更大的安全堆存高度。但前提是排放新堆层前必须留足够时间保证老堆层充分干燥固结达到预期强度。

若不筑坝控制堆存范围，浓密尾矿排放法的占地面积必然会超过传统尾矿库。采用中心排放法时，尾矿浆从中心塔溢出，沿流动阻力最小的路径流动，直至发生沉降。鉴于浓密尾矿的堆积坡度一般不超过 4%，可预计在不设堤坝限制流动的情况下，浓密堆存将比传统堆存占地面积更大。推进塔式的排放方式可以提高土地利用率，但该方式通常只适用于狭长的堆存场地。

关于高浓度排放技术占地的另一个问题是确定尾矿库边界，尤其是中心排放法的占地。由于目前没有统一的方法可以预测任意排放浓度下的尾矿堆积坡度（见本书第 12 章），因此预测最终占地面积有很多不确定性。图 11.11 所示为一个不设堤（无侧限）的中心排放设施在堆高 15m 时堆积占地与堆积坡度的关系（不考虑由干燥速率不同引起的最终堆存密度不同）。由该图可看出，堆积坡度预测稍大便会造成实际占地面积远超设计值。

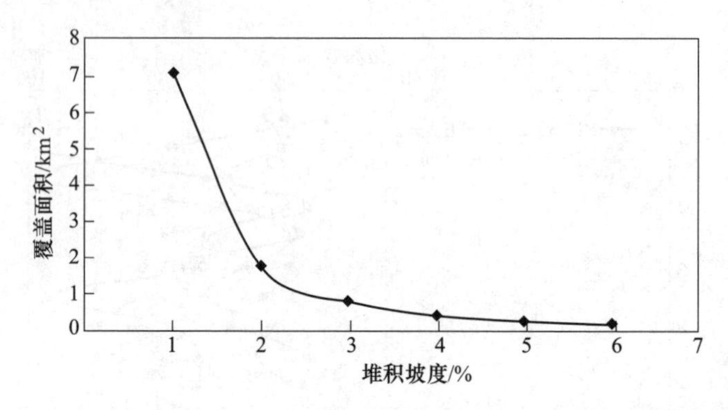

图 11.11　中心排放法（无侧限）堆高 15m 堆积坡度与覆盖面积关系

图 11.12 从另一个角度解释了这一问题，图中展示了堆积坡度为 1%和 2%时，堆积高度（左纵轴，实线）、覆盖面积（右纵轴，虚线）随堆存量的变化。假设尾矿浆密度均匀为 1500kg/m³，且不考虑因干燥速度不同引起的砂堆差异。尾矿体积一定时，堆积坡度越大，堆高越高，占地面积越小。

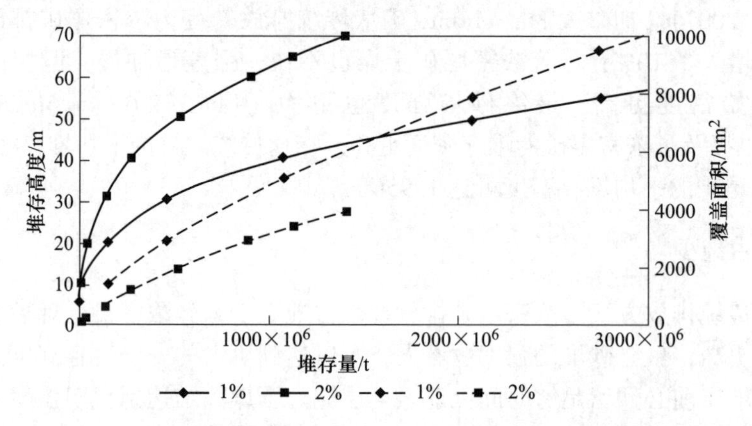

图 11.12　两种堆积坡度下堆存高度、覆盖面积与堆存量关系

澳大利亚 Peak 金矿由 1992 年开始开采，目前采用尾矿浓密处置技术，将浓度 60%的尾矿排放于浓密站附近的浅壑内，一方面可增大可用占地面积内的库容，另一方面可减少坝体工程量（Jewell，2004）。随堆存高度逐渐增大，建立了副坝。尾矿平均堆积坡度为 1.7%，最大角度 2%。

另一个例子是 Alcoa 尾矿浓密“似干堆”的处理方案，该实例在《膏体与浓密尾矿指南》第 2 版（Jewell 和 Fourie，2006）12.3 节有介绍。尾矿浓密似干堆是一种管理密集型技术，浆体排放后还需要使用重型犁（后文将介绍该设备）处理砂堆表面以实现最佳堆存密度，因此也被称做“犁土”。该处理方式不单纯依靠太阳能蒸发实现尾矿浆密度提高。Cooling（2007）证实该“干堆”技术确实提高了砂堆密度，比传统排放方式占地更少。Alcoa 利用回收的粗砂筑堤，形成 1 : 6 的堆积坡度，若不筑堤可能无法实现减少占地的目标。

Oxenford 和 Lord（2006）介绍了两个由传统排放变更为浓密尾矿排放，从而提高已有尾矿库库容利用率的例子。Myra Falls 尾矿库自 1966 年起进行传统湿式堆存，而后引进了一台直径 25m 的浓密机，开始采用浓密尾矿排放。将浓度 67%尾矿直接堆存于已有尾矿库，成功实现了在原有尾矿库基础上堆存尾矿，进一步增加堆存高度。Cluff Lake 尾矿库自 1981 年开始堆存铀矿尾矿，于 2003 年闭库。Cluff Lake 于 1995 年引进一台直径 26m、深 3.5m 的浓密机，开始转为浓密尾矿排放，利用活塞泵将浓度 52%的尾矿浆输送到 1.7km 以外的原有尾矿库内排放，堆积坡度约 3%。此外，Musselwhite 进行了同样的改造（Kam，2011），详见本书 16.9 节。Musselwhite 排放浓度为 70%，实现了 2%的设计堆积坡度（不过排放滩头处的堆积坡度为 4%）。最后一个例子为南非的某中心排放设施（Cooper 和 Smith，2011），处理的钻石尾矿含有大量蒙脱石（黏土），通过一台直径 15m 的深锥浓密机脱水至 60%的浓度，利用容积泵将高浓度尾矿输送至 5km 外的尾矿库。采用浓密处置的初期，堆存体并没有达到设计的堆积坡度，仅为 1%左右，不得不提前施工提高尾矿坝。后期通过改进系统运作方式，堆积坡度有所提高。《膏体与浓密尾矿指南》第 2 版（Jewell 和 Fourie，2006）第 12.7 节全面介绍了这一实例，同时本书第 16.4 节将介绍该项目更新后的情况。

此外，Li 等人（2011）介绍了位于热带地区的 Gove 矾土矿尾矿堆存设施。自 2006 年引入浓密干堆技术，处理尾矿浆浓度 45%~51%，也使用“犁土”的方法进一步提高砂堆密度，据报道堆存体积减小了 20%。

11.4.5 筑坝材料少

传统排放的环形尾矿坝和沟谷拦截坝需要经常增加坝高以提高排放口高度，而采用浓密尾矿排放则不需要，至少可大大降低坝高增加的频率。以中心排放法（多塔排放）为例，只要排放塔频繁切换排料，就可减小增加坝高的工程量。不过，南非地区某中心排放设施在扩容时，由于堆积坡度较低，因此必须提高尾矿坝高度，增加了筑坝工程量。

在澳大利亚地区某上游筑坝法的中型尾矿库，每一次提高坝体施工花费约 100 万~200 万澳元（McPhail 等，2004）。从这一点来看，采用浓密尾矿排放法的效益尤为突出。大量实践也证明了采用浓密尾矿可节省筑坝费用，如 Peak 金矿（Jewell，2004）、伊朗的 Miduk 铜矿（Williams 等，2006）、西澳的 Alcoa（Cooling，2007），此外 Osborne 矿报道节省了 250 万澳元的筑坝费用（McPhail 等，2004；McPhail 和 Brent，2007）。

11.4.6　离子渗滤风险小

传统尾矿库水管理均采用集水池，而集水池内的水会透过尾矿渗滤到尾矿库下方或附近的地下水中，造成环境污染。采用浓密尾矿排放，可消除集水池，减少尾矿重力固结时的排水量，从而减少渗滤污染。

Cooling（2002）介绍了为减少尾矿水渗滤到地下，而采用浓密技术的例子。Cooling（2007）后续报道采用似干堆和堆下排水的处理方法后，通过钻孔测试的尾矿库附近地下水各项指标均无变化。McPhail 等（2004）介绍了在 Osborne 尾矿库（浓密尾矿排放）进行孔压触探实验，7m 以下无剩余孔隙水压力，渗滤速度降低至原来的 1/10～1/5。前文图 11.10 中 Peak 和 Elura 的例子也可证明这一点，尽管在地表附近偶尔会出现接近 100%的饱和度，但尾矿库内部大部分位置饱和度在 60%～80%之间。无剩余孔隙水压力和远低于 100%的饱和度都明显说明了尾矿库内的渗流速度非常小。

11.4.7　积水与泥化风险小

堆存浓密尾矿的尾矿库在设计上大多允许尾矿水从砂堆表面径流进入一个与砂堆分离的集水池。如西澳的 Mount Keith 镍矿尾矿库（图 11.5），排放系统设置了 9 个中心排放塔，轮流排放，以保证砂堆快速充分干燥。正如之前所述，浓密尾矿排放系统均不设置集水池，Jewell（2004）、Kam（2011）等学者也证实了这一点。当然也有例外的情况，比如一些采用环形筑坝的尾矿库（如前文提及的 Hillendale）和沟谷排放的尾矿库，这类集水池主要是在强降雨期管理雨水，避免大量积水作用于坝体。

另一方面，前文提及的几个例子也一致说明了采用浓密尾矿排放可提高堆存强度，如 McPhail 等人（2004）报道的孔压触探实验，Williams 等（2008）测绘的 Peak 和 Elura 尾矿库的低饱和度砂堆，Cooling（2007）和 Li 等（2011）提及浓密尾矿排放砂堆固体含量更多（强度更大）。尽管如此，建立具有一定强度的尾矿坝也并非没有必要。传统尾矿库中细颗粒和低强度浆体可利用尾矿坝限制在库区内，而浓密尾矿排放时如果不设尾矿坝，一旦堆存过程中形成了薄弱堆层，薄弱层以上的砂堆就无法控制在堆存范围内。

11.4.8　闭库后表面坚实易排水

相比传统排放，浓密尾矿排放的堆存密度大、含水量低，不排水抗剪强度也更大。在相同的排放周期下，同一时间同一位置排放的浓密尾矿浆，由于初始排放含水量低，因此可达到更高的不排水抗剪强度。若采用多塔排放（如 Mount

Keith)，还可实现更薄的堆层，尾矿浆中的孔隙水蒸发更快，因此强度增加更快。另外，浓密尾矿排放时浆体堆存密度大，更易达到抗液化临界密度以上，降低砂堆液化的风险。

用于证明浓密尾矿排放可形成更坚实地表的已闭库尾矿库案例较少，Shuttleworth 等人（2005）介绍了坦桑尼亚 Bulyanhulu 金矿的情况。该矿于 2001 年开始开采，采用过滤机制备膏体用于井下充填；地表堆存时，先将浓密尾矿稀释至 78%浓度，再由容积泵输送至 2km 外的尾矿库堆存，采用 5 座 12m 高的排放塔轮流排料，一周时间人就能在堆体表面行走。Cooling（2007）和 Williams 等（2008）描述的另一个实例也证明了浓密排放的尾矿库内形成了坚固的凹形排水堆存面。

11.4.9 堆表渗流快、排水性能好

鉴于浓密尾矿排放堆表渗流快、排水性能好，可预测尾矿中的有害物质可在堆存初期渗流出砂堆，因此可更早复垦植被，缩短裸露的扬尘期。传统排放方式的尾矿库坝体外可形成陡峭的堆积坡角，因此稳定性和复垦成为传统尾矿坝面临的两大问题。传统尾矿坝的堆积坡度接近尾矿的自然安息角。基于上述两大问题，澳大利亚几十年来一直限制堆积坡度不得大于 20%，因此不可避免地造成了土方工程量的增加。采用浓密尾矿排放形成的坡面本身就比较平缓，土方机械均可在坡面上安全工作，而且传统排放需要构筑较高的坝体形成突兀的地貌，浓密尾矿排放则可形成平缓的地貌，与周围地形更加和谐。如果可以经常移动排放点，还可实现逐步复垦（McPhail 等，2004），如澳大利亚昆士兰地区的 Osborne 矿。浓密尾矿堆积坡度在 3%~8%之间，堆面受风化的速度远小于陡峭的传统尾矿堆（Blight，2003）。这主要得益于浓密砂堆具有和周围地形相似的地势；较高的排放密度提高了堆面固体颗粒的临界移动速度；另外，浓密砂堆具有平缓圆滑的堆形，可抑制集中的表面径流。随着排放点向前移动，后方平缓的砂堆可立即进行复垦，复垦后砂堆基本不会再发生沉降。一般矿山需要等到采矿生产结束才能评估环境成本，逐步复垦可以实现在采矿生产周期内评估环境成本。此外，逐步复垦还可在采矿生产周期内证明矿山具有有效的复垦措施，有利于得到政府的终期复垦资助。最后，矿山也可以在逐步复垦期评估终期复垦方案的可行性。

11.4.10 尾矿堆液化风险小

关于尾矿浓密处理可降低砂堆液化风险的说法并不完全可靠。尽管浓密尾矿排放的砂堆密度确有提高，但除非在主要震区进行了抗液化能力检测，否则降低液化风险这一优点并不能得到证明。传统尾矿浆总会发生颗粒离析，但浓密尾矿

具有不离析的特点，尾矿浆结构通常为细粒（粉粒）充填在砂粒基质中。Pitman等人（1994）和其他一些学者通过研究提出，提高土壤（或尾矿堆）中的细粒成分可降低液化风险；另一些学者，如Lade和Yamamuro（1997），也通过研究证明提高土壤（或尾矿堆）中的细粒成分反而会增大液化风险。因此，判定尾矿浓密处理是否有利于抗液化，应根据具体的项目进行测试，并且随时警惕砂堆发生液化的可能。制备浓密尾矿浆必须使用有机高分子絮凝剂，而目前尚无对絮凝浆体结构的研究，尤其是当絮凝剂降解后的结构。需要强调的是，尾矿库一旦建成，在以后几十年都需要保持稳定。因此，有必要加强这些方面的研究认识，保证尾矿库长久（几十年）安全稳定。

11.4.11　热能需求低

尽管有一些观点认为浓密处理可降低尾矿处置系统的热能需求，但支持这一说法的数据并不具有说服力。加拿大Jonquiere矿自1987年起在世界范围内经营6座矾土矿选厂，采用浓密似干堆的技术进行尾矿处理，堆存浆体浓度为68%（Oxenford和Lord，2006）。Oxenford和Lord称该矿从浓密机溢流中回收了大量热能，同时认为浓密处理油砂矿也能有显著的热能回收。

11.4.12　添加剂用量少

Jonquiere矾土矿在尾矿浓密处理实践中从浓密机中回收利用了大量氢氧化钠（Oxenford和Lord，2006；Li等，2011）。但在矾土矿之外的领域并不需要对添加剂回收利用，也可能并未明确添加剂回收的效益。

11.4.13　其他优势

对新建尾矿库或是技术改造的旧尾矿库，堆积坡度都是评价浓密尾矿排放方案的重要指标。传统排放方法的堆积坡度并不是确定尾矿库占地面积的依据，但可能影响尾矿库库容和尾矿水管理。但是浓密尾矿排放，除非设置堤坝限制堆存范围，其占地受尾矿浆堆积坡度的影响很大。鉴于堆积坡度的重要性，本书第12章将予以着重介绍。

另一方面，浓密尾矿排放可降低酸性水产出，这一点在《膏体与浓密尾矿指南》（Jewell等，2002）中已提及，其依据是浓密尾矿浆不离析，因此具有更大的持水能力，进一步脱水的能力比传统低浓度尾矿浆小很多。葡萄牙Neves Corvo铜/锡矿在考虑建设尾矿排放系统时，尾矿浓密处理后可少排酸性水就被作为选择膏体排放方案的理由，尽管现场实验给予了充分验证（Newman等，2004；Verburg，2010），但业主坚持该技术风险太大，最终采用了传统低浓度排放方案（Real 和 Franco，2006）。

最后一点是关于浓密尾矿排放便于推广的说法。传统尾矿处理通常可以沿袭类似排放站的堆存经验，但这一点在浓密尾矿排放上尚未得到验证。

11.5 堆存设计考虑的因素

浓密尾矿的尾矿坝设计不同于传统低浓度尾矿浆的尾矿坝，低浓度尾矿浆的尾矿坝的设计方法在一些文献（Vick，1990）中已有详细介绍，此处不再重复。以下部分主要针对浓密尾矿排放尾矿库的设计，介绍需要考虑的因素。

11.5.1 堆形、堆层和布局

Robinsky（1975，1978）最初预想的浓密尾矿排放，仅有一个中心排放点，尾矿堆基本为圆锥体。这一预想在加拿大 Kidd Creek 尾矿库得到了实践，《膏体与浓密尾矿指南》第 2 版（Jewell 和 Fourie，2006）12.2 节描述了这一实例，该项目的后续更新将在本书 16.8 节中介绍。但是，浓密尾矿排放系统本身具有较大灵活性，堆体不一定是圆锥体，设计者可根据需要设计不同的浓密尾矿排放形式。

对于库区面积有限的矿山，比如在有限的租赁土地上，则需采用围堰结构的坝体以限制堆存范围，沿坝体布置排放管道，如 Hillendale 红土尾矿库（图 11.7）。澳大利亚 Osborne 矿直接采用管道在山谷中排放，排放点沿锥形砂堆不断向前推进（McPhail 等，2004），最终形成岭状的地貌。坦桑尼亚的 Bulyanhulu 矿也采用推进排放的方法（Shuttleworth 等，2005），不过该处是由多个排放塔轮流推进排放，也形成岭状地貌。目前浓密尾矿山谷式排放法也越来越受重视，如 Century 锌矿、Peak 金矿（分别载入《膏体与浓密尾矿指南》第 2 版（Jewell 和 Fourie，2006）12.5 节和 12.4 节）。

11.5.2 坡面形状

如前文所述，设计浓密尾矿库的一个关键因素是堆积坡度。坡度越大，相同的占地面积内的堆存体积越大。表 11.2 总结了世界各地采用浓密尾矿的尾矿库及其平均堆积坡度。这些尾矿库的堆积坡度表现出排放点附近较陡而远处较平缓的规律。因此坡形为平缓的凹形而非线性，如澳大利亚的 Peak 和 Sunrise 尾矿库。图 11.13 为 Sunrise 尾矿库测绘的地形图，从等高线可看出砂堆沿排放塔至坝体方向坡度逐渐变缓。从表 11.2 可看出浓密尾矿堆的坡度均较缓，但是随着浓密技术的发展，可以实现更高的排放浓度，堆存的角度也必然会提高。

表 11.2　浓密尾矿排放的例子（Jewell 和 Fourie，2006）

尾矿库	国家	排放方式	矿石类型	排放浓度/%	平均堆积坡度/%
Elura	澳大利亚	中心排放	铅锌矿	60	1.5~1.7
Peak	澳大利亚	中心排放	金矿	55~58	1.8~4.0
Union Reefs	澳大利亚	沟谷排放	金矿	约 60	0.9
Gove	澳大利亚	多塔中心排放	铝矿	52~55	3.0
Mount Keith	澳大利亚	多塔中心排放	镍矿	44	2~3
Century	澳大利亚	沟谷排放	锌矿	52~58	0.6~1.0
Sunrise	澳大利亚	中心排放	金矿	约 48	0.8
Kwinana	澳大利亚	干式排放	铝矿	约 50	1~1.25
Kidd Creek	加拿大	中心排放	铜锌矿	65~68	2.5
Bulyanhulu	坦桑尼亚	多塔中心排放	金矿	约 73	5~8
Kimberley CTP	南非	中心排放	钻石矿	59	1~3.1
Hillendale	南非	环形坝	砂矿	30	1.0
Vaudreuil	加拿大	中心排放	铝矿	45	3~4
Cluff Lake	加拿大		铀矿	52	3
Ekati	加拿大	环形坝	钻石矿	40	1
Osborne	澳大利亚	推进塔	铜金矿	72	4~5
Southern Peru	秘鲁	开放式排放*	铜矿	65	5.7

*现场测试所采用的排放方法。

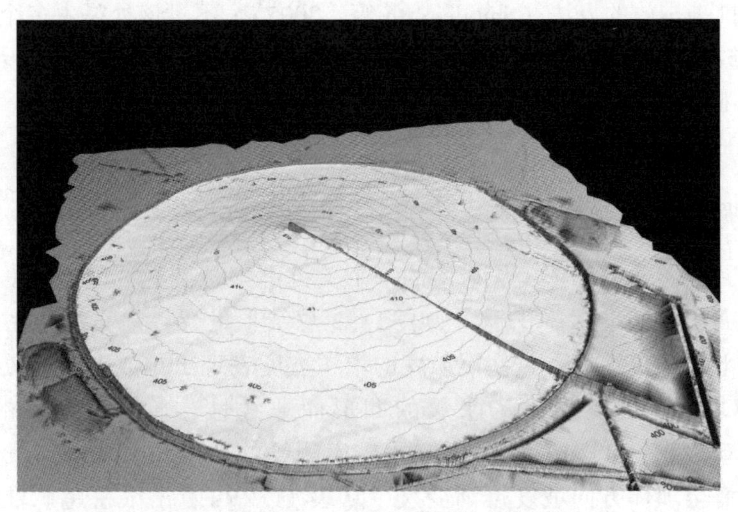

图 11.13　Sunrise Dam 尾矿库地形（等高线）图

（由 AngloGold Shanti Australia Ltd 和 ATC Williams 提供）

本书12章将着重介绍堆积坡度的预测方法，本章不论述这一问题。

11.5.3 堆体稳定性

浓密尾矿堆管理的关键因素之一是剪切强度随时间增长的速度。鉴于浓密尾矿排放的初始坡面均较缓（表11.2），再加上库区表面无集水池，因而不需要像传统排放的尾矿库那样担心稳定性的问题。尾矿堆层在坡面上保持静止的条件是，在平缓坡面上剪切屈服应力与自重达到平衡。但是如果堆高过大，尾矿可能无法持续保持稳定。只有保证砂层充分干燥固结，其剪切强度才能提高，从而足以平衡自重，保持稳定。因此，建议尽量降低单层排放的厚度，从而提高蒸干效率。

浓密尾矿排放后可以立即沉积，雨水难以渗入干燥尾矿中造成堆体被浸透。一旦沉积结束，堆层表面的水分可立即通过蒸发作用消除，从而加快剪切强度的提高。浓密尾矿的这一特性使其在干旱或半干旱的地区更有优势；这些地区的蒸发普遍强于降雨，干燥气候持续的时间也长于湿润气候。在潮湿或者热带气候区，蒸发作用弱，潮湿雨季持续久，浓密尾矿的管理就没有那么方便。但这并不代表在潮湿或者热带地区不能采用浓密处置，只是尾矿库和水的管理更加严格，同时需要更长的排放周期保证尾矿强度充分提高。排放周期指的是在同一排放点连续排放的时间间隔。合理安排排放周期，潮湿地区的尾矿同样可以充分干燥，从而达到足够的强度，保证堆体稳定。

随中心排放堆体高度的增大，堆体表面积扩张速度增加。对于相同体积的浆体，后期排放形成的堆层比前期排放的堆层更薄，剪切强度增长也更快。采矿生产规模通常随时间不断扩大，尾矿产量增加。由于堆体的表面积也随时间增长，因此尾矿排量增大往往不会造成堆存高度的加速上升。

堆体的最终密度越大，在相同占地面积内可堆存的尾矿量越大。提高最终堆存密度的方法之一就是提高初始排放浓度（固体含量）。该方法在充填露天坑时尤为重要，因为露天坑内的堆高增长快、固结速度慢。尾矿浆的排放浓度取决于浓密过程，一旦选定浓密机类型、絮凝工艺，设计工程师就无法再改变尾矿浆的浓度。另一个提高最终密度的方法是，排放堆层尽量薄，以提高固结干燥速度。即使是单塔排放，如果堆存面积足够大也可实现薄层排放。浓密尾矿排放的堆体干燥密度一般在0.9~1.85t/m^3范围内，堆体干燥密度浮动0.1t/m^3可引起10%的体积变动。采用中心排放法时，多塔排放相对单塔排放可以更加充分地利用太阳能干燥尾矿，以达到更高的密度，而单塔排放可能无法保证每一堆层充分干燥。

11.5.4 尾矿水管理

采用四周筑坝、排放管道和排放点沿库区环向布置的尾矿堆存设施都会在堆体表面形成集水池，如传统尾矿坝。集水池可能达到较大的面积，甚至达到 $80hm^2$ 以上。随排放年限增加，集水池的高度将远远超出周围地表，形成较大的水力坡度，集水池中的水可渗滤到堆体内。如果基体岩土的导水性能良好，尾矿库中的水可渗滤到地下水中。如果堆体导水性能差，尾矿库中的水仍可渗滤到堆积坡面外。无论集水池中的水向哪里渗滤，这些水分均很难再回收利用。此外，尾矿水渗滤还可引起尾矿库稳定性问题（参见第 4 章）。另一方面，水分流失来自集水池的蒸发作用，蒸发流失的速度等于蒸发速率，风力作用会提高蒸发速率。水分的流失意味着需要耗费更多水才能实现尾矿输送。尤其在干旱半干旱地区水费较高，矿山需要为水分的流失支付很大一笔费用。

尾矿水平衡的管理中，流入量主要包括泵送尾矿浆中的水和降雨进入尾矿库的水，流出量包括从尾矿库蒸发的水、渗滤流失的水、渗滤回收系统回收的水和集水池中的水（如果有渗滤回收系统和集水池）。流入量和流出量的差值为留在尾矿库中的水，这些水结合在尾矿颗粒孔隙中未释放出来。

浓密尾矿排放的尾矿库不蓄水，因此蒸发和渗滤流失量要小于传统尾矿库。渗滤流失量小的原因是库区内没有高位集水池，而且尾矿浆初始含水量低，脱水至不饱和状态的速度也更快。尽管浓密尾矿排放也有一定蒸发量，但远不及传统尾矿库内的蒸发量。尾矿一旦处于不饱和状态，其蒸发量也大大降低。同时，尾矿浆中的大部分水在浓密过程中就已回收，泵送进尾矿库的水量也就更少。图 11.8 所示为每泵送 1t 干尾矿用水量和输送尾矿浆密度的关系。传统排放的钻石矿尾矿浆密度约为 $1100kg/m^3$，而浓密后的尾矿浆密度可达 $1600kg/m^3$（如南非的 De Beers 中心排放项目）。浓密处理可更早回收尾矿中的水，尾矿库中的流失量更少，因此整个系统的总耗水量也更少。

为了实现不蓄水的目标，浓密尾矿排放尾矿库需要增加投入。如根据当地最强降雨量建设蓄水设施（蓄水池）以处理雨水。但蓄水池只是储存偶尔的降雨，不应将这部分水计入矿山可回收利用的水量。此外，如果存在泄漏污染的可能，则应当采取必要治理措施。另一方面，无坝的浓密尾矿库表面积更大，降雨时的集水面积也更大。所有进入蓄水池和尾矿库内的水都应当视为污水，不经过处理不能排到自然环境中。在尾矿库占地面积非常大的情况下，雨水的回收就非常重要，回收的雨水可作为工业用水，从而减少地下水资源的抽取量，如 Mount Keith。

尾矿固结过程中可释放一部分水。这部分水量不多，基本可通过蒸发去除，除非库区所在地区比较潮湿或所处时节为雨季。因此在容量设计时，大部分情况下不考虑尾矿排出的固结水量。

11.5.5　堆体强度与密度

与传统低浓度排放尾矿库相比，浓密尾矿排放的尾矿库稳定性更高。其主要原因是尾矿库内无集水池，杜绝了传统尾矿库内存在大范围的低抗剪强度的饱和尾矿浆。尽管目前尚无浓密尾矿排放尾矿库失稳或溃坝的报道，但浓密尾矿排放的应用历史较短，相对传统排放方式的应用比例很小，可用于验证浓密尾矿库稳定性高的例子不多。因此，即便采用浓密尾矿排放也应当对尾矿库的稳定性进行评估。

关于稳定性的另一个问题是浓密尾矿排放尾矿库的抗震能力、抗液化能力仍被质疑。有些观点认为浓密尾矿具有不离析的特点，有更高的保水能力，因此发生液化的可能性也大。如果采用尾矿粗骨料混合排放，也有可能提高抗液化能力。但是目前评估浓密尾矿液化风险的方法和传统尾矿的评估方法相同。

11.5.6 尾矿干燥与固结

浓密尾矿初始排放的固体含量高，在达到目标抗剪切强度前的脱水量更少。尾矿库内脱水的最佳处理手段是采用薄层排放，充分利用蒸发作用干燥尾矿。在干旱半干旱条件下有时采用相对低的排放浓度，尾矿也可达到强度要求，保证稳定性。Williams（2000）提及了针对澳大利亚尾矿库的一项调查，被调查的尾矿库均采用浓密尾矿排放，浆体的 Bingham 屈服应力均在 4~10Pa 之间。尾矿浆并未达到膏体状态，但浓度高于传统排放方式且沉积时不离析，沉积后堆体内部基本处于不饱和状态（图 11.10），新排放的堆层也不会造成下部尾矿变饱和。不饱和状态对于尾矿库稳定性是非常有利的，同时也说明合理设计排放厚度对于浓密尾矿库的长期稳定至关重要。在潮湿气候条件下，尾矿的强度增长速度低于干燥气候条件，如果采用与干燥气候相同的排放周期可能影响稳定性。

一些情况下尾矿水的含盐量可能很高，蒸发过程中可在堆体表面形成盐壳。Newson 和 Fahey（1998）报道了西澳一处传统金尾矿库形成了盐壳，堆层蒸发速率在两三天内降低了 90%。由于浓密尾矿库表面积更大，形成盐壳的问题比传统尾矿库更为突出。澳大利亚 Sunrise Dam 和坦桑尼亚 Bulyanhulu 浓密尾矿库均形成了盐壳。处理盐壳的方法之一是“犁土”，本章末尾将介绍这一方法。

尾矿浆干燥过程中，土壤（尾矿）的初始体积（或孔隙率）和含水率有直接的线性关系（图 11.14）。含水率小于一定值时，含水率的降低对体积减少的贡献逐渐降低。其原因为，当体积减小到固体颗粒都相互接触时，需要通过压缩固体颗粒才能实现体积再下降。含水率减少不会引起体积变化时的含水率值称为尾矿浆的缩限，对缩限的介绍见本书第 4 章。当上一次排放的砂层干燥脱水至缩限以下再开始排放新砂层，可称为理想的浓密尾矿排放（并非一致认可）。此时尾矿库下部的尾矿就可以保持不饱和状态，拥有足够的强度维持稳定性。为实现这些目标需要控制单次排放厚度。中心排放型的尾矿库一般无法控制尾矿浆流向，因此不能很好地控制排放厚度。不过尾矿浆流向也并非无法调控，如 Shuttleworth

等（2005）提到 Bulyanhulu 矿通过尾矿浆导向实现了堆层厚度的控制。另一个解决方案是采用多塔排放，如 Mount Keith，通过多塔循环实现薄而均匀的排放厚度。

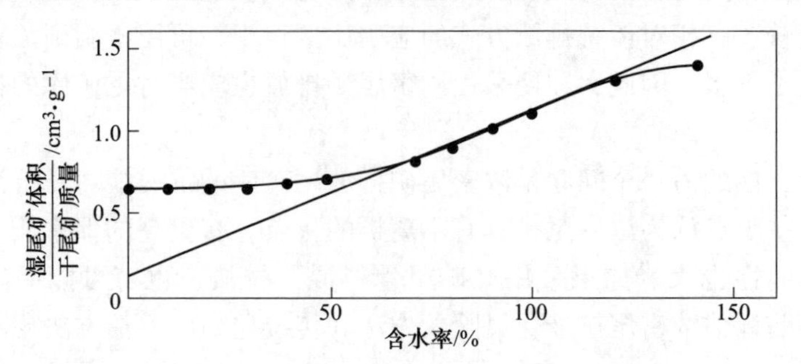

图 11.14　典型土壤/尾矿干燥曲线-体积与含水率关系

传统尾矿库为保证稳定需要控制堆高上升速度。例如在南非或西澳等半干旱地区，金矿尾矿库上升速度限制为 1.5～2m/a。对于浓密尾矿，排放站不应当规定统一的上升速度。Shuttleworth 等人（2005）通过现场含水率和干密度的检测，建议 Bulyanhulu 浓密尾矿上升速度上限为 3.6m/a。McPhail 称 Osborne 浓密尾矿的上升速度为 14m/a，并且尾矿库内很少有浸润面，也没有出现因尾矿表面不能进入而造成系统运作受阻的情况。尾矿上升速度的标准不宜推广到其他排放站的原因主要有以下几点：

• 尾矿特性不同。尾矿的排水和固结特性对于上升速度有很大的影响。相对于易排水的粗颗粒尾矿，细颗粒（尤其黏土矿物的细颗粒）尾矿含量越大，上升速度应当越小。

• 气候不同。气候条件是管理浓密尾矿库的一个重要因素。即使在半干旱地区，潮湿天气也可造成砂层含水量过高（不排水抗剪强度过低）。而该问题对于传统尾矿库影响较小，传统尾矿库内水分可快速从坝体附近的粗颗粒中析出。粗颗粒尾矿有更高的内摩擦角，沉积下来的抗剪强度更大，从而保证尾矿库的稳定性。

• 浓密机底流浓度波动大。Williams 和 Seddon（2004）报道某浓密机排放浓度最大变动可达 70%。当然这是较极端的情况，通常底流浓度波动远小于该值。当浓密机排出低浓度尾矿浆时，排入尾矿库的水分更多。如果排放站采用固定的排放周期，那么仅靠蒸发作用可能不足以将水分降低至目标值，如此开始下一次排放时该层尾矿可能还是饱和状态。

堆体表面形成盐壳可抑制蒸发速度，也不利于堆体强度发展。

总而言之，浓密尾矿库虽然在坝体加高和移动管道等方面不需要高强度的管理，但却在排放厚度和尾矿干燥上增加了对管理水平的要求，并且需要投入长期关注。如果管理不到位，则堆高上升至一定高度以后就会出现稳定性问题。如

Mount Keith 尾矿库堆体上升厚度到一定值后，靠近排放塔附近的尾矿就发生了垮塌，需要根据临界堆积厚度确定排放塔的一次排料量。

11.5.7 堆体液化风险

静态液化是传统尾矿库发生重大事故的原因之一（Fourie 等，2001）。该破坏类型不同于动态或震动载荷引起的破坏，Ishihara（1993）报道的尾矿库动态失稳事件中，动态载荷引起尾矿间孔隙压力增大从而造成液化。静态液化可由尾矿库内的浸润面上升、尾矿坝失稳（尾矿坝过高或者尾矿库外部受侵蚀）、排放砂层厚度过大等原因引起。动态液化和静态液化的共同点是，尾矿在堆积时就处于易被液化的状态。决定尾矿是否易液化的一个关键因素是孔隙率（与密度呈反比），孔隙率越小则发生液化的可能性越小。但是一些浓密尾矿的孔隙率可能已经很小，可还是有可能发生液化。干燥和固结的过程中，尾矿的密度持续增大，而孔隙的状态可能由收缩态转变为剪胀状态。有条件的岩土实验室可以测绘出介于收缩状态和剪胀状态的稳态线。关于液化这一主题的深入讨论可参见本书第 4 章。

11.6 运营与管理

11.6.1 运营与维护

浓密尾矿使排放系统在设计与操作管理上的自由度更大。浓密尾矿可以堆存在四周筑坝的尾矿库内，如南非 Hillendale 尾矿库和爱尔兰 Aughinish Island 尾矿库；或可堆存在部分筑坝的尾矿库内，如加拿大的 Vaudreuil 尾矿库和澳大利亚的 Peak 尾矿库；甚或堆存在不设坝的场地上，虽然此种方式目前并不常见。浆体的排放点可以是固定的（如单个排放塔的中心排放法），也可是移动的。浓密尾矿还可用于充填露天坑，如南非 Ekapa 的露天坑尾矿库（Hahne 等，2004）。Ekapa 浓密尾矿堆面基本没有集水池（除强降雨天气外）影响尾矿浆的干燥固结，再加上浓密尾矿本身排放浓度较高，形成的最终堆存密度更高，因而露天坑可堆存的尾矿量也更多。

浓密系统的运营比传统尾矿系统简单。浓密尾矿库的筑坝工程量小，移管频率低，尾矿水澄清系统不需要频繁调整。即便采用多塔排放的浓密系统，相比传统尾矿库频繁移动排放口的工作量，切换排放塔更为便捷，进而可降低劳务支出。当然浓密尾矿排放系统也有传统尾矿系统没有涉及的操作管理工作，需要额外的运作费用，包括疏通输送管道（不常见）、管理排放厚度、处理浓密机底流不稳定造成的低强度物料（调试期间较常见）。

11.6.2 风险管理

浓密尾矿库除了不需要管理大面积的集水池外，其运作特点还有利于降低下述风险。

浓密尾矿排放系统不需要频繁断开或连接输送管道，因此自动化控制程度更高。通过连续监测，可以对爆管、泵送失效等紧急事件快速报警。浓密尾矿由于自由水含量低，即使发生爆管，造成的环境影响也比传统尾矿泄漏造成的危害小。同时与收集输送尾矿水相关的风险也更小，但是强降雨期尾矿库内的雨水管理仍不可忽视。

浓密尾矿排放系统一旦发生断电或者爆管，事故处理比传统排放系统更为复杂。如果输送管道埋地布置（见于一些中心排放法的实践中），修复破裂的管道可能需要挖开堆积的尾矿层。如果采用离心泵输送浓密尾矿，还可能发生管线堵塞。除非泵压够高、管道压力够大，足以克服阻塞管线内尾矿的屈服应力，有时甚至容积泵的泵压也无法克服上述屈服应力。

因此即便采用容积泵的浓密尾矿排放系统，泵站能力也通常有冗余。De Beers 中心排放站就设有两台工作泵和一台备用泵。传统排放系统采用离心泵，通常也设置备用泵，但是一台备用离心泵的价格远远低于一台容积泵的价格（参见第 10 章）。

浓密尾矿排放系统需要考虑的另一个风险是尾矿浓度的变动。当尾矿已堆积成一定坡度后，必须预防尾矿浓度降低在堆积坡面上形成沟壑。一旦形成沟壑，就必须采取措施从沟壑底部慢慢将其填平。当尾矿浓度由低变为正常时，可造成超量尾矿在砂堆边缘堆积，外围堆高上升过快，从而可能需要安排计划外的堤坝处理，带来额外工程开支。

11.6.3　环境管理

随着对环境重视程度的不断加强，采矿行业必须不断降低对环境的影响。矿山的尾矿和废石管理一旦造成环境污染，必将招致媒体和公众曝光。采用尾矿浓密的处置方式可大大降低环境污染，但浓密尾矿排放也有一些比传统排放更为突出的环境问题，需要妥善处理。

11.6.3.1　渗滤

传统尾矿库中尾矿水向地下渗滤流失基本不可避免。高位集水池和周围地表形成了较大的水力梯度，导致尾矿库中的水向地下渗流。一些尾矿库的下部岩土渗透率低，可能尾矿水的渗流量很小。但是基本所有尾矿库都或多或少向周边环境渗滤污水。如果尾矿水可通过下方岩土渗透，则污水可能进入地下水中，影响下游用水。因此传统尾矿库都必须考虑长期的环境影响。浓密尾矿库在渗滤污染方面的风险较少，尤其是干旱半干旱地区。只要堆层充分干燥，堆积的尾矿均处于不饱和状态，再加上没有高位集水池带来的高水力梯度，尾矿水就不会发生向下渗流。尽管在上部排放尾矿的重力作用下堆体发生固结，但也可能发生泌水。

浓密尾矿排放的尾矿库内通常不积水，降雨被收集进行集中管理。浓密尾矿库需设一个专门的蓄水池管理雨水。浓密尾矿堆的表面积可能比相同占地面积的传统尾矿库大，没有坝体限制时，可能要求更大的蓄水池管理雨水（传统尾矿库蓄水池还需要管理渗滤水和澄清水）。

11.6.3.2 风化和扬尘

尾矿库扬尘是环境公害，且增加了尾矿库管理难度。目前扬尘对人类健康和环境质量（如土壤肥力）的影响尚无详细研究，仅有一些针对铀尾矿的研究。随着矿业的环境影响日益受到关注，扬尘问题可能给矿业公司形象带来负面影响。尾矿库堆存的尾矿含有大量细粉颗粒，颗粒间基本没有摩擦力，极易被风化脱离堆体，在大风天气中形成扬尘。当尾矿库表面潮湿时，如干排的尾矿表面或降雨后的尾矿表面，基本不会有扬尘的问题；而堆体表面一旦干燥就易发生扬尘。因此位于雨、旱季分明地区的尾矿库，旱季时扬尘问题的管理就非常困难。处理扬尘的方法之一是定期在堆体表面洒水，但是洒水工作既增加了成本，又与其他管理工作相互影响。

尾矿库闭库后库内唯一的水来源为雨水，扬尘管理将更加复杂。一些尾矿库采用降尘剂处理扬尘问题，除了供应商宣传效果显著，基本没有证据可说明降尘剂具有持久作用。Elmore 和 Hartley（1985）报道了一个关于 17 种不同的化学降尘剂对铀尾矿作用的研究，发现降尘剂的作用最多持续一年左右，并无持久效果。除效用短的缺点外，降尘剂在砂堆表面形成的保护壳极其脆弱。一旦使用这些降尘剂，人或机械都不可进入，而在阻止动物入内方面的管理更加困难。

因此，一些被动管理措施逐步发展起来。如用废石或者一些粗糙材料覆盖堆体。此外，用植被治理堆体表面虽然有效，但是耗时久。因此，结合植被治理和废石覆盖的方法通常更有效。但是也并非所有尾矿库都有足够废石，有些尾矿库需要从远处搬运废石。因此具体的治理方法还要根据经济成本确定。

上述关于扬尘的问题和治理方法同时适用于传统尾矿库和浓密尾矿库。浓密尾矿的一大特点是浆体不离析，可以形成级配良好、性质均一的堆体，因此堆体内颗粒间的接触也更为紧密，即颗粒间的互锁程度更高；由于离析作用，传统尾矿无法形成级配良好的紧凑结构。浓密尾矿的紧凑结构也使之具有良好的保水能力。另一个好处是如果排放方式合理，浓密尾矿库还可以实现逐步复垦。如 Bulyanhulu 的排放程序，排放塔沿一个方向不断推进，后方不再排放的区域便可开始复垦。传统尾矿库的排放点固定布设在尾矿坝附近，到尾矿库封闭后很长一段时间，堆体表面还无法进入。浓密尾矿库可以更早进入，也意味着可以在尾矿库进行大规模的复垦方案实验，评价各类复垦方案的适用性。

传统尾矿库的坡面形状使其易发生侵蚀。Blight（2003）提出坡峰后方是风速最大的地方，因此侵蚀也最大。也就是说尾矿库越高越陡，局部风速和侵蚀程度就越高。浓密尾矿堆的坡面形状一般较为平缓，风速放大效应不像传统尾矿堆那么明显。但是浓密尾矿堆的坡面斜长更长，因此也可能比传统尾矿堆更易受侵蚀。坡角和坡面长度对侵蚀的影响程度，应当根据现场测试得出结论。有个别报道称浓密尾矿堆的表面积更大，各排放堆层干燥也更快，因此更容易引起扬尘。对于这一说法的可靠性仍需慎重考虑。

11.6.3.3 水蚀

传统尾矿坝堆体坡面外缘部分有长期的严重水蚀，尤其是在尾矿库封闭后。在坡面外缘植草治理的方法成效不一。南非地区部分金尾矿库采用植被处理这一问题，但只有一部分实践成功（Versveld 等，1998）。边坡陡峭侵蚀严重是传统尾矿堆失稳频繁的一个重要原因。浓密尾矿堆的坡面平缓，可大大降低水的侵蚀；同样由于其坡面更长，又易造成水流集中，形成侵蚀沟。目前关于浓密尾矿库的侵蚀问题未见报道，但由此判断浓密尾矿具有抗水抗侵蚀特性还尚早，毕竟大部分浓密尾矿排放的尾矿堆还未到达最终堆高（形成最大坡长）。

11.6.4 闭库的影响因素

传统尾矿库所面临的许多潜在的长期问题，浓密尾矿库在运营期间就可以进行处理和应对。如浓密尾矿库可进行逐步复垦实验，综合评估各类复垦系统。另一方面，面对尾矿水过度渗滤污染的问题，浓密尾矿堆存技术成为解决该问题的第一选择，其潜在的优势可在尾矿库全寿命期内得到证实和评价。此外，浓密尾矿技术库内表面无积水，不用建设集水池，继而缩短了保证金的回收期。第 15 章将围绕尾矿库封闭这一主题作详细论述。

同任何矿山废料一样，浓密尾矿在长期堆存过程中排出酸性水的可能性不容忽视。在酸性水排放方面，浓密尾矿的一大优势是保水性好（mooted by Robinsky，1978），但浓密尾矿也有沿坡离析的现象，因此堆体外缘的保水性相对较差。堆体保水性好，意味着可进入堆体与尾矿中矿物反应的氧气更少，从而减少反应产生的酸性物质。Elura 尾矿库堆体中的 pH 值变化（Williams，2000）也说明了这一点，数据显示只有堆体上部 0.5m 的砂层 pH 值低于 5，0.5m 以下的 pH 值均大于 5（仅 4m 深处一处的 pH 小于 5，可能堆积该层时，出于某些原因尾矿浆与空气接触过久）。浓密尾矿保水特性好的另一个优势是，尾矿不会在潮湿气候条件下（因雨水）发生间歇性饱和，引起渗滤问题。在 Newman 等（2004）的半工业测试中发现了葡萄牙某黄铁矿浓密尾矿就有产生酸性水的可能。

浓密尾矿形成的堆体表面积大，因此在闭库时的缺点在于需要复垦和监测的范围更大。在库区改造利用方面，浓密尾矿形成的地貌更为平缓，相对传统尾矿库而言，更易改造成农田、娱乐场地、自然保护区和野生动物园。

11.7　改善堆存效果的措施

了解浓密尾矿管理的本质，掌握如何处理系统运营中的困难后，剩下的问题就是系统调控方法的创新。以下部分内容将针对系统调控，介绍改善堆存效果的相关措施。

11.7.1　中心塔定向控流

南非 Kimberly 矿采用浓密尾矿中心排放法的时间较早，用于处理钻石尾矿二次开采的抛尾，将原系统的尾矿库改造为浓密尾矿堆存场地。详见本书 16.3 节，此处仅介绍 Kimberly 采用的干预调控策略。尾矿干燥固结不充分是浓密系统启动阶段面临的主要问题，时常发生充分干燥固结的砂层和软弱砂层间隔相叠，中心塔排出尾矿浆长时间沿某一径向角度集中流动，直到该方向的砂层堆积过厚，尾矿浆才开始向另一径向角度流动（非人工干预）。为解决这一问题，所采取的干预措施是在排放塔出口四周设置百叶板闸门，通过开启不同方向的闸门限制尾矿浆沿某特定方向流出。改造后尾矿浆的流量以及排放厚度得到了良好的控制。该定向控流措施的示意图可见本书 16.3 节图 16.14。

Sunrise Dam 矿采用了一种相似的控流措施，在排放塔内设置两个方向的排放口，良好地控制了尾矿浆流向和排放厚度。Sunrise Dam 矿的操作员称这一措施的操作极为便捷。

11.7.2　加速堆表尾矿剪切强度生成——犁土的概念

部分浓密尾矿的固有渗透率低，在堆存过程中干燥固结非常慢。此类尾矿包括铝矿的赤泥（如西澳的 Alcoa（Coolings，2007））、砂矿细粒尾矿（如南非的 Hillendale）、油砂矿细粒尾矿（常被称为成熟细粒尾矿，见本书第 13 章）。即使排放厚度很小（约 30cm），低渗透性尾矿在重力排水、重力固结和蒸发干燥联合作用下也无法及时充分干燥，阻碍了后续砂层的堆积。还有些情况下，尾矿即便干燥了也无法达到目标强度，如过度絮凝的尾矿通常形成多孔低渗的结构。

除了剪切强度增长缓慢，低渗透率尾矿的另一个问题是尾矿库更容易超前填满。由于低渗透率尾矿通过固结、干燥、排水减少的体积不明显，尾矿库很快被填满，因此可能需要另建一座尾矿库。处理这一问题的方法是“犁土”，使用犁地机（通常被称为重型犁，见图 11.15）处理堆体表面，该方法已在许多赤泥排放站成功应用。从图 11.15 中可看出，重型犁工作时两个阿基米德螺旋需要部分压入堆体中，两个螺旋反向旋转，以螺旋与尾矿间产生的摩擦力合力为牵引，使犁在砂堆表面前进。结合适当的排放厚度控制，重型犁可发挥更好的效果。重型犁的工作特点和尾矿特性的相互配合至关重要，若两者不能相互配合，可能引起重型犁工作不稳定、工作效率降低。过硬过干燥的堆体表面就不适合使用重型犁，因为重型犁需要部分压入尾矿为机器提供牵引动力。虽然为重型器械，但重型犁和堆体的接触面很大，因此实际上重型犁作用于砂堆的压强并不大。

重型犁处理堆体表面的好处不只是加速固结，还能破坏堆面的盐壳（如铝矿的赤泥尾矿堆面)，揭露表面下的尾矿以助于干燥。此外，处理后的堆体表面会形成很多排水通道，有利于后续固结排水和雨水流出堆体。

图 11.15　在尾矿堆面犁土的重型犁（图片由 Residue Solutions 提供)

11.8　本章小结

正如第 1 章所述，目前新建的尾矿堆存设施至少在预可行阶段基本都会考虑采用尾矿浓密处理技术。采用浓密堆存的成功实例较多，本书第 16 章将详细介绍部分案例。对浓密堆存系统存疑的工程人员可以参考这些实例，许多系统已成功运行十年以上（多数在本书中有记载)。尾矿浓密堆存的技术正在逐步成熟，与应用这一系统相关的推荐和禁忌措施均可在本书或者 Paste and Thickened Tailings 会议集的文章中找到。

作者简介

Andy Fourie
The University of Western Australia

Andy，西澳大学，土木、环境与采矿工程学院教授，从事采矿领域的研究达 30 多年，持续开展矿山废弃物堆存设施的安全、可持续发展、环境效应方面的研究。

12

堆积坡度预测方法

堆积坡度预测方法

主要作者
Matthew Treinen　美国
Paterson & Cooke，University of Colorado
Richard Jewell　澳大利亚
Australian Centre for Geomechanics

12.1　引言

堆积坡度和坡面形状预测是浓密尾矿排放系统设计的重要内容。堆存体的几何形状是决定尾矿库最终堆存能力、堆高-库容关系和堆体上升速度等参数的关键因素。堆体坡度和形状同样也影响输送系统的设计，如排放点的数量、位置、尾矿坝顶高程及安全标高。

浓密尾矿排放系统方案选择需要权衡尾矿浓密程度、脱水费用以及筑坝（如果必要）高度的关系。堆积坡度与完整坡形的可靠预测对于地表堆存的方案设计和堆存计划都至关重要。在进行预测工作之前应首先明确堆积坡度和坡形的概念。堆积坡度（坡面角度）指的是坡形剖面上任一点处切线的角度，或堆存体由坡顶至坡角连接线的角度。坡形指的是沿着坡面（径向）的堆存体纵剖面。尾矿堆存体的坡形一般呈下凹形，预测的凹度是进行坡形表征的关键。

12.2　堆积坡度预测模型

研究人员基于不同理论提出了多种浓密尾矿堆积坡度预测模型，甚至特定工况下的完整坡形预测模型。可概括为以下几类：

流动能量模型，由 McPhail（1995，2008，2014）和 Charlebois 等（2013）提出和改进。

明渠坡度平衡模型，由 Pirouz 等（2005）、Fitton 等（2006）、Pirouz 和 Williams（2007）、Fitton（2007）、Fitton 和 Slatter（2013）、Pirouz 等（2014）提出和发展。

润滑理论模型，可参见 Simms（2007）、Henriquez 和 Simms（2009）、Mizani 等（2010）、Mizani 等（2013）等文章。

Li（2011）提出的基于 Bingham 薄层流动和极限平衡理论的模型。

Thomas 和 Fitton（2011）的浆体渠流模型。

Pinheiro 等（2012）的泥石流模型。

相关模型的详细描述可参阅以上文献，其中前三个模型（流动能量模型、明渠坡度平衡模型和润滑理论模型）是目前被认为最成熟的预测模型。下文将就这三个模型进行评价，讨论应用各模型时需要考虑的基本因素。

12.2.1　润滑理论模型

Simms（2007）、Henriquez 和 Simms（2009）和 Simms 等（2011）提出并发展了基于润滑理论的堆积坡度预测模型。润滑理论用于泥浆流动和泥石流的预测（Liu 和 Mei，1990；Coussot 和 Proust，1996；Yuhi 和 Mei，2004）。润滑理论模型通过两个关键的假设简化了 Navier-Stokes 流动模型。这两个假设为：

（1）尾矿浆的流动截面大、距离远，因此可以忽略垂直方向的速度分量。

（2）由于尾矿浆的流速很小，Navier-Stokes 方程中的惯性力可以忽略，只需要考虑尾矿浆的黏滞力和重力对流动的影响。

润滑理论模型直接将非牛顿流行为整合进入方程，因此应用较方便，可利用 Herschel-Bulkley 或 Bingham 塑性模型描述非牛顿流的流变特性。主要优点是方程简单，但仅适用于基于尾矿浆的非牛顿流模型。

尽管该模型未开展大规模的实验验证，仅通过小尺寸斜槽实验进行验证，但 Mizani 等（2013）成功应用该模型预测了单层尾矿排放的几何形状和排放初期整个堆体的形状，证明了其适用性。然而，Mizani 等（2013）的研究结果也表明，当堆存坡度达到临界坡度后润滑理论就会失效。润滑理论可能仅限于模拟尾矿早期沉积过程，或尾矿浆在明渠末端时的沉积过程。

12.2.2　明渠坡度平衡模型

基于现场观测结果，Pirouz 等（2005）认为堆积坡度是由尾矿沿坡流动的明渠决定的。明渠坡度平衡模型的两个基本假设为：

（1）当基底坡度较大时，尾矿浆的流速高，流动渠道受到侵蚀，使得坡面变缓，造成尾矿浆的流速降低。

（2）当基底坡度较缓时，尾矿浆流速低，固体颗粒发生沉积，从而使坡形变陡。

因此，最终坡面角应为不发生颗粒沉积的流动坡度。Pirouz 等（2005）、Pirouz 和 Williams（2007）认为尾矿浆必须形成紊流以阻碍颗粒沉积，并提出了一个经验模型。Pirouz 等（2008）通过室内沉降实验确定了尾矿浆的沉降区域。Pirouz 等（2014）进一步强化论证了坡面流动的平衡点为尾矿浆形成紊流的初始流速，堆积坡度可通过 Reynolds 数与 Hedstrom 数的经验关系推导。

Fitton（2007）以尾矿浆管流的临界流速替代沉积临界点，拓展了明渠坡度平衡模型。Fitton 研究基于 Oroskar 和 Turian（1980）的临界流速理论建立了堆积坡度预测经验模型。但是该模型的预测结果并不理想。倒是以 Oroskar 和 Turian（1980）的经验临界流速为基础得出的明渠坡度平衡模型预测结果更准确，因此可用于预测不离析尾矿浆的堆积坡度。Fitton（2007）又提出了一个经验模型，通过一系列明渠斜槽流动实验，验证了该模型能更为准确地预测堆积坡度。

此后，Fitton 和 Slatter（2013）建立了新型的柱塞层流模型来预测高屈服应力尾矿浆的堆积。该模型具有较好的发展前景，但仍是基于不离析尾矿浆在紊流区的经验临界沉积流速。

尽管 Pirouz 和 Fitton 等人建立的明渠坡度平衡模型为经验模型，但上述模型均进行了全尺寸堆存的实例验证，并可直接应用于堆积坡度预测。

12.2.3 流动能量模型

流动能量模型提供了预测完整堆积坡形的前期工作方案。该模型最早由 McPhail（1995）提出，用于预测低浓度尾矿浆流动时的堆积坡度与沿坡面颗粒分级情况；之后 McPhail（2008）对模型进行了改进，使之可用于预测高浓度不离析浓密尾矿。

该模型认为尾矿浆在排放起始位置时动能最大，至坡脚时浆体停止流动，在流动过程中动能全部消耗。该模型的优势在于不需要完全理解尾矿浆沿坡流动的特性，而是根据最大熵原理预测最可能的坡面形状（McPhail，1995）。

该模型应用的最大困难，在于准确估计约束条件和初始条件。因此，尽管不需建立尾矿浆流动的理论模型，但是为了提供约束条件并保证预测的准确性，对尾矿浆流动行为的理解非常重要。尾矿浆的坡面流动特性需要进行专门的斜槽实验确定（McPhail，2008）。没有斜槽实验提供的数据，模型就无法对坡面形状进行预测。

流动能量模型考虑了非牛顿流体的沉降和沿坡堆积过程（McPhail，2014）。该模型融合了尾矿浆在坡面流动过程中的流变特性演化，尾矿浆在坡面流动时发生沉积，沉积尾矿浆的含固量大于流动尾矿浆（McPhail，2014）。尾矿浆沿坡运移时的分层现象产生密度梯度，即流动尾矿浆中的水分向上运动，而固体颗粒向下运动。

12.3 流变及测试方面的注意事项

尾矿浆的流变参数是预测模型的基础。流变学本身是一门充满变化和不确定性的科学。堆积坡度的预测受尾矿浆流变参数的影响非常大。不同的流变模型适用的流变参数也不同。流动状态受坡度的影响较大，应确定流变参数的应用条件，如用于预测浆体明渠流动的能量耗散，或是用于确定尾矿浆停止流动的临界条件。此外，上述情况下的屈服应力也不同（Mizani 等，2014）。

流变特性室内测试一般不限制规模，测试样本的尺寸可以很小。因此，必须保证样本具有足够的代表性，此时样本必须满足以下条件：

（1）样品应能代表所有尾矿浆的特性。因此样品需要重点考虑和认真取样。

（2）样品制备必须采用合适的絮凝方法、静置时间、化学药剂和剪切速率。絮凝过程对尾矿浆的流变特性影响非常大。

（3）样品应能代表尾矿浆的矿物学特性。尾矿的矿物成分对浆体流变特性影响很大，而尾矿矿物组成随原矿在矿床中的位置不同而变化。

矿体本身发生变化时，采用不具代表性的样本进行测试可能造成很多的设计缺陷。因此需要提高采样的广泛性使样本可充分表征矿体的变化，尤其是当矿体中含有活性黏土成分时。

实验规模也是需要考虑的重要因素。小型斜槽实验不能完全模拟堆体的形成过程，通过该实验预测出的堆积坡度总体偏大。但是，小型斜槽实验可用于验证堆积坡度预测模型，将通过验证的模型与全尺寸的尾矿浆流动参数进行综合后，可用于堆积坡度的预测。

需要强调的是，所有室内流变实验的剪切速率都低于实际值，因此都存在一定误差（Boger 和 Scales，2008）。建议流变测试应参考本书第 3 章的一些准则，如流变测试与评估方法、仪器种类对测试结果的影响因素等。

12.4　坡面流动的基本原理

现有堆积坡形预测模型的关键是回答“主导砂浆坡面流的决定性因素是什么”的问题。下文将分节介绍理解坡面流动应掌握的几个基本要素，并讨论如何将相关要素融入预测模型。

最终认为，能量耗散是驱动坡面流动行为、形成堆积坡度的内在原因。尾矿浆沿坡面流下的能量耗散是一个非常复杂的现象，表 12.1 概括了河床沉积、泥石流和高含砂流过程中的能量耗散机制（Chanson，2004；Julien 和 Leon，2000）。

表 12.1　能量耗散机制

基于流动分析	基于颗粒分析
黏滞耗散	悬浮颗粒间碰撞
湍流耗散	颗粒迁移和扩散
流固作用耗散（壁面摩擦）	床层碰撞
	床层侵蚀

能量耗散机制的三个基本要素为：尾矿浆的非牛顿流动特性、颗粒的沉积行为和沿坡流动路径。尽管可能存在其他因素，但上述三个基本要素对砂堆形成的影响最大。深入了解三要素及相互作用是进一步研究完整砂堆形成的基础。

12.4.1 非牛顿流动特性

浓密/膏体尾矿属于混合流，由载体浆体（细颗粒、水）和粗颗粒组成。当尾矿浆沿坡面流动时，载体浆体可认为是均质、不离析的、具有非牛顿特性的流体，可用 Bingham 塑性模型或 Herschel-Bulkley 混合模型描述其流变特性。

粗颗粒可改变载体浆体的流变特性。如载体尾矿浆为 Bingham 塑性体，包含粗颗粒的尾矿浆的整体屈服应力和塑性黏度比其载体浆体的流变参数大。Thomas（1999）首先进行了粗颗粒含量增加对尾矿浆流变特性影响的量化研究。增加粗颗粒可改变载体浆体流变特性的现象在后文中统称为“流变增强效应”。

目前三种坡形预测模型都应用非牛顿流动理论揭示尾矿浆整体流动特性。

润滑理论模型的基础是尾矿浆具有均质非牛顿流动的特性。

两种明渠坡度平衡模型均假设尾矿浆在流动横截面和流动方向的纵截面上均质连续。

Pirouz（2007，2014）的明渠坡度平衡模型采用了 Bingham 塑性特性和 Herschel–Bulkley 特性参数。

Fitton（2007）的明渠坡度平衡模型应用 Herschel-Bulkley 雷诺数的前提是非牛顿流体。后期的柱塞流模型（Fitton 和 Slatter，2013）也是直接考虑了非牛顿流动特性，但是针对椭圆流截面的柱塞流控制方程却建立在薄层流基础上，模型尚待验证。

McPhail 的流动能量模型假设砂尾浆流动整体上表现为非牛顿流（McPhail，2008，2014）。该方法也考虑了随流动截面厚度和斜坡位置而变化的颗粒迁移和流变增强效应。

12.4.2 颗粒沉积

准确预测颗粒沉降行为对理解流变增强效应和坡面流动行为至关重要。尾矿浆在层流区和紊流区均可能产生沉积流动。

12.4.2.1 紊流中的沉降

紊流状态下浆体沿流动截面方向的性质一般较均一。紊流状态下的颗粒沉降的机制可概括如下：

小于黏性亚层厚度颗粒，当被带离紊流区进入流动边界时可发生沉降。

紊流的涡旋运动可将浆体进行混合，当涡旋提供的能量不足以克服颗粒重力时，固体颗粒发生沉降。

紊流沉降速度预测多是基于尾矿浆管道流动方面的研究。为了防止固体颗粒沉降，尾矿浆在管道输送过程中一般处于紊流状态（Cooke，2002）。

通过对多个管流模型的分析，Fitton（2007）发现对于一些紊流沉降模型，采用当量水力直径替代管道直径预测的沉降速度更为准确。采用当量直径是明渠管流模型常用的一种处理手段（Abulnaga，2002；Haldenwang，2003）。

目前的研究（Haldenwang，2003；Haldenwang 和 Slatter，2006；Alderman 和 Haldenwang，2007；Pirouz 等，2014）已经可以预测非牛顿流体在明渠流下的流动参数，如摩擦系数和雷诺数。但尚无研究实测明渠流中的颗粒沉降速度与管流模型预测的结果。

尽管如此，使用紊流沉降速度作为预测堆积坡形的临界条件可能并不适用。

Fitton（2007）在研究中发现离析或者不离析尾矿浆的沉降速度结果呈现较大的离散性，因此被迫使用经验速度模型，说明紊流沉降速度无法准确解释该物理行为。

Fitton 和 Slatter（2013）在后续研究中发现，尾矿浆以紊流形式沿坡流下的假设也不总是成立的。

最后，尽管尾矿浆在流动表面表现出紊流的特征，但在流动床层底部仍为层流，此时颗粒发生层流沉降。在流动截面上可能存在一定浓度梯度，因此靠近床层底部的尾矿浆流变参数更大，在床层附近形成层流区。尾矿浆的这一行为还有待深入研究。

12.4.2.2　层流中的离析行为

Charlebois（2012）、Fitton 和 Slatter（2013）研究发现，尾矿浆沿坡面流动的状态可能为层流，意味着尾矿浆中没有可以克服颗粒重力沉降的紊流混合作用。一些学者（如 Thomas，1979；Spelay，2007）发现，粗颗粒可能在柱塞区内输送，柱塞区内尾矿浆表现为 Bingham 塑性流体，而且区内无剪切。同时推测柱塞区外的尾矿浆表现出与牛顿流体相似的特性，尾矿浆的黏度系数等于其表观黏度值。剪切区内颗粒无法保持悬浮状态，必定发生沉降（Wilson，2000）。

基于 Stoke 方程建立的许多适用于单一粒径颗粒的沉降模型，可用于粗颗粒干涉沉降行为的预测。其中 Richardson 和 Zaki（1954）公式是应用最广的半经验模型，但该模型是针对单一粒径（或粒级分布狭窄）的固体颗粒而建立的。近年也提出若干针对多粒径分布颗粒的沉降模型（Berres 等，2005）。但是对干涉沉降行为在牛顿流体和非牛顿流体中的区别的研究依然很少（Chhabra 和 Richardson，2008）。

剪切迁移机制对于研究粗颗粒沉降速率及其在床层附近的平衡浓度也有着重

要的影响。Leighton 和 Acrivos（1987）最早提出了剪切迁移的概念，即颗粒由高剪切区迁移至低剪切区。Philips 等（1992）根据 Leighton 和 Acrivos（1987）的研究提出了一个综合的牛顿流体本构模型，将颗粒的剪切迁移和流变增强考虑进模型中。

无论是针对牛顿流体还是非牛顿流体，目前很少有针对剪切迁移和干涉沉降相互作用的研究。Spelay（2007）通过实验室测试和数值模型同时研究了剪切迁移和干涉沉降，是目前此类研究中最全面的，但该模型也仅限于一维薄层流。

12.4.2.3 紊流与层流的假设

针对尾矿浆沉降行为进行了各坡面预测模型的比较。润滑理论假设尾矿浆均质不沉降，因此并不考虑颗粒沉降或沉积。明渠坡度平衡模型假设尾矿浆不沉积/不沉降，流动形状为渠流，流动中尾矿浆保持整体性，颗粒在渠流末端的层流区沉降形成沉积扇。

明渠坡度平衡模型的另一假设是，尾矿浆在渠流过程中具有一定的紊动以维持浆体不发生沉降。建立的方程中，以紊流沉降速度为临界条件，渠流段流速采用整体流速（即渠流段无颗粒沉降），这一整体流速等于（Fitton 模型）或略高于（Pirouz 模型）临界流速。

McPhail（1995）最初的流动能量模型通过能量耗散预测颗粒在坡面上分级沉积。该分级预测利用了颗粒的沉降速度。但是在静态尾矿浆中颗粒的沉降速度远大于动态高浓度尾矿浆中的颗粒。目前流动能量模型的发展方向，是针对动态尾矿浆中颗粒的沉降速度建立合理的预测方法。值得注意的是，尽管预测的沉降行为可耦合进流动能量模型，但它并非 McPhail 提出的流动能量模型的必须输入项。

对管道中的颗粒层流沉降行为的研究仍不够深入，对明渠流动或者坡面沉积流动中的沉降行为的研究更加薄弱。所有堆积坡度预测模型都未考虑层流沉降的问题。因此应加强层流沉降及其对堆积坡形影响的研究。

12.4.3 沿坡流动路径

尾矿浆坡面流预测中的第三个基本要素是坡面流动路径。Williams（2011）的研究中讨论了流动路径的三个区域，如图 12.1 所示。第一段为俯冲池区，能量耗散主要发生在浆体由管流转变为明渠流的转变过程中。第二段为明渠流动区，尾矿浆以明渠流动的形式离开俯冲池。第三段为沉积扇区，尾矿浆呈扇形延展。该假设通过航拍浓密尾矿堆积的照片得到证实。

然而，该假设无法解释排放点和沉积扇之间的堆体是如何形成的。下文参照图 12.2 进行讨论说明。

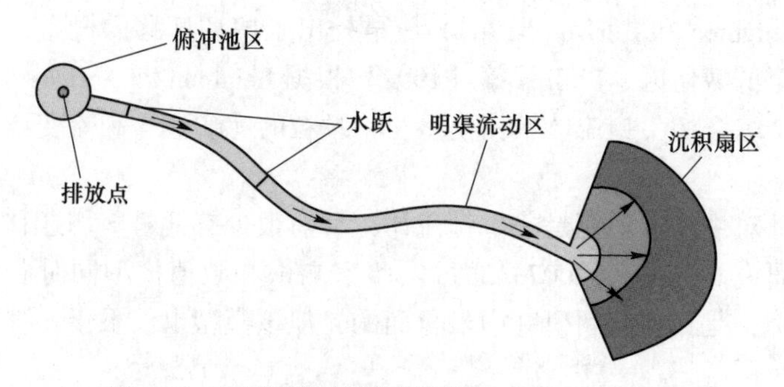

图 12.1　尾矿浆沿坡流动路径（Williams，2011）

相对沉积扇区，尾矿浆在明渠流动区沉积较少（平衡坡度模型假设颗粒完全不沉积），因此沉积扇区的堆积坡度通常比明渠流动区的坡度大。尾矿浆可越过旧的沉积扇区，在更远处堆积形成新的沉积扇区。随着沉积扇区堆积高度增大，明渠流受到抑制，尾矿浆开始由明渠流动区向两侧扩张沉积，逐渐形成新的沉积扇区。该过程中，尾矿浆的流迹同时发生弯曲，在所有流动受阻的地方均可形成沉积扇。流迹的改变与尾矿浆性质直接相关，如矿物成分、浓密程度和管输湍流波动。上述因素也是造成浓密尾矿堆体一般呈现为凹形坡面的原因。

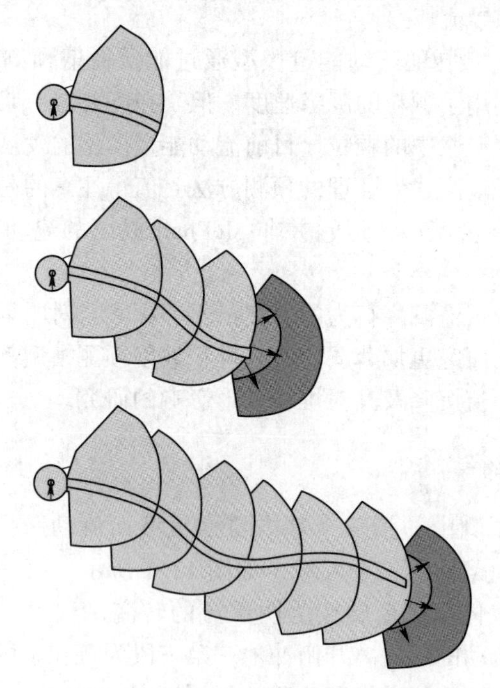

图 12.2　流动路径上尾矿推进过程

Williams 和 Meynink（1986）提出类似的堆体形成原理，流动渠道越过堆积扇逐渐向前推进。Williams（2014）重申了 Williams 和 Meynink（1986）提出的堆体形成原理，并配以多张堆体形成原理和两堆存站点间浆体实际流动时间序列照片（图 12.2），作为证明材料。

不同坡形预测模型对流动路径的处理方法迥异。

Simms 润滑理论的建立是基于流动范围无限大的薄层流，尽管后来 Simms 本人也认为该假设仅适用于堆体形成的初始阶段（Simms 等，2011）。一旦形成稳定的堆体，浆体的沿坡流动状态主要是以明渠流为主。但是润滑理论也可应用于明渠流中，Coussot 和 Proust（1996）对泥石流的模拟就采用了该方法。

浆体在沉积扇区以薄层流动为主，因此可用润滑理论解释沉积扇的形状。Coussot 和 Proust（1996）提出润滑理论的初衷是解释泥石流行为，至今未有在尾矿沉积扇形状方面的应用。

明渠坡度平衡模型适用于分析尾矿浆流动路径上的明渠流动区。不过 Fitton（2007）、Pirouz 和 Williams（2007）都提出只有明渠流动区才是决定堆体形状的关键。

McPhail（1995）的流动能量模型在确定模型的约束条件时也采用了渠流。但是该模型中流动能量通过每米能量耗散率计算，因此较适用于流动区域广、流动截面浅的情况，不需要将流动限制为渠流形式。

此外，流动路径的弯曲也意味着有效坡面流动长度的增加。McPhail（1995）的预测模型是唯一依赖流动坡面长度的模型。McPhail 认为尾矿浆流速、浓度和矿物组成的波动可引起浆体流变特性随时间发生随机变化，流变特性的变化是造成流动路径弯曲的主要原因。为了解释流动路径的弯曲，McPhail 开发了一套基于随机漫步理论的算法。基于该理论，McPhail（2015）推断有效坡面流动长度值最大可达坡面长度值的 2 倍。有效坡面流长度及其对堆积坡度的影响有待深入研究。

12.5 现场经验预测

Robinsky（1975，1978，1999）最早提出浓密尾矿排放的概念，并应用于 Ontario 一处建于敏感黏土层上的尾矿坝，其初衷是降低堆体高度，从而降低作用于尾矿坝的载荷。Robinsky 采用代表性尾矿样本开展斜槽实验用于预测堆积坡度。根据 Paste and Thickened Tailings 历届会议上公布的案例，许多设施仍采用类似实验方法预测堆积坡度。实践证明现场堆积坡度总是小于实验室斜槽实验获得的坡度值。同样，与 Paste 2011 会议同时举办的堆积坡度预测研讨会上，“小型斜槽实验获得的堆积坡度与现场堆积坡度无直接联系”的结论认同率很高。此外一些传闻也称，无论哪种方法预测的设计堆积坡度在实际操作中都无法实现。

堆积坡度预测模型最大的问题是模型预测的堆积坡度都无法和现场堆积坡形比较（除了 Williams 等（2006）的明渠坡度平衡模型和 Charlebois 等（2013）的基于 McPhail 流动能量的模型等）。Williams 等（2008）提供了世界各地 34 座浓密尾矿排放站的堆积坡度数据，这是目前为止公开发表的最全面的数据信息。数据表明，浓密尾矿堆积坡度预测值在 5%～10% 之间是不切实际的。数据中只有 Tanzania 的 Bulyanhulu 排放站实现了大于 5%（最大 10%）的堆积坡度。

Bulyanhulu 的浓密尾矿排放方法也较为独特，尾矿通过过滤机制成滤饼主要用于地下采空区的充填，过剩的滤饼再添水制成均质高浓度尾矿浆，泵送至尾矿库，采用多塔低流量排放的方式，最终实现了较陡的堆积坡度。然而当制备的尾矿浆浓度低于设计值时，该排放站也存在浆体冲刷的问题。

如前所述，最佳的堆积坡度预测能减小预测值与实际值之间的误差，但这在很多时候无法实现。此外本章所讨论的堆积坡度预测模型均采用不同的准则和参数，因此，无法比较不同模型在相同条件下的预测结果。

CODELCO 在智利北部下属的 Chuquicamata 矿建立了一座处理能力 70t/d 的浓密尾矿排放实验站。该站同时邀请了分别从事 McPhail 的流动能量模型和 Williams 的明渠坡度平衡模型研究的科研人员进行不同尾矿浆浓度下的堆积坡度预测。

该实验为模型研究者们提供了同一尾矿浆在同一时期堆积情况的基础资料，是一个绝佳的对比条件。采用 McPhail 流动能量模型预测的结果发表在文章（Engels 等，2012）中，而关于明渠坡度平衡模型的预测情况发表于文章（Pirouz 等，2013）中。读者们可以参阅这两篇文章做出自己的评价。相信以后会有更多预测模型和现场堆积情况对比的研究。

读者有自己的观点来评价预测模型，但需要注意的是，模型的预测误差一般源于假设和材料参数等因素与实际值的差异。Seddon 和 Fitton（2011）提出即便在运行相对稳定的系统中流量和流变特性的波动也是不可避免的，在系统设计时必须将该波动考虑在内。例如矿石的类型或成分可随采矿年限而变，继而影响尾矿浆的流变特性，浓密机的操作方式也可能改变造成尾矿浆浓度和流变特性变化。此外，排放站的运营方式和堆存方法的选择对尾矿浆的局部流量和堆积坡度也有重大影响。

总而言之，矿物成分变化、浓密程度变化和管道脉冲等因素均可引起尾矿浆流动特性的波动，从而引起尾矿浆堆积坡度改变，导致浓密尾矿总是形成凹形坡面。Fitton 等（2008）和 Seddon 等（2015）针对各变化参数提供了这一过程的模拟结果。

12.6　研究现状

为加深对尾矿浆流动特性的理解，提高堆积坡度预测准确性，当前的研究主要集中在以下几个方面：

（1）全面理解均质非牛顿尾矿浆的管流行为，包括以下内容：

1）评价薄层流模型和管流模型在非牛顿浓密尾矿浆明渠流动中的适用性。

2）研究非牛顿尾矿浆明渠流的过渡区域和紊流区域，以及区域划分的临界条件。

3）发展并验证可准确预测尾矿浆柱塞流行为（即流动厚度、整体流速、柱塞速度和柱塞流形状）的模型。

（2）浓密尾矿浆是一种级配较宽的、粗颗粒分散于非牛顿载体浆体中的混合流体，需要开展尾矿浆干涉沉降及剪切条件下的颗粒迁移研究，然而目前大部分干涉沉降实验研究及理论模型仅针对载体浆体静止的情况；此外还需研究的是粗颗粒的流变增强效应。只有把干涉沉降、剪切迁移和粗颗粒流变增强效应综合融入非牛顿流模型，才有可能完整预测坡面流动特性。

（3）通过对各个输入参数进行估算，计算出不同的临界特性来预测尾矿浆流动行为。参数估算的内容包括：

1）载体尾矿浆的浓度和流变特性；

2）粗颗粒粒径和密度；

3）粗颗粒级配和浓度与流变增强的量化关系；

4）流道形状（管流或薄层流）；

5）流速（尺寸效应）。

（4）深入理解浆体流动路径的迁移和弯曲，以优化排放口安装间距，从而获得最大堆积坡度。

（5）深入研究不同浓密机底流浓度波动范围，以及浓度波动对堆存参数的影响。

（6）进一步发展流动沉积实验技术评价滩坡。

希望以上研究结果能为尾矿浆坡面流提供更丰富的基础信息，并与基础理论相结合提高堆积坡形预测精度。

作者简介

主要作者
Mathew Treinen
美国，Paterson & Cooke，
University of Colorado

Matthew 是 Paterson & Cooke USA 公司的项目工程师，美国 University of Colorado 博士研究生，主要研究方向为颗粒沉降和非牛顿体流动行为。

Richard Jewell
澳大利亚，Australian Centre for Geomechanics

Richard 退休后任 The University of Western Australia 教授，Australian Centre for Geomechanics 主任。Richard 在矿山尾矿领域开展研究长达 40 年，而且作为顾问仍在 ACG 中继续任职。

合作作者
Robert Cooke
美国，Paterson & Cooke

Robert 是 Paterson & Cooke 在 Denver 的负责人。Robert 与 Angus Paterson 在 1991 年共同创立了 Paterson & Cooke 公司。Robert 在世界各地的泥浆运输和矿物加工项目方面拥有广泛的国际经验，包括回填、长距离管道输送、水力提升、过滤、膏体、浓密和传统尾矿技术。

13

管道注射絮凝技术

管道注射絮凝技术

第一作者
Patrick Sean Wells　加拿大，Suncor Energy，Inc.

13.1　引言

管道注射絮凝技术是向输送管道注射化学药剂进行细粒级尾矿浆物料特性调控，并将处理后的尾矿浆用于地表排放或后期浓密的工艺。一般情况下，高分子絮凝剂可将细粒尾矿絮凝成团从而将自由水排出。管道注射絮凝排放技术包括四个关键环节：絮凝剂混合、浆体性能调控、地表排放堆存、泌水处置工艺。该技术工艺与传统膏体/浓密尾矿处置技术相差较大。尽管本章资料基本来自加拿大 Alberta 东北部某油砂矿案例，但作者相信该处置方式可推广至其他种类的尾矿。管道注射絮凝效果受尾矿中黏土成分特性的影响，黏土成分决定了尾矿浆和化学药剂的相互作用，其他成分的流变特性也影响混合效果。

13.2　管道注射絮凝的概念

管道注射絮凝是指在输送过程中将高分子絮凝剂与尾矿浆混合从而实现尾矿浆在管道中脱水的技术。该技术是膏体/浓密尾矿处置领域的一大突破。

管道注射絮凝技术适用于细粒级为主的尾矿浆，可用于浓度范围从选厂低浓度尾矿浆至浓密后的高浓度浆体的脱水处理。尾矿浆的流变特性受黏土含量的影响较大，粗颗粒或低活性颗粒对流变基本无影响。尽管管道注射絮凝可替代浓密机用于处理普通选矿尾矿，但该技术主要用于脱水效率低的高黏土含量尾矿浆。

13.3　尾矿类型与关键材料特性

一般采用高分子絮凝剂处理尾矿悬浮液，通过中和或桥接作用实现颗粒的絮凝。非离子和阴离子絮凝剂的作用原理是通过同一高分子长链上解离出的多个基团，同时吸附在多个矿物颗粒表面形成絮团。阴离子絮凝剂（通常为聚丙烯酰胺）上带负电的羧基基团可与黏土颗粒边缘的铝离子和质子结合，或与黏土颗粒板状面的交换性阳离子结合，从而吸附在黏土颗粒上（Theng，2012）。Theng（2012）详细解释了不同高分子絮凝剂的絮凝机制。

影响管道絮凝脱水效果的因素有尾矿水的化学特性、阴离子絮凝剂的化学特性与浓度、黏土矿物的粒径与类型。颗粒间的相互作用取决于尾矿矿物含量、表面特性以及尾矿孔隙水的化学性质。尾矿矿物特性包括矿物含量、矿物颗粒长径比、粒径分布、颗粒间的排列取向等（Bundy 和 Ishley，1991；van Olphen，1992；Tateyama 等，1997；Jewell 和 Fourie，2006）。尾矿浆中粒径小、长径比大的颗粒对其相互作用影响较大。赤泥尾矿浆含有极细的铁铝氢氧化物和黏土矿物，大部分颗粒都具有较小的粒径和较大的长径比。

使用亚甲基蓝测定法确定黏土活性指数可量化尾矿矿物学特性对絮凝剂的影响。该方法对黏土的内外表面积都很敏感，易受黏土含量的影响。加拿大 Alberta 东北部的油砂矿沉降性细粒尾矿浆称为成熟细粒尾矿，黏土成分直接影响尾矿浆的流变特性、絮凝剂用量以及脱水特性等参数（Wells 等，2011）。黏土含量越高对絮凝效果的影响越大。本章所指的黏土和黏土矿物意义相同。

13.4 管道絮凝流动机理

尾矿浆与高分子絮凝剂溶液的混合流动机制是开展管道注射絮凝技术研究的基础。化学药剂和颗粒间的相互作用是絮凝过程的动力，而适宜的水力条件可以保证絮凝过程稳定高效，因此水力条件对絮凝过程也产生重要影响。尾矿浆和絮凝剂溶液的混合过程为化学药剂与固体颗粒相互作用提供条件。如果尾矿浆和絮凝剂无法有效混合则任何化学反应都不可能发生。

13.4.1 聚合物的分散与絮凝动力学

絮凝作用发生的前提是絮凝剂能够与尾矿中的黏土矿物充分混合。混合过程通过湍流作用将絮凝剂和黏土成分分散均匀实现混合。尾矿浆湍流强度是影响絮凝剂的混合效果的决定性因素之一。

表观黏度较低且几乎无屈服应力的低浓度尾矿浆在管道输送过程中一般表现为高雷诺数的紊流，此时絮凝剂较易与尾矿浆均匀混合。但对于固体浓度大、黏土含量高的尾矿浆，其表观黏度较大，管流特性趋向于层流，絮凝剂的分散难度较大。

假设尾矿浆持续在某紊流条件下进行输送，由于絮凝过程的进行，尾矿浆的流变特性发生变化，不利于絮凝剂的混合分散。尾矿形成絮团后，屈服应力和表观黏度系数可增大几个数量级。

在絮凝剂混合系统的设计阶段必须考虑流动状态由紊流迅速转变为层流的过

渡过程。当以层流输送尾矿浆时，絮凝剂可能只在管道壁附近与尾矿浆环状混合，管道中心附近的尾矿则无法发生絮凝。

絮凝剂溶液自身的表观黏度影响絮凝剂的分散效果。管道注射絮凝体系的黏性比可定义为絮凝剂溶液的黏度与尾矿浆的黏度之比。黏性比越接近 1 越有利于絮凝剂的混合，当比值超过 4 时，即使是紊流状态也难以实现均匀分散，只有使用搅拌机进行强制混合。因此应根据尾矿浆的表观黏度系数，通过调整浓度改善絮凝剂溶液的黏性。

13.4.2 絮团生长

当絮凝剂充分分散到尾矿浆后，湍流强度应降低以实现小絮团接触形成更大的絮团。此时过大的剪应力会破坏已形成的絮团结构。因此，应设计剪切强度的上限和下限以保证絮凝过程的有效进行（Amirtharajah，1991）。

13.4.3 预测模型

基于 Camp 数的经验预测模型可应用于絮凝尾矿浆管道压力损失的预测（Diep 等，2014）。该模型先检测室内间歇絮凝实验底流的流变特性，然后对重复剪切或 Camp 数影响下的尾矿浆流变特性变化进行分析并建模。基于该分析模型可建立在线检测系统以预测压力分布和总水头损失。

13.5 絮凝剂的注射

絮凝剂向尾矿浆加入的过程是絮凝剂分散（尤其是在管道内分散）的重要动力。为提高絮凝效果应提高絮凝剂的加入速度（即采用注射的技术）。

13.5.1 注射技术

最简单的被动式絮凝剂注射方法是 90° T 形注射，如图 13.1 所示。采用计算流体动力学软件 CFD 模拟了主管道流速相似条件下，注射支管直径对分散效果的影响，如图 13.2 所示。注射过程的关键在于注射支管的直径和流量、絮凝剂溶液与尾矿浆的黏度之比。Forney 和 Lee（1982）提出支管和主管最优的关系为：

$$\frac{q}{Q}=\left(\frac{d}{D}\right)^{1.5} \tag{13.1}$$

式中，q 和 d 分别代表支管流量和直径；Q 和 D 分别是主管流量和直径。

合理配置支管与主管的关系不仅能够保证较好的混合效率，而且能够提高对絮凝剂和尾矿浆流量的适应性。孔板混合器是一种合理的混合装置，如图 13.3 所示。孔板混合器可用于水处理工艺中絮凝剂的快速混合（Vrale 和 Jorden，

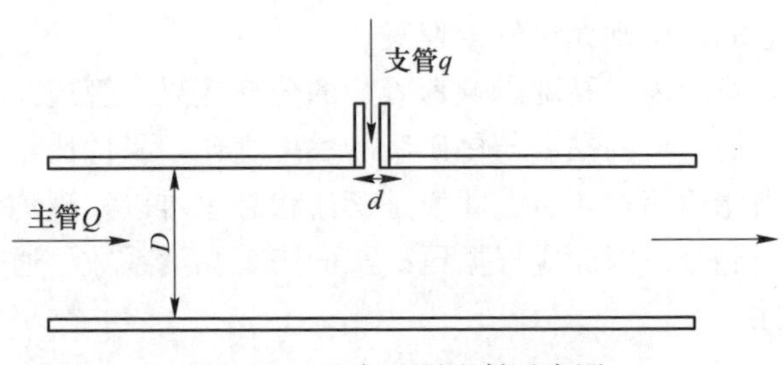

图 13.1　基本 T 形注射示意图

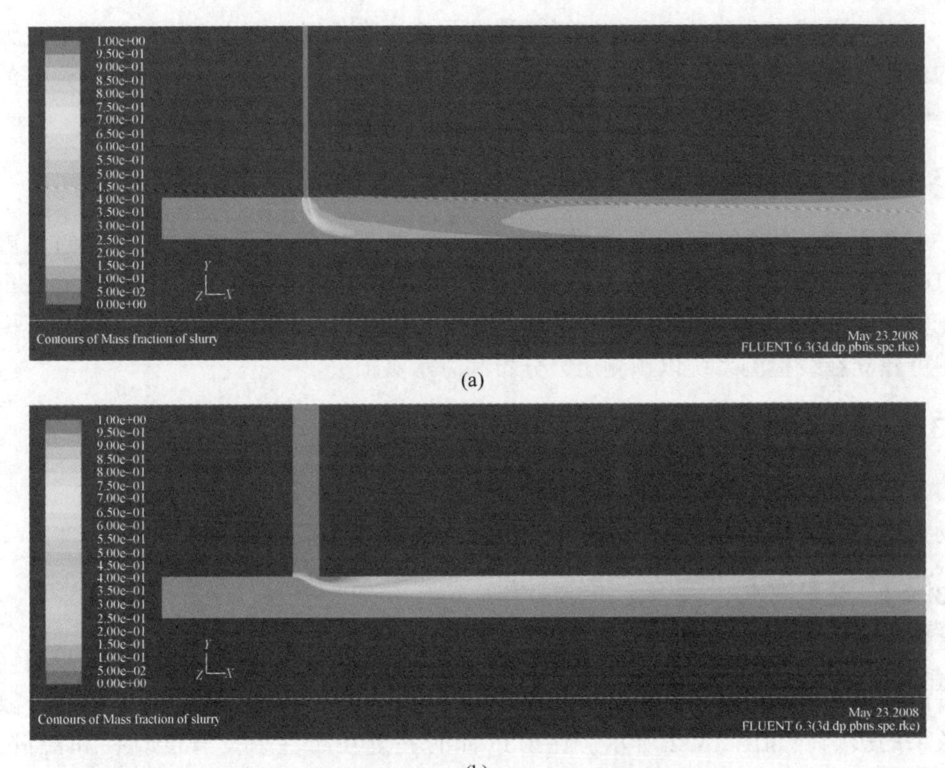

图 13.2　T 形注射的 CFD 模拟结果

(a) 支管主管直径比为 0.125（混合效果好）；(b) 支管主管直径比为 0.65（混合效果差）

1971）。

尽管孔板混合器在其他行业已经得到了广泛的应用，但其在尾矿浆管道絮凝领域的应用仍存在一些困难，暂未实现絮凝剂的高效混合。在混合之前进行尾矿浆性质的调控是最可靠的现场解决方案，如在混合时采用泵机与加压罐加压注射的方式。该方法仍然存在各种移动部件执行复杂、管理体系要求高的问题。

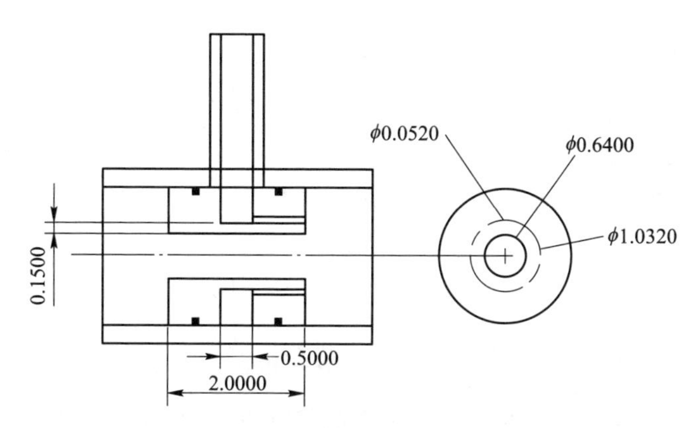

图 13.3　孔板混合器示意图（Vrale 和 Jorden，1971）

13.5.2　注射瞬间的流态

被动在线注入装置的大量计算和实验研究表明，在絮凝剂注射点处，未经处理的尾矿浆的流动状态对分散和混合效果有显著影响。紊流状态的混合效果优于层流。对于直径 50mm 的管道输送室内实验，紊流和层流时高黏土含量尾矿浆的泌水效果如图 13.4 所示。在相同絮凝剂单耗下，紊流时的脱水效果更好（与现场经验相同）。当尾矿浆流速低于紊流临界流速时，絮凝剂用量增大，絮凝过程不连续，造成整个工艺不稳定；当尾矿浆流速高于临界流速后，脱水效果与稳定性均显著提高。

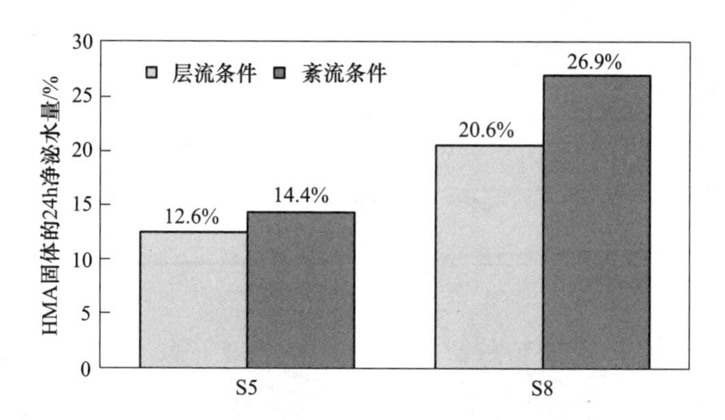

图 13.4　紊流和层流絮凝效果对比（管道直径 50mm 的室内实验，S5、S8 为样本名称）

根据 Wilson 和 Thomas（2006）模型预测的临界流速如图 13.5 所示，可知两种屈服应力下的宾汉姆塑性流体的临界流速都是管道直径的函数。

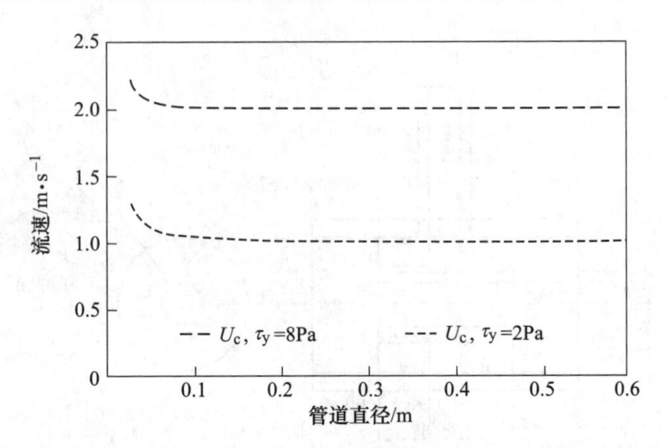

图 13.5　不同屈服应力的宾汉姆流体的临界流速预测（假设表观黏度为 0.02Pa·s）

13.6　絮凝调控和泌水

本部分主要分析尾矿絮凝后的絮团增长和絮团分解（调控）两个过程。两个过程所需的水力条件不同，为达到最好的固液分离效果，应对相关过程进行统筹考虑。

桨式混合器搅拌絮凝尾矿浆的剪切曲线如图 13.6 所示，可将搅拌过程分解为四个阶段。

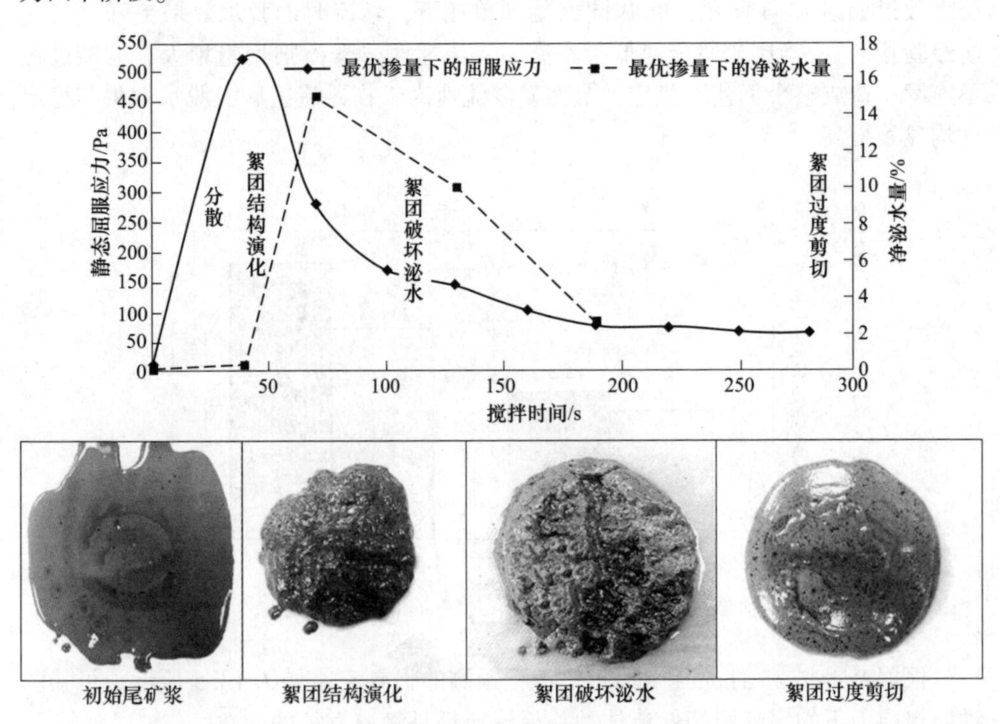

图 13.6　极细粒尾矿在管道絮凝反应四个阶段的形态

第一阶段为絮凝剂分散或絮团形成阶段。随絮凝剂和尾矿颗粒接触，尾矿浆屈服应力快速增长，开始少量泌水。

第二阶段为絮团重新排列阶段，达到高屈服应力的胶凝状态。

第三阶段为絮团分解泌水阶段，尾矿浆屈服强度下降，絮团分解，释放出大量自由水。

第四阶段为絮团过度剪切阶段。尾矿浆的屈服应力快速下降，尾矿浆快速恢复到接近絮凝前的状态，基本无泌水。

由上述反应过程可知，当浆体屈服应力超过峰值后，泌水效果最佳。在管道长度足够产生所需要的剪切作用的情况下，也可在现场识别对应的泌水区域（图13.7）。当净泌水量高时（Diep 等，2014），屈服应力低于预期值，适宜采用桨式转子流变仪或塌落度实验测定流变参数。抗剪强度发生变化是由于管道内浆体流动状态由均质流演化为了固液两相流。絮凝尾矿发生该相变后，桨式流变仪检测的流变参数将失去原有的物理意义。尾矿浆中的自由水含量和絮团排列对浆体与十字板间的作用产生严重影响，甚至造成测试数据不可读。随着混合过程的持续进行，静态屈服应力的增加也反映了该效应的存在，如图 13.7 所示。

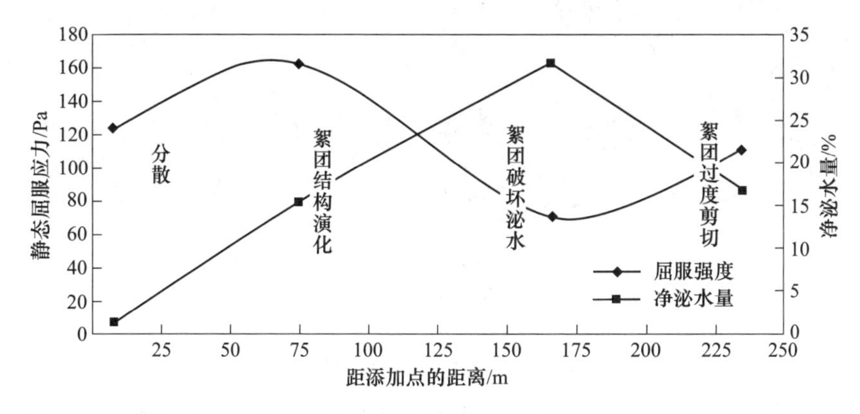

图 13.7 直径 305mm 单注射口长环管实验絮凝尾矿浆屈服强度和净泌水量变化

如果将注射絮凝后的浆体继续进行管道输送，则絮凝效果受更多因素的影响。如在注射口下游使用静态混料装置可造成絮凝尾矿浆的过度剪切，破坏絮团结构，降低絮凝效果；同时，注射口下游的静态混料装置可加速水分的析出，缩短注射口后方的管道长度。

尽管管道注射絮凝技术可实现尾矿浆的脱水，但主要作用过程发生在注射口的下游，可产生间歇性的壁面滑移效应（黏性滑移），造成管流不稳定。对于不设容积泵的系统，可导致系统运行不稳定。同样，絮凝尾矿浆剪应力升高，会导致注射后管道压力上升，继而造成整体输送阻力的升高，对于无容积泵的系统是一个潜在问题。

13.7 坡面堆积调控

13.7.1 坡面流动与堆积的观测

排放站应记录尾矿浆流动和堆积的全部过程。传统尾矿的流动和堆积较随机，但仍可预测。明渠流动在坡面流动中占主导地位，操作人员对堆积过程和砂堆形状较熟悉。管道注射絮凝尾矿浆在坡面流动和堆体成形方面的控制难度较大。如絮凝油砂尾矿浆的固体浓度、副产物（沥青）、工业用水（作为载体流体）、絮凝剂等参数的微小变动，即可导致尾矿浆表现出多种不同的流动特性（图 13.8）。尾矿浆排放前管道絮凝的调控过程也会影响絮团结构和尾矿浆流变特性。坡面流动过程中尾矿浆的流变特性也会发生改变。

图 13.8 位于加拿大 Alberta 省 Fort McMurray 附近 Suncor 公司尾矿减量化作业（Tailings Reduction Operations，TRO）（典型商业规模的极细絮凝尾矿干燥库）

管道絮凝尾矿的现场堆存行为受尾矿浆中多相作用、各物态比例以及输送能量等因素控制。一般情况下，絮凝剂浓度、固体浓度（絮凝过程中作为主要参与物的黏土含量）等参数与絮凝尾矿的屈服应力正相关。但絮凝剂浓度对流变特性的影响程度还取决于尾矿浆在絮凝剂扩散、混合、絮凝尾矿浆调控和沉积过程中所获得的能量。因此，管道絮凝尾矿浆的流动特性极其复杂。

浆体的流动特性和外力作用的相互关系能够造成表观流动行为的巨大差异。根据记录，最多有四种明显的宏观流动类型（图 13.9）：堆积流、薄层流、明渠层流及明渠紊流（Charlebois，2013）。

薄层流和明渠流动行为较为常见。管道絮凝尾矿浆与传统无絮凝尾矿浆或浓密尾矿的构成相似，但絮凝过程和排放条件的差异对最终的坡面流动行为影响很大。为说明这一点，将上文提及的絮凝油砂矿尾矿的几种流动类型绘制于同一张流动特性图（图 13.10），通过现场测得的静态屈服应力与流动能量（代表单位

图 13.9 (a) 罕见的堆积流，排放口下形成疙瘩状砂堆；(b) 薄层流，形成均质的砂层；(c)、(d) 分别为流动宽度为 400m 和 300m 的明渠层流

体积尾矿动能）的关系进行比较。尽管还未有文献支撑，但其他类型絮凝尾矿的流动行为也可通过类似的理论流动特性图来研究。

絮凝尾矿的流动特性对确定堆存形态与堆存规划（预测堆积坡形和堆积角度）、决策堆存设施设计至关重要。

13.7.2 均质流与多相流

13.7.2.1 快速脱水尾矿浆特征

絮凝尾矿浆的流动形态复杂，既可表现为传统均质单相流，也可在快速脱水过程中表现为复杂的多相流；设计理念和运营方式不同的排放站，絮凝尾矿的流态差异非常明显。

絮凝尾矿浆快速脱水时，尾矿浆趋向于离析成半固态（絮团）-液态载

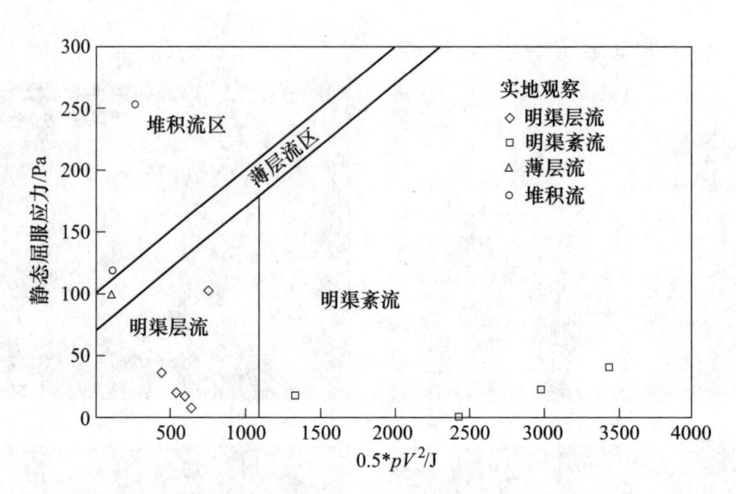

图 13.10 极细粒絮凝尾矿浆理论流动特性图（Charlebois，2012）

体（水）的体系，最终在堆体上形成絮团和水的两相系统。在逐渐升高的堆体表面，浮力和重力能够决定固态或半固态絮团的沉积位置。

13.7.2.2 坡面流动模拟

将标准坡面流模型应用于絮凝尾矿时，需要考虑快速脱水材料特性，包括以下内容：

絮凝尾矿既可表现为单相流（调控合理时）也可表现为多相流，取决于脱水速度或絮团在载体浆体中的沉积性能。

絮凝尾矿浆的流变特性更加敏感，即使没有外部能量输入，尾矿的物理结构和流动特性也可能发生变化。

当絮凝尾矿浆从管道中排出时，絮团结构受分散混合过程和排放系统的影响。絮团从排放口流出时的结构最佳，在能量较低的坡面流动过程和堆积环境下，该结构逐渐降解。

反之，泌水可对尾矿浆的流动产生润滑作用，沉积时尾矿浆剪应力几乎为零，从而引起柱塞流或者多层流动现象。

尾矿浆流动距离越大，流动性（与黏滞性相反的流动指标）越低，则絮凝尾矿的泌水速度还会影响尾矿浆流动距离。

絮凝尾矿的特征较为复杂，且部分特性相互矛盾，但其流动行为仍可采用标准坡面流模型进行预测。如 Suncor Energy Tailings Reduction Operations 采用管道注射絮凝技术处理油砂尾矿，全尺寸坡形结果验证了 McPhail 模型（Charlebois，2012）。

13.7.3 堆体管理

13.7.3.1 坡面形状

管道絮凝尾矿堆体形状与离析或者不离析的普通尾矿浆形成的堆体相似，但是絮凝尾矿堆的平均坡度更大。原因在于：

(1) 管道絮凝后尾矿浆的屈服应力和黏度系数等流变参数上升；

(2) 絮团的结构尺寸影响絮凝尾矿浆的离析行为；

(3) 坡面流动过程加速了尾矿浆的脱水过程，造成浆体流变参数上升。

在管道絮凝尾矿滩、堆或锥体中均能观察到凹形堆积坡面，如图 13.11 所示。图中显示的坡面凹度可能小于实际凹度，几乎接近单调递减的线性坡面。

管道絮凝尾矿浆的流动距离、总体坡形和堆积角度取决于两个因素：流变特性与排放时的流动能量。McPhail（1995）对各参数的关系进行了详细说明，为堆体的长期管理及最终形状控制提供了理论基础。

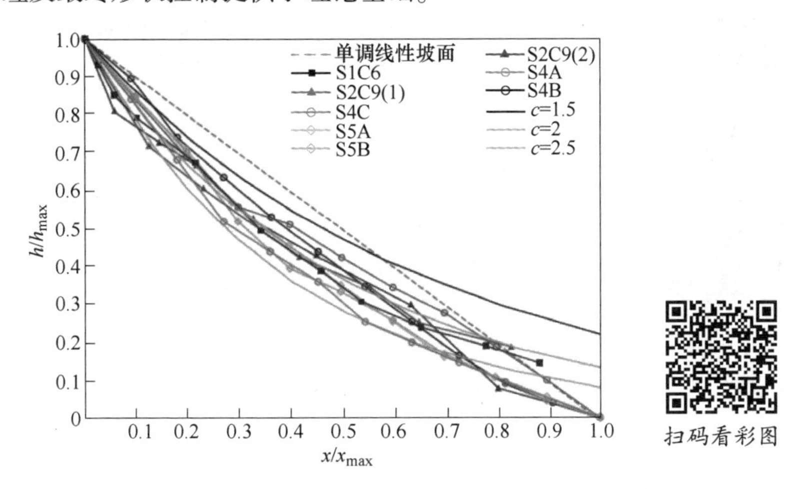

图 13.11 极细絮凝尾矿浆（归一化）堆积坡形与线性坡形的比较

（无标记实线为凹形坡面参考线）

13.7.3.2 表面径流与排水管理

管道注射絮凝技术能够使得尾矿浆在砂堆形成的过程中有效地排出大量水分。排水过程包括砂堆表面泌水与水分沿坡面流下两个子过程。

为保证管道絮凝尾矿的脱水效果，应在泌水下游的末端布置排水设施。经验表明自然形成的堆积表面防雨水的效果更佳，因此堆面不宜有机械扰动，否则可能造成表面积水。在机械扰动不可避免的情况下应沿坡面布置排水设施。

13.8　本章小结

对于无法采用传统浓密机进行有效脱水的尾矿浆，管道注射絮凝技术的效果更佳，成本更低。在技术工业化探索的过程中，研究人员提出了许多与絮凝剂混合、絮凝行为、沉降控制相关的基础理论。上述理论不仅可以应用于膏体/浓密尾矿的各个方面，同时加深了管道注射絮凝工艺的理解、提高了絮凝效率。随着技术的逐步推广与应用，可从多角度验证其技术成本与效率。

作者简介

第一作者
Patrick Sean Wells
加拿大，Suncor Energy Inc.

Sean 在 Suncor Energy 公司担任技术总监，1997 毕业于 Saskatchewan 大学地质工程专业。他曾是地质学家，计算机系统分析员，木材工人，焊工和音乐家。

合作作者
Lawrence Charlebois
加拿大，Robertson GeoConsultants Inc.

Lawrence 于 2009 年开始在北美及世界范围内从事矿业咨询工作，单位为 Robertson GeoConsultants，研究方向包括尾矿高分子絮凝、尾矿沉积形成过程控制。Lawrence 负责进行了多项油砂浓密尾矿的沉积、脱水测试项目。

John Diep
加拿大，Coanda Research & Development Corp.

John 在加入 Coanda Research & Development 公司前完成了流体动力学硕士学位，从事了 13 年的尾矿处理项目研究与管理工作。John 目前是 Coanda 公司的业务主管。

Benny Moyls
加拿大，Coanda Research & Development Corp.

Benny是Coanda Research & Development公司项目主管，拥有12年的力学工程与分析化学的工作经验。他负责开展和管理了多个项目的研究和开发，领域包括湿法冶金、尾矿管理、多相流动以及非牛顿流体的絮凝和混合。

Oladipo Omotoso
加拿大，Suncor Engergy Inc.

从1996年开始，Oladipo针对油砂中黏土矿物结构与性能、浮选分离流程中与水和碳氢化合物的反应原理、黏土对尾矿脱水性能的影响等方面展开了深入而广泛的研究。他目前是Suncor Energy公司高级研究工程师。

Adrian Revington
加拿大，Suncor Energy Inc.

Adrian获得英国Exeter University化学博士学位。他继续到Birkbeck College从事脑疾病方面的博士后工作。八年前他加入Suncor能源公司，他一直专注于油砂尾矿的大规模应用研究。

Marvin Weiss
加拿大，Coanda Research & Development Corp.

Marvin在实验、理论和计算流体动力学方面有30年经验，并在Coanda Research & Development公司领导相关研究小组。对于公司流体动力学的相关项目，Marvin积累了很多成功的研究和管理经验。

14

矿山充填技术

矿山充填技术 14

第一作者
Andy Fourie　澳大利亚，The University of Western Australia

14.1　引言

在《膏体与浓密尾矿指南》第 2 版（Jewell 和 Fourie，2006）出版后的九年时间里，胶结膏体充填技术得到了广泛的发展。目前全世界在运行的膏体制备站有 100 多座，且以每年 5 座的速度增长（Bloss，2014）。在这样的情况下，本章针对膏体制备技术的变化和进展进行了一定的修订。

14.2　充填技术简介

在所有的充填技术中，膏体充填技术的优势在于简化了充填工艺，而传统的水力充填应用最为广泛。大部分充填方式均是基于水力充填发展而来，因而也继承了水力充填的各种优缺点。水力充填最大的缺陷在于泌水量大、采场内料浆压力水头高；当采场充填规模较大时，保证充填体脱水至部分饱和状态所需的养护周期过长，严重影响了采矿进度。胶结膏体充填浆体含水率低，接近饱和含水率，养护过程脱水少，优势明显；此外，膏体料浆的排放速度一般比水力充填高，因而充填速度更快。但膏体充填系统控制复杂，调控措施不到位也会带来一系列新的问题（见后文）。因此，应综合对比各充填技术的利弊才能确定最优的充填方案。

本章根据膏体充填的工艺流程按顺序分别介绍膏体制备、输送和采场充填技术，最后介绍膏体充填体原位性能，同时对充填三阶段的影响因素进行讨论。

14.3　膏体制备

井下充填膏体比地表堆存膏体浓度更高，其固体浓度含量比图 2.2 中所示的膏体浓度范围更窄，处于该曲线的中高区域。胶结膏体的屈服应力一般为 150~250Pa，甚至更高，膏体充填到采场内后泌水极少，且基本不离析。

膏体充填的成本可占采矿总成本的30%，因此选择适合矿山条件的最佳充填方案非常重要。膏体充填站可采用过滤机脱水制备膏体，但尾矿浆常用浓密机进行预脱水（参见第7章），如第8章所述。过滤脱水方式较多，其中最常用的设备是圆盘过滤机。当充填站空间充裕时，也可选择水平带式过滤机。此外，当矿山已有尾矿干堆系统时，可将压滤尾矿直接给料至混合搅拌站制备膏体充填材料。

Ilgner（2006）重点强调了应正确表征胶结膏体流变性能，该观点与本书的主题一致。流变特性影响尾矿浆的输送、采场充填过程和充填体性能，因此流变特性的研究是非常重要的。用于流变测试的水和胶凝材料必须与现场充填系统所用相同，原因在于水泥可以改变尾矿浆的流变性能，而水中的矿物种类和含量会影响水泥的凝结性能。

膏体屈服应力检测的最常用方法是塌落度测试，仪器为混凝土行业的传统圆锥形塌落度筒或者膏体专用柱形塌落度筒（图3.7）。塌落度测试并不能直接测出屈服应力值，需要利用膏体浓度进行换算。由表3.2可知，三种尾矿（煤尾矿、金尾矿和铅锌尾矿）测得的塌落度相同，而屈服应力分别为160Pa、275Pa和330Pa。塌落度测试对于单一材料的流变检测实用且可靠，但是除非膏体性质非常相似，不同膏体间的塌落度值一般不具有参考性。

膏体由三种物料制备而成：骨料、水和胶结剂。骨料一般为井下开拓废石、本地石材、细砂、选矿尾矿等，其中最常用的是选矿尾矿，为满足级配要求可搭配废石和细砂使用（Potvin等，2005）。如果尾矿细粒含量高，可将黏土粒级的细粒尾矿分级去除。当选厂无法供应尾矿时（采选不同步、充填站离选厂太远），可从已经闭库的尾矿库采出尾矿用于充填。如澳大利亚Mount Isa的George Fisher矿（Kuganathan，2011），但该方法仍存在一些问题。如果库内的尾矿已风化，其塑性组分会大大增加（详见第4章），制备的浆体流变特性与选厂“新鲜”尾矿不同。另外，尾矿库周边区域的颗粒通常较粗，越靠近澄清池区域的颗粒越细，粒径的不同同样会对浆体的流变特性产生影响。因此，这类尾矿在使用前应进行预先筛分，剔除大块和有机组分。

文献中经常忽视水质对膏体性能的影响。澳大利亚许多膏体充填矿山的水中含盐量很高。含盐量高对胶结充填体的强度增长速率和最终强度都会产生不利的影响。如Horn和Thomas（2014）讨论了水中硫酸镁与水泥溶解出的氢氧化钙反应，形成硫酸钙和氢氧化镁，造成水泥强度下降。Pretorius等（2011）报道了使用浓盐水制备膏体浆体的水处理项目，所用胶结材料为粉煤灰（不含水泥）。文献认为研究膏体材料的地球化学相互作用以及水化学对膏体的流变特性和强度增长的影响非常重要。

可用于制备膏体的过滤机介绍详见第8章。然而，膏体的质量控制效果对采场内充填体能否达到目标强度影响较大。例如，胶凝材料（水泥或水泥与火山灰的混合物）通过称重投料系统向膏体中投料，一旦水泥添加中断，则采场内部将会存在未胶结或弱胶结充填体，对充填挡墙的稳定性及揭露充填体的稳定性都极为不利，可能造成重大事故。因此应采取故障防御措施，在膏体输送和井下充填之前或过程中监测充填材料质量，该措施是整个膏体质量监测系统的重要组成部分。

充填质量控制程序的重要环节之一是膏体在输送至井下之前取样检测养护强度。检测单轴抗压强度的样品一般为柱状，在一定的温度和湿度下养护。由于样品强度与采场充填体样品强度不一致，因此该方法仍存在可靠性的问题。由于实验室样品采用无压养护，因此采场充填体强度取样检测结果高于实验室结果。Fahey 等（2011）认为采场中充填体在一定的有效应力条件下养护，其强度受采场深度、水泥含量和水泥水化时间等因素的影响。

单轴抗压强度是充填系统设计的重要参数，因此上述问题应当予以重视。尽管存在这些问题，但在过去的几十年，采场充填体设计均是基于实验室强度与井下观测强度的相互比较与校准。因此，实验室单轴抗压强度应当视为参照指标，而非井下充填体所能取得的真实强度值。当然也有研究提出在实验室模拟井下的应力条件，从而获得比无压养护条件下更高的充填体强度，从而在相同设计强度下降低水泥含量。然而，设计强度值也是基于经验计算获得，降低水泥含量可能导致稳定性问题。改良制备和测试手段以获取更准确的强度数据具有一定的合理性，但仍应以成熟的经验设计方法进行验证。此外，使用单轴抗压强度时必须说明测试方法（样品形状）。

除了单轴抗压强度测试，矿山还使用空区激光探测系统测量充填前后采场形状大小的变化。充填体暴露面实际形状与设计的差别可以反映充填效果的优劣。

充填站的总成本是衡量技术可行性的主要指标。为降低运输和安装成本，充填站的建设方法也从传统的现场组装过渡到模块化预装配。甚至采用了移动式充填站，即充填站可以移动到不同的钻孔位置或另一个矿区。Kaplunov 等（2014）报道俄罗斯有一座可移动式膏体充填站，Longo 等（2015）报道北美地区也有一个已经历时十多年的移动式充填站研究项目。

14.4　膏体输送与采场充填

14.4.1　膏体输送

膏体充填系统一般采用钻孔和管道进行输送。也有案例使用带式输送或者卡车输送，但是管网输送仍是主流选择。早期部分膏体充填系统的管道堵塞、水锤作用及管道失效等问题较为突出。因此，应深入研究膏体的流变特性，合理设计管道系统，以提高膏体系统运作效率，降低对生产的影响。

条件允许时可利用膏体重力实现自流输送。将膏体直接输入到垂直或近垂直的钻孔内，钻孔底部连接水平或近水平管道，膏体通过水平管道输送到充填采场。当钻孔压力水头足够大时，膏体可在水平方向上输送较长的距离。当矿床形态不满足自流输送时，可采用容积泵与自流输送相结合的方式进行设计。设计时的输送方式选择主要取决于膏体的流变特性（Stone，2014）。

膏体具有非牛顿流体特性。管道输送时表现为不沉降的层流柱塞流，在管道边界处的流速几乎为零。与水力充填相比，膏体中的细颗粒可在管道边缘提供润滑作用，有助于膏体沿管道产生滑移流动。

在实现供料料斗与膏体分次供料时间相匹配的前提下，即使采用分批间歇的方式制备膏体，充填管路仍然能够连续工作。自流输送时，膏体无法提供过剩的压力水头（大于静态压头的部分，静态压头是指浆体充满钻孔时在底部产生的压力），因此，膏体在钻孔上部未充满浆体的部分处于自由下落状态（加速度小于重力加速度）。不满管输送对钻孔和套管的磨损非常严重，钻孔上部的膏体界面处还将产生严重的动态冲击。陶瓷内衬的套管可减少破坏。连续供料可减少瞬态水力冲击；而间歇输送方式会在全管线范围产生严重的水击作用。为减少并避免上述问题，应加强膏体流变特性和满管输送管道布置形式的研究。

膏体浓度、流变特性以及管道接头泄漏等问题均可造成屈服应力和黏滞系数的波动，从而造成流动阻力增大、流速减小，继而导致钻孔上部膏体溢出。压力水头的增加可提高流速。对地表钻孔底部和管道系统的实时压力监测是膏体流动状态监测的重要部分，从而对上游膏体制备系统反馈信息进行相关调控。

为充分研究膏体组分对膏体管流特性的影响程度，需要对所有膏体充填项目的代表性样品进行全面测试。膏体系统设计初期，可用桨式流变仪对少量胶结膏体样品开展室内流变测试。该实验应与充填体强度测试同时进行以保证两组数据的可比性。在设计后期可提高尾矿浆用量进行全尺寸环管实验，以确定不同膏体浓度、流量、管径和胶结剂掺量下的摩阻系数。

膏体制备时可添加多种流变改性剂（添加剂）来改善长距离运输效果（Weatherwax 等，2010）。添加剂改性后应检测膏体的相关参数。

充填系统失效案例调查结果表明，管道或钻孔堵塞引起的事故率达到35%（de Souza 等，2003）。给料发生变化或膏体制备过程控制不严格，造成实际运行参数波动过大，即便系统设计较合理，系统也可能失效。在 Han（2014）的一项调研中，5 个高级工程师均认为输送管路事故是膏体充填系统面临的最严重且处理费用最贵的问题，包括管道阻塞、爆管、盲头（密闭）充填采场无排气孔或通气管填塞（导致充填管和挡墙生成较大反压）等方面。

胶结膏体浓度高、泌水率低，系统运行参数的允许波动范围相对较窄。膏体泵送技术近年来日益成熟，工程师们对于新系统设计或者旧系统改造升级的经验也非常丰富。使用可靠的仪器仪表进行膏体制备阶段的质量控制对保障输送系统的稳定性非常重要。Bloss（2014）强调需要从全局考虑管网系统并描述了由不良操作引起的各类问题，如充填浆体倾倒入空钻孔中。Stone（2014）认为上述行为可导致管道及其相关支撑部件过载，最终引起爆管。

提高膏体输送过程的监测水平也逐渐受到重视（如 Goosen 等，2011；Bloss，2014）。为了尽早发现影响充填进度的问题，如管道阻塞、爆管等，应使用合适的仪表进行参数监测。在关键位置（如钻孔底部、长水平管道上）安装压力传感器，操作人员可直接观察系统状态。图 14.1 所示为某矿山充填管网上的压力分布状态，膏体沿地表输送 500m 后进入充填钻孔。图中蓝色的线为管道或钻孔的二维示意位置，红色的线为沿管线的膏体压头以及 4 个压力传感器的压力值。经过几天的运行，建立并验证了一个适用于该矿的流变模型，用于评价设计变化的合理性。值得注意的一点是，该管网系统的浆体压头均大于零，没有不满管流或者膏体自由下落的问题。

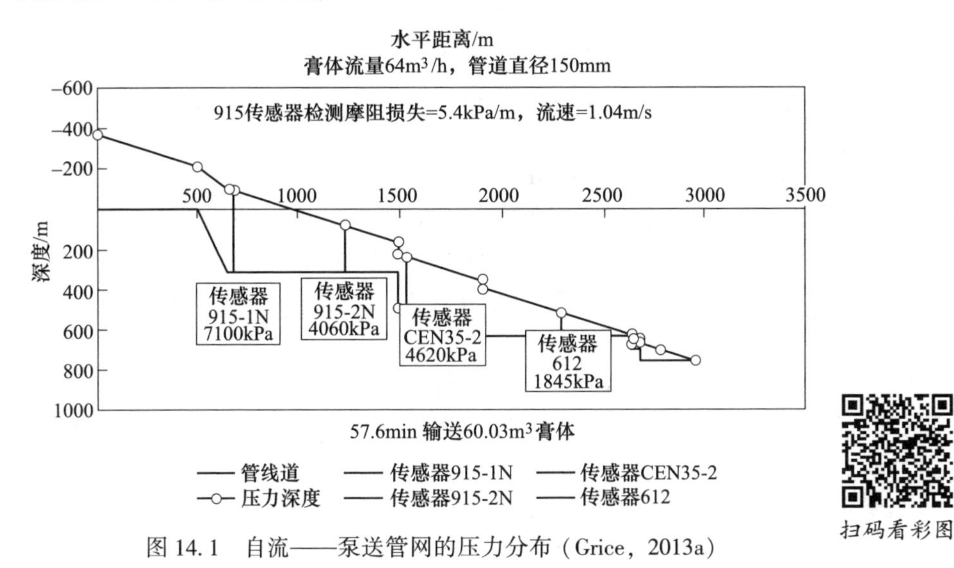

图 14.1 自流——泵送管网的压力分布（Grice，2013a）

Rantala（2005）开发了一种 PSI 胶囊传感器，该传感器尺寸小，直径约 44mm，稳定性较好。它可在地表制备膏体时添加到其中，传感器随膏体流经整个输送管网，在采场排放端回收。该传感器以每秒采样 10 次的频率收集膏体的绝对压力、温度和膏体加速度数据。

传感器数据以图像的形式输出，分析膏体实际流动特性和沿输送管道任意截面处的压力损失。如果数据反映的管道系统和膏体的状态不满足设计要求，操作人员可采取措施修正管道力学特征或膏体配比。修正完成后，还可通过该传感器监测系统的反馈评估修正效果。

PSI 胶囊传感器采集的 Kidd Creek 输送管道内的压力曲线如图 14.2 所示。原始数据将单位由 psi 转换成 kPa，该曲线根据 Lee 和 Pieterse（2005）公布的数据重新绘制。

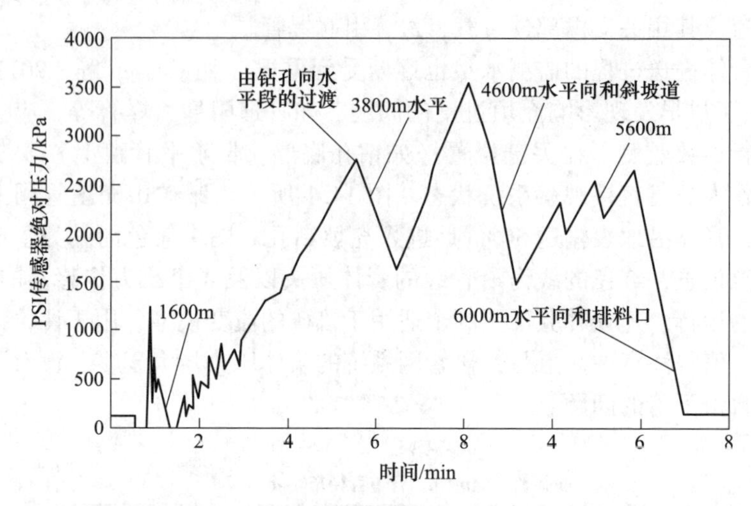

图 14.2　PSI Pill 在线记录的 Kidd Creek 输送管网压力（Lee 和 Pieterse，2005）

从图 14.2 可知，传感器经过 0.5min 进入地下充填管网。传感器刚开始进入到 1600m 水平时，出现一段绝对压力值为零的曲线，说明该钻孔入口处可能有气穴。经 1600m 水平大约 4min 后，传感器到达 3800m 水平，管道中的压力值不断上升，说明该段管道内由势能转化的管道压力比摩擦损失的压力小。在转入 3800m 水平的过程中，膏体从垂直钻孔进入水平管道，膏体势能不再变化，由于管道压力（摩擦）损失，管道内压力不断下降。通过压力变化可以计算出整个系统的实际管道压力损失。综合分析通过 PSI 胶囊传感器连续追踪得到的整个输送管网压力数据与固定式压力传感器数据，可得到膏体的全局流动状态。如图 14.2 所示，除钻孔初始位置存在部分真空辅助流动之后，该系统其他部分都在正压区域工作。该案例说明 PSI 胶囊传感器是诊断系统内膏体的实际流动状态的有力工具，在传统传感器无法安装的位置也可实现压力采集。

膏体的骨料可以是尾矿、废石、开采的砂料，或者上述材料的混合物。上述材料均具有一定磨蚀性，采用水力输送必将给管道和钻孔造成较高的磨损。管道磨损会影响膏体的输送，最终影响整个采矿工艺的正常进行。关于管道磨损及其处理方法可以参考 McGuiness 与 Cooke（2011）报道的案例。根据现场实际条件，部分充填站可采用无内衬钻孔。如果围岩稳固，膏体可直接倾倒入钻孔，进入采场或者水平管道。采用倾斜的钻孔可以减小膏体离析，降低膏体流速，减小钻孔磨损。在井下条件复杂的情况下有必要使用内衬，与输送膏体直接接触。钻孔底部的弯管必须支撑稳定，能够承受不稳定工况下的冲击。监测设备间续安装在钻孔全长范围内，进行管道磨损的非侵入式检测。另外报道了一种测量精度 10mm 的三支架卡尺探头可用于测量管道内径的变化。

输送膏体时粗颗粒容易沉降，易造成膏体离析。然而，不仅粗颗粒会产生层流沉降，浓密尾矿浆在特定条件下也会产生沉降问题（Cooke，2002）。在膏体系统的设计阶段，确定膏体特性后需要评估发生层流沉降的可能性（系统风险分析的重要内容，环管实验后还需二次评估）。沉积床层监测技术的发展在一定程度上提高了系统的稳定性，Goosen 等（2011）成功应用了一种外置的床层监测仪器，相关技术类似于热风速仪。

14.4.2 采场内膏体充填

采场充填的排放口一般位于采场最高点，排放管道通过钻孔或水平巷道通向排放点。充填开始前，构筑挡墙将采场底部的进路封闭。充填挡墙形式多样，本书将不详细介绍。挡墙是承载结构，在充填前后保持挡墙的整体性都非常重要。挡墙失稳也是充填常见的事故，可造成未凝固的充填体涌出采场，污染地下工作环境（Revell 和 Sainsbury，2007）。

膏体在排放过程中由底部逐渐上升至最高点。采场充填方式多样，部分矿山倾向于采用连续充填，如澳大利亚的 Cannington 矿（Li 等，2014）；部分倾向于分步充填（一般充填到设计排放高度后，养护充填体 24h（有时甚至长达 7d）后开始二次充填，充满整个采场（Thompson 等，2010））。充填方式的选择因矿山而异，如狭长的采场就不适合慢速充填（Hasan 等，2014）。

14.5 膏体充填体原位性能

膏体充填后，充填体发生水化反应，胶结强度稳定增长直至峰值强度。以水泥为胶凝材料时，膏体充填体可在 28 天后到达最大强度的 95%，因此 28 天强度也被作为传统室内强度测试指标。Godbout 等（2010）和其他一些学者提出，充填体中的硫化物可与氧气反应导致充填体强度随时间下降。图 14.3 所示为 Godbout 等（2010）的结果，可以看出水泥掺量为 5% 的膏体强度随磁黄铁矿含量增加的变化趋势。从该图可看出膏体强度明显随时间衰减。充填系统设计时必须考虑膏体强度的衰减，尤其是在暴露时间较长（如几个月）的情况下。建议在初期充填强度实验中预留养护龄期较长的样本以定量分析长期强度损失。

膏体充填的主要用途是便于直接开采相邻采场且不会造成矿石贫化。因此，充填体养护后要有一定的自稳能力（在一定时限内，水平相邻采场开采时暴露的侧面和下向开采时暴露的底板都能保持稳定）。膏体充填的另一用途是在房柱采矿中提供低强度（具有抗液化能力）的支撑，保证矿体局部稳定性，减少甚至避免地表沉降。无论何种用途，充填体都需要为作业人员和设备提供工作平台。

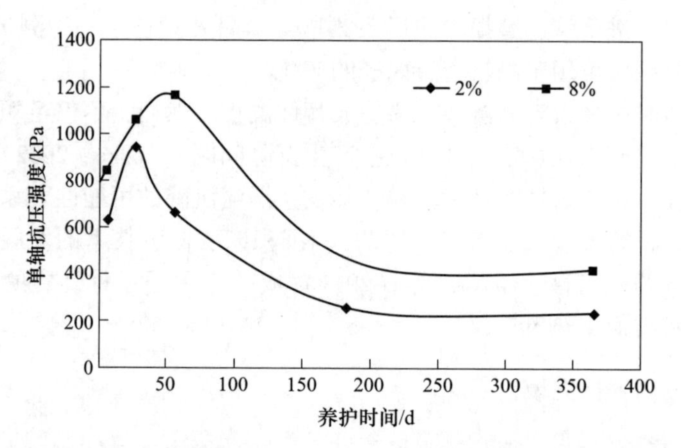

图 14.3　含磁黄铁矿（2%和 8%）的膏体强度随时间的变化

（根据 Godbout 等（2010）重绘）

为此，充填体表面必须具有足够的强度，同时可使用废石铺面提高摩擦力。

14.5.1　挡墙的稳定性

传统构筑挡墙的方法是向废石堆上部或表面喷射一层纤维混凝土封闭成墙（Bissonette，1995），目前这种挡墙基本被纤维结构混凝土挡墙取代（Grabinsky 等，2014）。理论上，挡墙的强度应能够承受采场全部流动性膏体的静水压力，但这种情况发生的概率较小，设计上也不会如此要求。然而，对于挡墙安全性以及结构整体性的要求是必要的。

挡墙稳定对于采场安全至关重要，挡墙载荷（压力）监测技术（如压力传感器）应用越发广泛。监测手段的案例可参见有关文献（Thompson 等，2014 和 Hasan 等，2014）。总体而言，研究显示采场充填体中的水平压力远小于充填膏体的静水压力，原因在于充填体的成拱、固结、强度形成（水化作用）等。无论何种原因，结果均表明作用于挡墙的应力小于充填膏体的静水压力。水平应力与静水压力的差值是决定挡墙建设强度的关键因素，而具体数据需要用仪器监测确定。

在认识到监测的必要性的基础上，操作人员还应了解压力传感器的局限性。如果压力传感器比充填体更具压缩性，则检测值要小于实际值（Clayton 和 Bica，1993），从而误导操作人员或导致挡墙上压力的不安全预测。刚性压力传感器可实现挡墙压力有效监测，如混凝土行业中常用的压力传感器。

挡墙应力监测除可使用压力传感器外，还可使用振弦式渗压计。振弦式渗压计比压力传感器更易安装，不仅能够监测充填过程中孔隙水压的上升，还可监测后续固结和水化过程中孔隙水压力的消散。充填体中孔隙水压的下降预示着作用于挡墙上的压力也发生下降，因此，充填体孔隙水压的检测是挡墙稳定性管理的重要手段。由分步充填（先充填部分达到一定强度后开始下一步充填）改造成一次连续充填的系统，在充填采场安装孔隙水压力传感器，可降低挡墙过载的风险。

挡墙失稳的原因主要有承载能力不足、挡墙施工质量差（Revell 和 Sainsbury，2007）。根据事故调查，膏体冲毁废石挡土墙和接顶充填时压力过大是挡墙泄漏的两大主要原因，从而引发了对采矿充填体高冲击性能的讨论（DME Western Australia，2011）。另外，前期膏体充填体液化会引起挡墙过载，最终造成充填体冲毁挡墙。尽管液化现象有可能发生，但该类事故鲜见报导。为降低充填体的液化风险，可以控制邻近采场生产爆破时间或增加爆破采场与充填采场的距离，以保证膏体充填体强度的充分发展。充填体振动液化的临界经验强度值是 100kPa，但该值的通用性很值得怀疑。关于充填体抗液化临界强度的研究很少，不过相关研究正在增加。

14.5.2 充填体暴露稳定性

当开采充填体相邻的采场时，充填体的一个垂直面会完全暴露。如果充填体胶结强度不足，部分充填体可能从暴露面脱落（或崩落）进入相邻采场，造成采场内矿石贫化，人工清矿时会威胁作业人员的生命安全。充填体可能暴露一个面，甚至 4 个面。因此，选择合适的胶结剂、确定胶结剂掺量对于充填体（包括暴露的部分）强度至关重要。

如前文所述，充填成本占采矿总成本的 25%~30%。其中水泥是充填成本中最大的部分（有些研究称达到 75%）。以下总结了两种降低水泥耗量的方法：

利用其他胶凝材料部分或者全部替代水泥，如粉煤灰、水淬渣或者玻璃粉（Archibald 等，1999）。

根据充填采场的高度改变水泥用量（即分步充填，采用不同水泥掺量）。采场底部充填体承受最大的应力，因此需要提高底部充填体的强度，一般采场底部（大约采场 1/3 高度，不同矿床情况有所不同）充填体水泥单耗大，往上充填时水泥单耗可适当降低。提高充填体底部承载能力，底部充填体需要达到更大的强度。

采用下向式开采时充填体更易发生破坏。拉应力起主导作用，因此充填体的抗拉强度非常重要。一般来说，无有效应力养护的膏体充填体的抗拉强度比单轴抗压强度低很多，约为单轴抗压强度的 1/8。因此，按抗拉强度设计的膏体需要比按抗压强度设计的添加更多水泥。

14.6 环保考虑

无论是胶结或非胶结充填体都会与地下水产生接触，必须保证充填材料没有浸出性污染。当高渗透性的粉煤灰胶结充填体与矿山酸性水接触时，可能发生重金属离子浸出的情况。考虑到潜在的环境问题（尤其是可能造成地下水污染），美国 Nevada 地区政府曾禁止使用膏体充填，该禁令最近才解除。

有迹象表明，除尾矿外的多种废弃物可作为充填材料进行联合处置，将有可能为高性能的膏体填充应用做出良好的示范工程。可替代尾矿的废料包括以下几类：

- 盐类选矿浓缩残留物（Ilgner，2002）；
- 焚烧灰（Mez 和 Schauenburg，1998；Valenti，1999）；
- 细磨玻璃粉（Archibald 等，1999）；
- 酸性废石和尾矿（Henderson 等，1998）。

膏体充填系统设计的难点在于如何保证原材料的经济性，并保证制备的膏体可泵性好，满足充填体短期和长期性能的要求（强度、环保指标均在法律框架规定之内）。

在地下水环境敏感的矿山，充填体与围岩/地层间渗透率（渗透系数）的差别会对充填后地下水的流动路径产生影响。改善充填体性能的添加剂有很多种，如硅粉可用来提高胶结膏体强度，石灰可以快速提高充填体强度并降低渗透率。图 14.4 所示为不同用量下 4 种添加剂对充填体渗透率发展的影响（Mafi 等，1998）。

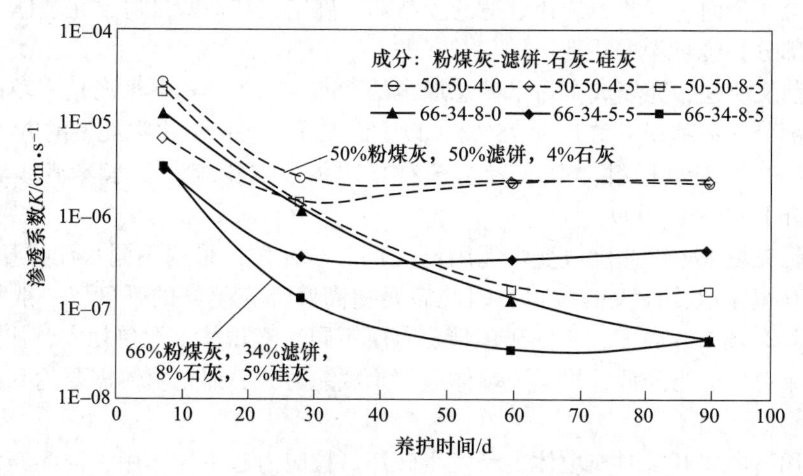

图 14.4　养护时间和胶结剂种类对充填体渗透率的影响（Mafi 等，1998）

充填体最终渗透率也是充填体性能的关键参数，决定着地下水是否会渗滤进充填体，或者沿流动阻力较小的区域渗透到充填体周围。尤其是煤矿常采用的采空区封闭充填，充填体接顶效果差，充填体和顶板间留下空隙，地下水可能流入这些空隙但可能不会渗入充填体（低渗透率情况下）。不过这可能是短期的问题，随着暴露时间的延长，采空区顶板冒落后将封闭上述空隙。因此，为保证充填体不受侵蚀并长期支撑矿体，必须保证其渗透率低于围岩。在这种情况下，即使矿床闭坑后附近地下水压差比静水压差高，也不会造成地下水流经充填体并造成渗滤污染。

14.7　经济评价

为保证膏体充填系统可持续运作，需根据条件评估其长期效益，并确保足够的资金。膏体充填各环节应相对独立，避免系统过于复杂。充填实际成本受充填类型和矿山种类的影响。统计方法不同，会计核算可以是基于活动的，也可以是基于过程的，直接成本和间接成本难以区分，所以不同充填系统的成本对比难度很大。

在日充填量相近的情况下，膏体（高浓度）充填与水力充填的实际成本分布较为离散，如图 14.5 所示。该数据来自加拿大某地区矿山的行业调查（de Souza 等，2003）。

数据的离散性表明不同充填系统的成本具有独立性（因矿山而异）。当充填能力为 1000t/d 时，两种充填系统的成本区间为 2～16 加元/t。膏体充填系统设计甚至是可行性研究阶段就应当遵循工艺简约化和局部精细化的原则。

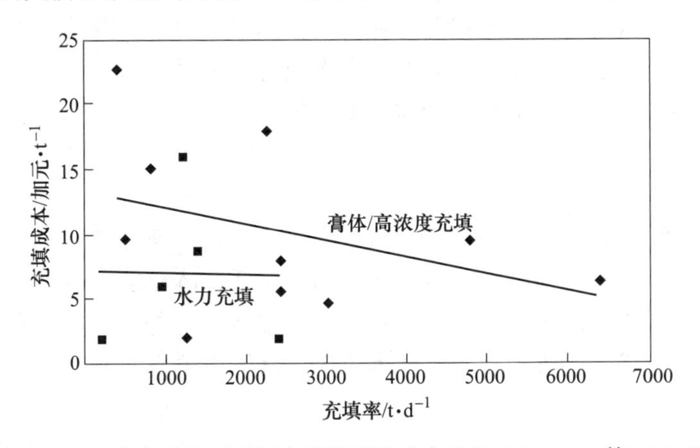

图 14.5　加拿大某地区不同充填类型的成本对比（de Souza 等，2003）

14.8　充填系统选择与设计

图 14.6 所示为某膏体充填系统在设计阶段的综合评估结果，由图可知膏体屈服应力和充填体 28 天单轴抗压强度间的关系。

充填体 28 天单轴抗压强度随水泥掺量（2%、4%和 6%）变化，并与膏体的屈服应力相关。由图 14.6 可知，当屈服应力由 500Pa 降低到 250Pa 时，充填体强度急剧下降（下降近50%）。而低屈服应力的膏体容易自流输送，可能不需要使用增压泵。为了保证膏体充填系统达到最佳的综合性能，需要在各充填参数之间进行综合对比，并提前充分考虑相关经济因素。

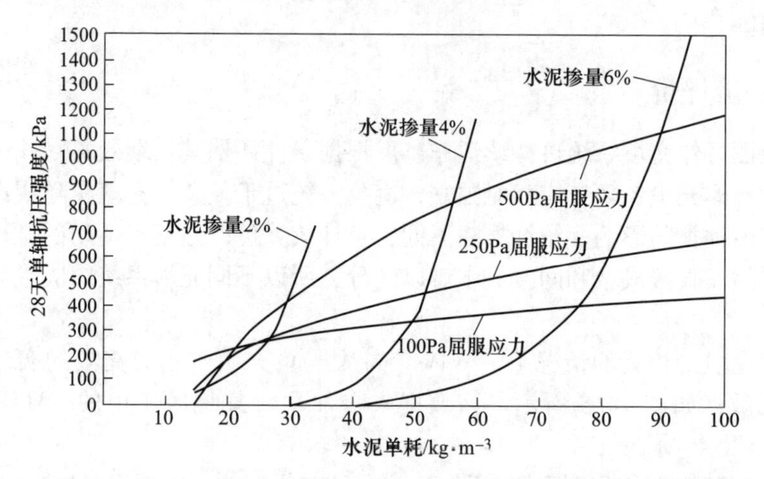

图 14.6　膏体不同水泥掺量和屈服应力下的单轴抗压强度（Grice，2003）

可通过提高浓度的方式提高充填体强度，但为达到最高的充填强度而过度降低含水量可能造成井下管路的堵塞。如果考虑到泵送成本，膏体浓度达到最大值时显然不是效益最佳的情况。必须权衡水泥消耗量和系统稳定性的关系，从而既能保证设计参数合理，又能做到膏体浓度达到最佳。

14.9　本章小结

过去10年，膏体充填技术在世界范围内得到了快速发展，在许多矿山得到了成功的应用。随着膏体技术日益成熟，如何降低膏体充填应用成本（如降低水泥用量、提高膏体浓度等）正成为矿山关注的焦点。另外，成本的降低可能引起充填体强度的下降。改进膏体充填技术或扩大膏体充填规模时，都应遵循本章提出的系统性方法。膏体充填的各个工艺环节，从制备、输送到采场充填，都与膏体在采场内的性能紧密相关，决不可独立设计，可安排专门人员进行管理，以保证充填工艺的整体性和连续性。

矿山必须充分重视流变参数、强度性能检测手段的正确性。同时，充填系统关键参数的在线监测也日益受到重视。如本章所述，目前先进的监测技术正用于各类系统参数的监测，如管道内沉积床层的形成、管道和钻孔内的压力和流量、采场内充填体的应力和孔隙水压监测等。如果膏体充填行业能够结合自身需求促进监测技术发展，相信未来监测技术也会助力膏体充填技术在全世界范围内的发展。

作者简介

第一作者
Andy Fourie
澳大利亚，The University of Western Australia

Andy是西澳大学土木、环境与采矿工程学院的教授，致力于尾矿方面的研究工作30余年，研究方向集中在尾矿库的安全、稳定和环境影响方面。

合作作者
Tony Grice
加拿大和澳大利亚，AMC Consultants

Tony是矿山充填系统的专家，在选择、设计、实施和运营支持、技术审核和培训方面有超过25年的运营和咨询经验。Tony是ACG的 *Handbook on Mine Fill* 的编者之一，发表了大量的论文。他是墨尔本大学化学工程系的研究员。

Hartmut Ilgner
南非，CSIR

自1989加入约翰内斯堡矿山研究组织商会，Hartmut一直从事充填技术研究，包括实验室规模的实验、设计、讨论和事故调查，以及发明了新的“极薄矿脉钻采法”，该方法在常规方法无法开采的区域，利用超高强度充填体进行开采。

15 闭库注意事项

闭库注意事项 15

第一作者
Hugh Jones　澳大利亚，Independent Consultant

15.1 引言

采矿业经常自诩为土地的临时使用者。那么作为土地临时使用者，其有义务在采矿活动完成后尽可能将土地恢复成稳定、可持续的生产用地。

矿山的生命周期是有限的，即使大型矿山的生命周期也基本不过几十年。然而即使矿山停产后，在生产期间建设的尾矿储存设施将一直留在原处。相关监管和专业机构正在积极倡导，尾矿应该能在尾矿库内保存 1000 年（AN COLD，2012；European Commission，2009）。

许多矿山希望在生产活动结束后免去占用土地的责任。通常是指将土地责任转移到第三方（通常为主管企业生产经营的政府部门）。政府部门逐渐意识到废弃尾矿库存在长期隐患，因而对矿山闭库计划更加重视，要求闭库计划必须将尾矿库的风险降低到可接受的程度。到目前为止，闭库时间较长的膏体尾矿库的案例较少。但闭库要求仍可借鉴低浓度尾矿库（成功或失败的案例），将尾矿封存起来减少尾矿对周边环境的长期影响。

尾矿库在长期堆存过程中可能遭遇极端情况，闭库设计必须考虑自然条件及长期暴露的风险。矿山在做闭库设计时需要综合考虑，从而保证尾矿库保持长期的（1000 年）稳定性、安全性和完整度。上述问题需要和利益相关方进行磋商（包括政府和当地居民），保证闭库设计既满足各方的要求，又在成本许可范围内。

尾矿库的选址和尾矿排放方法对闭库的成本有着重大影响。

15.2 闭库计划流程

尾矿储存设施（尾矿库）是矿山生产过程的重要组成部分，矿山普遍希望在停产时转移尾矿库所占土地的责任，尽量减少法律风险。考虑到尾矿库可能要完整地保留1000年，因此在尾矿库的设计阶段就要考虑到停产后的情况，以利于将来后续责任的转移（AusIMM，2013）。

21世纪早期的理想采矿作业模式中，尾矿库的闭库计划应在矿山的预可行性研究阶段提出。首先应该明确尾矿库占地的最终用途，便于矿山生产结束后进行责任转让。预可研阶段的闭库计划应在闭库标准和土地使用计划等方面取得各方（包括监管机构）同意。

图15.1是根据国际采矿及金属协会（ICMM）提出的闭库设计方法（2008）绘制，该方法涵盖了从勘探到责任转让的全寿命周期的各个阶段，新建矿山普遍采用该闭库计划设计流程。

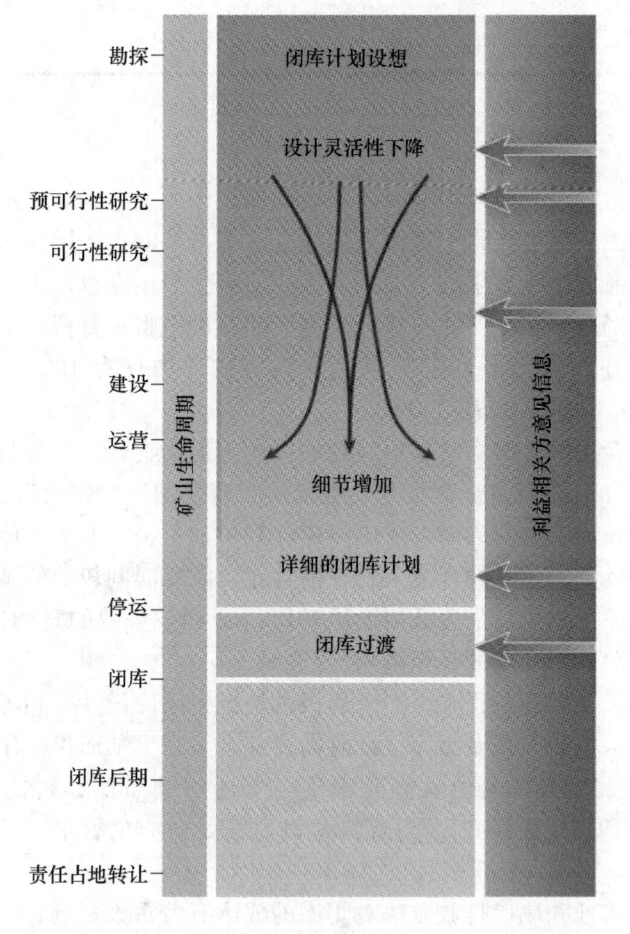

图15.1　基于国际采矿及金属协会闭库计划实用大全制定的闭坑计划流程

由图中交汇的蓝色粗线可知，随着开采计划逐渐落实，对矿山运营的理解逐步深入，从而可以制定更详细的闭库计划；相反，分开的红色粗线表明，由于早期决策逐步落实，尤其是确定尾矿库位置和堆存方法后，闭库计划的自由度被大大限制。实际上，一旦尾矿库开始施工，便无法进行重新选址。因此，在进行尾矿库设计时需要清楚了解闭库计划的两面性，在设计之初就应该将土地的最终用途和其他全局性的目标作为设计准则。

尾矿库选址过程复杂且因矿山而异，通常根据最小初始投资成本进行尾矿库选址。基于这种原则，选址过程往往会优先考虑跨山谷式尾矿库建设、上游筑堤工程、尾矿浆沉积等问题，而忽视了尽早开展尾矿库植被复垦、场地排水设施配置、减小设施长期侵蚀等闭库事项。

导致该现象的原因之一在于多数矿山财务预算过程中采用的资本评估方法：净现值法。在净现值评价中，一项初期投资如果在 10 年后才开始盈利（或降低成本），其效益折现后几乎为零。

然而，几乎所有的闭库成本投入都发生在矿山生产后期，闭库工作不能带来任何生产收益，并且使得矿山的现金流显著减少。矿山闭库的成本以千万美元计，如果在尾矿库选址阶段忽视这一成本投入，将对矿山生产后期的经济情况造成巨大影响。比如，位于 Rum Jungle 的 White 矿山的废石场闭库至今累计成本已达 150 万澳元/hm^2，并且还在持续增加。

15.3 闭库设计标准

相比那些仅运行几十年的项目，一项千年工程的设计面临巨大的挑战。尾矿库在千年内遇到极端情况的可能性非常大，一旦遭遇重大破坏可采取的修复措施非常少，而愿意承担修复责任的更少。这意味着尾矿库可能成为地区或国家的不受欢迎遗产，对矿业的发展极为不利。

影响尾矿库寿命的两个关键指标是尾矿库的防洪标准和抗震标准。

大多数尾矿库采用的防洪标准是 100 年内年重现频率为 1，更准确的是年超越概率为 1%。意味着尾矿库在 25 年内至少遭遇一次洪水的概率为 20%，在 50 年内至少遭遇一次洪水的概率为 40%。实际上，按照此标准设计的尾矿库几乎无法实现防洪目标，可能导致尾矿库破坏并危害周围环境。

因此，1%的年发生频率不能作为闭库的设计标准，从长期或短期来看尾矿库的破坏风险都很高。唯一合理的防洪设计应采用最大可能洪水法，根据可能出现的最大洪水量设计泄洪道、泄洪路径和坝体。

欧盟委员会（European Commission 2009）在防洪设计文件中提到：

设施的过水能力（防洪能力）必须能够抵抗可预见的最大洪水灾害。防洪能力应该基于最大洪水的标准设计，即 1000 年内年发生频率为 1 次的洪水，或者 200 年内年发生频率为 2~3 次的洪水。

由于具备相关的维修条件，在尾矿库运作期间可以采用较低的防洪标准。然而闭库后需对所有防洪结构设施进行重新调整以应对可能出现的最大洪水量。

防洪设计标准的合理选择对山谷型尾矿库的成本影响显著，尾矿库必须建设能够保证坝体稳定千年的排水系统和泄洪道；或者与防洪标准匹配的导流设施，以分流上游水系。因此闭库成本非常巨大，而闭库作业在资本评估后很久才进行，所以该项支出的巨大额度被净现值法得到的初始投资成本掩盖了。

尽管世界上许多机构在预测地震方面做了大量尝试，但地震仍然是最难以预测的灾害（Silver，2012）。其不可预测性在于地震发生时间和震级的不确定性。

由于尾矿库要将尾矿封存千年之久，其设计必须保证能够抵抗最大可信地震（maximum credible earthquake，MCE）。值得注意的是，最大可信地震是基于项目建设的历史数据获得的，如果设计者对尾矿库所在区域的最大可信地震存有疑虑，在设计时宜保守估计，以防设计失误。

由于对重大地震的数据统计往往不完整，要求设计者必须采取风险预防原则，在《里约宣言》（1992）关于环境与发展的第十五条原则中对风险预防原则的描述如下：

世界各国应该尽最大努力采取预防措施保护环境。在面对重大灾害威胁时，不应以缺乏科学依据为由推迟实施防止环境恶化的措施。

欧盟委员会在文件（European Commission 2009）中对重大灾害的评论如下：

在给定等级的洪水和地震（如最大可能洪水和最大可信地震）下，尾矿坝的设计必须满足稳定性要求。洪水和地震的设计标准要基于当地的气象和地震研究报告，而该标准由前期气象和地震信息进行制定。随着技术不断进步，对重大洪水和地震事件的认知加深，相关信息也在不断更新。极端灾害的严重程度总是被不断升高，而从未降低，因此，设计标准值要及时更新（提高震级标准）。

15.4 安全性标准

对于已闭库的尾矿库，政府提到的“安全”指的是公共安全。

许多政策法规的制定都认为，闭库尾矿库涉及的最大安全问题是由于侵蚀、地震等因素而发生的溃坝事故。

第二个安全问题是，居民可能进入尾矿库区，从陡峭的尾矿堆失足跌落或被困在遗留的尾矿池中，从而发生个人事故。

第三个安全问题是，尾矿库中的废水对地下水有害，尤其是尾矿水中的各种化学药剂，如选矿用的氰化物、酸性尾矿水及其浸出的重金属离子。

将堆存方式由低浓度堆存转变为膏体和高浓度堆存，可最大程度降低尾矿库内存留的选矿废液，同时加快尾矿固结速度。膏体与浓密尾矿堆存可降低尾矿库溃坝的可能性，极大减缓尾矿库渗流和金属离子浸出，消除保留澄清池的必要，从而显著提高尾矿库的公共安全性。

废弃尾矿库在干燥天气下的扬尘问题是公众投诉的焦点之一。当然，这不是一个严格意义上的安全问题，监管机构通常将其归类为公共卫生问题。尾矿浓密后进行排放可减少粗细颗粒离析，降低尾矿堆表面细颗粒的含量，从而抑制扬尘的发生。

15.5 稳定性标准

对于平场围堰型和其他库容大、坝体高的传统尾矿库，闭库后面临着两大类筑坝稳定性问题。

第一类问题涉及坝体外侧滑塌和库内尾矿液化等严重事故。膏体与浓密尾矿的含水量远小于传统湿式尾矿浆，因而液化风险更小。

第二类问题涉及坝体和砂堆表面在风和水的长期作用下的慢性侵蚀。

与发生严重事故的概率相比，所有尾矿库表面都存在不同程度的慢性侵蚀。一般来说，干旱地区（无论气候寒冷或炎热）风蚀更显著，潮湿地区水蚀更严重。

风蚀作用不可小觑（图 15.2），据 Blight 和 Amponsah-Da Costa（1999）报告，南非某金矿尾矿库由于未采取防护措施，尾矿边坡的风蚀率达到了 $1000t/(hm^2 \cdot a)$。虽然种植植被可一定程度上缓解风化，但风化率依然很高，南非金尾矿库（Blight 和 Amponsah-Da Costa，1999）采取植被护坡后，其风化率仍达到了 $200t/(hm^2 \cdot a)$。

McPhail 与 Rye（2008）和欧盟委员会（2009）证明了植被能减少风和水对尾矿库的侵蚀，进而保证尾矿库的稳定性。但在尾矿库上建立自持性强的绿化层是一个难度大、成本高的工程，本书第 15.8 节将详细介绍这一内容。

15.5.1 坝体稳定性

影响边坡侵蚀速率最大的三个因素为边坡长度、边坡角和坡面抗剪强度。尾矿坝外侧坡面极易受到侵蚀。侵蚀程度受坝体外形、筑坝方式和筑坝材料等因素影响。

McPhail 与 Rye（2008）通过 SIBERIA 软件模拟比较了尾矿坝形状在侵蚀程度上的差异，模拟时采用相同材料和尾矿库高度（35m）参数，主要量化参数如下：

- 100 年内边坡的侵蚀体积的演化；
- 坡面侵蚀沟的深度和间距；
- 植被对减少侵蚀的效果。

数值模拟要实现的目标是：

图 15.2　1987 年发生在 Kalgoorlie 附近 Boulder 尾矿库群的重大扬尘事件
（该事件后这些尾矿库均被重新处理，并重组成了一个尾矿库）

● 边坡几何形态对降低侵蚀的影响；

● 计算（植被）防侵蚀带大小，保证抑制粉尘，满足防公害要求；

● 研究侵蚀沟形成的本质，从而论证企业不采取防护措施造成尾矿库边坡侵蚀的责任。

模拟结果如图 15.3 所示。

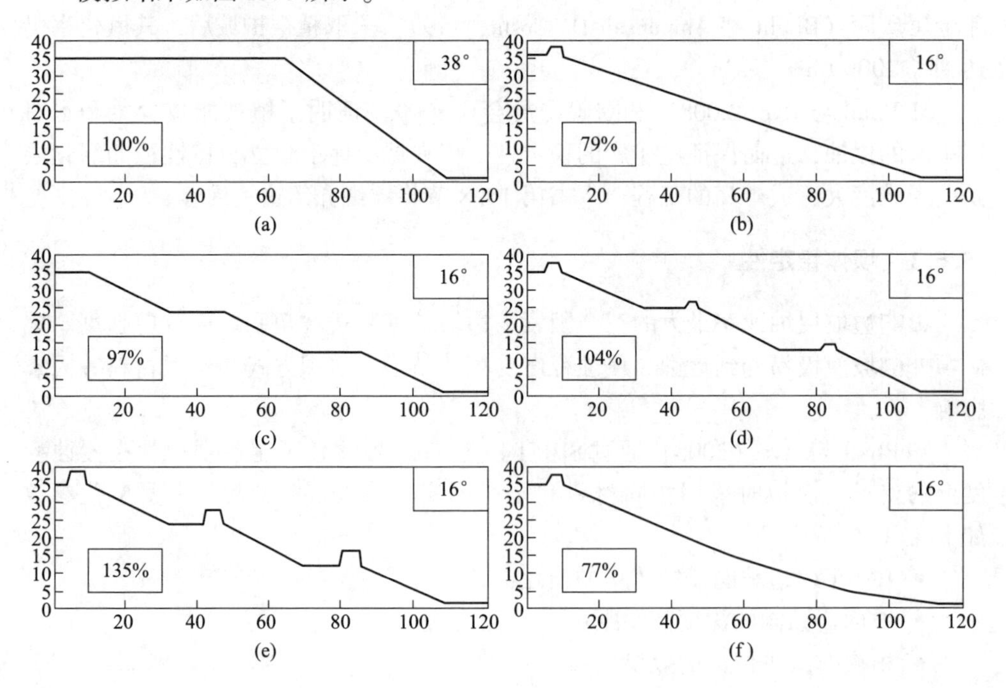

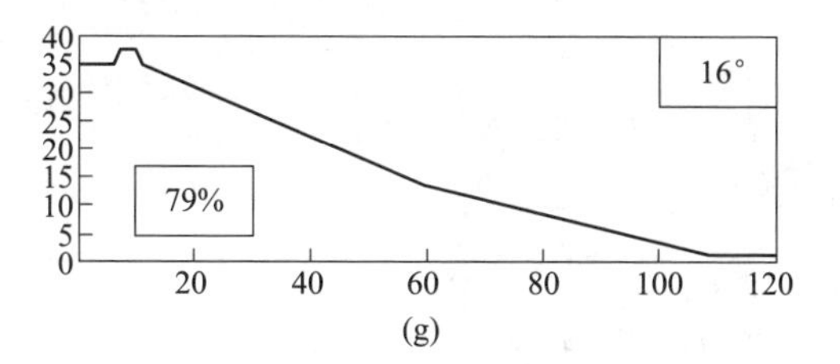

图 15.3 不同形状边坡的侵蚀程度比较（总体坡度 38°和 16°）（McPhail 和 Rye，2008）

（a）单坡度陡坡（对照组）；（b）单坡度缓坡；（c）阶梯坡；（d）矮路堤边坡；

（e）高路堤边坡；（f）凹形坡；（g）双坡度边坡

尾矿坝边坡上的水平结构（阶梯平台）可能储存雨水，并汇集于低洼处。平台上积水过多可能造成平台破坏，在平台上形成侵蚀沟，存在尾矿泄漏的隐患。McPhail 与 Rye（2008）的模拟显示，经过 100 年的侵蚀，设置高路堤的阶梯式边坡侵蚀程度最大，凹形边坡的侵蚀程度最小（图 15.4）。

图 15.4 3m 高的旧尾矿坝在 3~5 年间形成的侵蚀沟

凹形坡还具有外观接纳度高的优势，外形更接近于自然边坡地貌。

15.5.2 堆表稳定性

尾矿堆表面具有一定坡度，湿式尾矿大概为 0.5°~1°，膏体和浓密尾矿为 1°~3°。堆积表面较宽阔，排水形式复杂。闭库后堆表随着尾矿的固结将发生不同程度的沉降（图 15.5），导致库区表面形成低洼区域。该区域成为重大安全隐患，给公众带来灾难，给企业造成法律责任。

围堰型尾矿库采用湿式排放时，尾矿从布置于库区周边的排放点进入尾矿

图 15.5　废弃露天坑内龟裂的干尾矿堆（堆表可见不同程度的沉降）

库，库区内将形成向内凹陷的积水洼地。相比之下，浓密尾矿一般采用中心排放，将形成向外部排水的锥形尾矿堆，从而降低尾矿库内形成积水洼地的可能性（图 15.6）。

图 15.6　加拿大 Kidd Creek 矿中心式排放浓密尾矿库（坡角向尾矿坝方向减小）

设计一个能够永久稳定的尾矿堆表面，需要设计师掌握一定的地貌原理。尾矿堆表面设计包括集水面设计，使得雨水能通过排水系统（按最大可能洪水设计）排出尾矿库，从而减少对尾矿库的侵蚀。尾矿堆表面设计还包括设计径流长度最大的排水渠，由于蜿蜒的排水渠河床坡度比径直的河道更小，所以排水渠应设计成蜿蜒的曲线，从而降低侵蚀作用。汇水面积与河道坡度之间的关系（Beersing，2011）如图 15.7 所示，数据由加拿大自然地貌测绘结果得出。尾矿库排水渠坡度和汇水面积的关系与当地气候、植被覆盖情况、堆表剪切强度及当地地质情况等因素有关。

根据地貌原则进行尾矿库砂堆表面的设计是为了形成布置灵活的动态排水系统。该排水系统具有合适的网度，主次水道交错分布如同自然水系，气候适应性强。

Myers 等（2001）在论述 Barrick 的 Goldstrike 矿山的案例中（图 15.8、图 15.9）阐述了按地貌原则设计堆表的方法。

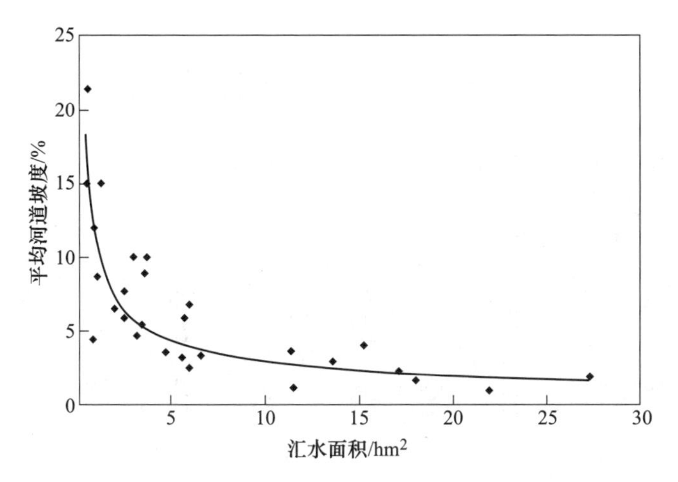

图 15.7 平均河道坡度与汇水面积之间的关系（Beersing，2011）

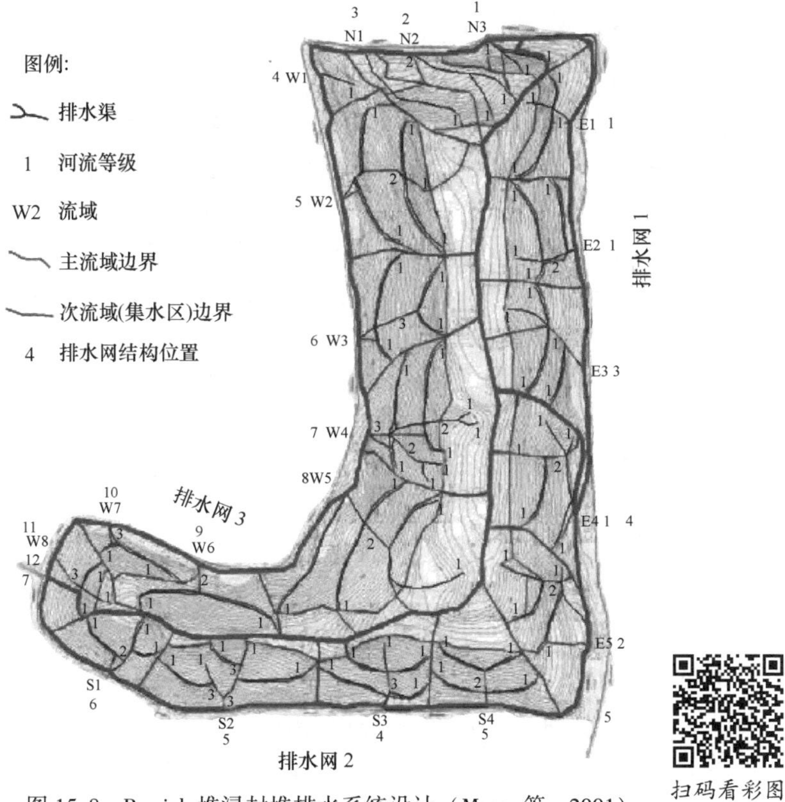

图 15.8 Barrick 堆浸封堆排水系统设计（Myers 等，2001）

扫码看彩图

传统尾矿库具有平坦的上表面（通常略成碟形），该形貌会加速水蚀的作

图 15.9　Barrick 封堆后的溶浸堆场（Myers 等，2001）

用，当尾矿库采用传统方法建设并在库区中部形成低洼区域，则这种情况更加常见。闭库后，低洼区域成为储存雨水的区域，在一些不利情况下，该区域汇集的水将不受控制，沿尾矿库坝体低处倾泻而出，或者在水压作用下直接穿透尾矿坝涌出，在坝体边坡上形成沟壑。

膏体与浓密尾矿降低了堆表设计的难度，在尾矿堆存的过程中应对尾矿库表面进行人工构建形成经工程设计的排水系统，并通过中心式排放方法最大程度地降低坝体高度。

但是，土工结构在没有任何维护的情况下很难保持 1000 年的稳定。由此可见，设计长期稳定的尾矿库应更多地依赖于地形地貌知识（少用平直的泄洪道和平坦的坡面），而非传统僵硬的工程方案。

与复垦优先选择当地植被类似，闭库后的地貌与当地自然地貌越接近，则越容易实现尾矿库的长期稳定。自然地貌是岩层在自然侵蚀长期作用下的结果。通过对自然地貌的观察可以发现，自然地貌形状多由斜坡和曲线元素组成，而不是垂直和水平面上的平面和直线。

自然地貌在自然侵蚀下形成了长期稳定的形态。而平面或者直线形式的工程结构，尽管能在短期内保持稳定，但其内在缺陷导致它们不可能长期稳定。因此，相对于笔直的泄洪道和陡峭的平板型坡面，弯曲的泄洪道和坡度缓慢下降的平滑坡面更有优势。

膏体与浓密尾矿堆存的优势在于可在排放作业期间进行砂堆形态的调整工作。而传统湿式排放的闭库作业需要单独进行，且成本昂贵。

15.6　美观性标准

美学是难以定义的，因为每个人都有自己对视觉愉悦的鉴赏力。但就尾矿库外观而言，美观性标准要求尾矿库的形态至少能与周边景观相协调。闭库尾矿库（闭坑后的矿山）应在外貌上与所在区域的自然环境相一致，才能在外观上被公众所接受。也就是说，尾矿库不应在形态或规模上显得突兀。

自然边坡（不包括裸露的岩层）一般都有一个S形的横截面，这种结构可以使大部分雨水沿斜坡直接流出。在膏体或者浓密尾矿的作业初期，可通过设计逐步调整排水结构，而湿式排放若要形成类似自然山坡的排水结构，需在闭库后开展大量改造工程。

在条件允许情况下应尽早进行植被复垦。大部分尾矿库可在坝体外边坡上逐步开展植被复垦。传统尾矿库库区内部一般只能在堆存作业彻底停止后才可开展植被复垦，除非采取区域作业的方式在完成一个分区后进行复垦。即便堆存已全部完成，传统尾矿库表面的尾矿充分固结也要大量时间，否则复垦设备无法进出。相比之下，膏体与浓密尾矿堆存表面固结所需的时间更短。

15.7 矿山酸性排水控制

在减少矿山酸性水及有毒重金属及非金属（如砷、硒等）溶质向周围环境排放方面，膏体与浓密尾矿堆存具有较大的优势。体现在以下方面：（1）膏体与浓密尾矿在输送和堆存时不离析；（2）膏体与浓密尾矿具有更高的强度特性，堆积成的地貌结构较稳定，相对传统尾矿库具有更好的水力学特性。

硫化物在水与氧化剂（一般是空气中的氧）的共同作用下可被氧化生成硫酸。氧化过程开始于选矿阶段，主要指水与尾矿之间的相互作用，尾矿排放到尾矿库后，氧化过程仍将继续。虽然膏体或浓密处置技术极大地降低了尾矿中的含水量，但并不能完全保证酸性水排放量的减少。讽刺的是，对于金尾矿而言，减少尾矿处置中的废水还有一定弊端。金矿通常采用炭浆法萃取，选矿废水的 pH>10,可以中和尾矿的酸性。但是，减少排放尾矿的含水量可以降低尾矿库内水分与矿物的比例，从而减少尾矿库内排出的浸出液。膏体与浓密尾矿技术在减少地表和地下水污染的优势方面已得到了广泛的认可（Fourie，2012）。

无论是傍山型尾矿库、山谷型尾矿库或者平地型尾矿库，传统尾矿库堆存之前要对低洼区域进行填充。尤其是平地型尾矿库，堆存场地若存在低洼地形会导致排水缓慢、尾矿长期处于富水状态。如果建库后不作出相应的调整，在尾矿库表面会形成向心式排水，将导致雨水在尾矿库中央汇聚。同时尾矿库表层水中的细颗粒在砂堆上部沉积，降低了尾矿库中部的渗透性，导致尾矿库里的水面进一步发展，造成下覆尾矿长期处于湿润状态。此外，黏土粒级的细颗粒尾矿在干燥过程中容易形成干燥裂隙。废弃尾矿库干燥后，裂隙往往可发展至1m多深。因此，传统尾矿库闭库后，若遭遇周期性或持续性降雨，易引发尾矿库淹水，进而造成尾矿溢出灾害；而在干旱天气情况下，尾矿库表面的裂隙又为大气水和富氧水进入堆存体内部提供通道。

目前普遍认为，传统尾矿坝结构不适合储存具有产酸性的硫化尾矿。尤其是周边排放和中间低洼的结构极不合理，此时大颗粒大质量的尾矿颗粒向尾矿库周边沉积，导致尾矿库外围形成孔隙率高、硫化尾矿颗粒富集的结构，这种结构使水和空气更容易渗入砂堆。尽管通过围堰筑坝可减少粗颗粒硫化尾矿在尾矿库外围的分布，但仍存在高渗透性、硫化物富集的区域。传统湿式排放，无论是管口直排或支管排放，粗细尾矿均会发生水平分层，有利于尾矿水在砂堆内的水平流动，促进酸性水的生成。

膏体与浓密尾矿具有不离析的优点（图 15.10），避免了硫化物的富集和高渗透区的形成。如果存在最低浓度，则低于该浓度条件下，硫化物分解过程不可能加速产生酸性废水，那么在堆积过程中防止尾矿中硫化物颗粒的离析对于降低酸性废水的产生非常重要。含硫化物的尾矿颗粒分散于砂堆后，即使尾矿极易生成酸性水，但当硫化物浓度低于临界浓度时，也能减缓酸性水的生成。有迹象表明，含硫化物的颗粒与含氧化剂的颗粒相邻时，硫化物的分解和酸性物质的生成均加快。若硫化物分散于不利于酸性物质生成的基质中，生成酸性水的化学（或生物）反应将被抑制。硫化物的初步氧化将导致 pH 值降低和温度升高，但这种局部影响比硫化物在堆存过程中富集带来的影响小得多。然而在硫化物分散且不离析的尾矿中，该过程生成的氧化剂副产物也会减少（尤其是三价铁离子），而有助于硫化物氧化的溶液流动将受到限制。

图 15.10　Bulyanhulu 尾矿库内堆置的膏体（几乎无过剩水量、不离析）

选厂尾矿浆中的硫含量是可变的，尤其在处理金矿石时，尾矿不离析的特性使尾矿库中硫化物的分布更为明显。堆存尾矿均匀性的提高，可以使酸性水演变过程的模拟更可靠，从而提高尾矿特性（如酸碱度）对环境影响预测的准确性。

金尾矿浆体中含有大量可中和酸性物质的矿物，其净产酸能力为负。砂堆中产酸矿物和中和酸的矿物相互作用，促进了尾矿浆的中和，加之砂堆中矿物基本不离析，极大抑制了酸性和氧化性溶液的转移。

在尾矿管理中，控制水和矿物的反应可抑制酸性水的生成，对保持尾矿库长久稳定非常重要。（膏体与浓密尾矿）尾矿库可以建在高于地下水位的高地上。不必为了减少建造成本，把尾矿库建设在低洼地区或者河谷中。膏体与浓密尾矿库具有可提高堆表排水效率、降低尾矿处置用水量的优势，从而降低地下水上涌渗入尾矿库底部的风险。通过消除 TSF 中心的内部地表排水和随之而来的积水，可大大减少渗进砂堆内部的雨水和尾矿水，因而从砂堆中排出的渗滤液也会减少。

采用膏体与浓密尾矿技术堆存的尾矿库，其水力学特性和传统湿排的尾矿库有很大区别。首先，相比传统尾矿堆，膏体与浓密尾矿堆存过程中砂堆内的孔隙水和空气分布的变化幅度更小，更易于模拟。传统尾矿在沉降过程中或沉降后不久达到完全饱和，砂浆中的空气将被全部排出，从而减少酸性水的形成。但是，尾矿静置后砂堆表面的排水和蒸发可导致空气渗入，创造硫化物氧化条件。粗颗粒层的存在和后期砂堆表面的裂隙提高了砂堆的透水性，为硫化物的分解和酸性水的转移创造了条件。废弃的尾矿库中若含有过多的硫化物（正净产酸能力），将提高尾矿氧化风险，这些氧化风险高的区域在砂堆中形成一个复杂的网络，为尾矿库的管理和酸性水对环境的影响预测制造了困难。

膏体与浓密尾矿排放后，尽管尾矿表面会迅速暴露于空气之中，但由于尾矿堆具有均质性，并且缺少利于自流排水的粗颗粒，会使得堆体的持水性相对较高。Williams 等（2008）对 Neves Corvo 尾矿库中停用的堆体进行饱和度随深度分布的监测，测得饱和度约为 60%~80%，该饱和度范围接近于尾矿库中氧气扩散为零的饱和度。

膏体与浓密尾矿堆存的主要优点是对堆表径流和堆内渗流过程的有效控制。通过尾矿堆存设施的设计可实现高效排水和有效水质监测。此外，尾矿库形式灵活多样，可选择使得堆表侵蚀少、植被及生态易恢复的尾矿库结构。但是任何大型尾矿库，若由固结性能差的细颗粒沉积而成，都无法形成长久稳定的结构。尾矿库闭库后不久，尾矿坝表面的沟壑便会迅速扩展，覆盖层将被破坏，最终导致水和空气渗进砂堆中。

将尾矿库作为经济用地，被公认为是尾矿库长期控制酸性水的最佳方法。膏体与浓密尾矿为尾矿库形态的设计提供了更多选择，使尾矿库具有美观、维护简单的特点。

由于炭浆法选矿过程中大量应用的氰化钠易导致严重的污染问题，对于大型金矿尾矿排放过程中的污染控制问题，膏体与浓密尾矿堆存法扮演着重要角色。

氰化物不但有剧毒（0. 05g 的氰化物就可使人致命），而且容易和尾矿中各种金属离子形成复合物（比如镉、铅、铜和锌），使之更容易通过尾矿水转移，从而增加重金属离子泄漏到环境中的风险。由于 CN^- 阴离子易和二价金属阳离子产生螯合作用，导致传统酸性废水处理方法无法去除这些离子。氰化物的毒性可以通过调高 pH 值（>10）或添加硫酸亚铁（或者芬顿试剂）来抑制，这样会生成稳定的氰亚铁酸盐 $Fe(CN)_6^{4-}$。尾矿库中氰化物溶液若直接流入到自然水体中，将对自然水体的生态造成灾难性影响。其中一个典型案例便是位于罗马尼亚的 Baia Mare 矿山的废水事件，2000 年 1 月，该矿含有氰化物和大量重金属离子的污水流入了 Szamos 河，最终进入多瑙河。

膏体与浓密尾矿不需要采用澄清池和相关废水回收设施。尾矿库上部没有澄清池，减少了鸟类的栖居及其由此造成的死亡。而澄清池可利用阳光照射光解氰化物，所以仍然得到广泛使用。以位于印度尼西亚 East Kalimantan 的 Kelian 金矿为例，在光解作用下，该矿的 Namuk 尾矿库中选厂直排的尾矿氰化物浓度从 100×10^{-6}降至 0.02×10^{-6}，随后尾矿水可直接排入 Kelian 河。

膏体与浓密尾矿库中没有该类浅而透气性好的澄清池，与传统湿式尾矿库相比，其借助阳光（紫外线辐射）、风（挥发）和生物（生物降解）分解氰化物的能力下降。但是向膏体与浓密尾矿库排放的选矿废水很少，氰化物的总量也因此降低，总体而言膏体与浓密尾矿处置对于减少金尾矿中氰化物相关的环境污染事故非常有效。

酸性废水的形成被认为是采矿业遇到的首要的环境问题。在酸性废水生成的同时，尾矿中的有毒金属或非金属物质转移到渗滤液中，进而流入到地下水和地表，造成矿山周边严重、棘手的持久性污染。与传统尾矿相似，膏体与浓密尾矿中酸性废水的生成量和成分，以及酸性废水对环境的危害程度都随矿山的不同而变化，取决于矿石类型、产酸硫化物性质、尾矿成分、中和酸性物质的含量，以及降雨频率等环境因素。

截至目前，针对膏体与浓密尾矿产生酸性水能力的大规模现场调查仍然很少，在同一站点和相同条件下直接对比含硫化物的膏体与浓密尾矿与传统湿式尾矿效果的研究更少。由于缺少这类调查研究，在减少酸性废水和金属浸出液的排放方面，很难说明膏体与浓密尾矿堆存是否更具有优势。比如，在均匀不离析的尾矿中，分散的黄铁矿可抑制酸性水的生成（黄铁矿具有还原性），然而高价态硫化物和黄铁矿（低价态硫化物）也同样因均匀分散被隔开，这将降低黄铁矿被氧化的速度（Evangelou，1995），即还原作用减弱，黄铁矿抑制酸性水生成的作用也将下降。

由此可以得出以下结论：

- 膏体与浓密尾矿的不离析性使尾矿氧化更加均匀，因此根据尾矿特性（酸碱度）得出的总体指标更准确。

● 膏体与浓密尾矿排放可以对尾矿库内的形貌进行设计，最大程度地降低雨水的渗透，而干燥的砂堆表面，有利于早日实现车辆行走和复垦工作，从而减少尾矿浸滤液的总量，同时为抑制酸性废水的生成提供了更灵活、简单的管理方式。

● 膏体与浓密尾矿排放可以减少硫化物局部集中的现象，即便在细尾矿堆表面也不易形成大的干燥裂隙，意味着该类尾矿库比传统闭库或管理不善的尾矿库更能形成一种由下至上缓慢氧化的模式。这种缓慢发展的氧化过程为闭库后尾矿的管理提供了最优的条件。若尾矿自身具有中和酸的能力，则能为尾矿库表面复垦创造条件，当尾矿库遭受酸污染时还能自我恢复；若尾矿具有产酸能力，则在长期堆存过程中，其产生的渗滤液及对环境的污染都是可以预测的，因而也更易管理。

15.8 覆盖层

多数尾矿库在闭库后都建立覆盖层，目的是实现以下三个目标：

● 降低风和水对尾矿库的侵蚀，减少尾矿向周围环境的扩散；

● 降低雨水与尾矿的接触作用，减少浸出液渗入地下水；

● 实现尾矿库复垦的可持续性。

多数尾矿库采用的土壤覆盖方法简单，覆盖层厚度相对较小，其目的在于使雨水顺着砂堆坡面排走。但是从长期来看，这种覆盖层大多达不到要求而最终破坏。

铺设合理、经济的覆盖层需要考虑尾矿库闭库后的外形特征，了解覆盖层材料的基本特性，最终通过合理的设计与选材实现上述三种基本要求。尾矿堆覆盖层设计中需要考虑的关键因素是：

（1）一般因素：

1）区域气候特征；

2）尾矿浆的反应活性和内部结构；

3）尾矿堆的坡面形状。

（2）对于具有反应活性尾矿的土壤覆盖层：

1）经济可行覆盖材料的土力学、水力学和耐久性参数；

2）尾矿浆的疏干和沉降特性；

3）覆盖层在长期侵蚀、干燥开裂、生物侵入、人类活动影响下的覆盖层的退化与演变。

（3）对于植被复垦：

1）理想的物理性质（透气好，持水性强、根系易穿透）；

2）具有足够的基本营养素，氮、磷、钾、钙、镁、硫及其他必要和有益的微量元素，包括铜、锌、铁、锰、硼、钼、钴和氯；

3）有毒物质含量低；

4）含有有益微生物；

5）生长基质足够厚，以便植物根茎可以完全生长，不受限制。

尾矿库在选择覆盖层时主要考虑的因素都是气候条件。于 2009 年出版的 GARD 指南中提供了一张图表（图 15.11），建议了不同气候条件下几种适用的覆盖层类型。应该注意，气候因素虽然是在选择尾矿库覆盖层类型时主要考虑的因素，但不是唯一因素。

当地的气候对最终覆盖层的设计有着很大的影响，干热气候、寒冷气候或者季风性强降雨气候下的覆盖层设计有着很大的差别。

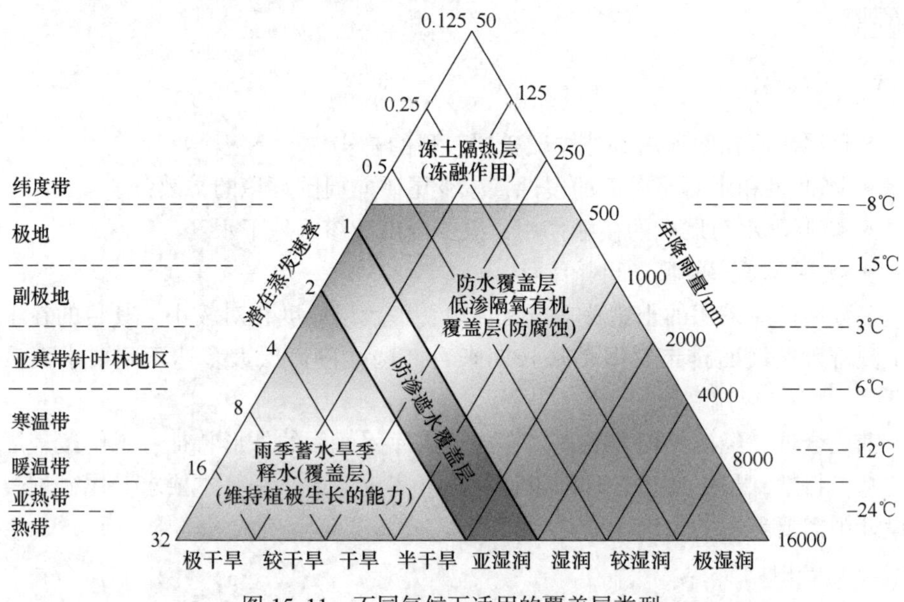

图 15.11　不同气候下适用的覆盖层类型

满足上述三个要求的覆盖层往往为多层结构体。一般包括防渗层、侵蚀层和生长介质层（为植被的可持续生长提供合适土壤）。

兼具蓄水和释水特性的覆盖层适用于半干旱气候条件，其目的在于，雨季时可蓄存大量雨水从而限制净渗流量，旱季时可通过蒸发释放存储在覆盖层中的雨水。这种覆盖层在湿润气候和干燥气候季节性交替，蒸发量比降雨量高 2~3 倍的条件下效果最好。

典型的分层覆盖层设计：

- 上层为足够厚度的生长基质，允许植物根茎充分伸长；

- 毛细隔断层，避免不必要的根茎生长；
- 密封层，最大程度减少雨水下渗；
- 下部毛细隔断层，当尾矿含盐量高、有毒或者可能产酸时设置。

在严寒地区，尾矿浆可能被冻结，设计者需要考虑冻融循环可能带来的影响。水在冻结过程中体积会增大约9%，因此在铺设覆盖层时需要控制材料的湿度，减少由气候变化造成的水的膨胀或固结的影响。

在寒冷气候条件下，可以使用独特的隔热覆盖层，这种隔热覆盖层可以使原本冻结的尾矿浆保持冻结状态，在未冻结尾矿中维持局部的永冻层。

寒冷地区，冻土层的演变对地表和地下的水文状态有重大的影响，而且冻土层的演变对于不同的地区存在巨大差别。图15.12是基于Andersland和Ladanyi（2004）针对永久冻土地温变化的研究得出的地温变化直接影响地表和地下水文的条件。

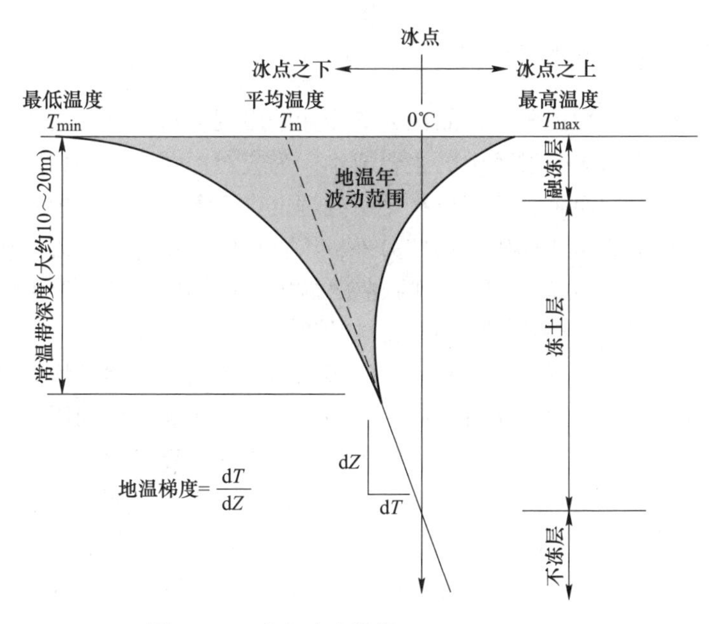

图15.12 永久冻土地温（MEND，2009）

在对铺设后的覆盖层的研究中，澳大利亚矿业环境研究中心的Taylor等（2013）开展了一项详细的调查。虽然调查的对象是废石堆，但是许多结论同样适用于尾矿库。结论包括：

- 设计的三层覆盖层持续10年达到设计目标，但到第18年时便失效了；
- 由于三层覆盖层每层都缺乏可本地取材的合适材料，所以局部位置覆盖层较薄；
- 物理和岩土测试表明，18年后覆盖层材料不满足设计要求；

• 在 18 年的生物和物理双重作用下，覆盖材料的渗透性比设计值大好几个数量级。

1983～1985 年，封闭 26.4hm^2（White's 废石堆）的初始覆盖层系统的成本为 1620 万澳元，当时被认为是最先进的。但是在 2009 年的修复工作中花费了 830 万澳元，在 2013 年预算中的修复成本为 1450 万澳元，总成本达到了 4000 万澳元，即每公顷的平均成本为 150 万澳元。

Prasad（2011）报道 Pillara 尾矿库（堆存非产酸尾矿）的闭库工作已在预算内圆满完工，采用取自矿山的石灰石废石进行覆盖，随后在上面又覆盖了底土和植被表土。在确定最终的覆盖层参数前，针对多个方案开展了现场实验。他还指出，由于排放过程中尾矿浓密效果差，尾矿库某些区域（共 4.5hm^2）砂堆异常湿润，通过在原 475～575mm 厚覆盖层上再增加 400mm 的覆盖材料才将该问题解决。

15.9 堆存设施环境恢复

随着全球范围内大规模、低品位采矿作业的出现，选矿过程的需水量大大增加。选矿用水已成为选矿过程中的主要成本。为应对不断增高的成本，浓密机开始应用于选矿过程，而后，浓密机在尾矿处理上也逐渐普及，主要用于在尾矿排放前回收尾矿浆中的水和选矿药剂。另外，浓密机的应用可以实现膏体与浓密尾矿排放，增加了堆存设施内可容纳的尾矿体积。这是因为相对于传统湿式尾矿浆，膏体与浓密尾矿具有更高的初始排放浓度。

最近，在西澳大利亚半干旱地区，许多采用传统低浓度尾矿堆存的尾矿库已经闭库和复垦。一般来说，所有堆存工作完成后，尾矿需在库内干燥固结 2 年以上重型推土设备才能作业，从而造成整个闭库过程的严重滞后。

目前为止，闭库复垦时间较长的膏体与浓密尾矿库的案例还很少，但可以推测，其环境/生态恢复的原则和传统尾矿库相似，主要差别在于膏体与浓密尾矿堆存完成后，作业设备可以更早进入尾矿库，从而加快闭库的总体进度，并带来一定的成本效益。

虽然膏体与浓密尾矿技术在很多方面彻底改变了尾矿处置工艺，但是膏体与浓密尾矿库的生态环境恢复的计划和理论仍与传统尾矿库相似。尾矿库复垦的关键仍然是要有良好的计划。

尾矿库的复垦计划中许多因素起到重要作用，需要重点考虑的因素包括：

（1）企业环境政策；（2）社会对矿山行业的期望；（3）对尾矿库复垦工作的深刻认识，对监管机构政策方针要求的准确理解；（4）利益相关各方的要求。

虽然各种人为因素对复垦计划造成影响，但是复垦工作首要考虑的还是土地的最终用途。当然，在某情况下不仅需要考虑近期的土地利用需求，还应针对区域内整个生态系统的要求进行计划。

尾矿从本质上讲是通过选矿去除了目标矿物的矿石产物，但选矿的化学药剂对尾矿的化学性质有很大的影响。尾矿长期和短期污染的可能性将最终影响到尾矿库的复垦工作，同时受尾矿地质化学因素和覆盖层材料特性的共同影响。

尾矿库复垦的基本环境目标应该与下面的原则一致：

- 无论在运营期间还是闭库后，尾矿库都不应造成任何污染；
- 尾矿库结构应该在长期侵蚀和极端条件下保持稳定，并且无需维护；
- 尾矿堆体的最终形态应该与周围环境相协调。

为了实现这些目标，过去已经研究了各种尾矿库设计和修复技术，包括水淹封闭整个堆存设施的高风险方案和直接在干燥表面播种植物的复垦方案，以及上述方案的变种。

膏体与浓密尾矿库的复垦计划与尾矿排放方法密切相关。排放方法的影响因素包括排放顺序、尾矿堆最终形态和结构、尾矿的地质化学成分和毒性、堆存场地原始地形地貌、区域气候环境等方面。由于开采矿石成分的变化造成尾矿的类型多样。

尾矿的许多成分不适合植物生长。植物种子在萌芽阶段常无法发芽或发芽质量不佳，可知尾矿不适于植物生长。不仅生长所需的元素含量较低（比如氮、磷），还缺乏天然有机物质和相关的微生物种群。

堆存期间，尾矿中含有较高的盐分、大量的氯盐和硫酸，会阻止植物的生长。氯盐大多来自于选矿用水，炎热和干旱气候的蒸发作用强，将盐分浓度大大提高。此外，尾矿可能含有相当高浓度的金属和准金属离子（例如砷和硒），在刚排放的尾矿中，离子对植物生长的影响不大，但如果随扩散进入孔隙液或者作为矿山废水排入周边环境，则将对植物造成毒害。

尾矿堆内的一些金属离子在高 pH 值条件下的毒性很小，但随酸性水的生成金属离子的移动性增大，从而提高了金属离子进入生物体的可能性。抑制植物生长的金属离子种类包括硫化物的初级氧化分解产物，或尾矿中的某些矿物成分与酸性溶液反应析出的各类金属离子。

一些物质的物理组成非常不稳定，在强风下可形成沙尘并且掩埋植物。此外，一些尾矿对太阳辐射的吸收能力很强，堆体表面大量吸热将使植物产生生理反应。

除了气候、周边用地情况和地形地貌的不同，尾矿特性也受相应的选冶过程的影响。实际上，同一尾矿库的不同区域也可能存在很大差异。为了使尾矿适于植被生长，通常需要对尾矿进行改性处理。研究者在利用植被对南非某金矿尾库进行修复时发现，对尾矿进行改造的许多方法基本无效，而向尾矿堑沟中填土的方法取得了较好的结果，植被可以在填土上生长。实际上，该案例只提供了一种使用土壤覆盖的局部修复方法。即使同时使用土壤和岩石作为覆盖层，侵蚀仍然会发生。一些研究者发现防止堆体表面侵蚀的最有效的途径是种植植被，然而也有研究者认为仅仅采用植被覆盖并非可持续的长期防止侵蚀的方法。建议对侵蚀风险高的尾矿，采用土壤岩层混合覆盖，并结合植被保护的方法以提供最佳的防护和稳定作用。

膏体与浓密尾矿技术在复垦时有如下优点：

- 尾矿固结快、设备通行早；
- 尾矿坝高度低，降低了尾矿库表面的不稳定性；
- 尾矿库表面积水少，总体上尾矿堆较为干燥，不需要对渗流作长期管理，尾矿粒级在堆体剖面上均匀分布（不离析），因而堆体中的养分和水分分布也更均匀。

必须指出的是，膏体与浓密尾矿堆存技术也有如下缺点：

高浓度尾矿堆存方式往往形成压缩密实的堆体，不利于植物根部生长，因而需要额外设计一个合适植物生长的覆盖层。该覆盖层应材质均匀，并且含有适合植被生长的物理结构特征，如裂隙和软弱结构面等。

传统的尾矿库具有更大的砂堆表面，在矿山服务年限内堆表可能快速干燥，容易引起扬尘问题。因此需要加强对扬尘方面的管理，在含有纤维状石棉矿物的尾矿库扬尘问题更为显著。

与所有复垦工作类似，尾矿库的复垦也需要采用阶段性方案以解决闭库的全部问题。为了确保尾矿库的闭库工作合理有序开展，提出了如图 15.13 所示的闭库流程图（Lacy 和 Campbell，2000）。

采用系统的方法可显著提高尾矿库复垦的有效性，对尾矿的物理、生物和化学性质要有明确的认识，同时需要不同学科背景的人共同参与。

某些情况下，可在尾矿上直接进行植被复垦，但是抑制植被生长的不利因素较多。能在无覆土、未处理的尾矿堆上种植有效密集植被的尾矿库往往是个例，尤其在干旱气候条件下。总体来说，尾矿的物理化学性质决定着植被复垦的成功与否。

各尾矿库内的尾矿性质差异很大，差异来源于矿石类型、矿物地质化学性质、选矿工艺流程、水质、尾矿堆存技术以及尾矿库所处的环境。

许多研究者提出，稳定尾矿库和美化矿区环境最佳的方式是采用物理修复和生物修复相结合的覆盖层。也有使用厚度仅 100mm 的物理覆盖层（单独使用或与植被覆盖层一起使用）稳固尾矿坝的成功案例。当然，如果通过物理或者化学修复能够实现稳定尾矿库表面以维持植物生长，并形成稳定的生态系统，有效的生态复垦还是能够实现的。

矿山企业应努力减小尾矿堆存对环境的影响。维护矿区周围环境的生态稳定

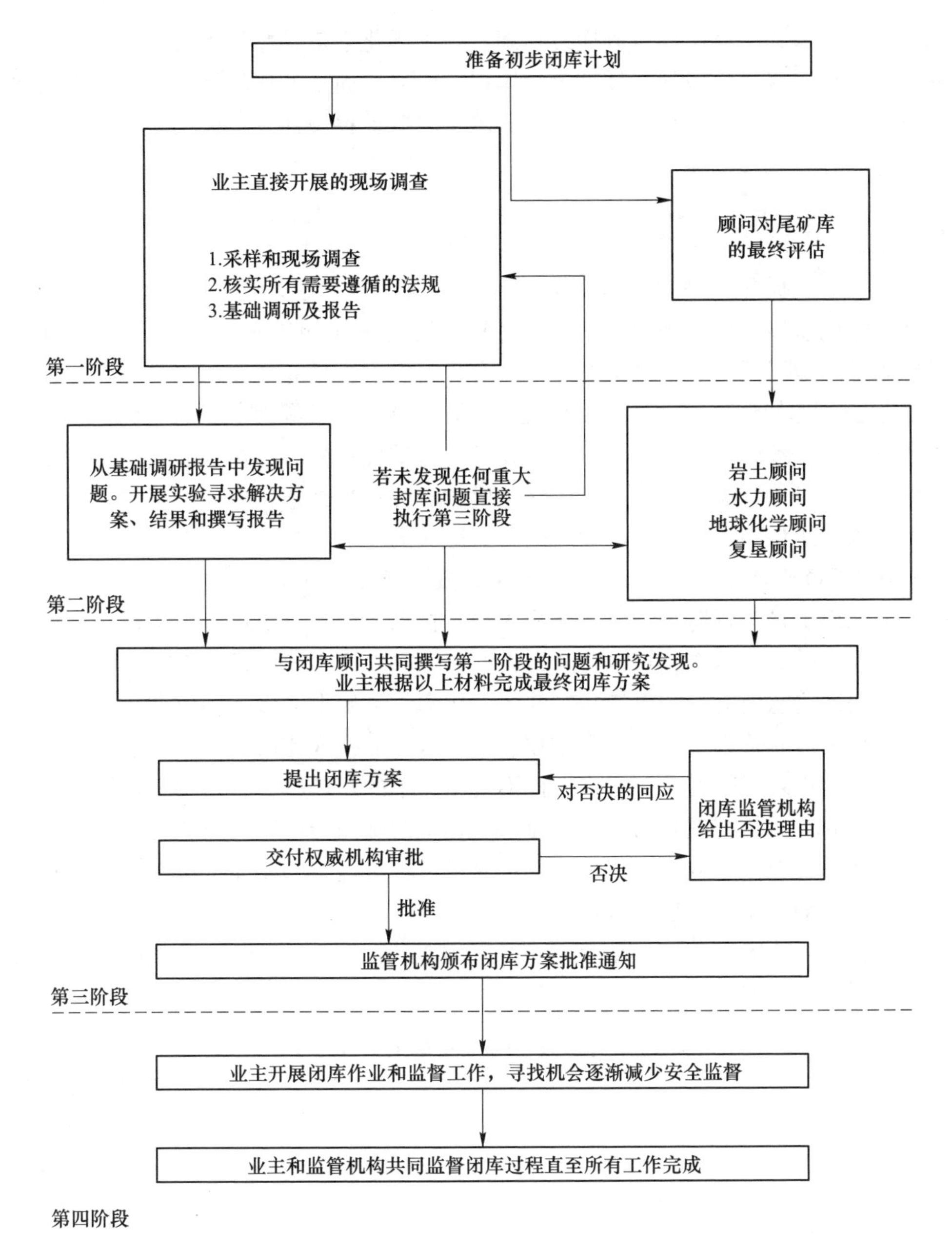

图 15.13 尾矿闭库流程图（根据 Lacy 和 Campbell，2000）

是矿山开采受益人需要履行的重要责任。因此，无论是在矿山开采过程中、结束后或者暂停生产的情况下，都应当首先保证尾矿堆的稳定性。尾矿库生态复垦效果不达标或者未采取复垦措施，会导致居民对矿山开采产生抵触心理。

随着堆存新技术（膏体与浓密尾矿技术）的发展，将出现新型的尾矿库生态环境恢复方式。尾矿库可以通过物理、植被和化学三类修复手段中的一种或几种进行复垦。修复手段的多样性为膏体尾矿库复垦面临的挑战提供了有效的解决方案。未来，膏体堆存技术将与传统低浓度尾矿堆存一样，均能实现尾矿库复垦的目标，并实现技术多样性。

15.10　闭库法律规范

政府需要提高人民的生活水平（包括经济水平和生活质量）才能获得选票支持。居民欢迎那些能为地区带来经济利益的企业（如矿业），但前提是企业同时要满足当地居民对生活质量的要求。在政府看来，具有环保意识且不会在地区遗留问题（比如环保不达标的废弃尾矿库）的矿山企业是理想的财富创造者。

居民对矿山废弃物通常只有一个要求，即矿山开采后尽快开展矿山生态恢复工作，使环境达到居民的要求。居民期望政府可以听到他们关于严格执行环境标准的诉求，居住地离矿区越近的居民，对矿区的环境要求也越明确。

绝大部分针对矿业的立法条款是在事故（比如尾矿库溃坝事故）发生后才制定的，而不是为预防事故发生而预先设立的（Jones，2005）。立法机构所面临的矿业问题随地区而异，这也是全世界的矿业立法没有统一标准的一个原因。

立法往往忽视的一个事实是它的执行成本。世界上大多数国家的矿业立法并不涉及矿山地貌管理。因此，多数政府在这方面的投入比较少。

较少的投入意味着政府官员不得不使用简单的管理体系，这些管理体系往往不是特定的，而是试图囊括所有方面。监管机构倾向于使用标准化的电子表格以简化数据收集工作，从而快速分析出企业是否预留足够的闭库资金。相比针对特殊案例的精细化比较方法，这种方法成本更低。

在大多数地区，矿业立法都需要权衡矿区居民的要求和对矿山开发者的看法（信任度），可视为简单的控制/信任关系（Jones，2008），见表 15.1。

表 15.1　法规约束和公众要求之间的关系

法规约束	公众要求
全面禁止	最大程度的限制
规则性法规	严格控制
规章	控制
具体规范	信任
一般规范	信任度高
不约束	完全信任

无立法（即没有制约，完全信任经营者）是对矿山经营者影响最小的立法

状态；较严格的状态是鼓励矿山经营者尽可能执行一般规范（高度信任经营者）；再严格的状态则通过具体规范的形式进行明确；更严格的状态是规章或规范性法规（严格控制）；最严格的约束状态是全面禁止。在多数情况下，立法类型与居民的期望和诉求密切相关。

需要注意的是，在英联邦国家法律体系中，规范、规章、地方法规和行政法规之间存在较大的差异。该差异可概括如下：

规范是帮助企业更好地理解相关法律，为企业目标的达成提供案例参考和技术指导的指南性文件。规范不具有强制性，也不具有法律效力。规范不属于法律法规范畴。规范的优势在于其灵活性，可以随时将新内容更新进去。技术上或法律上的变化都能很快地反映在规范文本中。

规章会为如何遵循法律要求提供建议和指导，同时，为企业的行为是否合理和符合实际提供指导。大多数规章是基于习惯法建立起来的，在法律体系中有着特殊的地位，通常为立法提供参考。一般来说，如果业主因未遵守规章的某些条款和方针而被起诉，那么业主极有可能被判有罪。规章的变动往往要经过立法部门的正式批准，因而在应对技术变化时灵活性较低。

法规要经过议会的批准，也是地方法的一部分。法规在特定的议会法案下执行。法规可分为一般性法规和具体法规。法规通常只简单陈述业主在特定情况下必须采取的措施，列出对违法者的惩罚，然而它们不会就法规如何履行提供技术性建议。法规的改动要由议会同意，因此无法随技术变动而灵活更改。

当在采矿行业出现新的技术问题时，可通过早已施行的规范以不同形式的“控制”来解决。当规范对采矿行业的约束无效时，则有必要制定具体的针对性的规章强制执行。矿业应及时对社区居民的忧虑作出回应，才可避免越来越严格的矿业法规被制定出来约束采矿活动。

法规约束可分规则性和规范性两大类。

一般来说，规则性约束在处理矿山闭坑面临的尾矿库长期稳定性问题时效果并不理想，原因在于规则性约束针对所有矿山设定，但是与矿山的具体情况相关性不大。这种约束形式对闭库最佳方案的选择极其不利。规则性约束在内容中通常会规定矿区的地形（如限定尾矿坝坡角）；而规范性约束通常规定矿山必须执行的标准（比如建议尾矿库稳定性安全系数），但不限制为满足该标准所采取的措施。

规范性约束要求在整个开采期间循序渐进地完善闭坑计划和标准，完善闭坑计划和标准从预可行阶段开始，这样更容易形成符合规范的闭坑后的尾矿库地貌。规范性约束使得闭坑计划按照最新的技术标准发展。这类约束有利于矿山采取适于具体情况的闭坑地貌，甚至提出创新性的解决方案。

监管机构采用规则性约束的潜在风险是，有些规定在某些矿山可能不适用，从而造成尾矿库闭库方案失败，引起重大环境危害。而且如果业主按照监管机构的规定进行施工却发生了事故，那么就可能无法起诉业主弥补尾矿库破坏带来的损失。

同样，如果监管机构执行规范性约束，则更易立案起诉业主未满足尾矿库闭库标准。

对尾矿库而言，如何达到闭库标准是一个很难回答的问题。目前唯一可行的方式是，结合自然类比、计算机模拟和成功案例的方法，使用数据信息进行风险评估。进行风险评估时，应根据尾矿库所在地区的具体情况分析，因为即使是岩石类型和气候的微小变化都会很大程度上影响边坡稳定性和排水系统的设计要求，对于地貌的稳定性和生态系统的可持续性来说是非常必要的。

与废石堆及尾矿库相类似的自然结构体很罕见，现代大规模废石堆和尾矿库级别的人造结构更少（Blight 和 Amponsah-Da Costa，1999）。现代模拟技术在预测这些结构的长期后果上已取得了一定进步并不断发展。模型的最佳用途是预测不同的边坡角和地形下的稳定性。虽然这些模型尚不能给出真实的结果，但是在方案选择上很实用（Lock 和 Lowe，2008）。McPhail 和 Rye（2008）比较边坡几何形状的论文是利用已有模型比较不同边坡角度侵蚀特性可能性的参考案例。

生物变化的时间尺度比自然地貌变化的时间尺度短几个数量级，因此生态层面的环保要求可能比地形层面的更容易理解。针对复杂的复垦过程，研究者开发了生态和景观功能分析系统，服务政府和企业（Tongway 和 Hindley，2004），相较于仅以植被密度或者物种为指标的传统环保评估，该系统的技术手段更优。

15.11　经济方面

尾矿库的闭库成本很大，尤其是需要大量整土作业以减小尾矿库的侵蚀。闭库是矿山停产的最后一个阶段，历史数据表明闭库工作的资金往往不能到位，因而政府、金融机构和银行现在都要求企业明确闭库成本，并在矿山生产期间上交闭库准备金。

Deloitte（2007）对 27 个矿山的调查报告表明，尽管在 2000~2005 年间这些公司的有形累计资产增加了 75%，然而闭库的累计准备金增加了 173%（达到 1160 万澳元）。闭库成本增加的速率高于矿山有形资产增加的速率逐渐成为一种趋势。

大多数与准备金相关的法规都大致接近国际会计标准中 IAS 37 的规定（准备金，或有负债和或有资产）。

该标准要求当存在“时间或金额不确定的负债”时，企业需上交准备金；要求在出现下列情况时支出准备金：

- 企业因过去事项而承担现时的法定或推定义务；
- 结算该义务很可能要求（含经济利益的）资源流出；
- 该义务的金额的可靠估计。

法律规定的，矿山企业负有完成尾矿库闭库的义务，同时需要列明履行闭库义务所需的资金或者其他资源。制定保证金标准的主要困难是准确估计矿山需履行的义务（AusIMM，2012）。

矿山企业在开采期间就对破坏的土地逐步进行生态恢复以便减轻相关责任。这种做法并不适用于尾矿库，尾矿库不像废石堆，大型整土设备必须等到库区表面完全干燥才能进入。尾矿堆的干燥过程可能持续数年，时间的长短取决于尾矿性质、地区气候和尾矿堆置方式。

根据不同区域，适用于尾矿库闭库的统计方法包括加拿大 CICA 资产弃置义务（Asset Retirement Obligation，ARO）第 3110 条、澳大利亚会计准则委员会（Australian Accounting Standards Board，2010）澳大利亚会计准则第 137 条，以及美国 FAS 报告指南 143 条。

通过财务管理寻找闭库义务管理（最小化）的方法时，闭库成本可从以下四个领域来估计：

- 基础设施、固定设施和移动设备：在闭库中应用有限；
- 扰动区：可以通过逐步复垦的办法减少责任，但生态恢复的时间受尾矿库通路情况、气候、环保义务和企业政策影响，进而影响闭库成本；
- 闭库后期：包括长期监测、尾矿库和排水系统维修/维护成本和修补工作；
- 特别在环境方面：包括残留的金属离子，酸性水的生成和尾矿中残留的选矿药剂浓度。

合理评估闭库成本的困难在于确定满足闭库要求的有效覆盖层的成本。要实现合理的覆盖层成本，可以使用当地材料铺设一些试用覆盖层。这种覆盖层实验要尽量在尾矿库建设早期开展，以便尽早确定试用覆盖层是否退化或者满足覆盖层的三个目标。

另外一个很难估计的重要成本是整土成本，通过整土作业可形成稳定的结构体，以长期储存所有的尾矿。与湿式尾矿相比，膏体与浓密尾矿堆存降低了成本估计的不确定性。

虽然关于闭库成本估计精确性的数据很少，但土木工程项目也能有助于了解现场调查和成本超支之间的直接关系。伦敦（英国）地区地基调查和成本超支之间的直接关系如图 15.14 所示。

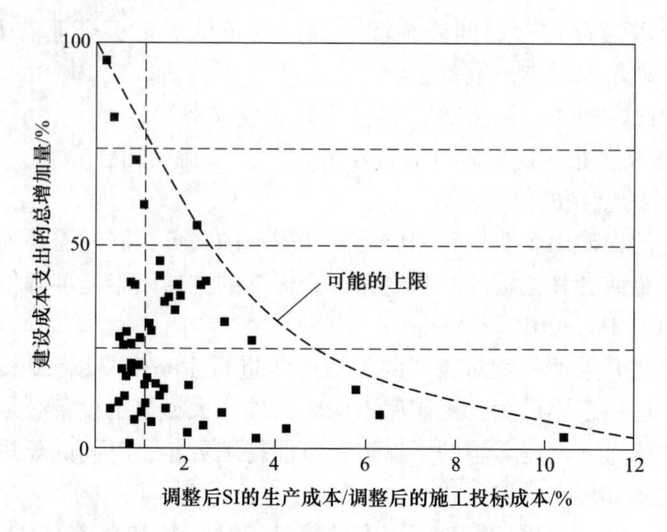

图 15.14　现场调查和成本超支之间的直接关系（Clayton，2001）

15.12　本章小结

表 15.2 综合比较了传统尾矿、浓密尾矿和膏体尾矿在尾矿库闭库时的性能。

表 15.2　高浓度尾矿与传统尾矿在闭库设计方面的综合比较（基于 Jones，2000）

对比项目	高浓度尾矿	传统尾矿
渗流	较小	可能很大，除非有防衬层
酸性废水生成	缓慢	快
保证稳定性所需土工量	小	可能非常大，尤其在尾矿坝外侧
抗腐蚀性	较高	低，随着植被的覆盖增加
堆表复垦评估	尾矿堆置停止后植被很快生长	通常需延后很久植被才能生长
干燥收缩量	小	很大

注：渗流和干燥收缩量和尾矿中的多余水量有关。一般来说，堆置的尾矿浓度越高多余水量越少，因而渗流和堆置收缩量越少。

作者简介

第一作者
Hugh Jones
澳大利亚，Independent Consultant

Hugh 自 1974 年以来一直专注于矿山行业的环境问题，作为矿山运营环境经理，咨询师、西澳大利亚州政府的高级监管员（12年），其职责包括起草尾矿法和相关指南。他代表环境署参加了ICOLD尾矿委员会（6年）。

合作作者
Ron Watkins
澳大利亚 EIGG，Centre for Forensic Science，The University of Western Australia

Ron是西澳大利亚大学环境无机地球化学课题组（EIGG）的副教授和主任。他曾在西澳大利亚州、维多利亚州和北领地以及印度、菲律宾、印度尼西亚、马里和津巴布韦的矿山参与环境地球化学研究。

16

案例分析

案 例 分 析 16

章节编辑
Ted Lord 加拿大，Tailings Consultant

16.1 引言

本章给出了 12 个膏体和浓密尾矿技术在露天和地下矿山的应用案例，其中，3 个来自南非，3 个来自澳大利亚，2 个来自加拿大，2 个来自伊朗，以及印尼和智利的案例各 1 个。

这其中有 3 个已在之前版本出现过并在本版进行更新的案例，包括：

- 加拿大 Xstrata Kidd Creek 冶炼厂，该厂自 1973 建厂并针对尾矿管理进行了一系列改进。目前该项目使用 ϕ35m 高效浓密机。至今一共有 1.32 亿吨的尾矿通过中央排放法进行堆存，该尾矿堆存设施预计于 2021 年关闭。
- 南非 De Beers Kimberley 联合处理厂（CTP），采用 5 个 ϕ15m 深锥浓密机和最初方案中的 6m 高立式排放塔进行尾矿排放。由于尾矿并未按预期在排放点周围堆积，所以操作人员降低了提升塔的高度并使用手动轮式分配系统来改变原排放布置，进而保证砂浆分布均匀并提高了砂堆的坡度。
- 澳大利亚 Osborne 矿，对水力旋流器和浓密机进行了一系列的改进，以改善尾矿堆存效果。案例中将详细介绍该矿由传统尾矿排放到浓密尾矿转变过程中涉及的改进措施。

另外 9 个新的案例包括：

伊朗 NICICO Miduk 矿，采用 4 个 ϕ16m 膏体浓密机配合山谷式排放的尾矿处置方法。

伊朗 NICICO Sar Cheshmeh 矿，采用 12 个 ϕ25m 膏体浓密机配合山谷式排放的尾矿处置方法。

南非 Tronox Hillendale 矿，采用 4 个 ϕ12m 高效浓密机配合周边多点排放的尾矿处置方法。目前该排放设施正在进入闭库流程。

南非 Assmang Khumani 矿，使用 2 个 ϕ90m 传统浓密机进行一级浓密，2 个

ϕ18m 高效浓密机进行二次浓密。第二阶段的浓密底流采用周边多点式排放。

澳大利亚 QAL Gladstone 铝土冶炼厂，尾矿处理场地内设有分区轮流干燥区域，采用“犁土”措施提高砂堆强度以支撑上部排放层。

加拿大 Goldcorp Musselwhite 矿，采用 1 个 ϕ16m 高效浓密机结合末端排放工艺处理尾矿。

印度尼西亚 Freeport Big Gossan 矿，建有 1 个膏体充填站，浓密机底流的一部分采用水力旋流器分级，之后再由真空盘式过滤机进一步脱水。

澳大利亚 Alcoa Pinjarra 铝土冶炼厂，使用 1 个大直径浓密机制备高浓度尾矿浆进行尾矿库干排。当浓密机不正常工作时，采用管道絮凝法处理尾矿，保证干排作业的连续进行。

智利 Mantos Blancos 矿，采用水力旋流器—振动筛—浓密机联合工艺处理尾矿。

相关案例列举了膏体和浓密尾矿技术在世界不同地区和气候条件下的应用情况。详细资料可参考历年国际膏体和浓密尾矿会议的论文集。

致谢：

各案例作者向项目经营者和公司对于相关成果的授权出版表示由衷感谢。

16.2　SAR CHESHMEH 铜矿项目（伊朗）

作者：Paul Williams 和 Arash Roshdieh

Sar Cheshmeh 在波斯语中有“春天的起源”的意思，是伊朗国营铜矿产业公司（NICICO）在伊朗历史最久的铜矿。它坐落在伊朗中心南部的 Kerman 省，海拔 2500m。从 1980 年代起开始生产，年产量 200 万吨，此后生产规模不断增大。2013 年计划将当时 2200 万吨的年产量扩大到 3300 万吨，远期年产量达到 5000 万吨，同时使矿山寿命延长到 2045 年以后。

该矿采取露天开采，位于 Shur 河谷端头处山区的北面。矿石在矿坑内破碎后通过传送带输送 1.5km 至选厂。经过冶炼和精加工后，铜产品通过铁路送出矿区，用于满足伊朗国内需求和出口。

尾矿在选厂通过浓密机脱水达到 40%~45%的固体浓度，然后尾矿浆沿着长达 15~20km 的混凝土水槽输送至 Shur 河下游的尾矿库，坝高 70m。该库在 2000 年左右达到满库，后继续在上方修筑土石坝应急。矿方认识到应提出合适的长期方案处理尾矿。

该矿处于半干旱环境，年降水量 260mm，蒸发量 2800mm。工业用水来自 30km 外的冲积层竖井区域。在早期矿山产量低时可以进行库内废水的回收利用，但是随着矿山扩产，已无法满足需求，且目前仍与当地农业竞争水资源。

经过多方案的综合对比，该矿最终决定使用膏体浓密机来提高尾矿水回收率，同时提高现有尾矿处理系统的回水效率。为了给二期（3300 万吨年产量）工程尾矿提供储存空间，进一步加高现有尾矿库坝高，同时利用地形优势采取低谷膏体排放来进一步提高尾矿库的存储能力。

膏体浓密站拥有 12 台 ϕ25m 浓密机，供应商为 FLSmidth 的前身 Dorr-Oliver EIMCO，是当时世界最大浓密站。图 16.1、图 16.2 所示分别为矿山和尾矿坝全貌，以及即将竣工的膏体浓密站。

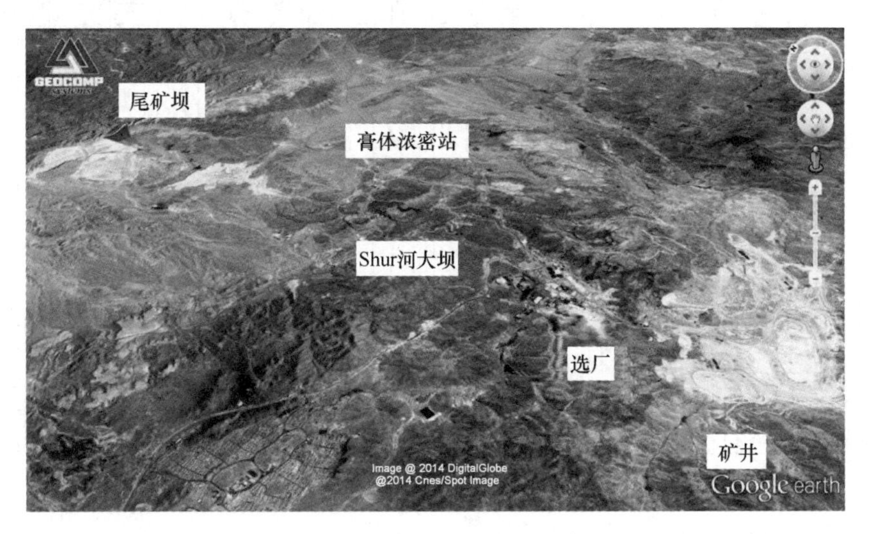

图 16.1　矿山和尾矿坝全貌

图 16.2　建设中的膏体浓密站

尾矿的颗粒级配曲线如图 16.3 所示，根据 USC 分级为砂质黏土的尾矿，其界限含水率参数如下。

塑限 PL = 17%

液限 LL = 27%

塑性指数 PI = 10

比重 SG = 2.8

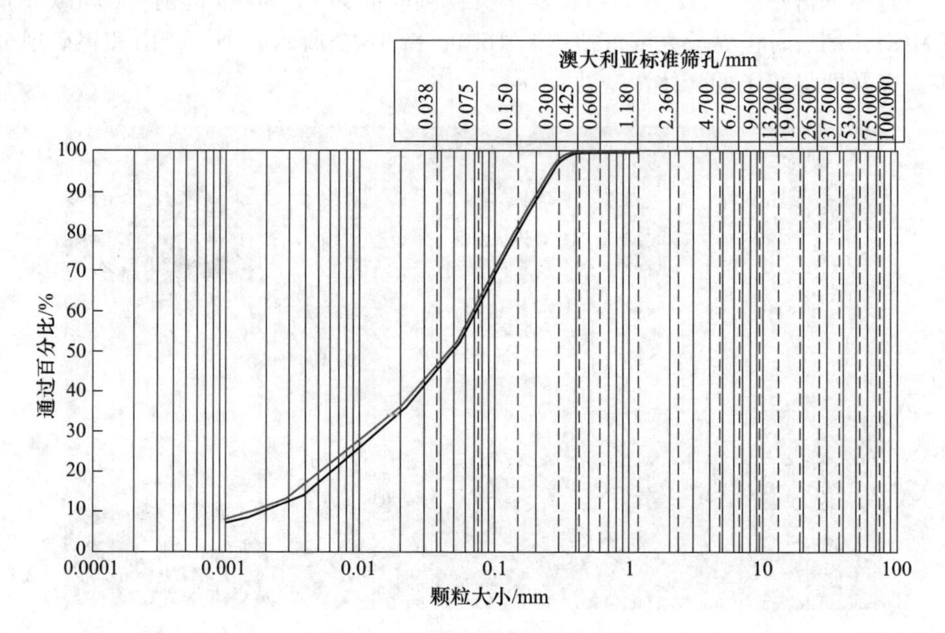

图 16.3　尾矿颗粒级配曲线

浓密机底流设计浓度为 60%，也从另一方面反映了尾矿中黏土颗粒的影响。

由图 16.1 可知，膏体浓密站位于选厂和尾矿坝之间。尾矿浆经过水道上延伸出的排水渠转移至 ϕ1m 自流管道后，穿过峡谷输送至浓密站。在临近浓密站的 Shur 河上新建了水坝（Shur 河大坝）。Shur 河是一条常流河，水势较大，在暴雨和雪融时的最大历史流速达 $12m^3/s$。大坝将雨水和融水从高处拦截后泵送回选厂，以阻止水流流向下游尾矿库；水坝同时也可以接收浓密机的溢流。废石和矿山排出的酸性浸出液可以在 Shur 河大坝中与 pH 较高的浓密机溢流中和后再泵送回选厂。

浓密机底流排放时被分成两部分汊流，分别是 Shur 河汊和 Gowd-e-Ahmar 河汊，底流不需要泵送。设计堆顶坡度为 1.75%，两部分汊流在下游汇聚时堆积坡度逐渐趋于平缓。通过澄清池西北角码头式架设的水泵进行水分的回收，预计最终堆积坡度角适中，从坡顶到澄清池的距离大约为 10km。

最终砂堆形貌从坡顶到坡脚的高差大约为 100m。最终坝体高度 40m，预计能增加 10 亿吨的容量。低谷排放方式降低了坝体的预期高度，提高了方案对该地形的适应性。

浓密机于 2013 年开始运行，达到了 60%的设计底流浓度。早期的堆积坡度测量结果如图 16.4 所示，结果表明尾矿堆积效果较好，但该结果不足以预测最终堆体形状。在当前的选厂扩张计划下，预计在 2014 下半年尾矿排放量可达到 3200 万吨/a。

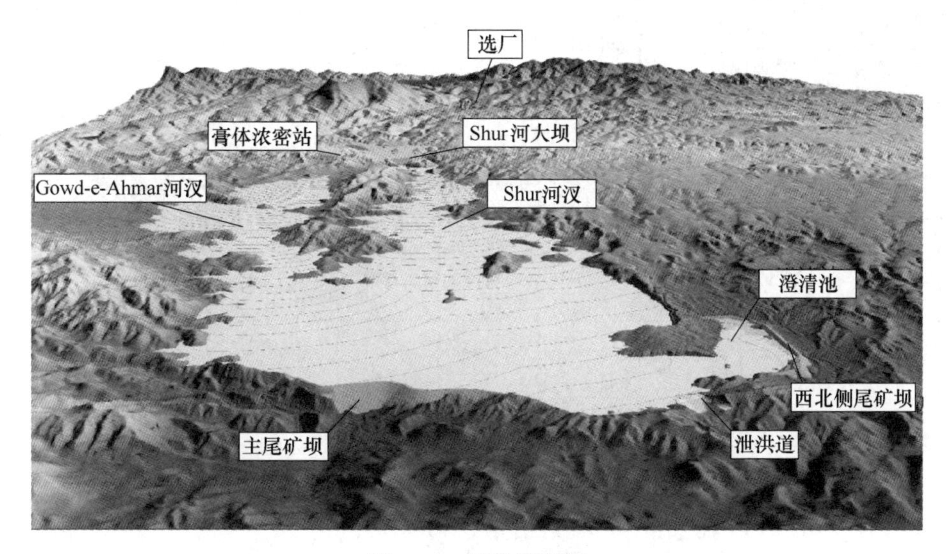

图 16.4 最终堆积图

16.3 MIDUK 铜矿项目（伊朗）

作者：Paul Williams 和 Phil Soden

Miduk 露天铜矿位于伊朗 Kerman 省，其母公司为伊朗国家铜业公司（NICICO），该公司最初由国家运营而后私有化，现已在伊朗证券交易所上市。

该矿位于 Kuh-e-Masaheem 山区，气候干燥，平均年降雨量 265mm，年蒸发量 2000mm。NICICO 于 2000 年做采矿计划时已提出应以节水为该项目的一项主要方针。

该项目当前的供水来自地下蓄水层的钻井，但井区大约在 22km 以外，海拔比矿区低 1000m。同时，农业用水和饮用水也在与矿业用水竞争该稀缺水源。为了最大化回收水分，NICICO 规定必须采用膏体浓密机。

矿区和选厂坐落于互不相邻峡谷的两端，显然在峡谷底部筑坝并将尾矿进行山谷式排放能够充分利用两条峡谷的空间，综合考虑后决定在 Jauguieh 河谷处筑堤。项目初期的整体布局计划如图 16.5 所示，采矿活动结束时尾矿堆存设施预测等高线图如图 16.6 所示。该位置可充分利用自流输送的优势，使得尾矿浆自流进入浓密机，浓密机底流自流排放至河谷（图 16.5）。因此，整个过程不需要泵送。

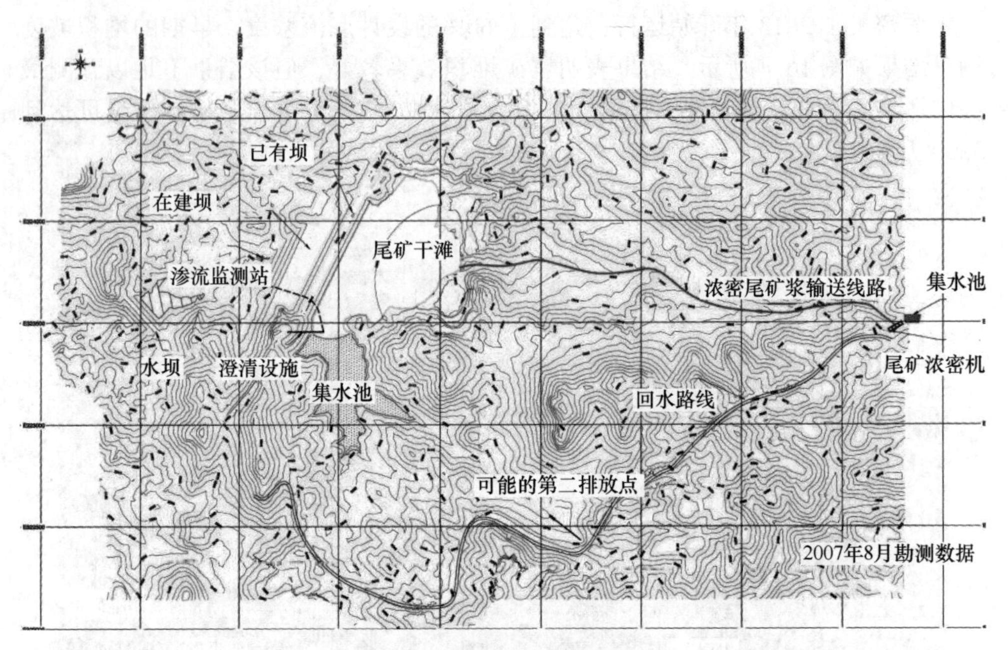

图 16.5　项目初期的总体布局

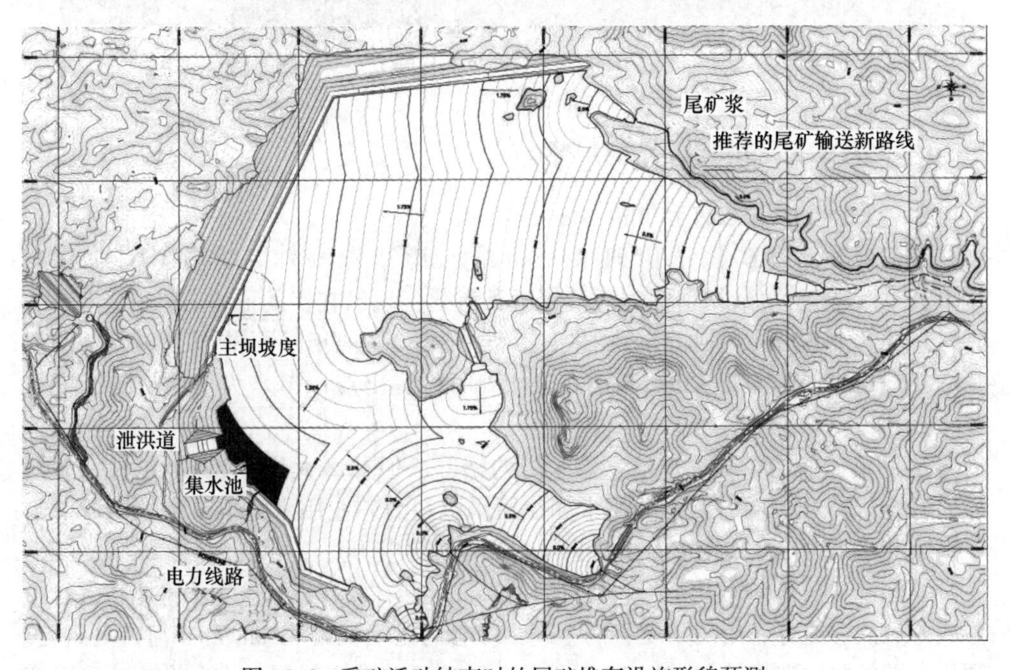

图 16.6　采矿活动结束时的尾矿堆存设施形貌预测

尾矿颗粒级配曲线如图 16.7 所示，尾矿的界限含水率（Atterberg 极限）

如下：

液限 LL=23%

塑限 PL=16%

塑性指数 PI=7

最终确定尾矿的 USC 分类为砂质粉质黏土（CL-ML），与伊朗其他铜尾矿（例如 Sar Cheshmeh，Sungun）相似。

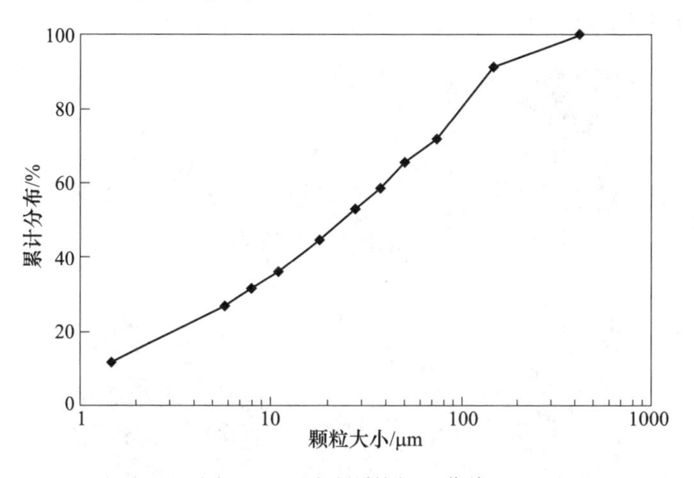

图 16.7 尾矿颗粒级配曲线

经 Dorr-Oliver EIMCO（FLSmidth 前身）测试确定浓密机设计底流膏体浓度为 63%。根据矿山计划 20 年内产量保持 500 万吨/a，Dorr-Oliver EIMCO 推荐使用 4 台 ϕ16m 浓密机（图 16.8），以满足设计质量流量 0.73t/(m^2 · h)，絮凝剂单耗为 15～20g/t。

图 16.8 位于 Miduk 的膏体浓密机组

矿区地形和堆存要求并不利于高效筑坝，但由于尾矿库距离选厂较近，浆体可自流输送等优势。最终在峡谷最深处建设了高 110m 的坝体，如图 16.9 所示。

库区缺乏不透水的黏土材料，尾矿坝设计为透水结构，水的渗流速度约为 40L/s（图 16.10），最终在下游的澄清池储存。澄清池坝体是以沥青混凝土为核心的岩石坝，总高 28m（图 16.11）。坝基上采用帷幕注浆技术，尽量减少渗流损失。回水由大坝下游的泵送站输送回充填站（图 16.12）。

图 16.9　尾矿排放过程中的尾矿库

图 16.10　测量渗流量的截流坝

该矿选厂从 2005 年开始运营。当实际运营底流浓度（57%）略低于设计浓度（64%）时系统管理难度下降，目前系统运行稳定。项目建成两年后，水平衡调查结果显示，水分回收率达到选厂排出尾矿水的 85%。底流浓度和密度的降低

图 16.11　澄清池水坝

图 16.12　回水泵送站

造成堆积坡度平缓，滩头坡度为 2.0%，低于 3.5%的预测值，目前尾矿库仍有很大的储存空间，因此较低的堆积坡度暂时未产生显著的问题。但长期来看仍需要提高浓密机底流浓度和堆积坡度。

成文时，该浓密站正在安装第 5 台浓密机及配套的絮凝剂溶液制备站，以适应扩大的产能。

16.4　DE BEERS 联合处理厂（南非）

作者：Ross Cooper

DE BEERS 联合处理厂（CTP）位于南非 Northern Cape 的 Kimberley 市，从 2003 年开始为城市周围几处分散的露天钻石矿提供尾矿处置服务，月处理量 1 亿吨。鉴于区域供水量有限，DE BEERS 采用膏体技术可实现水分回收率的最大化，是南非地区首例膏体充填系统。

16.4.1 设施介绍

该设施拥有 5 个 ϕ15m 深锥浓密机，为了提高地表堆存体的密度，将粗尾矿浆和细尾矿浆混合后进行脱水浓缩。浓密机底流进入中转储料仓，后通过离心泵对 3 个容积式活塞隔膜泵（positive displacement piston diaphragm，PD）进行供料。地表排放输送管道长 5.5km，材质为高压钢管（公称直径 ϕ350mm）。尾矿浆密度一般为 1.6t/m^3（60%固体含量）。

原设计将膏体排放到 Bultfontein 露天坑为闭坑复垦作准备。但由于露天开采仍未结束，不得不在一个尾矿库（占地 390hm^2）上建造临时堆存设施，预期服务 5 年，如图 16.13 所示。

图 16.13　临时堆存设施布局

在尾矿库南部和东南部坝体高度为 300m 处布置了多条排水管道以排出暴雨降水。在靠近厂区的尾矿坝上游 1/3 处建造了 2 个提升排放塔。

16.4.2 立式排放塔

排放塔的初步设计高度约为 6m，免维护结构，无人员出入口。设计出现了两个问题：膏体落到排放塔底部时的动量过大无法形成坡度，继而造成膏体的流动方向无法控制；另外，膏体倾向于在干燥的堆表壳体以下流动，无法预测膏体流向和澄清池形成区域。

综合考虑后，提出了“辐条”式排放的方案，如图 16.14 所示。该方案使得排放塔高度下降了 1m，塔周放射状布置 8 个槽道，形成了辐条轮毂的形状。膏体流动方向可通过控制水槽开合位置来控制（利用砂袋阻塞槽道来控制膏体的流动方向），从而轻松获得均匀的堆体坡度。

图 16.14 辐条式排放布置

两座排放塔都有通道可以进入。两座排放塔轮换工作，从而可以进行通道的垫高、槽道提升及排放塔内的管道延长工作。

辐条式排放技术还可控制排放厚度，从而改善干燥速率，提高堆体坡度。排放时对浆体流动进行持续的监测，当流动方向发生偏移或者排放层厚度不达标时，可改变排料的槽道进行调整。在采取辐条式排放前，堆体坡度约为 0.5%，远小于设计值 2.5%。目前堆积坡度波动较小，平均为 1.0%，并且在缓慢增加。堆体坡面如图 16.15 所示。

图 16.15 堆体坡面

16.4.3 坝体加高

在该排放设施建造之后，Builtfontein 露天坑被出售了，因此原设计的临时堆存设施需要为项目的全生命周期提供尾矿堆存空间。从经济角度看，利用自然土提高尾矿坝是不可行的。对多种材料进行筑坝实验，结果如下：

- 尾矿库南部靠近澄清池的坝体将采用压实土技术继续加高；
- 其余部位加高上游式坝体，所用材料为库内膏体。

膏体压实坝的加高厚度为 300mm，由于需要持续加高，因此成为日常运营的组成部分。加高周期应根据坝体超高要求确定。

图 16.16 所示为 20t 挖掘机用于坝体加高施工的过程。

图 16.17 所示为建成的膏体坝。

图 16.16　膏体堆坝工程

图 16.17　膏体坝

16.4.4　结论

本项目是展示膏体技术优势的优秀案例，更体现了项目各方的团结合作，包括项目所有方、运营管理方、尾矿库设计方、承包商和相关部门。

16.5 ASSMANG KHUMANI 铁矿（南非）

作者：Ross Cooper

ASSMANG 公司的 KHUMANI 铁矿位于南非，靠近 Northern Cape 的 Kathu 市。该矿于 2007 年开始建设，于 2011 年 4 月开始扩建工程。

膏体堆存设施（包含膏体制备站）的设计、建造和运营由 Assmang 公司承包给了 Stefanutti Stocks 矿业服务公司（SSMS）。SSMS 公司的业绩通过水分的回收利用率来考核结算。

16.5.1 系统介绍

系统采用两级浓密工艺进行尾矿浓密，一级浓密设备为一个传统大直径浓密机，将尾矿浆浓密至 32%的固体含量，以减少向尾矿库泵送尾矿浆的体积；二级浓密设备为两个深锥（膏体）浓密机，如图 16.18 所示，位于处理厂上坡 6km 外靠近尾矿库的位置。

二级浓密底流尾矿浆浓度可达到 58%～62%，此时浆体较稀，仍可采用离心泵输送。

图 16.18 深锥（膏体）浓密机

16.5.2 设施介绍

Khumani 铁矿采用露天开采。尾矿库为山坡形结构，坝体采用采矿废石堆筑，分阶段施工，尾矿库全貌如图 16.19 所示。King 露天坑位于库区规划范围之内，露天坑开采完毕后可以进一步提高库容。尾矿库内建设了区域分割墙，将库区划分为 3 个区域，提高了堆存灵活性的同时，保护了 King North 露天坑内的采矿活动。

各个子区域内配置了用于泵送水分至回水坝的码头式泵站，回水坝内的水分将泵送至膏体制备站的中转仓，并最终送至处理厂二次利用。

图 16.19　尾矿库

16.5.3　膏体排放与堆存

在坝体上部布置环库排料主管，主管上设置若干开口排料支管，膏体由各个排料管排入尾矿库。通过各排料支管的交替使用可实现均匀的堆存坡度，并保证在泵站码头处形成澄清池。

堆积过程中膏体的流动为薄层流（图 16.20），很少发生离析和泌水现象。沉积层相对较薄，因此干燥时间很短，大约 3 周内干燥并达到龟裂状态（图 16.21）。

图 16.20　砂堆上流动的膏体

膏体在排放点附近没有堆积成团，而且堆积坡度小于 1%。较小的坡度有利于提高堆体对暴雨的控制水平和库内空间的利用率。

图 16.21 干燥龟裂的膏体

16.5.4 尾矿库运营管理

Stefanutti Stock 的经营范围包括从一级浓密机排放砂浆到水分回收至处理厂的过程。实践证明，外包浓密站和尾矿库的举措非常成功，理由如下：

- 浓密机可以按尾矿库的要求进行运营管理工作；
- 当浓密机或输送系统出现问题时，可以绕开浓密机直接进行低浓度尾矿排放，此时将不会影响膏体堆存设施的运营效果；
- 必要时可以绕开底流泵送系统就近排放，进而不影响膏体储存设施的运营；
- 可根据排放点位置和堆积坡度进行砂浆循环和稀释系统调整。

16.5.5 坝体加高工程计划

成文时，该尾矿库仅进行过下游式坝体的加高。为了满足矿山寿命的要求，坝体必须进一步提高 5m，如果继续采用下游式堆坝，所需废石量过大。因此，提出采用废石和库内尾矿混合使用，进行上游式堆坝的方案。2014 年年初，采用压实膏体材料的实验坝建成，正在进行质量监控（特别是裂缝监测），以评价实验坝能否满足外围坝体的要求。

16.5.6 结论

Khumani 膏体设施除浓密和泵送系统上出现过一些小故障外，尚未遭遇大问题，是非常成功的膏体案例。

16.6 HILLENDALE（南非）

作者：Kevin Goss-Ross 和 Jan Venter

16.6.1 引言

Tronox Hillendale 重矿物砂矿位于南非东岸 KwaZulu-Natal 省，靠近 Richards Bay 镇。该矿是第一批计划使用中央处理厂处理重矿物矿的矿山，从 2001 年 4 月开始运营，于 2013 年 12 月回采结束。矿区内设有湿式螺旋选矿机，重矿物矿通过公路运往分选厂，然后在 Empangeni 西北部的中央处理厂进行冶炼。

环境恢复活动在开采初期就已经展开，主要是开采区域的沙丘系统重建工作。目前环境恢复工作通过使用二次选矿（尾矿再选）的粗尾矿来充填采空区，最终堆成沙丘地貌。

矿石中含有大量的黏性超细颗粒（23%小于 45μm），增加了尾矿脱水和强降雨期的管理工作难度。夏季的降水量和蒸发量最大，年均降雨量为 1200mm，蒸发量为 1948mm（蒸发皿实验）。

该矿成功开发可实现自然干燥的浓密尾矿排放工艺，将细颗粒尾矿储存在专用的尾矿库中。

16.6.2 采矿过程

采矿作业的主要装备是可监测压力的高压水枪（图 16.22）。原矿浆通过水槽输送到卫星泵站泵送至一级湿选厂的蓄浆池内。矿浆中所含的大量细颗粒可以防止原矿在水槽和蓄浆池中的沉淀。矿体出露地表，没有覆岩，表土可用于环境恢复。尾矿通过旋流器脱水后充填空区。

图 16.22　高压水枪采矿

16.6.3 初级湿选厂

蓄浆池中的原矿浆以一定的流速输送至初级湿选厂内的圆筒筛。

初级湿选厂设计原矿浆处理量为1200t/h，利用多级螺旋重力分离装置提取精矿，产率为105t/h。由于担心旋流器中的高剪切条件可能释放更多的黏土颗粒，黏土细粒的分离最初在较粗糙的螺旋上进行；随后，加入了脱泥旋流器以提高黏土细粒的分离效率。

细颗粒矿浆的浓密流程由4个ϕ12m EIMCO™ E-Cat高效浓密机组成，该机型拥有刮耙，能防止挂浆和塌落（图16.23）。浓密机选型过程中考虑了设备的可移动性，原计划该处理厂需要根据生产移动位置，然而该移址计划并未实施。絮凝剂添量按150~200g/t重矿物浓缩物计算。底流浓度为28%~32%，相对密度1.21~1.25t/m^3。

图16.23 E-Cat高效浓密机和Wirth容积隔膜泵

每台浓密机都配备一台Warman8/6离心底流泵，泵体安装了变速驱动器将底流送到容量150m^{3}的底流收集罐中。两台8/6Warman离心泵接力将尾矿浆从底流罐泵送到2台HP2200 Wirth容积隔膜泵中，利用隔膜泵将浓密尾矿浆泵送至尾矿库。隔膜泵设计最大工作压力为8MPa，最大流速为945m^3/h，管道公称外径300mm，泵送距离1.5~5.5km。由于设计时缺乏流变数据，如果管道中偶尔出现层流可能导致离析和管道堵塞，故所需泵压较高。

16.6.4 尾矿库设施布局

尾矿库位于Mhlatuze河洪泛区（图16.24）。在高于洪水水位处建造了4~8m

高的初期坝。库区泥沼质厚土层的可压缩性极高，在其上方施工难度非常大。部分堤坝需通过在土层中安装 11m 深的垂直排水管带为土层脱水，同时采用分阶段筑坝方法建设。

图 16.24　项目调试期的尾矿库

库区总占地 150hm^2，细颗粒堆体占地为 133hm^2。排放系统包括环绕库区的主环管（公称外径 300mm）和均匀分布的 100 个 ϕ150mm 的排放管阀（间隔约 60m）。安装了额定压强为 80bar 的旋塞阀和圆盘闸刀阀，当发生堵管事故时，可利用容积泵的最大压强进行管线疏通工作。

尾矿浆排放时通常开启 3 个阀门。可根据流速和黏度的变化调整开启数量，一般开启 2~3 个阀门。应提高细颗粒尾矿浆排放工作的管理水平以形成设计的盆地地形，同时提高砂浆覆盖面从而提高干燥效率。

排水系统包括紧急重力排水系统和常备泵送系统。重力排水系统包括两座钢制泄水塔（图 16.25），泄水塔通过外流管道连接到库区北侧的 Mhlatuze 河，可起到防洪的作用（未发生过）。随堆体高度上升易造成泄水塔上部的法兰接口逐渐堵塞。当堆存高度接近塔顶时可通过法兰连接加高塔身。

受洪泛区的影响，回水库在邻近位置建设，水坝高程和尾矿坝初始高程相同，因此需要用水泵将集水池的水泵送至水库内。泵送排水系统包括悬浮码头、潜水泵、高位水箱和自流管线等，最终将其输送至北部的水库内。潜水泵安装在托架上，从而最大限度回收细颗粒沉降后的表层清水。北部尾矿坝设有浮桥抵达泵站码头。由于库区最深处位于南部，尾矿浆优先在南部堆积，集水池向北部发展，因此排水泵的位置需要随集水池逐步移动，直到设计位置。

水坝采用高密度聚乙烯内衬加强，容量为 10 万立方米。原先码头安装了 2 台立式 Warman 8/6 泵，但后来被提供陆基 Warman 8/6 增压泵的浮动式 Flygt 潜水泵所取代。改进后的系统更容易维护。

地形优势导致库区南部堆积的砂层更厚（图 16.26）。库区堆体平均厚度为 13.5m，其中北部 9m，南部 18m。

图 16.25 集水池码头和泄水塔

图 16.26 尾矿库（摄于 2007 年 1 月）

16.6.5 细粒尾矿性质

与常见重矿物相似，该细粒尾矿的级配曲线（图 16.27）为典型的双峰曲线，激光衍射实验（无分散剂）检测尾矿 D_{50} 为 5μm。尾矿中主要矿物有石英、高岭土、氯酸盐和赤铁矿，黏土类矿物约占 20%。

浓密机底流的絮团在底流泵的剪切下，屈服应力迅速降低至残余值。浆体静置屈服应力平均为 30Pa，通过圆柱塌落度实验检测浓密浆体的流动度（图 16.28）。

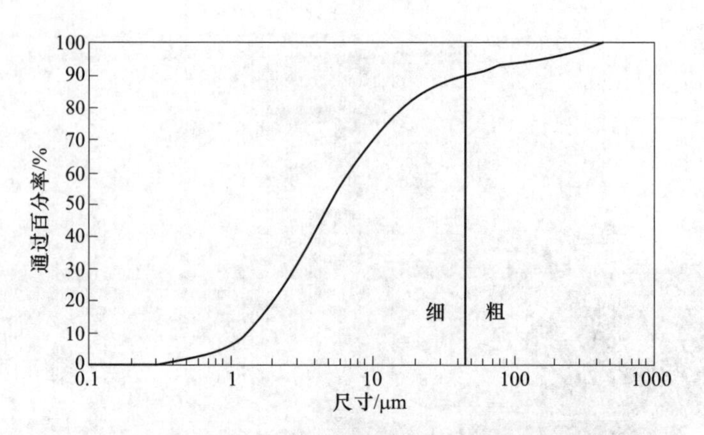

图 16.27　Hillendale 细粒尾矿的级配曲线

图 16.28　典型细粒尾矿浆的流动度（ϕ100mm 直筒塌落度仪）

16.6.6　尾矿坝体加高工程

设计阶段还无法判明尾矿筑坝的可行性，由于坝体增高值仅为 2.5m，尾矿成为备选材料，故在设施运行前两年详细跟踪记录了尾矿的干燥和强度性质以考察该方案是否能在预计的干燥密度下容纳未来产出的尾矿。因此，应对初期坝的上游方向进行严格的干燥循环管控，以便于后期上游式坝体的加高。两年的观测结果表明，堆体密度无法达到预期值，所需的最终坝高更高。此外，浆体密度过低也意味着干燥堆体的土力学强度不足，无法支撑上游筑坝工程。因此，需要另外建造抽砂系统以用于坝加高和扩宽。

由于初期坝已经位于矿权的边界，坝体拓宽只能采用上游法。上游法是指利用粗尾矿在初期坝的内侧堆积作为坝体加高的基础。初期坝的建设已经采用了大量的细粒尾矿，因此必须严格监测固结速度以保证坝体稳定。

最初坝体加高系统独立运作，筑坝材料从靠近尾矿库的部位采集。该系统有一台四级 Warman 3/2 泵，向排入点处的四台 ϕ165mm 水力旋流器（图 16.29）供料，输送管道直径 ϕ180mm，材质 HDPE 管道，输送速度 80t/h。旋流器每工作 24h 需要进行一次人工移动。利用二级泵送系统将湿选厂的部分粗尾矿输送至一级泵送系统进行筑坝作业。最终坝高提高了 9m。

图 16.29 水力旋流器筑坝

16.6.7 系统运行评价

将库区划分为 10 块区域以便于指导操作、制订排放计划和记录数据。在一个分区内的堆排工作完成后，转移到下一个分区。为了控制堆体坡度，当某阀门排放的尾矿浆推进到澄清池附近时更换排放点。分区容量由面积和厚度计算得出，同时也受坡度、砂滩表面情况和浆体流变参数的影响。

项目初期，尾矿中粗砂含量较高且波动较大，导致阀门过度磨损和堆积覆盖效果较差。随着选矿工艺的改进降低了粗砂含量，上述问题也随之减轻。虽然对浓密机进行了大量改进，但底流排放浓度较低，仍未达到预期性能。

容积泵的工作压力为 20~30bar，最高 50bar。泵压实际利用率低于预期值，但是由于当时对细颗粒尾矿流变特性和浓密机性能的了解较少，各方也接受了该泵压选型。与多级离心泵系统相比，容积泵可防止轴封水对浆体的稀释作用，性能更优。在矿山运营后期，硫细菌将尾矿管道腐蚀，出现斑状腐蚀点，因此降低了泵送压力以减少管道泄漏的发生率。

堆积坡度小于 1：8（垂直：水平）的设计值，坡度受地形和管理水平的影响。在库区的南部形成了初始堆体，初始坡度为 1：150，在靠近澄清池处的坡度更加平缓（约 1：250）。为了达到设计坡度，拟建设隔墙将库区分为两部分，但此方案很快被放弃。最终通过有效的尾矿排放管理形成了便于环境恢复的堆积坡度。

设计排放层周期 21 天，层厚 70mm。实际周期随区域变化，比如尾矿易在库区南部紧靠沙丘堆积，尾矿厚度为北部的 2 倍。因此南部的实际排放周期比设计值相对较短，北部实际排放周期则较长，且平均厚度比设计值低。

16.6.8 环境恢复

开采初期，选厂产出的粗尾矿全部用于堆存，以便形成库容，为矿山全生命周期的尾矿提供储存空间。开采后期，将粗颗粒尾矿回填采空区进行生态治理。

2008 年，Hillendale 建设了用于混合粗颗粒和细颗粒尾矿的搅拌站，将尾矿泵送至改造后的沙丘上，用以复垦甘蔗等作物。

2011~2012 年种植了第一批甘蔗作物，并于 2013 年收获。说明该复垦方案具有较好的潜力。随后复垦了森林和草地。

矿山运营的最后二年，通过变更排放策略将集水池位置逐步推进到北部，目前集水池位置已紧邻尾矿坝。尾矿库的蓄洪量管理可通过提高坝体实现，包括设计蓄洪量和坝体超高；随后可覆盖砂层便于农业机械进入复垦区域作业。2013 年末，当采矿作业结束时已经覆盖了约 30hm^2，并种植甘蔗 10hm^2。可采用喷砂技术（图 16.30）进行砂层覆盖，为了保证不超过细尾矿堆的承载能力，应先铺设一层薄砂，后逐渐增大砂层厚度至 1.5~2m。覆盖层将承载所有土工、农业和其他现场车辆作业。

图 16.30　喷砂覆盖

覆盖工作一直持续到了 2014 年，覆盖材料为最初储存于库内的粗砂。覆盖层不可使用细粒尾矿，堆体表面快速干燥并龟裂，芦苇迅速生长，并覆盖了大片区域。堆表稳定性得到提高，大部分区域可以行人，从而为复垦提供了更多可选方案。

桉树可在细粒尾矿上迅速发芽并茁壮成长，因此，矿山尝试将木麻黄和桉树直接种植于细粒尾矿上，取得了非常好的效果，从而可在未固结的细粒尾矿库上建立快速生长的植树区来加速脱水，继而缩短最终的表层处理周期。目前细颗粒尾矿和砂砾混合土层上种植的桉树生长良好，同时对尾矿土壤结构的修复也十分有效。目前矿山仍在研究持续性环境恢复方案，从而优化尾矿库环境恢复效果。

16.6.9 结论

Tronox 成功地设计并建造了 Gukkebdake 矿山的细粒尾矿管理系统，储存了大约 1700 万吨超细黏土尾矿。Tronox 目前致力于全面修复尾矿库环境，力求将尾矿库转变为高产农业区。该案例的成功在于计划的完善性、对复垦的关注性、监控的持续性以及方案调整的灵活性。

16.7 昆士兰铝矿（澳大利亚）

作者：Michael O'Neill

昆士兰铝矿公司（公司代码：QAL）在澳大利亚 Gladstone 地区经营一座铝矿精炼厂，由 Rio Tinto（80%）和 Rusal（20%）控股。该厂于 1967 年开始处理氧化铝，铝土矿由昆士兰 Cape York 的 Weipa 矿供矿。目前，氧化铝年产量约为 390 万吨，当中约有 100 万吨送往 Boyne Smelters 公司，其余部分通过水运供给其他用户。

该厂使用高温高压条件下的拜耳法处理一水化合物含量高的铝土矿。添加剂处理后的铝土矿（形成三水合物）则采用低温/低压处理法。

尾矿产率受产品等级和矿石品位的影响，每吨氧化铝矿石约产生 0.9t 干尾矿。尾矿堆存于 Boyne Ialand 尾矿库中（图 16.31），库区靠近 Boyne Smelters 公司，距离精炼厂 8km。

尾矿排放区域一和排放区域二最初均为周边筑坝的湿式尾矿库。设计方案是将尾矿排放在传统湿式尾矿库中，区域二的坝体逐步增高，目前达到 22m。

通过使用海水作为输送尾矿的部分工业水源，可降低淡水的用量；且海水可以中和尾矿 pH，为了增加中和反应，逐步提高了海水用量。中和反应原理是海水中的镁元素与碱和氧化铝发生反应，生成 $Mg_4Al_2CO_3(OH)_{16} \cdot 3H_2O$，从而降低尾矿的 pH。

用于尾矿中和的水还包括雨水、海水和调用水，过剩的水分通过澄清池送往水网，再在许可排放点处泻入 South Trees Inlet，该排放点处有持续的水质监控。

由于下游式筑坝成本持续上涨，并且现有坝体外的扩建空间不足，重新评估后提出了目前的方案，于 2005 年形成并实施。新方案包括采用干堆技术，实施

图 16.31　位于 Boyne Island 的 QAL 尾矿库鸟瞰图（近景为区域二；远景为区域一）

上游式筑坝，使用尾矿作为筑坝材料。排放区域一包括两个排放单元，计划于2008 年开始用于新方案。

为实现尾矿干排，建立了中和反应站用于尾矿和海水的混合，如图 16.32 所示。浓密机底流（固体浓度约为 27%～30%）排放到区域一或区域二，溢流通过区域二的澄清池和水网送往 South Trees Inlet。新方案中的变化还包括提高海水添加量以确保海水和尾矿充分反应。

图 16.32　中和站布局（Outotec（2012））

在极端降水条件下（三天降雨量达到 900mm），海水中镁浓度下降，导致中和反应耗时延长，因此又增加了硫酸添加系统，用于进一步降低尾矿 pH 值，但是，海水仍是更好的选择。

尾矿包括以下成分：60%～75% 的细颗粒到中等颗粒，10%～20% 的粉砂，

10%~20%的黏土（图 16.33）。

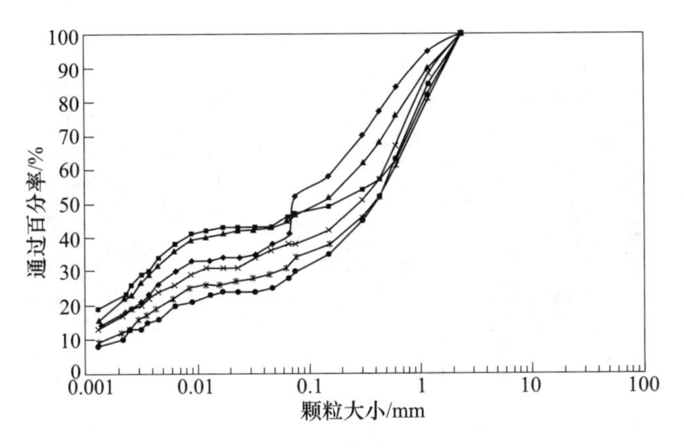

图 16.33 颗粒级配曲线（GHD，2010）

排放后如果不采取任何干燥措施，尾矿将脱水至 0.7t/m³ 的干密度。然而，为实现上游筑坝，堆体密度必须达到大约 1.3t/m³（剪切强度>100kPa、摩擦角>30°）。为了提高干燥密度，采用犁地机和 LGP 推土机进行砂层的后期整理和内部堤坝的建设，如图 16.34、图 16.35 所示。采用两用挖掘机维护排水通道和建筑内部尾矿坝。

图 16.34 工作中的犁地机

该区域的年净蒸发量约为 700mm。

目前的尾矿排放和堆表处理过程包括：

- 在初始深度约 900mm 的尾矿库内排入尾矿。
- 水从尾矿中泌出后沿坡面流出堆体。
- 使用犁地机处理堆体表面促进尾矿进一步脱水，一般往复 3 次。
- 使用 D6 LGP 推土机完成堆表处理及内部坝体加高。

图 16.35　犁土机处理过的堆体表面（使用 LGP 推土机处理前）

两次浆体之间的排放周期大约为 8 周。

固结后的尾矿渗透率较低，可用于建造基础坝和坝体外墙的密封层。

由于在区域一改用上游筑坝技术提高坝体，因此区内共有 4 个单元坝需要进行加高施工（每次提升高度为 2m），目前区域二的上游坝正在进行第一次堆坝施工。

远期规划将区域一和区域二连接起来，逐步将坝体提高至坝顶水平 44m，一直运营至 2046 年。区域一采用上游式筑坝，可用于干排堆存，区域一排出的尾矿水通过区域二排出。

研究表明该类尾矿可以用于受污染土地的处理，特别是重金属污染，因为该尾矿具有吸收和保持重金属离子的能力。第三方组织正在研究中和尾矿的其他用途。

16.8　KIDD 冶炼厂尾矿管理区域（加拿大）

作者：Shiu Kam

加拿大 Ontario 州 Timmins 地区的 KIDD 冶炼厂从 1966 年开始处理本矿生产的铜锌矿，厂址距离矿区约 27km。冶炼厂包括一座选厂、一座炼铜厂和一个炼锌厂，同时也于 2004~2009 年处理 Montcalm 矿的镍/铜矿，炼铜厂和炼锌厂于 2010 年停止生产。浮选尾矿排放至尾矿库/尾矿管理区域，锌处理的副产品黄钾铁矾也于 2008 年开始排放至尾矿库，目前该厂尾矿产量为 1.9Mt/a。

尾矿堆放干密度为 1.58t/m^3，相对密度为 3.0。尾矿颗粒中-74μm 含量达到 80%以上，且含硫量达到 10%~20%，为酸性尾矿。

Timmins 地区夏季温暖，冬季寒冷，平均温度 1.3℃。结冰期从 11 月持续到次年 3 月。年均降雨量 873mm，蒸发量 420mm。

Kidd 尾矿库是世界第一个大规模采用浓密尾矿排放技术的尾矿库。1970 年成功地进行了现场实验，Eli Robinsky 博士提出使用浓密尾矿来提高堆积坡度，增加储存容量。由于堆存场地没有占地限制，且堆存场地的基础土质差，为了减少筑坝工程，采用中央排放系统。在 1973 年安装了第一台 ϕ110m 的立式浓密机，但性能欠佳。后于 1983 年更换了一台 ϕ110m 传统浓密机（2 号浓密机），第三台浓密机（3 号浓密机）是一台 ϕ35m Outokumpu 高效浓密机，于 1995 年安装使用，此后 2 号浓密机用于 3 号浓密机的溢流过滤工艺。

至 2014 年中旬，库内共排放 132Mt 的尾矿，2010 库区鸟瞰图如图 16.36 所示，排放面积为 600hm^2。中心式排放形成了半径超过 1.2km 的锥型尾矿堆，中心比边堰高 30m。边堰由颗粒材料建成，一般约 3~4m。边堰渗流流入总长 14km 的截水沟，后流回库区进行处理。

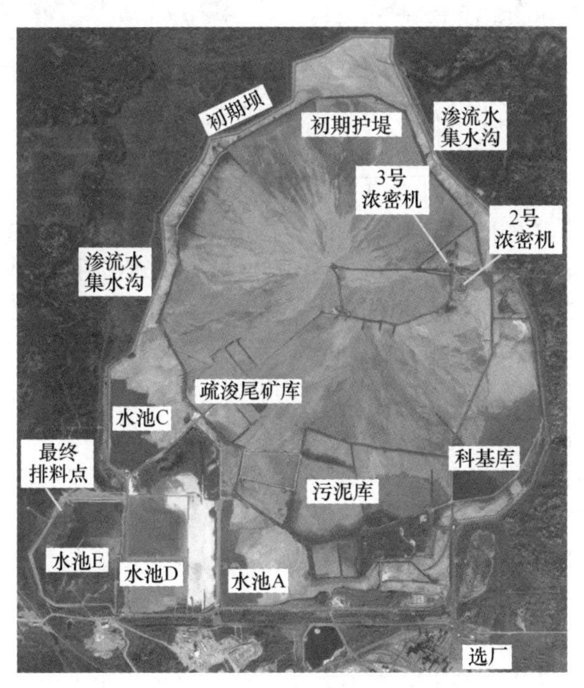

图 16.36　Kidd 冶炼厂尾矿库鸟瞰图（摄于 2010 年）

2000 年前后，为提升运营效率，对尾矿库进行了重大改进，以利于闭库工作的进行。直到 2002 年，边堰的功能主要是限制砂堆范围和转移堆表溢水至水池 A 和水池 C。此后，为了提高尾矿坝的承载能力和库区的排水效果，在边堰上游的堆体上建设了长度超过 7km 的子坝。为保持设施的周边排水能力并增加库容，子坝应进行上游式周期性加高。

为管理废水处理的泥浆和澄清池的淤积尾矿浆，库区内部又划分成了若干子区域。Kidd 冶炼厂使用石灰石处理废水，在沉淀池内产生了大量的泥浆。通过设置多个泥浆排放区域可实现泥浆的充分脱水和干燥。

库内堆体上已经建立了若干高度小于 2m 的子坝。在 2009 年冶炼厂关闭前，子坝采用水淬渣制粒后建造（图 16.37），目前采用附近矿区生产的废石。

图 16.37　矿渣边堰，建于尾矿堆之上

库区周边截水沟将浓密机溢流和堆体表面溢流输送到水池 C 和水池 A，同时投入石灰石，处理水再排放到沉淀池 D。水池 D 中的澄清水可直接回收作为工业用水，过剩部分送往水池 E 进一步净化，经调整 pH 值后排放到自然水体中。尾矿废水排放量约 25μm^3/a。库内还建设了一中央排放式紧急排放点用于低浓度尾矿浆的排放。

为了提高环保效果和防洪能力，Kidd 尾矿库于 2007～2009 年进行了重大改造升级。主要包括以下几个方面：

- 为了提高蓄水能力和应对洪峰的水平，对水池 A 和水池 C 进行了淤泥尾矿清理，清出量约 52 万立方米；
- 为满足雪融期的流量峰值要求，2 号石灰制备站新增加了带自动控制流量门的石灰熟化器；
- 为减少溢流中硫化物含量，3 号浓密机新增加了一个过氧化氢添加站。

3 号浓密站将尾矿浆固体浓度提高至 60%～65%，在库内进行中央式多点排放。为了提高尾矿浆的黏性，尾矿在排放前流经坡道石灰站（ramp lime station）时加入石灰石，但在 2002 年该工艺停止使用，坡道石灰站也于 2012 年被拆除。目前，通过提高尾矿排放管理水平，可实现年排放的尾矿覆盖全部库区，从而抑制尾矿氧化。库区表面平均升高速度约为 0.25～0.3m/a。

尾矿堆积剖面如图 16.38 所示，可以看出，尾矿堆表面呈下凹形，上部堆积坡度相对较陡，从堆顶到坝体的平均坡度为 2%。堆积坡度从 2000 年到 2011 年持续增加。

在进出尾矿库通道的两侧布置排放点，各排放点轮流使用，严格监控各点流量以保证排放均匀，尾矿坝和排水沟须按需加高。对坡度剖面和岩土化学性质进行年检，用于评估排放效果。每两年审核一次尾矿排放效果，指导现场操作，并制定检修和设施升级计划。

2013 年，对尾矿库的闭库计划进行了优化，提出使用附近的非酸性干尾矿覆盖砂堆的方案。尾矿从其他尾矿库挖出后泵送至 3 号浓密站，然后排放到有效库容区域内。非有效库容区则采用废石或者脱泥干尾矿覆盖。工程预计于 2021 年设施关闭后耗时三年完成。

在库区排水达标前将持续进行水处理工作。

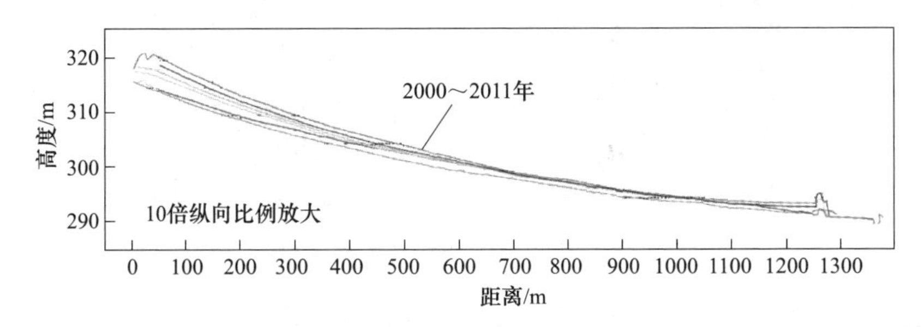

图 16.38 堆体剖面，西北区域

16.9 GOLDCORP 公司 MUSSELWHITE 矿尾矿管理区域（加拿大）

作者：Shiu Kam

加拿大 Goldcorp 公司的 Musselwhite 矿日产金矿 4000t，位于 Ontario 省的西北方。矿体被铁镁质基岩包裹，通过氰化炭浆工艺流程（CIP）提金，并引入空气/二氧化硫气路降低水中的氰化物含量。尾矿比重为 3.2，-74μm 颗粒含量约 70%，为高含硫（1.5%）酸性尾矿。

从 11 月到次年 3 月当地气温降至零度以下，1 月的平均气温为-20.7℃，年蒸发量 410mm，降水量为 733mm。

Musselwhite 尾矿库占地 133hm^2，库区北侧和西侧均为高地。人工坝体沿库区东部和南部的山脊建立，坝体高达 15m，共有 4 座。尾矿澄清池中安装了泵站回收水分，并将过剩的尾矿水排到处理池。每年 5～11 月向周边环境排放废水，处理池下游有一块湿地可以清除废水中的氨。

原设计储存量为 13.7Mt，闭库阶段利用浅水覆盖封闭尾矿库。矿山储量增长超过设计值，公司于 2002 年开始调查尾矿库扩容的可能性。调查显示，在当前库区采用浓密尾矿连续堆层排放的方式最符合项目需求。重新设计的尾矿库容量为 32Mt，计划最大堆高超出大地基准点 328m。

作为浓密尾矿排放的前期工程，在堆存区域建立了一条 500m 长的独立坝体（于2008年完工），该坝可将尾矿库分为尾矿储存区间和水管理池。尾矿浓密站于2010年5月开始运营，在库区的西部开始堆存。至2013年底，库区周边坝体经4次加高，提高了8m，库内共储存了5.2Mt的尾矿，图16.39所示为尾矿库的鸟瞰图。

图16.39　尾矿设施东侧鸟瞰图（2013）

尾矿浓密站位于库区西侧，包括ϕ16m的高压浓密机和絮凝系统。选厂矿浆进入浓密机给料井时的浓度为50%，而后稀释到18%，絮凝剂添加量为15g/t。在近几年，浓密机的底流浓度为63%~72%，平均值为67%，底流浓度可以根据实际要求进行调控。在极寒气候下，为防止尾矿在排放管道冻结堆积，可采取降低底流浓度的措施。浓密站能够适应进料浓度和流量的大幅变化，表现出了良好的性能。

尾矿堆向东侧推进延伸至独立坝。尾矿排放管道沿马蹄形周边坝体布置，通过南北两侧的管道排放尾矿。双管线系统提高了尾矿排放和堤坝增高工作的灵活性。浓密机溢流由坝体南北两侧截水沟排放到澄清池中。

尾矿排放末端管道为ϕ150mm的HDPE管，管道可通过架空延伸至堆体上部。主要排放点沿坝体间隔分布，间距30m，各排放点间隔排放周期约为两周。设置辅助排放点，用来填补主排放点间砂堆的下陷。尾矿排放位置从西部坝体向马蹄形坝体的南部和北部推进，以保证堆体增高的均匀性。

周边坝体的总体坡度为4∶1（或更小），可保证稳定性，利于库区复垦（图16.40）。矿区地震风险非常小。在设施的南侧，由周边坝体向内50m建设了一座承载尾矿排放管线的堤坝，进而降低堆体对周边坝体的不利影响。

流入尾矿库的水包括地表径流、选矿废水、矿山废水以及回水泵抽取的地下水。夏天尾矿库的水位会周期性下降，但能够实现75%~80%的废水回收。

尾矿库采用干式覆盖的闭库方案，计划于2014年秋天对南部已停止作业的堆体进行阶段性复垦。在部分地区试点，并进行长期监控，基于监控数据优化闭

图 16.40 常见的上游尾矿堆存

库干式覆盖设计方案。

从 2010 年开始，矿山定期开展浓密尾矿的取样和现场测试工作，数据证明该尾矿不离析，且保水性能较好。尾矿堆存干密度为 $1.8t/m^3$，剪切强度较大。堆体剖面显著下凹，总体坡度随着时间增长到设计值 2%附近，如图 16.41 所示。仪器检测显示堆坝稳定，尾矿中不存在孔隙水压力。

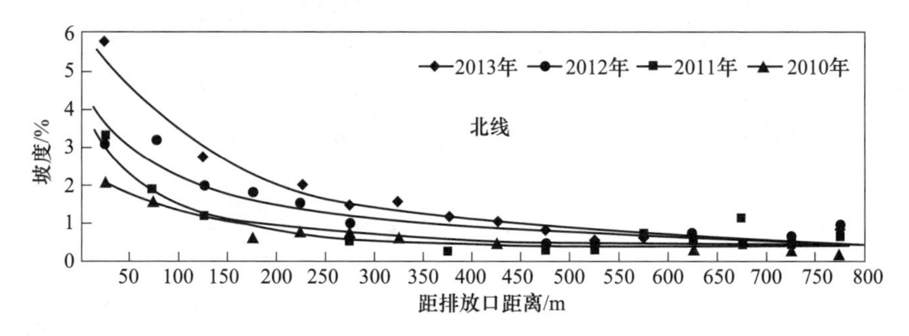

图 16.41 堆体剖面情况

现场观察显示尾矿排放作业受冰冻条件影响并不显著。冬季时堆体内易形成冰壕，导致堆表发生局部凸起或凹陷。

16.10 FREEPORT 公司 BIG GOSSAN 矿膏体充填站（印度尼西亚）

作者：Chris Lee

16.10.1 引言

PT Freeport Indonesia 公司（PTFI）的 Big Gossan 矿（BG）是地下铜金矿，日产量 7000t，坐落于印度尼西亚 Irian Jaya 岛 Tembagapura 镇上。BG 矿是 Grasberg 矿体的一部分，位于山侧，与选厂毗邻。Grasberg 露天矿及其深部矿区（DOZ）为选矿厂供矿。附近多家大型分段崩落法的矿山也为其供矿。

该矿采用分段矿房采矿法，并用膏体充填处理空区。由于矿山靠近选厂，因此采用充填采矿法而非崩落法。因为矿体厚度变化较大，所以矿房的设计尺寸不一。矿房垂直于矿体走向布置，设计尺寸为15m×40m×40m。作为矿山胶结膏体充填系统的组成部分，膏体充填站从2011年开始运行。

膏体充填站一般位于地表，通过泵送或者重力自流将膏体输送到采空区。BG矿位于地表几百米以上，且距离选厂数千米远。PTFI综合选厂位于险峻的峡谷中，日产能24万吨。由于矿体位置高于选厂，距离大于2km，因此，膏体充填站最经济的位置是山体内部（地下）位于BG矿体上方位置。其优势在于缩短了膏体输送距离，能够依靠自流将膏体输送至大部分矿房。尾矿浆泵送至地下膏体站，经过脱水和添加水泥的工序后通过泵送或者自流送往采空区。该膏体充填站处理能力为260t/h干尾矿，设计能力为300t/h。

除了膏体充填站位于地下之外，该案例还有其他特点：第一，使用水力旋流器来改进尾矿颗粒级配，增加膏体中粗颗粒含量。第二，水泥通过水泥罐送往地下，而非袋装水泥，更有利于水泥的运输及气动输送水泥。

16.10.2 膏体充填系统

膏体充填系统分为地表设施和井下设施两部分。地表设施靠近选厂尾矿浓密机，而井下设施位于山脊下选厂一侧方向2km，高于选厂270m的位置。图16.42所示为从略高于矿区的位置拍摄的尾矿选厂。

图16.42 山谷中的选厂

16.10.2.1 地表设施

地表设施由尾矿回收系统、离心泵、水力旋流器组、搅拌槽和一台活塞隔膜泵构成。该设施从目前的75m直径浓密机底流中分出一部分尾矿，改进其颗粒大小后，泵送至井下的膏体充填站进行脱水。

在75m直径浓密机的下游回收尾矿，从一个分料箱沿导流坝进入另一个分料箱。从浓密机底流中流出6%~8%输送至膏体充填站。为了提高尾矿取出率，新安装了泵箱并与原分料箱相连。当膏体站关闭时，关闭自动闸门停止泵箱的进料，此时泵箱内的浆体也将全部排至分料箱。尾矿经泵箱分为两部分，一部分为水力旋流器组供料，另一部分送往收集旋流器底流的搅拌槽内，通过改变旋流器工作数量、旋流器入料固体含量和分配至旋流器或搅拌槽的尾矿比例等措施，可以调整尾矿颗粒级配。此外，旋流器底流浓度高于浓密机底流，通过提高充填站供料浆体的固体浓度，进而提高了过滤机的处理速度。

地表设施的工艺流程如图 16.43 所示。

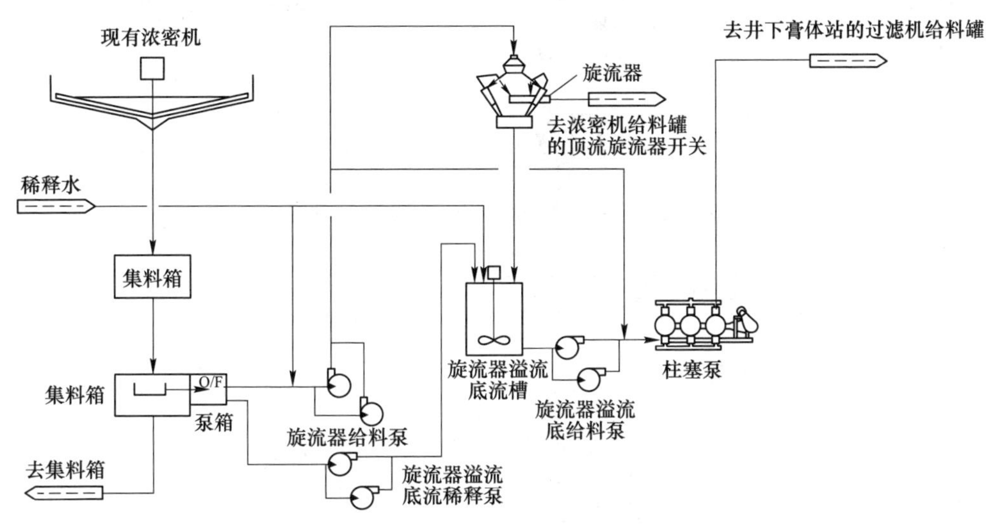

图 16.43 地表设施工艺流程

16.10.2.2 地下设施

地下设施由圆盘过滤机、搅拌机、料仓和柱塞泵组成，该设施接收地表浓密尾矿浆并制备膏体。尾矿浆经地表处理后输送至地下膏体充填站的搅拌槽，输送管道长 2km，ϕ200mm，材质为橡胶内衬钢制浆体管。搅拌槽内的尾矿浆泵送到 3 个真空圆盘过滤机内进行脱水。滤饼经传送带送至连续搅拌机。同时，搅拌槽也可直接向连续搅拌机供给低浓度浆体，从而对搅拌产出物料的流体力学性质进行调控，达到膏体设计浓度和 165mm 的塌落度（对应固体含量 76%）；从连续搅拌机流出的膏体进入缓冲料斗，依靠重力不连续地卸入计量料斗；水泥通过螺旋输送机送到胶结剂计量料斗。尾矿和胶结剂计量料斗均卸料至非连续搅拌机中，同时加入少量工业用水使膏体达到预期塌落度。通过搅拌一批 10m^3 浆体所消耗的电能计算膏体的塌落度，当搅拌机的功耗（膏体塌落度）满足要求时，非连续搅拌机卸料至柱塞泵的给料斗，膏体通过两台液压容积泵或者自流至地下充填采场。

成文时，膏体可通过自流到达所有的充填采场，故未采用膏体输送泵。当矿房位于充填站水平之上或距离较远时需要启用膏体泵。地下膏体充填站的工艺流程如图 16.44 所示，图 16.45 所示为地下过滤机的行人甲板。

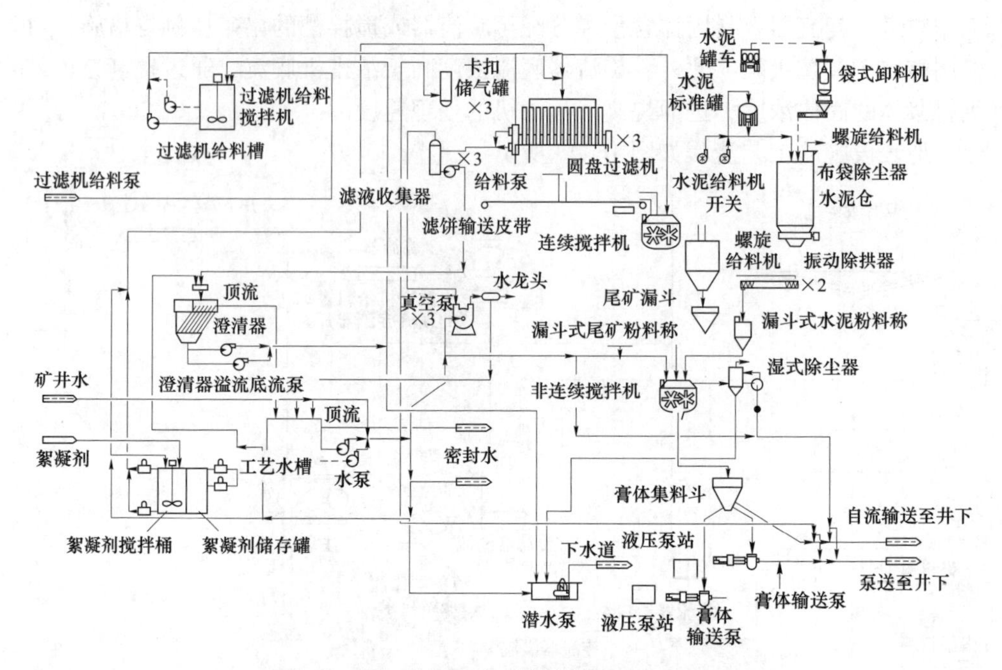

图 16.44　地下充填站流程

图 16.45　地下过滤机行人甲板

16.10.3　膏体充填系统的特点

16.10.3.1　*尾矿分级系统*

尾矿分级系统是地表设施中重要组成部分，尽管并非首次使用，但在膏体充填站中也并不常见。通常来说，充填需要矿山全部尾矿产能的60%左右，为了保证材料的供给，矿山无法进行尾矿分级作业。由于 Big Gossan 矿是一个大型复合矿体的一部分，较易获取尾矿，因此可通过调整尾矿粒级以获得最佳膏体性能。

设计阶段进行的尾矿材料实验显示，75m直径浓密机产出浆体的细颗粒和固体浓度波动大，并且偶尔含有大量微米以下的超细颗粒。实验同样揭示了浓密机底流固体浓度范围为55%~65%。大量超细颗粒附着于过滤机滤布上，导致有效过滤面积减小，使得处理能力降低，故需要增加过滤单元。为了尽量减少过滤机数量，地表设施的设计中加入了水力旋流器分级系统和搅拌槽，从而改良了尾矿的颗粒级配（图16.46）。

图16.46 地表水力分级系统

除了提高过滤效率外，分级后的粗尾矿还能提高膏体充填体强度。细颗粒尾矿有良好的保水性，故在相同的充填体强度下需要添加更多水泥。分级的目的是在保证最低细颗粒含量的同时，尽可能提高尾矿中粗颗粒含量，从而获得不泌水的稳定膏体。

16.10.3.2 水泥输送和卸料系统

向膏体中加入水泥可提高充填体的结构强度。在Big Gossan矿，为保证充填体揭露后保持自立，一次矿房（充填体将有1~2个暴露面）的充填强度需要达到0.45MPa无侧限抗压强度（UCS），二次矿房的充填强度要求为0.97MPa（充填体将有3个暴露面）。为了保证一次和二次充填体于56天内达到目标强度，需要的胶结剂添加量分别是5%和6.5%。对于7000t的矿石日产量，平均每天水泥需求量为175t。

考虑到水泥需要通过水运到Timika港口，然后用卡车通过粗糙的路面送至矿区的地下膏体充填站，上述运输量相当巨大，相比袋装水泥，使用配有气动输送装置的罐装卡车更加方便，可大大减少输送和卸料过程中的扬尘和水泥流失。

利用25t气动散装水泥罐卡车来输送水泥，该水泥罐是一个符合ISO质量标准框架体系（与运输容器相关的标准）的高质量灌式容器。罐装水泥的设计大大减少了清洁和维护工作，同时还可在整个项目生命周期内重复使用，此外，罐装水泥的运输更经济，可通过公路铁路或者海运运输。

罐装水泥使用平底卡车输送至矿山的水泥卸料水平，通过一个气动装置将水泥吹送至水泥仓内。气动输送水泥的过程只需 20min。水泥罐车如图 16.47 所示。

图 16.47　水泥罐车

16.10.3.3　膏体输送

膏体通过 ϕ250mm 的 Sch 80 管道输送，管道间通过外肩连接器连接。由于膏体流量较大，大管径可以减少摩擦阻力。采用 ϕ250mm 管径，可通过自流输送膏体至大部分区域，相比泵送系统高昂的维护成本，自流输送具有巨大优势。此外，ϕ250mm 管也使得系统堵管的可能性更小、系统更稳定。

由于部分采场距充填站距离过远，且部分采场位于充填站标高以上，因此，膏体充填站配备了 2 台带脉动阻尼器的 Putzmeister HSP 25100 活塞泵以服务相关采场。

输送管网系统呈扇形布局，钻孔从主钻井水平向不同深度延伸至各分水平。不同水平的管道切换通过移除位于顶部的短管来实现，而不是在底层进行切换。该方式便于系统故障时进入钻孔进行清理工作，同时也保证钻孔内有足够的清理空间。

16.10.4　结论

该矿膏体系统的设计难度大，面临一系列困难，膏体系统采用了一些独特的设计。

由于膏体输送阻力远高于普通尾矿浆，且矿体位置和地理条件不利，导致膏体充填站需建于地下。

矿区自然尾矿并非理想充填材料，通过调整尾矿级配能大大降低过滤系统投资，也可在相同充填体强度条件下减少水泥用量，从而降低运行成本。

由于充填站位置偏远，且需要在井下卸载水泥，使得水泥运输成了一个难题。罐装水泥方案降低了输送难度，提高了输送效率，同时可显著降低卸载水泥过程中的扬尘和水泥流失。

16.11 超级浓密机中使用 RHEOMAX ETD 技术处理铝土尾矿浆

作者：David Cooling 和 Angela Beveridge

Alcoa Pinjarra 铝土冶炼厂位于澳大利亚西海岸，大约在西澳首府珀斯以南 85km。铝土矿来自附近 Huntly 的 Darling Range 矿，矿石就地破碎后通过传送带送往 Pinjarra 冶炼厂，利用拜耳法提取氧化铝（Al_2O_3）。

拜耳法通过苛性碱溶液溶解铝土矿从而分离出氧化铝，并通过多级逆流脱水循环流程的清洗提高浸出效率。在 CCD 流程处理之后，尾矿低浓度悬浮液泵送到 2km 外的尾矿库，pH 值约 13，相当于 Na_2CO_3 在 20~30g/L 的酸碱度。尾矿堆存设施内设有尾矿分级站，利用水力旋流器将尾矿分为粗细两股浆体，粗粒尾矿浆可用于工程材料，细粒浆体（通常称赤泥浆体）泵送至大直径浓密机（又叫做超级浓密机）。浓密机生产的高浓度底流排放到尾矿库，溢流中所含的苛性碱将回收利用。

Alcoa Pinjarra 使用干堆技术降低尾矿库占地面积，提高赤泥尾矿堆的稳定性。尾矿浆在超级浓密机中絮凝之后，形成高浓度底流，后泵送到堆存区域，按每层 0.5~0.7m 的厚度堆放。尾矿干燥后强度提升，能够承载重型犁作业，犁土作业可提高干燥速度，降低占地面积。当砂层干密度达到 70%时，才可排放上层尾矿。

在超级浓密机发生故障时，采用备用排放方案（图 16.48）。浓密尾矿浆可达到 45%~50%的质量浓度，而未经浓密的尾矿浆浓度仅为 15%。若直接排放低浓度浆体，尾矿浆将流动至堆脚处，在堆体边缘形成固结状态极差的厚砂层，给后续工作带来诸多问题。

为此引入了 Rheomax® ETD 技术，在超级浓密机不工作时，同样可以在指定区域实现稀尾矿浆的干堆作业。该技术在高分子絮凝剂作用下使固体颗粒结合成多孔介质网状结构，使得材料在堆放后能够快速脱水加速固结，该结构也可固定尾矿浆中的黏土颗粒，提高回水的澄清度。

2013 年以前，该技术还未被应用，且于 2011 年和 2012 年对 Rheomax® ETD 技术开展了若干阶段的实验，以评价 Rheomax® ETD 9070 产品对赤泥的干堆和固结性质的影响。

在开展现场实验前，通过室内实验考察了絮凝剂浓度、用量及絮凝后尾矿浆

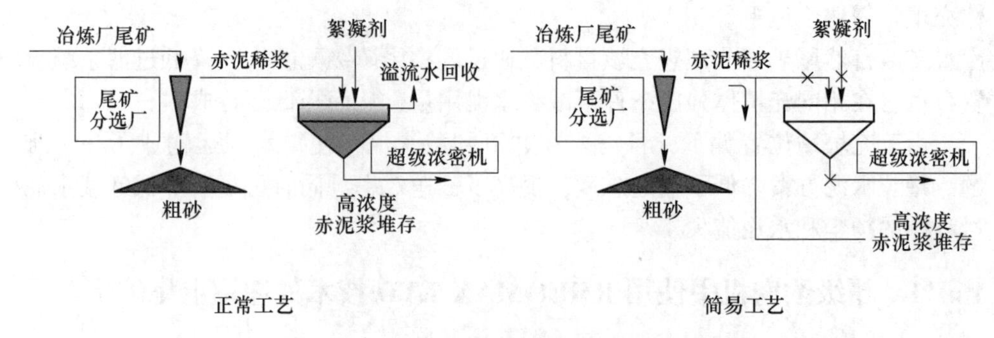

图 16.48　正常工作流程及浓密机故障流程

剪切特性等因素对低浓度尾矿浆的影响。絮凝剂在浆体中分散所需的能量很低，因此，添加点应设置在管道末端。通过不同距离的测试，目前设定的添加参数是在距离排放点 2~10m 的位置，沿尾矿流动方向向管道中注入絮凝剂。冶炼厂还设置了专门的实验堆存区域，并架设一座取样桥用于行人和监控。絮凝剂溶液为非连续制备，以 0.33%的浓度添加到稀尾矿浆中。受尾矿浆性质的影响，絮凝剂的添加量为 150~250g/t，以保证矿浆排放后立即脱水并且形成一定强度的结构。在实际操作中，应观察排放口的浆体形态决定添加剂用量，形态上要求排放口处的尾矿浆上形成一层白色泡沫。白色的泡沫意味着泌水中没有细颗粒，细颗粒被锁在了其他颗粒形成的结构中。若聚合物添加剂量不足，尾矿浆上方将产生红色泡沫。处理后尾矿浆足以形成一定结构并在堆积过程中形成堆角，避免尾矿浆在砂堆底部积累。堆角的形成有利于尾矿水从堆体中沿坡面排出，在距堆体较远处形成澄清池。

堆存各阶段尾矿层厚度监测结果范围为 0.75~3m。与标准干排过程相同，尾矿层达到部分干燥，即形成足够的强度，当尾矿层足以保持一定形态且不坍塌时，可允许在堆体上进行犁土作业（图 16.49）。

(a)

(b)

图 16.49　排放过程中的尾矿浆（a）和经重型犁作业后的尾矿堆场（b）

最初，测试结果表明，经 Rheomax® ETD 9070 处理的尾矿浆在干燥速率上和超级浓密机底流相似，且 Rheomax® ETD 9070 处理过的浆体初始强度更高。同时，由 Rheomax® ETD 9070 处理的浆体在给料时固体质量分数为 15%，但是能在排放后的几个小时内迅速释放出大量水分，固体质量分数在堆存后一天之内即可达到与超级浓密机底流相似的浓度（45%～50%）。低浓度尾矿浆中含有大量水分，干燥过程中泌出的水量显著增加，因此，需要对排水和泵送设施进行针对性设计。

由 Rheomax® ETD 处理的尾矿浆初始强度非常理想，重型犁可以更早进入作业区域，加快尾矿水排出。但是，聚合物被剪切破坏后，絮团结构强度是否会受到影响仍然存疑。Golder Associates 公司已经采取实验深入研究该问题。

第二阶段的实验对尾矿浆的不排水剪切强度峰值和残余剪切强度进行了周期性检测，同时检测了现场真实堆积密度。结果表明，添加了絮凝剂的干燥速率与浓密机底流堆积浆体相符，而且就固结速度和最终强度曲线（图 16.50）而言，两者表现也相似。

因此，ALcoa 现在选择在超级浓密机故障时使用 Rheomax® ETD 技术。Rheomax® ETD 技术处理过的赤泥尾矿，能在相同的堆存时间内获得与超级浓密机底流相当的堆积密度和最终排放强度，且形成的堆体与普通干排尾矿堆相似，可以使用推土机处理表层尾矿。

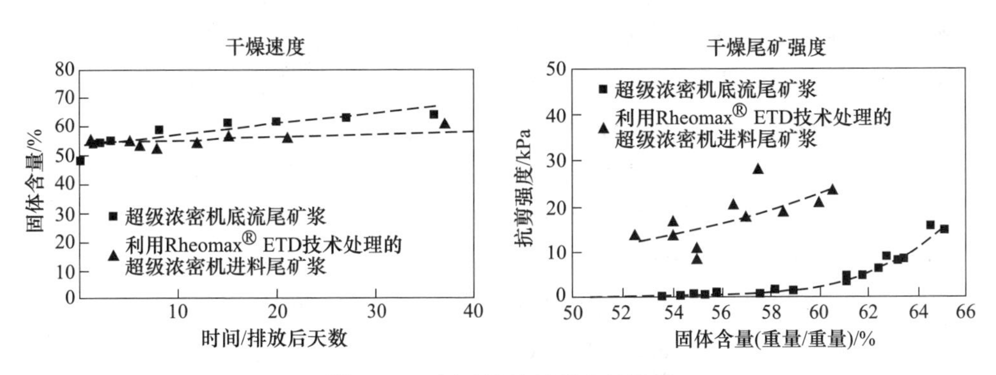

图 16.50 尾矿堆放过程中的性质

Aloca 还在持续地监控 Rheomax® ETD 技术的长期性能。主要监测内容包括尾矿浆最终堆积密度和强度的长期影响因素、提升干燥速率的潜力、该技术替代超级浓密机作为干排作业的固定环节的可能性，以及该技术与浓密机技术干排成本/收益的比较。

16.12　OSBORNE 铜矿（澳大利亚）

作者：Gordon McPhail

Osborne 铜矿位于澳大利亚昆士兰州 Townsville 镇西南面 800km。2000 年，该铜矿浓密站的总处理量为 4000t/d，后增加到 5000t/d。2000 年时，计划将原尾矿系统改造成浓密尾矿系统，评估后最终决定采用逐步改造的方式实施。方案比较后，认为浓密环节改造成本最低的方式是安装水力旋流器组，选厂全尾矿将通过水力旋流器组分级，溢流送入现有 ϕ9m 浓密机中。水力旋流器组与浓密机组合如图 16.51 所示，处理能力 15 万吨/月的尾矿处理系统流程如图 16.52 所示。相关设计理念详见第 9 章。

图 16.51　Osborne 矿水力旋流器和浓密机布置

2000 年以前，尾矿库的排放浓度约为 55%，而浮选尾矿浆浓度也约为 50%，尾矿脱水工艺流程明显未被有效利用。为了改进脱水效果，对从磨矿到浮选产出尾矿的整个过程进行调控，提高浓密机作业条件的稳定性，从而进一步提高底流浓度。

为了保证向尾矿库排放的尾矿浓度符合要求，专门开展了与浓密站改造相关的测试。相关措施按时间顺序排列如下：

首先，基于排放口直径为 ϕ70mm 的水力旋流器建立了 JKSimmet 模型，为提高旋流器底流浓度，降低浓密机入料的固体含量，探索更小直径的橡胶排放口，先后测试了 ϕ57mm 和 ϕ51mm 的橡胶口。水力旋流器排放口直径与底流浓度关系如下：

70mm 排放口 = 57%固体含量；

57mm 排放口 = 64%固体含量；

51mm 排放口 = 74%固体含量。

2000 年 10 月

优化了给料井导流板的锥型底座，调整以获得更大进料空间；同时加长了与锥形底座相连的导水管，从而形成了 280mm 的开口（之前为 140mm）。改造之后

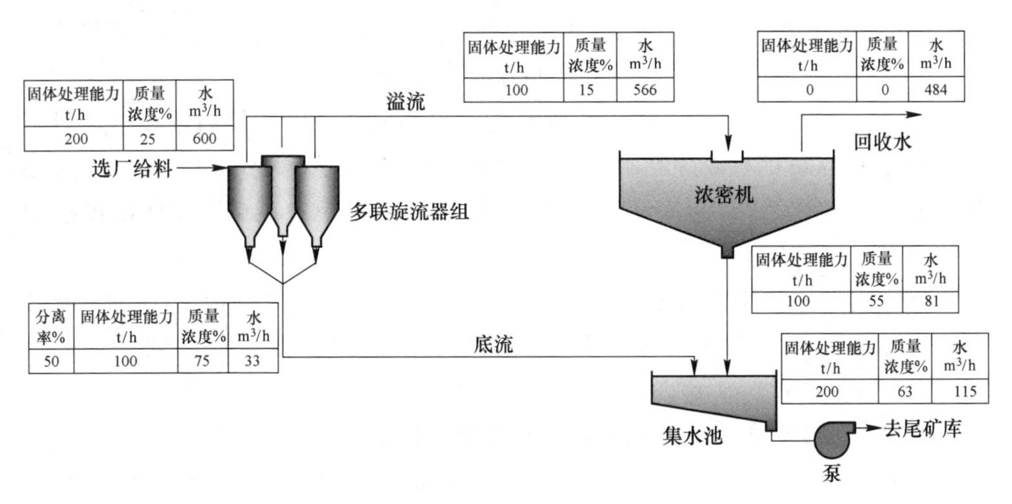

图 16.52　Osborne 矿浓密站流程

浓密机进料量大大增加，且能防止给料井处浆体溢出。

2000 年 11 月

通过稳定浓密机运行状态、提高絮凝剂添加量、提高泥层高度等措施，使得浓密机底流的浓度从 55%增加到了 67%。

2000 年 12 月

在浓密机底流管线上安装了 Bredel 泵以防止浓密机底流管线堵塞，并可使底流达到更高的浓度。

2001 年 1 月

Paterson & Cooke 在约翰内斯堡开展了测试 Osborne 尾矿泵送性质的环管实验。实验结果包括浆体浓度变化对压力损失的影响、尾矿浆静态和动态沉降速率、尾矿浆浓度对堆积角度的影响和尾矿浆堆积过程中的离析程度。环管实验中固体浓度为 62%、69%、73%、74%和 76%。在浓度为 68%、72%和 75%的条件下进行动态沉降测试，沉降速度为 1.5~2.0m/s。实验表明，目标尾矿浆浓度约在 74%~76%之间时，可达到高浓度尾矿泵送和堆放要求。尾矿浆浓度超过 76%时，泵送压力将迅速增大，同时堆放速度也加快。

2001 年 2 月

对浓密机底流锥型筒进行了改进，清除阻积尾矿，改善了流动通道，实现了底流依靠重力排出浓密机的效果，为移除 Bredel 泵提供了条件。

在浓密机内安装量程更大的泥层质量检测仪，为浓密机在更高尾矿泥层重量下稳定可靠运行提供保障。同时也在浓密机底流管和尾矿管线中安装了尾矿浆浓度仪，用于监控和管理整个过程。

通过变更絮凝剂厂商和类型，使得浓密机底流浓度显著增加。在浓密机给料井安装第二个絮凝剂添加口，从而提高絮凝剂的分散混合效果。

系统运行稳定后，为了进一步提高旋流器的底流浓度和排放浓度，进行了ϕ47mm和ϕ41mm的橡胶旋流器排放口实验。最终确定混合使用ϕ41mm和ϕ45mm陶瓷排放口的方案，以提高系统的适应性。系统改造后，尾矿浆固体浓度达到74%~76%。

与传统工艺相比，高浓度尾矿的制备和堆放工艺参数有很大不同，需要根据实际情况进行调整，从而降低管线堵塞的风险，提高堆存效率。主要包括：

- 需要在更高的泥层高度和絮凝剂添加量下运行浓密机。
- 在更低的水平安装尾矿料斗，以防止浆体在料斗中堆积或者发生塌落。
- 增加系统运行过程中对浓度、流量和压力的监测。
- 尽可能靠近排放点安装管道Y形三通，以便于在冲洗管线时不至于过度冲刷已形成的高浓度堆体。可冲洗排放点之前的整个管线，完成整个管线冲洗后，只需简单冲洗排放口。
- 若尾矿浆浓度下降，即便排放口处的尾矿浆浓度仍然较高，也应即刻关闭排放口。排放口的浆体浓度可因浓密站意外停工或发生某些重大变化时迅速下降。此外，若设备产出的浆体浓度偏低半小时以上，且采取的提高尾矿浆浓度的措施无效时，排放口处的尾矿浆浓度也会逐渐下降。
- 定期监测和更换水力旋流器的出口以保证最佳尾矿浆浓度。
- 管理开启的水力旋流器数目。可关闭旋流器组中的一台旋流器，该方法无法进行时可将多个小口旋流器组合使用。
- 保证浓密机调整泥层载荷的灵活性，依据旋流器的管理策略，调整絮凝剂的添加量以保证尾矿浆稠度。

浓密站运行稳定，尾矿浆浓度维持在72%~76%之间。在矿石的种类偶然发生改变时，尾矿密度发生变化，导致尾矿浆浓度管理更加困难。

浓密站改造后产生了良好的效果。Osborne矿山的尾矿在尾矿库内经过5年以上的堆积形成了超过4%的堆积坡度。但是，当浓密站开始使用附近矿山的矿石时，尾矿的性质发生了改变，导致堆体坡度减半。图16.53所示为两个角度拍摄的堆存坡面（2004年底）。图16.54所示为排放浓度72%时堆存尾矿浆稠度示意图。

图 16.53 Osborne 矿山尾矿储存区域的尾矿堆坡面

图 16.54 Osborne 矿排放尾矿浆的稠度

16.13 MANTOS BLANCOS 矿振动筛脱水项目（智利）

作者：Sergio Barrera

16.13.1 引言

Mantos Blancos 矿位于智利的 Atacama 沙漠，由于水资源稀缺，从建矿之初便面临水资源回收的问题。从 1992 年开始使用水力旋流器处理尾矿，将尾矿分为粗颗粒和细颗粒两部分，细颗粒浆体送往浓密机，而粗颗粒浆体送往真空过滤机。在 2004~2005 年间，为降低运行和维护成本，又尝试将过滤机替换为振动脱水筛。测试结果显示，包含两阶段水力旋流器和一阶段振动脱水筛的浓密系统对粗尾矿的过滤效果与真空过滤机相同（Bouzó 和 Renner，2005），因而当即决定安装两套系统用于处理50%的粗粒尾矿浆。

图16.55所示为该系统的脱水流程。粗颗粒尾矿浆（水力旋流器底流）送往蓄砂箱，再从蓄砂箱泵送至振动脱水筛，经振动脱水筛浓密后底流进行带式输送，而含水量高的细颗粒尾矿浆则通过缓冲砂箱循环输回位于上级的水力旋流器再处理，经二段水力旋流器分级的底流再与粗颗粒尾矿混合，运往振动脱水筛，溢流输送至细颗粒浓密机。真空带式过滤器和为向尾矿库供尾矿的带式输送机如图16.56所示。尽管振动脱水筛的尺寸远小于其他设备，但仍在过滤机和传送带末端之间看到。

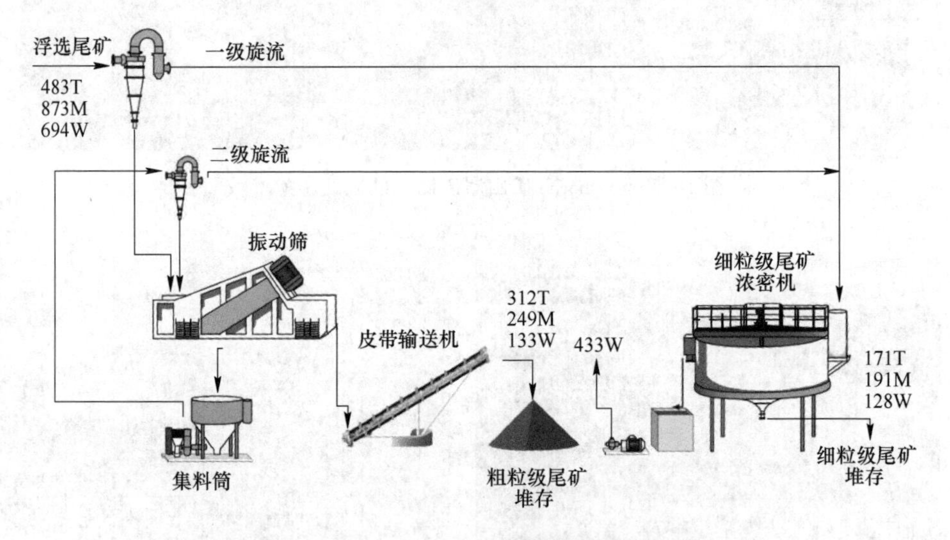

图16.55　Mantos Blancos脱水系统布局和流程

图16.56　Mantos Blancos尾矿处理厂鸟瞰图

振动脱水筛过滤尾矿的原理详见第9章。Mantos Blancos的振动脱水筛单元如图16.57所示。后为便于尾矿库的堆存工作，振动脱水筛的产品固体浓度由80%调整到了70%。此前尾矿以80%的固体浓度经传送带输送到尾矿库，排放堆积成的坡度超过了15%，降低固体浓度后，尾矿能够流至距排放点更远的位置。

图16.57 Mantos Blancos矿的ERAL振动脱水筛

一段水力分级系统中，保留了ϕ500mm的重力旋流器组，通过调整设置降低了切入深度，将送往振动脱水筛进行后续环节的尾矿浆的固体含量进行了提高。水力旋流器的细颗粒溢流输送至浓密机，振动脱水筛滤网的筛下细颗粒和过滤水流入其下方的尾矿浆箱内，后泵送二段水力分级系统。二段分级收回的细颗粒输送至振动脱水筛预留层上脱水生成滤饼。该矿第一个振动脱水筛系统包含以下部件：

一段水力分级系统，重力旋流器组，ERAL型号DEP-6-G4。

- 2台水力旋流器，型号PP050102 V，500mm直径，由聚氨酯材料制成。
- 1台振动脱水筛，型号EV-86，安装功率38kW，有效过滤面积11.5m^2。
- 泵组GB-86，由8/6泵组成，安装功率75kW。

表16.1 一段水力旋流器参数

尾矿浆产量483t/h时的进料固体含量/%	41
溢流固体含量/%	20.9
底流固体含量/%	70
分配底流中的固体比例/%	70
底流固体流量/t·h^{-1}	338
两台串联水力旋流器底流（固体）产量/t·h^{-1}	169

二段水力分级系统：

- 水力旋流器组，ERAL 型号 DEF-38-G4 总共安装 38 台水力旋流器，19 台在工作，旋流器型号 PP010041 Ⅱ，直径 100 mm，由聚氨酯材料制成。

表 16.2　二段分级和振动筛参数

进料固体含量/%	34.6
溢流固体含量/%	5
振动脱水筛产品含量/%	70
分配于底流中的固体比例/%	92.1
振动脱水筛（固体）产能/$t \cdot h^{-1}$	156

16.13.2　第二套设备的安装

由于第一套设备试运行效果良好，该矿于 2010 年 1 月又安装了第二套设备，设备布局如下。

一段分级系统，重力旋流器组，ERAL 产品型号 DEP-6-G4：

- 4 台水力旋流器，型号 PP050102V，500mm 直径，由聚氨酯材料制成。
- 2 台振动脱水筛，型号 EV-86，安装功率 38kW，有效过滤面积 11.5m^2。
- 泵组 GB-86，由 10/8 泵构成，安装功率 110kW。

二段分级系统：

- 水力旋流器组，ERAL 型号 DEF-38-G4，总共安装 38 台，型号 PP010041 Ⅱ，直径 100mm，由聚氨酯材料制成。

振动脱水筛尾矿具有以下特征：

P80 = 255 ~ 270μm

细颗粒含量 = 23% ~ 25%

固体含量 = 70%

设备使用效率约 90%。

作者简介

章节编辑

Ted Lord

加拿大，Tailings Consultant

Ted 从事岩土、土木和采矿领域工作，有 40 年以上的工作经验，研究内容包括油砂开采工业和规范。目前主要为 Alberta Energy Regulator 提供油砂开采管理方面的指导建议。

作者
Paul Williams
澳大利亚，ATC Williams Pty Ltd

Paul获得了伦敦理工大学的土木工程荣誉学士学位，并于1966年来到澳大利亚。他于1981年建立了ATC Williams公司，该公司致力于解决尾矿排放以及相关岩土工程问题。公司办事处遍布澳大利亚、秘鲁和智利等国家。

Arash Roshdieh
澳大利亚，ATC Williams Pty Ltd

Arash在20余年间广泛从事尾矿和水管理项目，工作内容包括方案研究、可行性分析、基础工程设计和详细设计。他在ATC Williams公司中担任过技术和管理方面多种职位，并且拥有土木/水处理工程学士学位、水处理/环境工程硕士学位和机械工程师认证。

Phillip Soden
澳大利亚，ATC Williams Pty Ltd

Phillip是ATC Williams的首席工程师，从事浓密/水砂系统的尾矿和水处理环节的设计和规划，拥有超过20年的工作经验。他专攻土岩充填尾矿坝项目的分析、设计、档案记录、建设管理、运营、监督和关闭。

Ross Cooper
南非，Fraser Alexander（Pty）Ltd

Ross是南非注册专业工程师，目前为Fraser Alexander公司的业务拓展和技术主任，该公司是尾矿管理行业承包单位中的排头兵。Ross专精于采矿、工业和固体废物管理，在过去26年中服务于土木工程咨询单位和专业尾矿项目承包单位。

Kevin Goss-Ross

南非，Independent Tailings Consultant

Kevin 从 1998 年至 2014 年在 Hillendale 矿砂矿山从事尾矿相关工作，并见证了该尾矿项目由计划、实验厂、建设、运营至关闭的整个生命环节。Kevin 特别擅长矿砂、尾矿方面的项目研究。

Jan Venter

南非，TRONOX KZN Sands

Jan 自 2008 年起参与 Hillendale 矿砂矿山的尾矿管理工作，包括负责尾矿储存设施的运行和关闭。Jan 目前致力于 TRONOX KZN Sands 公司下属 Fairbreeze 矿山的尾矿储存设施的规划和发展。

Michael O'Neill

澳大利亚，Queensland Alumina Ltd

Michael 于 1981 年在新西兰获得了学士学位。他从 1987 年到澳大利亚开始从事铝土行业工作，参与铝土矿废弃物处置工作。

Shiu Kam

加拿大，Golder Associates Ltd

Shiu 是 Golder 公司位于加拿大 Mississauga 的下属办事处主任。在过去的 25 年里他完成了多项矿山废料处理项目，包括尾矿库和尾矿坝的设计、堆存计划、尾矿库闭库以及效果分析。从 2000 年开始从事浓密尾矿排放工作。

Chris Lee
加拿大，Golder Associates Ltd

Chris 是一名专业机械和采矿工程师，在 20 多年的工作经历中参与了多个国内外矿业项目，专注于充填和浓密尾矿系统。在 Golder 公司中，Chris 领导的膏体工程和设计组拥有 60 名工程师、科学家和后勤人员。

David Cooling
澳大利亚，Alcoa of Australia

David 拥有西澳大学的土木工程学士学位，科廷大学的应用科学硕士学位，墨尔本大学的博士学位。David 目前是 Alcoa 公司的全球废料处理技术经理，负责该公司全部废料开发活动的协调工作，致力于废料储存技术的持续性进步。

Angela Beveridge
澳大利亚，BASF Australia Ltd

Angela 于 1989 年从英国获得了地质硕士学位。她目前是 BASF Rheomax 产品的资深专家，致力于絮凝剂在不同矿山地理和技术条件下的应用，在这方面有着长达 25 年的工作经验。

Gordon Mcphail
澳大利亚，SLR Consulting Australia Pty Ltd

Gordon 于 1974 年在约翰内斯堡的 Witwatersrand 大学获得土木工程学士学位。作为一名顾问工程师他已工作了 35 年，专注于与矿山废弃物管理相关的岩土和环境方面的项目，这些项目分布于非洲、澳大利亚、北美和南美。

Sergio Barrera
智利，Delfi Ingenieria SpA

Sergio是一名具有丰富尾矿管理经验的土木工程师，主要在南美地区服务于不同规模和排放技术的尾矿储存设施。他撰写了大量关于尾矿管理和研究的文章。Sergio是Delfi lngenieria公司创始人，该公司致力于矿山项目和研究。

参考文献

Abulnaga, B. (2002) Slurry Systems Handbook, McGraw-Hill Professional, 800 p.

Adams, H. (1909) Paper no. 175. The disposal of residues at Kalgoorlie, AUSIMM, 14 p.

Al-Tarhouni, M., Simms, P. and Sivathayalan, S. (2011) Cyclic behaviour of reconstituted and desiccated-rewet thickened gold tailings in simple shear, Canadian Geotechnical Journal, Vol. 48 (7), pp. 1044-1060.

Alderman, N. J. and Haldenwang, R. (2007) A review of Newtonian and non-Newtonian flow in rectangular open channels, in Proceedings 17th International Conference on the Hydraulic Transport of Solids, 7-11 May 2007, Cape Town South Africa, SAIMM, Johannesburg, pp. 87-106.

Amirtharajah, A., Clark, M. and Trussell, R. (eds) (1991) Mixing in coagulation and flocculation, American Water Works Association Research Foundation, Denver.

ANCOLD (2012) Guidelines on Tailings Dams: Planning, Design, Construction, Operation and Closure, p. 77, viewed 1 October 2012, http://www.ancold.org.au/? page_id=334.

Andersland, O. B. and Ladanyi, B. (eds) (2004) Frozen Ground Engineering, 2nd edition, John Wiley & Sons, 363 p.

Arbuthnot, I. M. and Triglavcanin, R. A. (2005) Designing for paste thickening test work and sizing for paste thickeners, in Proceedings Eighth International Seminar on Paste and Thickened Tailings (Paste 2005), R. J. Jewell and S. Barrera (eds), 20-22 April 2005, Santiago, Chile, Australian Centre for Geomechanics, Perth, pp. 99-116.

Archibald, J., Chew, J. L. and Lausch, P. (1999) Use of ground waste glass and normal cement mixtures for improving slurry and paste backfill support performance, Journal of the Canadian Institute of Mining, Metallurgy and Petroleum (CIM Bulletin), Vol. 92 (1030), pp. 74-80.

Atterberg, A. (1913) Die Plastizität und Bindigkeit liefernde Bestandteile der Tone (The Plasticity and Cohesion-Furnishing Components of Clays), Mitteilungen für Bodenkunde.

Australian Accounting Standards Board (2010) Provisions, Contingent Liabilities and Contingent Assets, AASB 137, Australian Accounting Standards Board.

Australian Institute of Mining and Metallurgy (2012) Monograph 26-Mine Managers' Handbook, Australian Institute of Mining and Metallurgy, 543 p.

Australian Institute of Mining and Metallurgy (2013) Monograph 27-Cost Estimation Handbook, 2nd edition, Australian Institute of Mining and Metallurgy, 527 p.

Avramidis, K. S. and Turian, R. M. (1991) Yield stress of laterite suspensions, Journal of Colloid Interface Science, Vol. 143, pp. 54-68.

Backer, R. R. and Busch, R. A. (1981) Fine Coal-Refuse Slurry Dewatering, U. S. Bureau of Mines, 18 p.

Barbour, S. L., Wilson, G. W. and St-Arnaud, L. C. (1993) Evaluation of the saturated-unsaturated groundwater conditions of a thickened tailings deposit, Canadian Geotechnical Journal, Vol. 30 (6), pp. 935-946.

Barnes, H. A. and Carnoli, J. O. (1990) The vane-in-cup as a novel geometry for shear thinning and thixotropic materials, Journal of Rheology, Vol. 34, pp. 841-886.

Beersing, A. (2011) Landform Design by the Geomorphic Approach, short course, September 2011, Lake Louise, Canada.

Berger, A., Adkins, S., Hess, S., Flanagan, I. and Stocks, P. (2011) Step change improvements in underflow rheology, in Proceedings 14th International Seminar on Paste and Thickened Tailings (Paste 2011), R. J. Jewell and A. B. Fourie (eds), 5-7 April 2011, Perth, Australia, Australian Centre for Geomechanics, Perth, pp. 135-141.

Berger, A., Muhor, J. and Adkins, S. (2013) BASF novel flocculant technology-benefits for counter current decantation circuits based on pilot-scale trials, in Proceedings 16th International Seminar on Paste and Thickened Tailings (Paste 2013), R. J. Jewell, A. B. Fourie, J. Caldwell and J. Pimenta (eds), 17-19 June 2013, Belo Horizonte, Brazil, Australian Centre for Geomechanics, Perth, pp. 161-174.

Berres, S., Burger, R. and Tory, E. (2005) Applications of polydisperse sedimentation models, Chemical Engineering Journal, Vol. 111, pp. 105-117.

Bhattacharya, S. (1999) Yield stress and time-dependent rheological properties of mango pulp, Journal of Food Science, Vol. 64 (6), pp. 1029-1033.

Binnie, C., Kimber, M. and Smithurst, G. (2002) Basic Water Treatment, 3rd edition, Thomas Telford, 291 p.

Blight, G. E. (2003) An examination of the erosive effect of wind on the slopes and interior surfaces of tailings impoundments, in Proceedings 10th International Conference on Tailings and Mine Waste, 12-15 October 2003, Vail, Colorado, Balkema, The Netherlands, pp. 193-198.

Blight, G. E. and Amponsah-Da Costa, F. (1999) In search of the 1, 000-year tailings dam slope, Civil Engineering, October 1999 Newsletter, South Australia.

Blight, G. E. and Amponsah-Da Costa, F. (2001) On the mechanics of wind erosion from tailings, in Proceedings Eighth International Conference on Tailings and Mine Waste '01, 16-19 January 2001, Fort Collins, Colorado, A. A. Balkema, Leiden, The Netherlands, pp. 189-196.

Blight, G. E., Thomson, R. R. and Vorster, K. (1985) Profiles of hydraulic-fill tailings beaches, and seepage through hydraulically sorted tailings, Journal of South African Institute of Mining and Metallurgy, Vol. 85 (5), pp. 157-161.

Boger, D. V. (1999) Rheology and the minerals industry, Mineral Processing and Extractive Metallurgy Review, Vol. 20, pp. 1-25.

Boger, D. V. (2009) Rheology and the resource industries, Chemical Engineering Science, Pergamon-Elsevier Science, Vol. 64 (22), pp. 4525-4536.

Boger, D. V. (2013) Rheology of slurries and environmental impacts in the mining industry, Annual Review of Chemical and Biomolecular Engineering, Vol. 4, pp. 239-257.

Boger, D. V. and Scales, P. J. (2008) Paste and thickened tailings and the impact on the development of new rheological techniques, in Proceedings 11th International Seminar on Paste and Thickened Tailings (Paste 2008), A. B. Fourie, R. J. Jewell, P. Slatter and

A. Paterson (eds), 5-9 May 2008, Kasane, Botswana, Australian Centre for Geomechanics, Perth, pp. 225-236.

Boger, D. V., Scales, P. J. and Sofra, F. (2002) Rheological concepts, in Paste and Thickened Tailings-A Guide, R. J. Jewell, A. B. Fourie and E. R. Lord (eds), Australian Centre for Geomechanics, Perth, Section 3, pp. 23-34.

Bolto, B. and Gregory, J. (2007) Organic polyelectrolytes in water treatment, Water Research, Vol. 41, pp. 2301-2324.

Bouzó, J. L. and Renner, P. (2005) Application of dewatering screens in tailings filtration, in Proceedings Eighth International Seminar on Paste and Thickened Tailings (Paste 2005), R. J. Jewell and S. Barrera (eds), 20-22 April 2005, Santiago, Chile, Australian Centre for Geomechanics, Perth, pp. 147-162.

Boxill, L. (2011) Potential for use of methylene blue index testing to enhance geotechnical characterisation of oil sands ores and tailings, in Proceedings 15th International Conference on Tailings and Mine Waste, 6-9 November 2011, Vancouver, BC, Norman B. Keevil Institute of Mining Engineering, pp. 339-350.

Bray, J. D. and Sancio, R. B. (2006) Assessment of the liquefaction susceptibility of fine-grained soils, Journal of Geotechnical and Geoenvironmental Engineering, ASCE, Vol. 132 (9), pp. 1165-1177.

Brindley, G. W. and Brown, G. (eds) (1980) Crystal structure of clay minerals and their X-ray identification, Mineralogical Society, London, 462 p.

Bundy, W. and Ishley, J. (1991) Kaolin in paper filling and coating, Applied Clay Science, Vol. 5, pp. 397-420.

Busani, B., Copeland, A. M., Cooke, R. and Keevy, M. (2006) A holistic approach to optimise process water retention and residue disposal for Orapa mines, in Proceedings Ninth International Seminar on Paste and Thickened Tailings (Paste 2006), R. J. Jewell, S. Lawson and P. Newman (eds), 3-7 April 2006, Limerick, Ireland, Australian Centre for Geomechanics, Perth, pp. 147-156.

Buscall, R. and White, L. R. (1987) The consolidation of concentrated suspensions-part 1: The theory of sedimentation, Journal of the Chemical Society, Vol. 1 (83), pp. 873-891.

Callaghan, I. C. and Ottewill, R. H. (1974) Interparticle forces in montmorillonite gels, Faraday Discussions of Chemical Society, Vol. 57, pp. 110-118.

Casagrande, A. (1932) Research on the Atterberg limits of soils, Public Roads, Vol. 13, pp. 121-130.

Castro, G. (2003) Evaluation of seismic stability of tailings dams, in Proceedings 12th Panamerican Conference on Soil Mechanics and Geotechnical Engineering (Soils Rock America 2003), P. J. Culligan, H. N. Einstein and A. J. Whittle (eds), 22-26 June 2003, Cambridge, USA, Verlag Glückauf, Essen, Germany, Vol. 2, pp. 2229-2234.

Caulfield, M. J., Qiao, G. G. and Solomon, D. H. (2002) Some aspects of the properties and degradation of polyacrylamides, Chemical Reviews, Vol. 102, pp. 3067-3083.

Chalaturnyk, R. J., Scott, J. D., Wong, G. and Leung, K. (2005) Thickening of oil sands composite tailings, in Proceedings Eighth International Seminar on Paste and Thickened Tailings (Paste 2005), R. J. Jewell and S. Barrera (eds), 20-22 April 2005, Santiago, Chile, Australian Centre for Geomechanics, Perth, pp. 117-138.

Chandler, J. L. (1986) The stacking and drying process for disposal of bauxite tailings in Jamaica, in Proceedings International Conference on Bauxite Residue, October 1986, Kingston, Jamaica, pp. 101-105.

Chanson, H. (2004) The hydraulics of open channel flow: an introduction, 2nd edition, Butterworth-Heinemann, 650 p.

Chaplain, V., Janex, M. L., Lafuma, F., Graillat, C. and Audebert, R. (1995) Coupling between polymer adsorption and colloid particle aggregation, Colloid and Polymer Science, Vol. 273, pp. 984-993.

Charlebois, L. E. (2012) On the flow and beaching behaviour of sub-aerially deposited, polymer-flocculated oil sands tailings: A conceptual and energy-based model, Masters thesis, University of British Columbia.

Charlebois, L. E., McPhail, G. I., Revington, A. and van Zyl, D. (2013) Observations of tailings flow and application of the McPhail beach profile model to oil sands and metal mine tailings, in Proceedings Seventeenth International Conference on Tailings and Mine Waste, G. W. Wilson, D. C. Sego and N. A. Beier (eds), 3-6 November 2013, Banff, Alberta, Canada, University of Alberta Geotechnical Centre, pp. 169-180.

Chen, W. J. (1998) Effects of surface charge and shear during orthokinetic flocculation on the adsorption and sedimentation of kaolin suspensions in Polyelectrolyte Solutions, Separation Science and Technology, Vol. 33, pp. 569-590.

Chhabra, R. P. and Richardson, J. F. (2008) Non-Newtonian flow and applied rheology, 2nd edition, Butterworth-Heinemann, 518 p.

Christensen, G. (1991) Modelling the flow of fresh concrete: the slump test, PhD thesis, Princeton University.

Clayton, C. R. I. (2001) Managing geotechnical risk: time for change?, Geotechnical Engineering, Vol. 149 (1), pp. 3-11.

Clayton, C. R. I. and Bica, A. V. D. (1993) The design of diaphragm-type boundary total stress cells, Geotechnique, Vol. 43 (4), pp. 523-535.

Coe, H. S. and Clevenger, G. H. (1916) Transactions, American Institute of Mining Engineers, Vol. 55 (9), pp. 356-384.

Comarmond, J. (2000) Acid base accounting, in Manual of Techniques to Quantify Processes Associated With Polluted Effluent From Sulfidic Mine Wastes, Garvie, A. M. and Taylor, G. F. (eds), Australian Centre for Mining Environmental Research, Brisbane, Australia.

Connelly, L. J., Owen, D. O. and Richardson, P. F. (1986) Synthetic flocculant technology in the Bayer process, Light Metals, Vol. 2, pp. 61-68.

Cooke, R. (2002) Laminar flow settling: The potential for unexpected problems, in Proceedings

15th International Conference on Hydrotransport, N. Heywood (ed.), Banff, Canada, BHR Group, Cranfield, UK, pp. 121-133.

Cooling, D. J. (2002) Alcoa World Alumina, Australia, in Paste and Thickened Tailings-A Guide, R. J. Jewell, A. B. Fourie and E. R. Lord (eds), Australian Centre for Geomechanics, Perth, Section 10, pp. 146-149.

Cooling, D. J. (2007) Improving the sustainability of residue management practices-Alcoa World Alumina Australia, in Proceedings Tenth International Seminar on Paste and Thickened Tailings (Paste 2007), A. B. Fourie and R. J. Jewell (eds), 13-15 March 2007, Perth, Australia, Australian Centre for Geomechanics, Perth, pp. 3-16.

Cooper, R. A. and Smith, M. E. (2011) Case study-operation of three paste disposal facilities, in Proceedings 14th International Seminar on Paste and Thickened Tailings (Paste 2011), R. J. Jewell and A. B. Fourie (eds), 5-7 April 2011, Perth, Australia, Australian Centre for Geomechanics, Perth, pp. 261-271.

Costine, A., Lester, D., Fawell, P. and Chryss, A. (2014) Shear isn't mixing: how to build larger aggregates using chaotic advection for accelerated dewatering, in Proceedings 17th International Seminar on Paste and Thickened Tailings (Paste 2014), R. J. Jewell, A. B. Fourie, P. S. Wells and D. Van Zyl (eds), 8-12 June 2014, Vancouver, Canada, Australian Centre for Geomechanics, Perth, p. 644.

Coussot, P. and Piau, J. M. (1994) Simple shear rheometry of concentrated dispersions and suspensions, Les Cahiers de Rheologie, Groupe Français de Rheologie XII, pp. 1-13 (in French).

Coussot, P. and Proust, S. (1996) Slow, unconfined spreading of a mudflow, Journal of Geophysical Research, Vol. 101 (B11), pp. 25-229.

Curtis, A. S. G. and Hocking, L. M. (1970) Collision efficiency of equal spherical particles in a shear flow-influence of London-van der Waals forces, Transactions of the Faraday Society, Vol. 66, pp. 1381-1390.

Davies, M. P. and Martin, T. E. (2000) Upstream constructed tailings dams-A review of the basics, in Proceedings 7th International Conference on Tailings and Mine Waste, 23-26 January 2000, Fort Collins, Colorado, A. A. Balkema, The Netherlands, pp 3-15.

Davies, M. P., McRoberts, E. C. and Martin, T. E. (2002) Static liquefaction of tailings-fundamentals and case histories, in Proceedings Tailings Dams 2002, ASDSO/USCOLD, Las Vegas, pp. 233-255.

de Kretser, R. G. (1995) The rheological properties and de-watering of slurried coal mine tailings, PhD thesis, The University of Melbourne.

de Kretser, R. G., Usher, S., Scales, P. J., Landman, K. and Boger, D. V. (2001) Rapid measurement of dewatering design and optimization parameters. AIChE Journal, Vol. 47, pp. 1758-1769.

de Souza, E., Archibald, J. F. and Dirige, A. P. (2003) Economics and perspectives of underground backfill practices in Canadian mining, in Proceedings 105th CIM Annual General

Meeting, 4-7 May 2003, Montreal, Quebec, Canadian Institute of Mining, Metallurgy and Petroleum, Montreal, Quebec, CD-rom only.

De Witt, J. A. and van de Ven, T. G. M. (1992) The effect of neutral polymers and electrolyte on the stability of aqueous polystyrene latex, Advances in Colloid and Interface Science, Vol. 42, pp. 41-64.

Deloitte (2007) A Deeper Level of Detail-Improving the Reporting of Mine Closure Liabilities, Deloitte, viewed 1 February 2008, www. deloitte. com/dtt/cda/doc/content/UK_EIU_ImprovingtheReportingof MineClosureLiabilitiIm. pdf.

Department of Mines and Petroleum (2011) Guide to Underground Mine Fill High Impact Function (HIF) Audit 2011, Department of Mines and Petroleum, Perth, Western Australia.

DerrickCorporation (2013) HI-CAPDewateringMachine, Derrick Corporation, http: // wpeprocessequipment. com. au/equipment/dewatering-screens/.

Devlin, R. M. (1975) Plant Physiology, 3rd edition, D. Van Nostrand Company, 600 p.

Diep, J., Weiss, M., Revington, A., Moyles, B. and Mittal, K. (2014) In-line mixing of mature fine tailings and polymers, in Proceedings 17th International Seminar on Paste and Thickened Tailings (Paste 2014), R. J. Jewell, A. B. Fourie, P. S. Wells, D. Van Zyl (eds), 8-12 June 2014, Vancouver, Canada, Australian Centre for Geomechanics, Perth, pp. 111-126.

Dillon, M. J. and Wardlaw, H. J. (2010) Strength and liquefaction assessment of tailings, in Proceedings First International Seminar on the Reduction of Risk in the Management of Tailings and Mine Waste (Mine Waste 2010), A. B. Fourie and R. J. Jewell (eds), 29 September-1 October 2010, Perth, Australia, Australian Centre for Geomechanics, Perth, pp. 347-360.

Elmore, M. R. and Hartley, J. N. (1985) Evaluation of field-tested fugitive dust control techniques for uranium mill tailings piles, Pacific Northwest Laboratory, Report PNL-5340, NUREG/CR-4089. Emmett, R. C. (1986) Selection and sizing of sedimentation-based equipment, in Design and Installation of Concentration and Dewatering Circuits, Chapter 9, 11 p.

Engels, J., McPhail, G. I., Jamett, R. and Pavissich, C. (2012) Evaluation of the behaviour of high density tailings deposition-CODELCO pilot plant, in Proceedings 15th International Seminar on Paste and Thickened Tailings (Paste 2012), R. J. Jewell, A. B. Fourie and A. Paterson (eds), 16-19 April 2012, Sun City, South Africa, Australian Centre for Geomechanics, Perth, pp. 197-212.

Erickson, M. and Blois, M. (2002) Plant design, layout and economic considerations, in Proceedings Mineral Processing Plant Design Practice and Control, A. L. Mular, D. N. Halbe and D. J. Barratt (eds), October 2002, Vancouver, British Columbia, Society for Mining Metallurgy and Exploration (SME), Englewood, Colorado, pp. 1358-1369.

European Commission (2009) Reference Document on Best Available Techniques for Management of Tailings and Waste-Rock in Mining Activities, viewed 1 February 2015, http: // eippcb. jrc. ec. europa. eu/reference/BREF/mmr_adopted_0109. pdf.

Evangelou, N. P. (1995) Pyrite oxidation and its control, Biotechnology and Bioengineering, Vol.

XXV, pp. 1175-1180.

Fahey, M., Helinski, M. and Fourie, A. (2011) Development of specimen curing procedures that account for the influence of effective stress during curing on the strength of cemented mine backfill, Geotechnical and Geological Engineering, Vol. 29, pp. 709-723.

Farrokhpay, S., Morris, G. E. and Britcher, L. G. (2012) Stability of Sodium polyphosphate dispersants in mineral processing applications, Minerals Engineering, Vol. 39, pp. 39-44.

Fell, F., MacGregor, P., Stapledon, D. and Bell, G. (2005) Geotechnical Engineering of Dams, Taylor & Francis, 912 p.

Fisher, D. T., Scales, P. J. and Boger, D. V. (2007) The bucket rheometer for the viscosity characterization of yield stress suspensions, Journal of Rheology, Vol. 51 (5), 82 p.

Fisseha, B., Bryan, R and Simms, P. (2008) Evaporation, unsaturated flow, and salt accumulation in multilayer deposits of a gold "paste" tailings, ASCE Journal of Geotechnical and Geoenvironmental Engineering, Vol. 136 (12), pp. 1703-1712.

Fitton, T. G. (2007) Tailings beach slope prediction, PhD thesis, RMIT University.

Fitton, T. G. (2008) Non-Newtonian open channel flow-a simple method of estimation of laminar/turbulent transition and flow resistance, in Proceedings 11th International Seminar on Paste and Thickened Tailings (Paste 2008), A. B. Fourie, R. J. Jewell, P. Slatter and A. Paterson (eds), 5-9 May 2008, Kasane, Botswana, Australian Centre for Geomechanics, Perth, pp. 245-251.

Fitton, T. G. and Slatter, P. T. (2013) A tailings beach slope model featuring plug flow, in Proceedings 16th International Seminar on Paste and Thickened Tailings (Paste 2013), R. J. Jewell, A. B. Fourie, J. Caldwell and J. Pimenta (eds), 17-19 June 2013, Belo Horizonte, Brazil, Australian Centre for Geomechanics, Perth, pp. 495-506.

Fitton, T. G., Bhattacharya, S. N. and Chryss, A. G. (2008) Three-dimensional beach slope modelling of tailings beach slope, Computer Aided Civil and Infrastructure, Vol. 23, pp. 31-44.

Fitton, T. G., Chryss, A. G. and Bhattacharya, S. N. (2006) tailings beach slope prediction: a new rheological method, International Journal of Mining, Reclamation, and Environment, Vol. 20 (3), pp. 181-202.

Forney, L. and Lee, H. (1982) Optimum dimensions for pipeline mixing at a T-Junction, AIChE Journal, Vol. 28, pp. 980-987.

Fourie, A. B. (2002) Material characterisation, in Paste and Thickened Tailings-A Guide, R. J. Jewell, A. B. Fourie and E. R. Lord (eds), Australian Centre for Geomechanics, Perth, Section 4, pp. 35-47.

Fourie, A. B. (2012) Perceived and realised benefits of paste and thickened tailings for surface deposition, in Proceedings 15th International Seminar on Paste and Thickened Tailings (Paste 2012), R. J. Jewell, A. B. Fourie and A. Paterson (eds), 16-19 April 2012, Sun City, South Africa, Australian Centre for Geomechanics, Perth, pp. 53-64.

Fourie, A. B., Blight, G. E. and Papageorgiou, G. (2001) Static liquefaction as a possible explanation for the Merriespruit tailings dam failure, Canadian Geotechnical Journal,

Vol. 38 (4), pp. 707-719.

Franks, G. V., Li, H., O'Shea, J. P. and Qiao, G. G. (2009) Temperature responsive polymers as multiple function reagents in mineral processing, Advanced Powder Technology, Vol. 20, pp. 273-279.

Franks, G. V., O'Shea, J. P. and Forbes, E. (2014) Controlling thickener underflow rheology using a temperature responsive flocculant, AIChE Journal, Vol. 60, pp. 2940-2948.

Gaete, S. and Bello, F. (2013) Experience with the thickening and discharge of high-density tailings: Minera Esperanza, in Proceedings 1st International Seminar on Tailings Management (Tailings 2013), S. Barrera, M. Niederhauser, G. Shaw, D. van Zyl and W. Wilson (eds), 28-30 August 2013, Santiago, Chile, Gecamin Limited, Santiago.

Gao, J. L. and Fourie, A. B. (2014) Studies on flume tests for predicting beach slopes of paste using the computation fluid dynamics method, in Proceedings 17th International Seminar on Paste and Thickened Tailings (Paste 2014), R. J. Jewell, A. B. Fourie, P. S. Wells, D. Van Zyl (eds), 8-12 June 2014, Vancouver, Canada, Australian Centre for Geomechanics, Perth, pp. 59-70.

Garmsiri, M. R. and Haji Amin Shirazi, H. (2014) The effect of grain size on flocculant preparation, Minerals Engineering, Vol. 65, pp. 51-53.

Gawu, S. K. Y. (2003) Characterizing thickened tailings for safe environmental surface placement, PhD thesis, University of Witwatersrand.

GHD Group (2010) Graph, in Trial Embankment Construction and Performance Assessment Report 2010, GHD Group.

Gladman, B., de Kretser, R. G., Rudman, M. and Scales, P. J. (2005) Effect of shear on particulate suspension dewatering, Chemical Engineering Research and Design, Vol. 83 (A7), pp. 933-936.

Godbout, J., Bussière, B., Benzaazoua, M. and Aubertin, M. (2010) Influence of pyrrhotite content on the mechanical and chemical behaviour of cemented paste backfill, in Proceedings 13th International Seminar on Paste and Thickened Tailings (Paste 2010), R. J. Jewell and A. B. Fourie (eds), 3-6 May 2010, Toronto, Canada, Australian Centre for Geomechanics, Perth, pp. 163-173.

Gonzales, V. (2005) Cobriza's tailings surface stacking-a successful story, in Proceedings Eighth International Seminar on Paste and Thickened Tailings (Paste 2005), R. J. Jewell and S. Barrera (eds), 20-22 April 2005, Santiago, Chile, Australian Centre for Geomechanics, Perth, pp. 261-274.

Goosen, P. E. and Paterson, A. J. C. (2014) Trends in stationary deposition velocity with varying slurry concentration covering the turbulent and laminar flow regimes, in Proceedings 19th International Conference on Hydrotransport, 24-26 September 2014, Golden, Colorado, BHR Group, Cranfield, UK, pp. 179-194.

Goosen, P. E., Ilgner, H. and Dumbu, S. (2011) Settlement in backfill pipelines: its causes and a novel online detection method, in Proceedings 10th International Symposium on Mining with

Backfill (Minefill 2011), 21-25 March 2011, Cape Town, South Africa, Southern African Institute of Mining and Metallurgy, South Africa, pp. 187-195.

Grabinsky, M. W. , Cheung, D. and Bentz, E. (2014) Advanced structural analysis of reinforced shotcrete barricades, in Proceedings 11th International Symposium on Mining with Backfill (Mine Fill 2014), Y. Potvin and A. G. Grice (eds), 20-22 May 2014, Perth, Australia, Australian Centre for Geomechanics, Perth, pp. 135-149.

Grabsch, A. F. , Fawell, P. D. , Adkins, S. J. and Beveridge, A. (2013) The impact of achieving a higher aggregate density on polymer-bridging flocculation, International Journal of Mineral Processing, Vol. 124, pp. 83-94.

Green, M. D. , Eberl, M. and Landman, K. (1996) Compressive yield stress of flocculated suspensions: determination via experiment, AIChE Journal, Vol. 42, pp. 2308-2318.

Gregory, J. (1989) Fundamentals of flocculation, CRC Critical Reviews in Environmental Control, Vol. 19 (3), pp. 185-230.

Gregory, J. (1997) The density of particle aggregates, Water Science and Technology, Vol. 36 (4), pp. 1-13. Grice, A. G. (2013a) Presentation notes, in Proceedings Seminar on Mining with Backfill, 31 July-1 August 2013, Perth, Australia, Australian Centre for Geomechanics, Perth.

Grice, A. G. (2013b) Mine backfill-a cost centre or an optimisation opportunity? Australian Centre for Geomechanics, Vol. 41, December 2013 Newsletter, Western Australia.

Grice, T. (2003) Digging deeper-mining with backfill, Australian Mining Consultants Pty Ltd, October 2003 Newsletter, Victoria.

Grim, R. E. (1968) Clay Mineralogy, 2nd edition, McGraw-Hill BookCompany, 596 p.

Haldenwang, R. (2003) Flow of non-Newtonian fluids in open channels, PhD thesis, Cape Peninsula University of Technology.

Haldenwang, R. and Slatter, P. (2006) Experimental procedure and database for non-Newtonian open channel flow, Journal of Hydraulic Research, Vol. 44 (2), pp. 283-287.

Han, F. (2014) Reducing the cost of cemented paste backfill, final year thesis, The University of Western Australia, 36 p.

Hasan, A. , Suazo, G. , Doherty, J. and Fourie, A. B. (2014) In-stope measurements at two Western Australian mine sites, in Proceedings 17th International Seminar on Paste and Thickened Tailings (Paste 2014), R. J. Jewell, A. B. Fourie, P. S. Wells, D. Van Zyl (eds), 8-12 June 2014, Vancouver, Canada, Australian Centre for Geomechanics, Perth, pp. 355-368.

Heath, A. R. , Bahri, P. A. , Fawell, P. D. and Farrow, J. B. (2006a) Polymer flocculation of calcite: population balance model, AIChE Journal, Vol. 52, pp. 1641-1653.

Heath, A. R. , Bahri, P. A. , Fawell, P. D. and Farrow, J. B. (2006b) Polymer flocculation of calcite: relating the aggregate size to the settling rate, AIChE Journal, Vol. 52, pp. 1987-1994.

Helinski, M. and Revell, M. B. (2014) Fill design and implementation with challenging material-Wambo fill project-case study, in Proceedings 11th International Symposium on Mining with Backfill (Mine Fill 2014), Y. Potvin and A. G. Grice (eds), 20-22 May 2014, Perth,

Australia, Australian Centre for Geomechanics, Perth, pp. 421-438.

Henderson, A., Jardine, G. and Woodall, C. (1998) The implementation of paste fill at the Henty Gold Mine, in Proceedings 6th International Symposium on Mining with Backfill (Minefill'98), 14-16 April 1998, Brisbane, Australia, Australasian Institute of Mining and Metallurgy, Carlton, pp. 299-304.

Henderson, J. M. and Wheatley, A. D. (1987) Factors effecting a loss of flocculation activity of polyacrylamide solutions: shear degradation, cation complexation, and solution ageing, Journal of Applied Polymer Science, Vol. 33, pp. 669-684.

Henriquez, J. and Simms, P. (2009) Dynamic imaging and modelling of multilayer deposition of gold paste tailings, Minerals Engineering, Vol. 22 (2), pp. 128-139.

Hocking, M. B., Klimchuk, K. A. and Lowen, S. (1999) Polymeric flocculants and flocculation, Journal of Macromolecular Science-Reviewsin Macromolecular Chemistry and Physics, Vol. C39, pp. 177-203.

Hogg, R. (1999) Polymer adsorption and flocculation, in Proceedings UBC-McGill Bi-annual International Symposium on Fundamentals of Mineral Processing (Polymers in Mineral Processing), J. S. Laskowski (ed.), 20-26 August 1999, Quebec, Canada, Canadian Institute Mining, Metallurgy & Petroleum, Montreal, pp. 3-18.

Hohne, J., Bedell, D. and Fogwell, G. (2004) Ekapa Mining success story using the Dorr-Oliver Eimco deep cone paste thickener, in Proceedings International Seminar on Paste and Thickened Tailings (Paste 2004), 31 March-2 April 2004, Cape Town, South Africa, Australian Centre for Geomechanics, Perth, Section 14.

Horn, A. and Thomas, E. G. (2014) Paste fill delivery/distribution failures-causes, costs and mitigation/prevention, in Proceedings 11th International Symposium on Mining with Backfill (Mine Fill 2014), Y. Potvin and A. G. Grice (eds), 20-22 May 2014, Perth, Australia, Australian Centre for Geomechanics, Perth, pp. 243-247.

Idriss, I. M. and Boulanger, R. W. (2008) Soil liquefaction during earthquakes, Monograph MNO-12, Earthquake Engineering Research Institute, Oakland, CA, 261 p.

Ilgner, H. J. (2002) Cost-effective utilisation of fine and coarse ash to maximise underground coal extraction and to protect the environment, in Proceedings Coal Indaba Conference 2002, 16 October 2002, Secunda, South Africa, Fossil Fuel Foundation of Africa, Johannesburg, South Africa.

Ilgner, H. J. (2006) Mine backfill, in Paste and Thickened Tailings-A Guide, 2nd edition, R. J. Jewell and A. B. Fourie (eds), Australian Centre for Geomechanics, Perth, Australia, pp. 169-186.

Imai, G. (1979) Development of a new consolidation test procedure using seepage force, Soils and Foundations, Vol. 19 (3), pp. 45-60.

INAP (2010) International Network for Acid Prevention, Global Acid Rock Drainage (Guard Guide), viewed 01 February 2015, http: //www. gardguide. com.

International Council on Mining and Metals (2008) Planning for Integrated Mine Closure: Toolkit,

ICMM, 86 p.

Ishihara, K. (1993) Liquefaction and flow failure during earthquakes, 33rd Rankine Lecture, Géotechnique, Vol. 43, pp. 349-416.

ITE GmbH (2013) ITE HVR 300 and ITE HVR 380 HyrdoVacuum Cyclones, ITE GmbH, http://www.separation.de/en/cyklone_hvr300hvr380.html.

James, A. E., Williams, D. J. A. and Williams, P. R. (1987) Direct measurement of static yield properties of cohesive suspensions, Rheologica Acta, Vol. 26, pp. 6489-6492.

James, M., Aubertin, M., Wijewickreme, D. and Wilson, G. W. (2011) A laboratory investigation of the dynamic properties of tailings, Canadian Geotechnical Journal, Vol. 48 (11), pp. 1587-1600.

Jewell, R. J. (2004) Thickened tailings in Australia-drivers, in Proceedings International Seminar on Paste and Thickened Tailings (Paste 2004), 31 March-2 April 2004, Cape Town, South Africa, Australian Centre for Geomechanics, Perth, Section 2.

Jewell, R. J. (2010) Ensuring the credibility of thickening technology, in Proceedings 14th International Seminaron Pasteand Thickened Tailings (Paste 2011), R. J. Jewell and A. B. Fourie (eds), 5-7 April 2011, Perth, Australia, Australian Centrefor Geomechanics, Perth, pp. 23-32.

Jewell, R. J. and Fourie, A. B. (eds) (2006) Paste and Thickened Tailings-A Guide, 2nd edition, Australian Centre for Geomechanics, Perth, 242 p.

Jewell, R. J., Fourie, A. B. and Lord, E. R. (eds) (2002) Paste and Thickened Tailings-A Guide, Australian Centre for Geomechanics, Perth, 171 p.

Johns, D. G. (2004) Electrokinetic dewatering of mine tailings, Masters dissertation, University of the Witwatersrand, unpublished document.

Johnson, G. B. and Houman, J. (2003) Commissioning and operation of the paste thickening farm at Kimberley Combined Treatment Plant, in Proceedings International Seminar on Paste and Thickened Tailings (Paste 2003), 14-16 May 2003, Melbourne, Australia, Australian Centre for Geomechanics, Perth, Section 12.

Johnson, G. B. and Vietti, A. J. (2003) The design of a co-thickened slimes disposal system for the Kimberley Combined Treatment Plant, in Proceedings International Seminar on Paste and Thickened Tailings, Australian Centre for Geomechanics, Perth, Australia, Section 11.

Jones, H. (2000) Designer waste, in Proceedings An International Seminar on the Production and Disposal of Thickened/Paste Tailings for Mine Backfill or on the Surface (Paste Technology 2000), 13-14 April 2000, Perth, Australia, Australian Centre for Geomechanics, Perth, Section 1, 6 p.

Jones, H. (2005) Future directions-developing a code of practice, in Proceedings Creating Cost Effective Rockdumps and Stockpiles Seminar, Australian Centre for Geomechanics, Perth, 26-27 May 2005, Section 18, 8 p.

Jones, H. (2008) Closure objectives, guidelines and actual outcomes, in Proceedings Third International Seminar on Mine Closure (Mine Closure 2008), A. B. Fourie, M. Tibbett, I. M.

Weiersbye and P. Dye (eds), 14-17 October 2008, Johannesburg, South Africa, Australian Centre for Geomechanics, Perth, pp. 245-254.

Julien, P. Y. and Leon, C. A. (2000) Mud floods, mud flows and debris flows: classification, rheology and structural design, in Proceedings International Workshop on Mudflows and Debris Flow Disaster of December 1999, 27 November-1 December 2000, Caracas, Venezuela, Universidad Central de Venezuela, Caracas, 15 p.

Kam, S. (2011) Thickened tailings disposal at Musselwhite mine, in Proceedings 14th International Seminar on Paste and Thickened Tailings (Paste 2011), R. J. Jewell and A. B. Fourie (eds), 5-7 April 2011, Perth, Australia, Australian Centre for Geomechanics, Perth, pp. 225-236.

Kaplunov, D. R., Rylnikova, M. V. and Eks, V. V. (2014) Usage of a modular backfill preparation plant in underground ore mining, in Proceedings 11th International Symposium on Mining with Backfill (Mine Fill 2014), Y. Potvin and A. G. Grice (eds), 20-22 May 2014, Perth, Australia, Australian Centre for Geomechanics, Perth, pp. 199-204.

Keentok, M. (1982) The measurement of yield stress of liquids, Rheologica Acta, Vol. 21, pp. 325-332.

King, D. L. (1978) Thickeners, in Mineral Processing Plant Design, A. L. Mular and R. B. Bhappu (eds), American Institute of Mining, Metallurgical, and Petroleum Engineers, New York, Chapter 27, pp. 541-577.

King, D. L. and Baczek, F. A. (1986) Characteristics of sedimentation-based equipment, in Design and Installation of Concentration and Dewatering Circuits, A. L. Mular and M. A. Anderson (eds), American Institute of Mining, Metallurgical and Petroleum Engineers Inc., NewYork, Chapter 7, pp. 115-136.

Kislenko, V. N. (2000) Mathematical model of polymer adsorption accompanied by flocculation, Journal of Colloid and Interface Science, Vol. 226, pp. 246-251. Klein, C. (2002) Manual of Mineral Science, 22nd edition, John Wiley & Sons, 641 p.

Klein, C. and Hurlbut, C. S. (1993) Manual of Mineralogy, 21st edition, John Wiley & Sons, 704 p.

Klimpel, R. R. (1997) Introduction to Chemicals used in Particle Systems, University of Florida, 36 p.

Knight, M. A., Wates, J. A. and du Plessis, I. (2012) Application of hydrocyclone technology to TSFs to reduce water, in Proceedings 15th International Seminar on Paste and Thickened Tailings (Paste 2012), R. J. Jewell, A. B. Fourie and A. Paterson (eds), 16-19 April 2012, Sun City, South Africa, Australian Centre for Geomechanics, Perth, pp. 233-242.

Krieger, I. M. and Maron, S. H. (1952) Direct determination of the flow curves of non-Newtonian fluids, Journal of Applied Physics, Vol. 23, pp. 147-149.

Kuganathan, K. (2011) Reclaimed tailings pastefill production at Xstrata George Fisher mine at Mount Isa — operational challenges and solutions from 2000 to 2010, in Proceedings 10th International Symposium on Mining with Backfill (Minefill 2011), 21-25 March 2011, Cape Town, South Africa, Southern African Institute of Mining and Metallurgy, South Africa, pp. 5-13.

Kulicke, W. M. and Kniewske, R. (1981) Long-term change in conformation of macromolecules in solution: 2. poly (acrylamide-co-sodium acrylate) s, Makromolekulare Chemie-Macromolecular Chemistry and Physics, Vol. 182 (8), pp. 2277-2287.

Kynch, G. J. (1952) Atheory of sedimentation, Transactions of the Faraday Society, Vol. 48, pp. 166-176.

La Mer, V. K. and Healy, T. W. (1963) Adsorption-flocculation reactions of macromolecules at the sold-liquid interface, Reviews of Pure and Applied Chemistry, Vol. 13, pp. 112-133.

Lacy, H. and Campbell, G. (2000) Figure, in Paste and Thickened Tailings-A Guide, 1st edition, R. J. Jewell and A. B. Fourie (eds), Australian Centre for Geomechanics, Perth, p. 139.

Ladd, C. C. (1991) Stability evaluation during staged construction, Journal of Geotechnical and Geoenvironmental Engineering, ASCE, Vol. 117 (4), pp. 540-615.

Lade, P. V. and Yamamuro, J. A. (1997) Effects of nonplastic fines on static liquefaction of sands, Canadian Geotechnical Journal, Vol. 34 (6), pp. 918-928.

Lee, C. and Pieterse, E. (2005) Commissioning and operation experience with a 400 tph paste backfill system at Kidd Creek mine, in Proceedings Eighth International Seminar on Paste and Thickened Tailings (Paste 2005), R. J. Jewell and S. Barrera (eds), 20-22 April 2005, Santiago, Chile, Australian Centre for Geomechanics, Perth, pp. 299-316.

Lee, C. S., Robinson, J. and Chong, M. F. (2014) A review on application of flocculants in wastewater treatment, Process Safety and Environmental Protection, Vol. 92, pp. 489-508.

Lee, H. C. and Wray, W. K. (1995) Techniques to evaluate soil suction-a vital unsaturated soil water variable, in Proceedings 1st International Conference on Unsaturated Soils (UNSAT'95), E. E. Alonso and O. Delage (eds), 6-8 September 1995, Paris, A. A. Balkema, The Netherlands, pp. 615-621.

Leighton, D. and Acrivos, A. (1987) The shear-induced migration of particles in concentrated suspensions, Journal of Fluid Mechanics, Vol. 181, pp. 415-439.

Lester, D. R., Rudman, M. and Metcalfe, G. (2009) Low Reynolds number scalar transport enhancement in viscous and non-Newtonian fluid, International Journal of Heat and Mass Transfer, Vol. 51, pp. 655-664.

Lester, D. R., Usher, S. P. and Scales, P. J. (2005) Estimation of the hindered settling function $R(\varphi)$ from batch settling tests, AIChE Journal, Vol. 51 (4), pp. 1158-1168.

Li, A. L. (2011) Prediction of tailings beach slopes and tailings flow profiles, in Proceedings 14th International Seminar on Paste and Thickened Tailings (Paste 2011), R. J. Jewell and A. B. Fourie (eds), 5-7 April 2011, Perth, Australia, Australian Centre for Geomechanics, Perth, pp. 307-322.

Li, A. L., Been, K., Ritchie, D. and Welch, D. (2009) Stability of large thickened, non-segregated tailings slopes, in Proceedings 12th International Seminar on Paste and Thickened Tailings (Paste 2009), R. J. Jewell, A. B. Fourie, S. Barrera, J. Wiertz (eds), 21-24 April

2009, Viña Del Mar, Chile, Gecamin Limited, Santiago, Australian Centre for Geomechanics, Perth, pp. 301-312.

Li, A. L., Been, K., Wislesky, I., Eldridge, T. and Williams, D. (2012) Tailings initial consolidation and evaporative drying after deposition, in Proceedings 15th International Seminar on Paste and Thickened Tailings, R. J. Jewell, A. B. Fourie and A. Paterson (eds), Australian Centre for Geomechanics, Perth, pp. 25-42.

Li, H., Pedrosa, A. and Canfell, A. (2011) Case study-bauxite residue management at Rio Tinto Alcan Gove, Northern Territory, in Proceedings 14th International Seminar on Paste and Thickened Tailings (Paste 2011), R. J. Jewell and A. B. Fourie (eds), 5-7 April 2011, Perth, Australia, Australian Centre for Geomechanics, Perth, pp. 203-213.

Li, J., Ferreira, J. V. and Le Lievre, T. (2014) Transition from discontinuous to continuous paste filling at Cannington Mine, in Proceedings 11th International Symposium on Mining with Backfill (Mine Fill 2014), Y. Potvin and A. G. Grice (eds), 20-22 May 2014, Perth, Australia, Australian Centre for Geomechanics, Perth, pp. 381-394.

Liddell, P. and Boger, D. V. (1996) Yield stress measurement with the vane, Journal of Non-Newtonian Fluid Mechanics, Vol. 63, pp. 235-261.

Liu, K. F. and Mei, C. C. (1990) Approximate equations for the slow spreading of a thin sheet of Bingham plastic fluid, Physics Fluids A: Fluid Dynamics, Vol. 2 (1) pp. 30-36.

Lock, R. J. and Lowe, S. M. (2008) A logical framework for the design, construction and rehabilitation of minesite waste dumps, in Proceedings First International Seminar on the Management of Rock Dumps, Stockpiles and Heap Leach Pads (Rock Dumps 2008), A. B. Fourie (ed.), 5-6 March 2008, Perth, Australia, Australian Centre for Geomechanics, Perth, pp. 257-267.

Longo, S., Quintero, A. and Kennard, D. (2015) Mobile paste backfill systems-a decade of work, in Proceedings 18th International Seminar on Paste and Thickened Tailings (Paste 2015), R. J. Jewell and A. B. Fourie (eds), 5-7 May 2015, Cairns, Australia, Australian Centre for Geomechanics, Perth, pp. 383-390.

Lopes, R., Bahia, R., Jefferies, M. and Oliveira, M. (2013) Paste deposition over an existing subaqueous slurry deposit of high sulphide content tailings-the Neves Corvo experience, in Proceedings 16th International Seminaron Pasteand Thickened Tailings (Paste 2013), R. J. Jewell, A. B. Fourie, J. Caldwell and J. Pimenta (eds), 17-19 June 2013, Belo Horizonte, Brazil, Australian Centre for Geomechanics, Perth, pp. 21-35.

Luppnow, D. and Moreno, J. (2008) Esperanza project-drivers for using thickened tailings disposal, in Proceedings 11th International Seminar on Paste and Thickened Tailings (Paste 2008), A. B. Fourie, R. J. Jewell, P. Slatter and A. Paterson (eds), 5-9 May 2008, Kasane, Botswana, Australian Centre for Geomechanics, Perth, pp. 189-198.

MacNamara, L., Khoshniaz, N. and Hashemi, S. (2011) The Sarcheshmeh thickened tailings disposal project, in Proceedings 14th International Seminar on Paste and Thickened Tailings (Paste 2011), R. J. Jewell and A. B. Fourie (eds), 5-7 April 2011, Perth, Australia,

Australian Centrefor Geomechanics, Perth, pp. 237-244.

Mafi, S., Novak, G. A. and Faulconer, J. (1998) Broken Aro coal remining/reclamation project, Mining Engineering, April 1998, pp. 44-47.

Mahood, R., Norgaard, J., Eaton, T., Liu, B. and Nixon, M. (2009) Determination of particle size distribution of oil sand solids using laser diffraction method, in Proceedings Thirteenth International Conference on Tailings and Mine Waste, 1-4 November 2009, Banff, Canada, University of Alberta Geotechnical Centre, pp. 571-578.

Malusis, M. A., Evans, J. C., McLane, M. H. and Woodward, W. R. (2008) A miniature cone for measuring the slump of soil-bentonite slurry trench cutoff wall backfill, Geotechnical Testing Journal, Vol. 31 (5), pp. 373-380.

Martin, T. E., McRoberts, E. C. and Davies, M. P. (2002) A tale of four upstream tailings dams, in Proceedings Tailings Dams 2002, ASDSO/USCOLD, Las Vegas, Association of State Dam Safety Officials, Lexington, KY.

McColl, P. and Scammell, S. (2004) Treatment of Aqueous Suspensions, International Patent Application No. WO 2004060819 A1, Ciba Spec Chem Water Treat Ltd.

McFarlane, A., Bremmell, K. and Addai-Mensai, J. (2006) Improved dewatering behaviour of clay mineral dispersions via interfacial chemistry and particle interactions optimization, Journal of Colloid and Interface Science, Vol. 293, pp. 116-127.

McGuiness, M. and Cooke, R. (2011) Pipeline wear and the hydraulic performance of pastefill distribution systems: the Kidd Mine experience, in Proceedings 10th International Symposium on Mining with Backfill (Mine fill 2011), 21-25 March 2011, Cape Town, South Africa, Southern African Institute of Mining and Metallurgy, South Africa, pp. 205-212.

McPhail, G. I. (1995) Prediction of the Beaching Characteristics of Hydraulically Placed Tailings, PhD thesis, University of Witwatersrand.

McPhail, G. I. (2008) Prediction of the beach profile of high density thickened tailings from rheological and small scale trial deposition data, in Proceedings 11th International Seminar on Paste and Thickened Tailings (Paste 2008), A. B. Fourie, R. J. Jewell, P. Slatter and A. Paterson (eds), 5-9 May 2008, Kasane, Botswana, Australian Centre for Geomechanics, Perth, pp. 179-188.

McPhail, G. I. (2013) Discussion on the influence of mineralogy on the rheology of tailings slurries, in Proceedings 1st International Seminar on Tailings Management (Tailings 2013), S. Barrera, M. Niederhauser, G. Shaw, D. van Zyl and W. Wilson (eds), 28-30 August 2013, Santiago, Chile, Gecamin Limited, Santiago.

McPhail, G. I. (2014) Using small scale flumes to determine rheology at low shear rates, in Proceedings 2nd International Seminar on Tailings Management (Tailings 2014), 20-22 August 2014, Antofagasta, Chile.

McPhail, G. I. (2015) Simulation of the meandering flow path of a beaching slurry using a random walk technique, in Proceedings 18th International Seminar on Paste and Thickened Tailings (Paste 2015), R. J. Jewelland A. B. Fourie (eds), 5-7 May 2015, Cairns, Australia,

Australian Centre for Geomechanics, Perth, pp. 467-476.

McPhail, G. I. and Brent, C. (2007) Osborne high density discharge-an update from 2004, in Proceedings Tenth International Seminar on Paste and Thickened Tailings (Paste 2007), A. B. Fourie and R. J. Jewell (eds), 13-15 March 2007, Perth, Australia, Australian Centre for Geomechanics, Perth, pp. 339-350.

McPhail, G. I. and Rye C. (2008) Comparison of the Erosional Performance of Alternative Slope Geometries, in Proceedings First International Seminar on the Management of Rock Dumps, Stockpiles and Heap Leach Pads (Rock Dumps 2008), A. B. Fourie (ed.), 5-6 March 2008, Perth, Australia, Australian Centre for Geomechanics, Perth, pp. 277-288.

McPhail, G. I., Becerra, M. and Barrera. S. (2012) Important considerations in the testing of high density tailings for beach profile prediction, in Proceedings 15th International Seminar on Paste and Thickened Tailings (Paste 2012), R. J. Jewell, A. B. Fourie and 1. Paterson (eds), 16-19 April 2012, Sun City, South Africa, Australian Centre for Geomechanics, Perth, pp. 93-101.

McPhail, G. I., Noble, A., Papageorgiou, G. and Wilkinson, D. (2004) Development and implementation of thickened tailings discharge at Osborne Mine, Queensland, Australia, in Proceedings International Seminar on Paste and Thickened Tailings (Paste 2004), 31 March-2 April 2004, Cape Town, South Africa, Australian Centre for Geomechanics, Perth, Section 27.

Mercer, K. (2001) Corridor Sands heavy minerals project, in Proceedings International Seminar on High Density and Paste Tailings, May 2001, Pilanesberg, South Africa, University of the Witwatersrand, Johannesburg.

Meunier, A. (2005) Clays, Springer Publishing, 327 p.

Mez, W. and Schauenburg, W. (1998) Backfilling of caved-in goafs with pastes for disposal of residues, in Proceedings 6th International Symposium on Mining with Backfill (Minefill' 98), 14-16 April 1998, Brisbane, Australia, Australasian Institute of Mining and Metallurgy, Carlton, pp. 245-248.

Min, F., Zhao, Q. and Liu, L. (2013) Experimental study of electrokinetic of kaolinite particles in aqueous suspensions, Physicochemical Problems of Minereral Processing, Vol. 49 (2), pp. 659-672.

Mine Environment Neutral Drainage (2009) Mine Waste Covers in Cold Regions, MEND Report 1. 61. 5a, prepared by M. Rykaart and D. Hockley, SRK Consulting (Canada) Inc., Vancouver.

Mitchell, J. K. (1976) Fundamentals of soil behaviour, 3rd edition, John Wiley & Sons, 422 p.

Mizani, S., He, L. and Simms, P. (2013a) Application of lubrication theory to modelling stack geometry of high density tailings, Journal of non-Newtonian fluid mechanics, Vol. 198, pp. 58-70.

Mizani, S., Simms, P. and He, L. (2010) Out of pipe dewatering of thickened tailings during deposition, in Proceedings 13th International Seminar on Paste and Thickened Tailings (Paste

2010), R. J. Jewell and A. B. Fourie (eds), 3-6 May 2010, Toronto, Canada, Australian Centre for Geomechanics, Perth, pp. 393-402.

Mizani, S., Simms, P., Dunmola, A., Côté, C. and Freeman, G. (2014) Rheology for surface deposition of polymer-amended fine tailings, in Proceedings 17th International Seminar on Paste and Thickened Tailings (Paste 2014), R. J. Jewell, A. B. Fourie, P. S. Wells and D. Van Zyl (eds), 8-12 June 2014, Vancouver, Canada, Australian Centre for Geomechanics, Perth, pp. 295-306.

Mizani, S., Soleimani, S. and Simms, P. (2013b) Effects of polymer dosage non dewaterability, rheology, and spreadability of polymer-amended mature fine tailings, in Proceedings 16th International Seminar on Paste and Thickened Tailings (Paste 2013), R. J. Jewell, A. B. Fourie, J. Caldwell and J. Pimenta (eds), 17-19 June 2013, Belo Horizonte, Brazil, Australian Centre for Geomechanics, Perth, pp. 117-131.

Moody, G. (1992) The use of polyacrylamides in mineral processing, Minerals Engineering, Vol. 5, pp. 479-492.

Moss, N. (1978) Theory of flocculation, Mine and Quarry Journal, Vol. 7 (5), pp. 57-61.

Myers, K. L., Espell, R. and Burke, K. (2001) Reclamation and Closure of the AA Heap Leach Pad at Barrick's Goldstrike Mine, in Proceedings 2001 SME Annual Meetings (2001 A Mining Odyssey), 26-28 February 2001, Denver, Colorado, Society for Mining, Metallurgy and Exploration, Englewood, CO, 11 p.

Nan, J. and He, W. P. (2012) Characteristic analysis on morphological evolution of suspended particles in water during dynamic flocculation process, Desalination and Water Treatment, Vol. 41, pp. 35-44.

Newman, P., Verburg, R. and Fordham, M. (2004) Field cell testing of sub-aerial paste disposal of pyritic tailings, in Proceedings International Seminar on Paste and Thickened Tailings (Paste 2004), 31 March-2 April 2004, Cape Town, South Africa, Australian Centre for Geomechanics, Perth, Section 6.

Newson, T. A. and Fahey, M. (1998) MERIWA Project No. M241: Saline Tailings Disposal and Decommissioning, Australian Centre for Geomechanics, Perth, Report No. 1004-98.

Newson, T. A. and Fahey, M. (2003) Measurement of evaporation from saline tailings storages, Journal of Engineering Geology, Vol. 50 (3-4), pp. 217-233.

Nguyen, T. V., Farrow, J. B., Smith, J. and Fawell, P. D. (2012) Design and development of a novel thickener feedwell using computational fluid dynamics, The Journal of The Southern African Institute of Mining and Metallurgy, Vol. 112, pp. 939-948.

Nguyen, Q. D. and Boger, D. V. (1983) Yield stress measurement in concentrated suspensions, Journal of Rheology, Vol. 27 (4), pp. 321-349.

Nguyen, Q. D. and Boger, D. V. (1985) Direct yield stress measurement with the vane method, Journal of Rheology, Vol. 29 (3), pp. 335-347.

Nguyen, Q. D. and Boger, D. V. (1998) Application of rheology to solving tailings disposal problems, International Journal of Mineral Processing, Vol. 54, pp. 217-233.

Oliveros, U. S. , Luna, S. , Scheurenberg, R. and Fourie, A. (2004) Pilot testing for disposal of highly thickened tailings at Southern Peru Copper Corporation, in Proceedings International Seminar on Paste and Thickened Tailings (Paste 2004), 31 March-2 April 2004, Cape Town, South Africa, Australian Centre for Geomechanics, Perth, Section 21.

Olsen, A. , Franks, G. , Biggs, S. and Jameson, G. J. (2006) An improved collision efficiency model for particle aggregation, The Journal of Chemical Physics, Vol. 125 (184906).

Olson, S. M. and Stark, T. D. (2002) Liquefied strength ratio from liquefaction case histories, Canadian Geotechnical Journal, Vol. 39 (3), pp. 629-647.

Omotoso, O. and Melanson, A. (2014) Influence of clay minerals on the storage and treatment of oil sands tailings, in Proceedings 17th International Seminar on Paste and Thickened Tailings (Paste 2014), R. J. Jewell, A. B. Fourie, P. S. Wells, D. Van Zyl (eds), 8-12 June 2014, Vancouver, Canada, Australian Centre for Geomechanics, Perth, pp. 279-280.

Oroskar, A. R. and Turian, R. M. (1980) The critical velocity in pipeline flow of slurries, American Institute of Chemical Engineers Journal, Vol. 26, pp. 550-558.

Outotec (2012) Figure, in Presentation at Ninth International Alumina Quality Workshop, 18-22 March 2012, Perth, Australia, AQW Inc. , Nedlands, Perth.

Owen, A. T. , Fawell, P. D. and Swift, J. D. (2007) The preparation and ageing of acrylamide/acrylate copolymer flocculant solutions, International Journal of Mineral Processing, Vol. 84, pp. 3-14.

Owen, A. T. , Fawell, P. D. , Swift, J. D. and Farrow, J. B. (2002) The impact of polyacrylamide flocculant solution age on flocculation performance, International Journal of Mineral Processing, Vol. 67, pp. 123-144.

Owen, A. T. , Fawell, P. D. , Swift, J. D. , Labbett, D. M. , Benn, F. A. and Farrow, J. B. (2008) Using turbulent pipe flow to study the factors affecting polymer-bridging flocculation of mineral systems, International Journal of Mineral Processing, Vol. 87, pp. 90-99.

Owen, A. T. , Nguyen, T. V. and Fawell, P. D. (2009) The effect of flocculant solution transport and addition conditions on feedwell performance in gravity thickeners, International Journal of Mineral Processing, Vol. 93, pp. 115-127.

Oxenford, J. and Lord, E. R. (2006) Canadian experience in the application of paste and thickened tailings for surface disposal, in Proceedings Ninth International Seminar on Paste and Thickened Tailings (Paste 2006), R. J. Jewell, S. Lawson and P. Newman (eds), 3-7 April 2006, Limerick, Ireland, Australian Centre for Geomechanics, Perth, pp. 93-105.

Pashias, N. P. (1992) The characterisation of bauxite residue suspensions in shear and compression, PhD thesis, University of Melbourne.

Pashias, N. P. , Boger, D. V. , Summers, K. J. and Glenister, D. J. (1996) A fifty cent rheometer for yield stress measurement, Journal of Rheology, Vol. 40 (6), pp. 1179-1189.

Paterson, A. J. C. (2003) The hydraulic design of paste transport systems, in Proceedings International Seminar on Paste and Thickened Tailings (Paste 2003), 14-16 May 2003, Melbourne, Australia, Australian Centre for Geomechanics, Perth, Section 7. Peng, F. F. and

Di, P. (1994) Effect of multivalent salts-calcium and aluminium on the flocculation of kaolin suspension with anionic polyacrylamide, Journal of Colloid and Interface Science, Vol. 164, pp. 229-237.

Philips, R. J., Armstrong, R. C., Brown, R. A., Graham, A. L. and Abbott, J. R. (1992) A constitutive equation for concentrated suspension that accounts for shear induced particle migration, Physics of Fluids A: Fluid Dynamics, Vol. 4 (1), pp. 30-40.

Pinheiro, M., Sobkowicz, J., Boswell, J. and Well, S. (2012) Modelling of the deposition profile of in-line flocculated mature fine tailings in beach cells, in Proceedings 65th Canadian Geotechnical Conference, 30 September-3 October, Winnipeg, Manitoba, Canada.

Pirouz, B. and Williams, M. P. A. (2007) Prediction of non-segregating thickened tailings beach slope-a new method, in Proceedings Tenth International Seminar on Paste and Thickened Tailings (Paste 2007), A. B. Fourie and R. J. Jewell (eds), 13-15 March 2007, Perth, Australia, Australian Centre for Geomechanics, Perth, pp. 315-327.

Pirouz, B., Javadi, S., Seddon, K. and Williams, M. P. A. (2014) Modified beach slope prediction model for non-segregating thickened tailings, in Proceedings 17th International Seminar on Paste and Thickened Tailings (Paste 2014), R. J. Jewell, A. B. Fourie, P. S. Wells and D. Van Zyl (eds), 8-12 June 2014, Vancouver, Canada, Australian Centre for Geomechanics, Perth, pp. 31-45.

Pirouz, B., Kavianpour, M. R. and Williams, M. P. A. (2005) Thickened tailings beach deposition-field observations and full-scale flume testing, in Proceedings Eighth International Seminar on Paste and Thickened Tailings (Paste 2005), R. J. Jewell and S. Barrera (eds), 20-22 April 2005, Santiago, Chile, Australian Centre for Geomechanics, Perth, pp. 53-72.

Pirouz, B., Kavianpour, M. R. and Williams, M. P. A. (2008) Sheared and un-sheared segregation and settling behavior of fine sand particles in hyperconcentrated homogeneous sand-water mixture flows, Journal of Hydraulic Research, Vol. 46, Supplement 1, pp. 105-111.

Pirouz, B., Seddon, K. D., Pavissich, C., Williams, M. P. A. and Echevarria, J. (2013) Flow-through tilt flume testing for beach slope evaluation at Chuquicamata Mine, CODELCO, Chile, in Proceedings 16th International Seminaron Pasteand Thickened Tailings (Paste 2013), R. J. Jewell, A. B. Fourie, J. Caldwell and J. Pimenta (eds), 17-19 June 2013, Belo Horizonte, Brazil, Australian Centre for Geomechanics, Perth, pp. 459-474.

Pitman, T. D., Robertson, P. K. and Sego, D. C. (1994) Influence of fines on the collapse of loose sands, Canadian Geotechnical Journal, Vol. 31 (5), pp. 728-739.

Poncet, F. and Gaillard, N. (2010) Method for Treating Mineral Sludge Above Ground Using Polymers, US Patent Application No. US2010/0105976, SPCM S. A.

Potvin, Y., Thomas, E. and Fourie, A. (eds) (2005) Handbook on Mine Fill, Australian Centre for Geomechanics, Perth, 179 p.

Poulos, S. J., Robinsky, E. I. and Keller, T. O. (1985) Liquefaction resistance of thickened tailings, Journal of Geotechnical Engineering, American Society of Civil Engineers (ASCE), Vol. 3 (12), pp. 1380-1394. Prasad, A. (2011) Pillara mine closure and rehabilitation, in

Proceedings Sixth International Conference on Mine Closure (Mine Closure 2011), A. B. Fourie, M. Tibbett and A. Beersing (eds), 19-21 September 2011, Lake Louise, Canada, Australian Centre for Geomechanics, Perth, Vol. 1, pp. 343-353.

Pretorius, P. C., Mahlaba, J. S., Nzotta, U. and Hareeparsad, S. (2011) Fundamental research on brine-based fly ash pastes for underground disposal, in Proceedings 10th International Symposium on Mining with Backfill (Minefill 2011), 21-25 March 2011, Cape Town, South Africa, Southern African Institute of Mining and Metallurgy, South Africa, pp. 21-28.

Quirk, J. P. (2003) Comments on "Diffuse double-layer models, long-range forces, and ordering of clay colloids", Soil Science Society of America Journal, Vol. 67, pp. 1960-1961.

Rantala, P. (2005) Technical information, PAR Innovations, Sudbury, Ontario, Canada.

Rayo, J., Fuentes, R. and Orellana, R. (2009) Large tailings disposal-conventional versus paste, in Proceedings 12th International Seminar on Paste and Thickened Tailings (Paste 2009), R. J. Jewell, A. B. Fourie, S. Barrera, J. Wiertz (eds), 21-24 April 2009, Viña Del Mar, Chile, Gecamin Limited, Santiago, Australian Centre for Geomechanics, Perth, pp. 271-280.

Rcal, F. and Franco, A. (2006) Tailings disposal at Neves-Corvo mine, Portugal, in Proceedings Mine Water and the Environment, Lisbon, Portugal, pp. 209-221.

Revell, M. B. and Sainsbury, D. P. (2007) Pastefill bulkhead failures, in Proceedings 9th International Symposium on Mining with Backfill, F. P. Hassani and J. F. Archibald (eds), 29 April-2 May 2007, Montreal, Quebec, Canadian Institute of Mining, Metallurgy and Petroleum, on CD-rom only.

Rey, P. A. (1988) The effect of water chemistry on the performance of anionic polyacrylamide-based flocculants, in Flocculation and Dewatering, B. M. Moudgil and B. J. Scheiner (eds), Engineering Foundation, New York, pp. 195-214.

Richards, L. A. (ed.) (1969) Diagnosis and improvement of saline and alkali soils, United States Department of Agriculture, Agricultural Handbook No. 60, 159 p.

Richardson, J. F. and Zaki, W. N. (1954a) Sedimentation and fluidisation: part 1, Transactions. Institution of Chemical Engineers, Vol. 32, pp. 35-53.

Richardson, J. F. and Zaki, W. N. (1954b) The sedimentation of a suspension of uniform spheres under conditions of viscous flow, Chemical Engineering Science Vol. 3, pp. 65-77.

Riley, T. C. and Utting, L. (2014) Polymer-modified tailings deposition-a management perspective, in Proceedings 17th International Seminar on Paste and Thickened Tailings (Paste 2014), R. J. Jewell, A. B. Fourie, P. S. Wells and D. Van Zyl (eds), 8-12 June 2014, Vancouver, Canada, Australian Centre for Geomechanics, Perth, pp. 179-186.

Robertson, A. MacG., Fisher, J. W. and van Zyl, D. (1982) The production and handling of dry uranium and other tailings, in Proceedings 5th Annual Symposium on Uranium Mill Tailings Management, J. D. Nelson (ed.), 9-10 December 1982, Fort Collins, Colorado, Colorado State University, Fort Collins, pp. 55-69.

Robertson, P. K. (2010) Evaluation of Flow Liquefaction and Liquefied Strength Using the Cone Penetration Test, Journal of Geotechnical and Geoenvironmental Engineering, Vol. 136 (6), pp. 842-853.

Robinsky, E. I. (1975) Thickened discharge-a new approach to tailings disposal, Bulletin of the Canadian Institute of Mining and Metallurgy, Vol. 68 (764), pp. 47-53.

Robinsky, E. I. (1978) Tailings disposal by the thickened discharge method for improved economy and environmental control, in Proceedings 2nd International Tailings Symposium, Vol. 2-Tailings Disposal Today, May 1979, Denver, Colorado, USA, Miller Freeman Publications Inc., pp. 75-95.

Robinsky, E. I. (1999) Thickened Tailings Disposal in the Mining Industry, E. I. Robinsky Associates Ltd., 210 p.

Rowe, P. W. and Barden, L. (1966) A new consolidation cell, Géotechnique, Vol. 16 (2), pp. 162-170.

Rubio, J. (1981) The flocculation properties of poly (ethylene-oxide), Colloids and Surfaces, Vol. 3, pp. 79-95.

Saffman, P. G. and Turner, J. S. (1956) On the collision of drops in turbulent clouds, Journal of Fluid Mechanics, Vol. 1, pp. 6-30.

Sanin, M. V., Puebla, H. and Eldridge, T. (2012) Cyclic behaviour of thickened tailings, in Proceedings 16th International Conference on Tailings and Mine Waste, Keystone, Colorado, 14-17 October 2012, University of British Columbia, pp. 503-512.

Schoenbrunn, F., Hales, L. and Bedell, D. (2002) Strategies for instrumentation and control of thickeners and other solid-liquid separation circuits, in Proceedings Mineral Processing Plant Design Practice and Control, A. L. Mular, D. N. Halbe and D. J. Barratt (eds), October 2002, Vancouver, British Columbia, Society for Mining Metallurgy and Exploration (SME), Englewood, Colorado, pp. 2164-2173.

Schoenbrunn, F., Niederhauser, M. and Baczek, F. (2009) Paste thickening of tailings: process and equipment design fundamentals relative to deposition goals, in Recent Advances in Mineral Processing Plant Design, D. Malhotra (ed.), Society for Mining, Metallurgy & Exploration, Littleton, Colorado, pp. 455-464.

Seddon, K. D. (2007) Post-liquefaction stability of thickened tailings beaches, in Proceedings Tenth International Seminar on Paste and Thickened Tailings (Paste 2007), A. B. Fourie and R. J. Jewell (eds), 13-15 March 2007, Perth, Australia, Australian Centre for Geomechanics, Perth, pp. 395-406.

Seddon, K. D. and Dillon, M. J. (2009) The effect of evaporation on strength and the stability of thickened tailings beach slopes, in Proceedings 12th International Seminar on Paste and Thickened Tailings (Paste 2009), R. J. Jewell, A. B. Fourie, S. Barrera and J. Wiertz (eds), 21-24 April 2009, Viña Del Mar, Chile, Gecamin Limited, Santiago, Australian Centre for Geomechanics, Perth, pp. 261-270.

Seddon, K. D. and Fitton, T. G. (2011) Realistic beach slope prediction and design, in Proceedings 14th International Seminar on Paste and Thickened Tailings (Paste 2011), R. J. Jewell and A. B. Fourie (eds), 5-7 April 2011, Perth, Australia, Australian Centre for

Geomechanics, Perth, pp. 281-293.

Seddon, K. D., Murphy, S. D. and Williams, M. P. A. (1999) Assessment of liquefaction flow stability of a thickened tailings stack, in Proceedings 8th Australia New Zealand Conference on Geomechanics, N. Vitharana and R. Colman (eds), Hobart, Tasmania, Australian Geomechanics Society, Barton, pp. 521-528.

Seddon, K. D., Pirouz, B. and Fitton, T. G. (2015) Stochastic beach modelling, in Proceedings 18th International Seminar on Paste and Thickened Tailings (Paste 2015), R. J. Jewell and A. B. Fourie (eds), 5-7 May 2015, Cairns, Australia, Australian Centre for Geomechanics, Perth, pp. 455-466.

Seed, R. B., Cetin, K. O., Moss, R. E. S., Kammerer, A. M., Wu, J., Pestana, J. M., Riemer, M. F., Sancio, R. B., Bray, J. D., Kayen, R. E. and Faris, A. (2003) Recent advances in soil liquefaction engineering: a unified and consistent framework, in Proceedings 26th Annual ASCE Los Angeles Geotechnical Spring Seminar, 30 April 2003, Long Beach, California, Keynote presentation.

Serpa, B. and Walqui, H. Q. (2008) Tailings disposal at Quebrada Honda Toquepala, in Proceedings 11th International Seminar on Paste and Thickened Tailings (Paste 2008), A. B. Fourie, R. J. Jewell, P. Slatter and A. Paterson (eds), 5-9 May 2008, Kasane, Botswana, Australian Centre for Geomechanics, Perth, pp. 337-352.

Sheeran, D. E. and Krizek, R. J. (1971) Preparation of homogeneous soil samples by slurry consolidation, Journal of Materials, Vol. 6 (2), pp. 356-373.

Shuttleworth, J. A., Thomson, B. J. and Water, J. A. (2005) Surface paste disposal at Bulyanhulu-practical lessons learned, in Proceedings Eighth International Seminar on Paste and Thickened Tailings (Paste 2005), R. J. Jewell and S. Barrera (eds), 20-22 April 2005, Santiago, Chile, Australian Centre for Geomechanics, Perth, pp. 207-218.

Silver, N. (2012) The Signal and the Noise: The Art and Science of Prediction, Penguin Books, 534 p.

Simms, P. (2007) On the relation between laboratory flume tests and deposition angles of high density tailings, in Proceedings Tenth International Seminar on Paste and Thickened Tailings (Paste 2007), A. B. Fourie and R. J. Jewell (eds), 13-15 March 2007, Perth, Australia, Australian Centre for Geomechanics, Perth, pp. 329-335.

Simms, P., Grabinsky, M. and Zhan, G. (2007) Modelling evaporation of paste tailings from the Bulyanhulu Mine, Canadian Geotechnical Journal, Vol. 44 (12), pp. 1417-1432.

Simms, P., Sivathayala, S. and Daliri, F. (2013) Desiccation in dewatering and strength development of high-density hard rock tailings, in Proceedings 16th International Seminar on Paste and Thickened Tailings (Paste 2013), R. J. Jewell, A. B. Fourie, J. Caldwell and J. Pimenta (eds), 17-19 June 2013, Belo Horizonte, Brazil, Australian Centre for Geomechanics, Perth, pp. 75-86.

Simms, P., Williams, M. P. A, Fitton, T. G. and McPhail, G. (2011) Beaching angles and evolution of stack geometry for thickened tailings-a review, in Proceedings 14th International

Seminar on Paste and Thickened Tailings (Paste 2011), R. J. Jewell and A. B. Fourie (eds), 5-7 April 2011, Perth, Australia, Australian Centre for Geomechanics, Perth, pp. 323-338.

Skempton, A. W. (1953) The colloidal activity of clays, in Proceedings 3rd International Conference on Soil Mechanics and Foundation Engineering, 16-27 August 1953, Zürich, Switzerland, Vol. 1, pp. 57-61.

Sofra, F. (2001) Minimisation of bauxite tailings using dry disposal techniques, PhD thesis, The University of Melbourne.

Sofra, F., Scales, P. J. and Kilcullen, A. (2007) Dewatering and clays-the importance of controlling dispersion 'up-front', in Proceedings Tenth International Seminar on Paste and Thickened Tailings (Paste 2007), A. B. Fourie and R. J. Jewell (eds), 13-15 March 2007, Perth, Australia, Australian Centre for Geomechanics, Perth, pp. 229-238.

Spehar, R., Kiviti-Manor, A., Fawel, P., Usher, S. P., Rudman, M. and Scales, P. J. (2015) Aggregate densification in the thickening of flocculated suspensions in an un-networked bed, Chemical Engineering Science, Vol. 122, pp. 585-595.

Spelay, R. B. (2007) Solids transport in laminar, open channel flow of non-Newtonian slurries, PhD thesis, University of Saskatchewan.

Stephens, D. W. and Fawell, P. D. (2012) Optimisation of process equipment using global surrogate models, in Proceedings Ninth International Conference on CFD in the Minerals and Process Industries, C. B. Solnordal, P. Liovic, G. W. Delaney and P. J. Witt (eds), 10-12 December 2012, Melbourne, Australia, USB only.

Stewart, B. M., Backer, R. R. and Busch, R. A. (1986) Thickening fine coal refuse slurry for rapid dewatering and enhanced safety, United States Bureau of Mines, Vol. 9057, 12 p.

Stocks, P. and Parker, K. (2006) Reagents, in Paste and Thickened Tailings-A Guide, 2nd edition, R. J. Jewell and A. B. Fourie (eds), Australian Centre for Geomechanics, Perth, pp. 79-90.

Stone, D. (2014) The evolution of paste for backfill, in Proceedings 11th International Symposium on Mining with Backfill (Mine Fill 2014), 25. Potvin and A. G. Grice (eds), 20-22 May 2014, Perth, Australia, Australian Centre for Geomechanics, Perth, pp. 31-38.

Summerfield, M. A. (1991) Global Geomorphology, Longman Singapore Publishers (Pte) Ltd, 537 p.

Suttill, K. R. (1991) The ubiquitous thickener evolves into several complementary designs, Engineering and Mining Journal, Vol. 192 (2), pp. 20-26.

Svarovsky, L. (ed.) (1981) Solid-liquid separation, 2nd edition, Butterworth-Heinemann, London.

Svedala Pumps & Process (1996) Basic: Selection Guide for Process Equipment, 4th edition, Svedala Pumps & Process.

Talmage, W. P. and Fitch, E. B. (1955) Determining thickener unit areas, Industrial and Engineering Chemistry, Vol. 47 (1), pp. 38-41.

Tanguay, M., Fawell, P. and Adkins, S. (2014) Modelling the impact of two different flocculants on the performance of a thickener feedwell, Applied Mathematical Modelling, Vol. 38, pp. 4262-4276.

Tateyama, H., Scales, P. J., Ooi, M., Johnson, S. B., Rees, K., Boger, D. V. and Healy, T. W. (1997) Effects of particle alignment on the flow properties of an expandable mica in Na5P3O10 and K4P2O7 solutions, Langmuir, Vol. 13, pp. 6393-6399.

Taylor, G., Spain, A., Nefiodovas, A., Tiims, G., Kuznetsov, V. and Bennett, J. (2003) Determinations of the reasons for deterioration of the Rum Jungle waste rockcover, Australian Centre for Mining Environmental Research, 1115 p.

Taylor, M. L. (2002) Mechanisms of flocculant action on kaolinite clay, PhD thesis, University of South Australia.

Tessier, D. (1990) Behaviour and microstructure of clay minerals, in Soil Colloids and Their Associations in Aggregates, M. F. De Boodt, M. Hayes and A. Herbillon (eds), Plenum Press, pp. 387-415.

Theng, B. K. G. (2012) Formation and Properties of Clay-Polymer Complexes, Elsevier, 511 p.

Thomas, A. D. (1979) Pipelining of coarse coal as a stabilized slurry-another viewpoint, in Proceedings of 4th International Conference on Slurry Transportation, Slurry Transportation Association, Las Vegas, USA, pp. 196-205.

Thomas, A. D. (1999) The influence of coarse particles on the rheology of fine particle slurries, in Proceedings Rheology in the Mineral Industry Ⅱ, 11-14 March 1999, Kahuku, Hawaii, Engineering Conferences International, New York, USA.

Thomas, A. D. and Fitton, T. G. (2011) Analysis of tailings beach slopes based on slurry pipeline experience, in Proceedings 14th International Seminar on Paste and Thickened Tailings (Paste 2011), R. J. Jewell and A. B. Fourie (eds), 5-7 April 2011, Perth, Australia, Australian Centre for Geomechanics, Perth, pp. 295-306.

Thompson, B. D., Bawden, W. F., Grabinsky, M. W. and Karaoglu, K. (2010) Monitoring barricade performance in a cemented paste backfill operation, in Proceedings 13th International Seminar on Paste and Thickened Tailings (Paste 2010), R. J. Jewell and A. B. Fourie (eds), 3-6 May 2010, Toronto, Canada, Australian Centre for Geomechanics, Perth, pp. 185-197.

Thompson, B. D., Hunt, T. and Malek, F. (2014) In situ behaviour of hydraulic and paste backfills and the use of instrumentation in optimising efficiency, in Proceedings 11th International Symposium on Mining with Backfill (Mine Fill 2014), Y. Potvin and A. G. Grice (eds), 20-22 May 2014, Perth, Australia, Australian Centre for Geomechanics, Perth, pp. 337-350.

Titkov, S., Panteleeva, N. and Gurrkova, T. (1999) Use of polymer reagents for processing of potash ores containing clay slimes, in Polymers in Mineral Processing, J. S. Laskowski (ed.), Canadian Institute Mining, Metallurgy and Petroleum, Quebec City, pp. 375-392.

Tongway, D. J. and Hindley, N. L. (2004) Landscape Function Analysis: Procedures for Monitoring and Assessing Landscapes with Special Reference to Minesites and Rangelands, CSIRO Sustainable Ecosytems, 80 p.

Tuller, M. and Or, D. (2003) Hydraulic functions for swelling soils: pore scale considerations,

Journal of Hydrology, Vol. 272 (1-4), pp. 50-71.

Uhlherr, P. H. T., Guo, J., Fang, T. N. and Tiu, C. (2002) Static measurement of yield stress using a cylindrical penetrometer, Korea-Australia Rheology Journal, Vol. 14 (1), pp. 17-23.

United Nations (1992) Rio Declaration on Environment and Development: Report of the United Nations Conference on Environment and Development, Vol. 1, p. 5.

US EPA (1990) United States Environmental Protection Agency, TCLP (Toxicity Characteristics Leaching Procedure), Federal Register 55, No. 61, 29 March 1990, pp. 11798-11877.

Usher, S. P. and Scales, P. J. (2005) Steady state thickener modelling from the compressive yield stress and hindered settling function, Chemical Engineering Journal, Vol. 111, pp. 253-261.

Usher, S. P., Spehar, R. and Scales, P. J. (2009) Theoretical analysis of aggregate densification: impact on thickener performance, Chemical Engineering Journal, Vol. 151 (1-3), pp. 202-208.

Valenti, M. (1999) Trash, heat and ash, Mechanical Engineering, Vol. 121 (8), pp. 44-47.

Van der Walt, H., Rusconi, J. M. and Goosen, P. (2009) Appraisal of conventional and paste options for the disposal of tailings over the remaining life of the Venetia diamond mine, in Proceedings 12th International Seminar on Paste and Thickened Tailings (Paste 2009), R. J. Jewell, A. B. Fourie, S. Barrera, J. Wiertz (eds), 21-24 April 2009, Viña Del Mar, Chile, Gecamin Limited, Santiago, Australian Centre for Geomechanics, Perth, pp. 355-364.

van Olphen, H. (1977) An Introduction to Clay Colloid Chemistry, 2nd edition, John Wiley & Sons.

van Olphen, H. (1992) Particle associations in clay suspensions and their rheological implications, in Clay Water Interface and its Rheological Implications, N. Guven (ed.), The Clay Mineral Society, Boulder, Colorado, Vol. 4, pp. 192-210.

Verburg, R. (2010) Potential environmental benefits of surface paste disposal, in Proceedings 13th International Seminar on Paste and Thickened Tailings (Paste 2010), R. J. Jewell and A. B. Fourie (eds), 3-6 May 2010, Toronto, Canada, Australian Centre for Geomechanics, Perth, pp. 231-240.

Versveld, D. B., Le Maitre, D. C. and Chapman, R. A. (1998) Alien invading plants and water resources in South Africa: a preliminary assessment, Technical Report No. TT 99/98, Water Research Commission, Pretoria.

Vick, S. G. (1990) Planning, Design and Analysis of Tailings Dams, 2nd edition, BiTech, 369 p.

Vrale, L. and Jordan, R. M. (1971) Rapid mixing in water treatment, Journal of the American Water Works Association, Vol. 63, pp. 52-58.

Walker, C. I. and Goulas, A. (1984) Performance characteristics of centrifugal pumps when handling non-Newtonian homogeneous slurries, Proceedings Institution of Mechanical Engineers, Vol. 198A (1), pp. 41-49.

Wallace, J. (2004) Increasing leach capacity through paste thickening, in Proceedings International Seminar on Paste and Thickened Tailings (Paste 2004), 31 March-2 April 2004, Cape Town, South Africa, Australian Centre for Geomechanics, Perth, Section 12.

Wang, Y. H. and Siu, W. K. (2006) Structure characteristics and mechanical properties of kaolinite soils. I. Surface charges and structural characterizations, Canadian Geotechnical Journal, Vol. 43 (6), pp. 587-600.

Watson, P., Farinato, R., Fenderson, T., Hurd, M., Macy, P. and Mahmoudkhani, A. (2011) Novel polymeric additives to improve oil sands tailings consolidation, in Proceedings SPE International Symposium on Oilfield Chemistry, 11-13 April 2011, The Woodlands, Texas, Society of Petroleum Engineers, Richardson, Texas, pp. 703-709.

Weatherwax, T. W., Brosko, W., Evans, R. and Champa, J. (2010) Role of admixtures in the optimisation of paste backfill systems, in Proceedings 13th International Seminar on Paste and Thickened Tailings (Paste 2010), R. J. Jewell and A. B. Fourie (eds), 3-6 May 2010, Toronto, Canada, Australian Centre for Geomechanics, Perth, pp. 137-146.

Weir Minerals (2013) Enduron® Dewatering Screen, The Weir Group PLC, http://www.weirminerals.com/products services/comminution_equipment/screening_equipment_-_dewater/enduron_dewatering_screens.aspx.

Wells, P. S., Revington, A. and Omotoso, O. (2011) Mature fine tailings drying-technology update, in Proceedings 14th International Seminar on Paste and Thickened Tailings (Paste 2011), R. J. Jewell and A. B. Fourie (eds), 5-7 April 2011, Perth, Australia, Australian Centre for Geomechanics, Perth, pp. 155-166.

Wijewickreme, D., Sanin, M. V. and Greenaway, G. R. (2005) Cyclic shear response of fine-grained mine tailings, Canadian Geotechnical Journal, Vol. 42 (5), pp. 1408-1421.

Wilhelm, J. H. and Naide, Y. (1981) Sizing and operating continuous thickeners, Mining Engineering, Vol. 33, pp. 1710-1718.

Williams, M. P. A. (2000a) Evolution of thickened tailings disposal in Australia, in Proceedings An International Seminar on the Production and Disposal of Thickened/Paste Tailings for Mine Backfill or on the Surface (Paste Technology 2000), 13-14 April 2000, Perth, Australia, Australian Centre for Geomechanics, Perth, Section 15.

Williams, M. P. A. (2000b) Cost implications (an Australian study), in Proceedings An International Seminar on the Production and Disposal of Thickened/Paste Tailings for Mine Backfill or on the Surface (Paste Technology 2000), 13-14 April 2000, Perth, Australia, Australian Centre for Geomechanics, Perth, Section 22.

Williams, M. P. A. (2011) Overview of current beach slope prediction methods for thickened tailings, in Proceedings of Prediction of Beach Slopes Workshop, 3 April 2011, Perth, Australia, Australian Centre for Geomechanics, Perth.

Williams, M. P. A. (2014) Channel hydraulics or deposition flume testing-which is right for beach slope forecasting? in Proceedings 17th International Seminar on Paste and Thickened Tailings (Paste 2014), R. J. Jewell, A. B. Fourie, P. S. Wells, D. Van Zyl (eds), 8-12 June 2014, Vancouver, Canada, Australian Centre for Geomechanics, Perth, pp. 3-30.

Williams, M. P. A. and Meynink, W. J. C. (1986) Tailings beach slopes, Mine Tailings Disposal Workshop Notes, University of Queensland, August 1986, 30 p.

Williams, M. P. A. and Seddon, K. D. (2004) Delivering the benefits (2): case history of Century Zinc and Sunrise Dam gold mine, in Proceedings International Seminar on Paste and Thickened Tailings (Paste 2004), 31 March-2 April 2004, Cape Town, South Africa, Australian Centre for Geomechanics, Perth, Section 13.

Williams, M. P. A., Murphy, S. D., McNamara, L. and Khoshniaz, N. (2006) The Miduk copper project: down-valley discharge of paste thickened tailings, design and early operating experience, in Proceedings Ninth International Seminar on Paste and Thickened Tailings (Paste 2006), R. J. Jewell, S. Lawson and P. Newman (eds), 3-7 April 2006, Limerick, Ireland, Australian Centre for Geomechanics, Perth, pp. 117-130.

Williams, M. P. A., Seddon, K. D. and Fitton, T. G. (2008) Surface disposal of paste and thickened tailings-A brief history and current confronting issues, in Proceedings 11th International Seminar on Paste and Thickened Tailings (Paste 2008), A. B. Fourie, R. J. Jewell, P. Slatter and A. Paterson (eds), 5-9 May 2008, Kasane, Botswana, Australian Centre for Geomechanics, Perth, pp. 143-164.

Wilson, K. C. (2000) Particle motion in sheared non-Newtonian media, in Proceedings Third Israeli Conference for Conveying and Handling of Particulate Solids, 29 May-1 June 2000, Dead Sea, Israel, Ben-Gurion University of the Negev, Beer Sheva, Israel, pp. 12. 9-12. 13.

Wilson, K. C. and Thomas, A. D. (2006) Analytical model of laminar-turbulent transition for Bingham plastics, The Canadian Journal of Chemical Engineering, Vol. 84, pp. 520-526.

Witham, M. I., Grabsch, A. F., Owen, A. T. and Fawell, P. D. (2012) The effect of cations on the activity of anionic polyacrylamide flocculant solutions, International Journal of Mineral Processing, Vol. 114-117, pp. 51-62.

Wu, A-X., Jiao, H. Z., Wang, H-J., Yang, S. K., Li, L., Yan, Q-W. and Liu, H-J. (2011) Status and development trends of paste disposal technology with ultra-fine unclassified tailings in China, in Proceedings 14th International Seminar on Paste and Thickened Tailings (Paste 2011), R. J. Jewell and A. B. Fourie (eds), 5-7 April 2011, Perth, Australia, Australian Centre for Geomechanics, Perth, pp. 477-490.

Yoshimura, A. S., Prud'homme, R. K., Princen, H. M. and Kiss, A. D. (1987) A comparison of techniques for measuring yield stresses, Journal of Rheology, Vol. 31, pp. 699-710.

Youd, T., Idriss, I., Andrus, R., Arango, I., Castro, G., Christian, J., Dobry, R., Finn, W., Harder, L., Jr., Hynes, M., Ishihara, K., Koester, J., Liao, S., Marcuson, W., Ⅲ., Martin, G., Mitchell, J., Moriwaki, Y., Power, M., Robertson, P., Seed, R. and Stokoe, K., Ⅱ. (2001) Liquefaction resistance of soils: summary report from the 1996 NCEER and 1998 NCEER/NSF workshops on evaluation of liquefaction resistance of soils, Journal of Geotechnical and Geoenvironmental Engineering, ASCE, Vol. 127 (10), pp. 817-833.

Yuhi, M. and Mei, C. (2004) Slow spreading of fluid mud over a conical surface, Journal of Fluid Mechanics, Vol. 519, pp. 337-358.

Yukselen, M. A., O'Halloran, K. R. and Gregory, J. (2006) Effect of tapering on the break-up and reformation of flocs formed using hydrolyzing coagulants, Water Science and Technology: Water Supply, Vol. 6 (2), pp. 139-145.

Zhu, Y., Wu, J., Shepherd, I. S., Coghill, M., Vagias, N. and Elkin, K. (2000) An automated measurement technique for slurry settling tests, Minerals Engineering, Vol. 13, pp. 765-772.

Znidarcic, D. and Liu, J. C. (1989) Consolidation characteristics determination for dredged materials, in Proceedings 22nd Annual Dredging Seminar, Tacoma, Washington, Texas ASM University, College Station, Texas, pp. 45-65.

词　汇　表

本书的主要目的是对底流浓度较传统浓密机更高的浓密尾矿技术进行概述，同时为浓密技术在地表堆存或者矿山充填中的应用提供技术资料。为避免歧义，本词汇表用于规范浓密尾矿技术的专业术语，并清楚地表达和理解其含义。然而在浓密技术广泛应用之前，行业内部可能已经形成了各自的专业名词，因而统一术语在实际中面临较大困难。

本词汇表包含了与尾矿输送、排放与堆存等过程相关的术语。随着尾矿浆浓度的提高，流变学起到越来越突出的作用，因而本书中流变学相关词汇使用频繁。

本词汇表的基础部分由 Fiona Sofra（第 3 章作者）完成，是第 2 版词汇表的扩展。相对于第 2 版，第 3 版增加了浓密设备和浓密尾矿输送的相关内容，因而对词汇也进行了适当扩增。

adsorption 吸附

化学物质附着在固体表面的过程，这种附着或结合可以是化学或物理过程。

agglomeration 团聚

单个粒子合成多粒子大块结构的过程。

antiscalants 抗凝剂

用来防止液体生成沉淀物或者防止固体在设备中沉积的化学添加剂。

apparent（or pseudo） shear rate 表观剪切速率

常用于描述非牛顿流体在管道层流状态下的剪切速率。$\Gamma = 8v/D$，单位 s^{-1}，式中，v 代表速度，D 代表管道直径。

apparent viscosity 表观黏度

在一定剪切速率下，剪切应力与剪切速率的比值。记作 η_a，单位 Pa · s。

aspect ratio 宽高比

等于颗粒的直径（最大横向尺寸）除以颗粒的厚度。

bed load 泥层压力

固相施加于管道内衬上的力或者紧贴管道内衬上的固体颗粒所受的力。管道直接受到浆体的压力或通过颗粒传导而来的压力。泥层压力可通过如下方式转移：泥层滑移、颗粒滚动、分层滚动，或者移动和滚动结合。泥层压力在一定状态下基本不变。

Bingham model 宾汉姆模型

一个理想流体模型，剪切应力与剪切速率为线性关系，其拟合曲线的截距为宾汉屈服应力，记为 τ_B，宾汉模型可表达为 $\tau = \tau_B + \eta_p \dot{\gamma}$。

Bingham viscosity (also plastic viscosity) 宾汉姆黏度(塑性黏度)

剪切应力与剪切速率关系曲线的斜率为宾汉姆黏度。一般采用高剪切速率下获得的数据，并根据宾汉姆模型（$\tau=\tau_B+\eta_p\dot{\gamma}$）拟合计算宾汉姆黏度 η_p，单位 Pa · s。

Bingham yield stress 宾汉姆屈服应力

剪切应力与剪切速率关系曲线的截距，采用高剪切速率下获得的数据拟合计算，记作 τ_B，单位 Pa。也称之为“动态屈服应力”。

bridge-mounted 桥式传动

浓密机的驱动装置安装在工作桥上。

caisson 沉箱

特制的大直径圆柱，用于安装底流泵。底流通过管道向上泵送出。

cake 滤饼

一种含水率很低的非浆体固液混合物。通常指过滤机产生的部分饱和半固态材料。

capillary flow 毛细管流

液体在足够狭长的管道中的流动，在给定压力下，可在管道中形成层流。用于检测剪切应力-剪切速率曲线（流动曲线）或者剪切应力-真剪切速率曲线（流变曲线）。

carrier fluid 载流体

管道层流过程中，由于颗粒迁移缺失或剪切表面附近特定颗粒尺寸带的隔离，形成固体浓度低于整体流体浓度的局部区域。

centrifugal pump 离心泵

将高速旋转的叶轮产生的动能转化为流体压能，从而实现流体输送的一种转子泵。

centrifugation 离心法

利用离心力实现固液分离的方法。

centrifuge 离心机

一个通过旋转产生离心力来分离固液的装置。

clarification 澄清

通过沉淀的方法去除悬浊液中悬浮固体颗粒的过程。

clarifier 沉淀池

类似于浓密机的固液分离设施，利用重力进行固液分离，但其目标产品是溢流澄清液而非底流固体。

coagulation 混凝

通过静电消除颗粒周围电势能，解除颗粒间斥力，促使颗粒在引力作用下形成小的絮团的过程。

column-mounted 中心传动

浓密机的驱动装置安装在中心柱上。

comminution 破碎

通过机械手段碾磨或者破坏大颗粒。

compaction zone 压密区

位于浓密机底部，指上层固体重力作用下颗粒相互挤压的区域。该区域对应沉降曲线的最后一部分。

compressive yield stress 压缩屈服应力

导致固体絮团网状破坏的临界压应力值，会导致不可逆转的压缩变形，记作 $P_y(\varnothing)$，单位 kPa。

conductivity 电导率

衡量浆体导电性能的指标。通过测量浆体的电导率可以估计浆体中溶解固体总含量（TDS）。

consistency 稠度

用于表征浆体的密实度、浓度、黏性或者流动阻力的指标。

couette flow 库爱特流

指流体充满两个同轴圆柱体之间，并在任一圆柱体旋转作用下产生的环状层流。

creep 蠕变

指材料在恒定压力下形变随时间增加的现象。

crystal modifiers 晶体调节剂

吸附在增长中的晶核或晶体表面来改变其增长速率、大小和形状的化学添加剂。

CTD

central thickened discharge 中心式浓密尾矿堆存法的缩写。通过若干高度可提升的排放点来排放浓密尾矿的露天堆放方法。浆体从排放点流出后呈圆锥形堆积。

deformation 形变

材料在形状和体积上的变化。

dense phase flow 密相流

用来定义以颗粒间接触力为主导实现颗粒支撑的浆体，其固体浓度接近浆体整体发生自由沉降的浓度。

density 密度

物体质量和体积的比值。浆体的密度可由浆体的质量除以其相应体积得出。相关定义有相对密度（也称比重）、干密度、堆密度、表面密度与绝对密度。具体见第 5 章定义。

dewatering 脱水

将水从尾矿浆中分离的过程。

dilatancy（shear thickening）胀塑性（剪切增稠）

流体黏度随剪切速率增加而增加，且该过程随着时间的变化表现出可逆性，也叫剪切增稠。

discharge point 排放点

物料从管道、带式输送机或者流槽等处流出进行排放堆存的位置。

drivehead 驱动头

为浓密机或澄清池耙架旋转提供动力的机械传动系统，可通过电力或者水力马达来驱动。

dry stacking 干堆

铝土工业中广泛采用的地表堆放方法，该方法的排放浆体浓度高、堆层薄，依靠排水和蒸发干燥途径实现尾矿脱水，通常采用“犁土”的方法加速脱水。该方法具有堆底渗流少、固结快、在有限堆积面上堆高更大的特点。

end corrections 端部校正

考虑到毛细黏度计中的入口和出口效应或螺旋流变仪的叶片端部效应，对测量结果进行的理论或经验校正。

environmental surety 环保保证金

为保证企业履行环保义务，要求企业上交相关规章制定机构的押金，企业环保要求达标则可申请退还，是一种履约保证金。

equilibrium flow 平衡流

时变性流体在恒定的剪切应力或剪切速率下，经足够长的时间达到一个动态平衡的流动状态，此时剪切应力或剪切速率保持稳定，不再随着剪切时间变化。

feedwell 给料井

向浓密机内部添加物料的上下开口的中心圆柱筒，物料进入圆柱筒后流速降低，固液分离开始的区域。

filtration 过滤

使用多孔介质过滤器通过机械手段实现固液分离的过程。

fines 细尾矿

一般指粒径小于 50μm 的尾矿颗粒。

flocculants 絮凝剂

将胶体中细颗粒聚集成絮团的长链高分子聚合物。可提高固体颗粒在浓密机或澄清池中沉降速度的天然或者合成的化合物。类型可分为阴离子、阳离子或非离子型絮凝剂。

flocculate 絮凝

通过添加长链化合物使单个颗粒聚集成多颗粒絮团。

flocculation 絮凝过程

颗粒持续絮凝生成絮团的过程。

flow behaviour index 流动特性指数

广义屈服假塑性（Herschel-Bulkley）模型中的指数项，无量纲，记为 n。

flow curve 流变曲线

剪切速率与剪切应力的关系曲线。

fluid consistency factor 流体稠度系数

广义屈服假塑性（Herschel-Bulkley）模型中的一个常数，记作 K，单位 $Pa \cdot s^n$。

free-settling zone 自由沉降区

浓密机或澄清池中，固体颗粒几乎不受上升液流阻碍可自由沉降的区域，为沉降曲线的开始或者上升段。

fully developed flow 充分展开流

流速分布沿流动方向保持不变的流动。

gangue 脉石

采出矿石中没有经济价值的材料。

gel point 凝胶浓度

浆体刚刚具有屈服应力的浓度。

goaf 采空区

矿块开采后剩下的废弃区域。

Herschel-Bulkley model Herschel-Bulkley 模型

具有屈服应力的流体的流变模型，当剪切应力超过流体屈服应力值时，剪切应力和剪切率呈幂律关系，也叫屈服假塑性模型 $\tau = \tau_y + K\dot{\gamma}^n$。

heterogeneous flow 非均质流

在非均质流中，整个管道中的固体颗粒浓度是不均衡的。密度大于浆体整体密度的颗粒，浓度越接近管道内衬越高。

hindered settling function 干涉沉降系数

用于定量分析胶体悬浊液在任意体积浓度下的相间阻力的材料函数，写作 $R(\varnothing)$，单位 $kg/(s \cdot m^3)$。

hindered settling zone 干涉沉降区域

指固体颗粒的沉降过程受上升溢流流速和流量影响的区域。

homogeneous mixture 均质混合物

经长期静置而仍保持均质性的固液混合物。混合物中颗粒大小通常小于 30μm，这一临界尺寸主要取决于颗粒相对密度和混合物固体浓度。

Hydrophilic/water-attracting 亲水性的

形容固体的表面特性，易被水润湿。

Hydrophobic/water-repelling 疏水性的

形容固体的表面特性，不易被水润湿。

hysteresis 滞后作用

指流体由静置状态逐渐增大剪切速率至屈服值后迅速降低剪切速率至零的过程中，剪切速率增大段的流变曲线和剪切速率下降段的流变曲线不重合。以剪切速率为自变量、剪应力为因变量，绘制这一过程的流变图可得到一个环状曲线，称触变环，反映该材料具有时变性。

immiscible 不可混合的

溶液不可混合为一种均质溶液。

infinite-shear viscosity 极限黏度

剪切速率超过一定值后流体黏度不再变化。

kinematic viscosity 动力黏度

黏度系数与密度之比，记作 ν，单位 m^2/s。

laminar flow 层流

其质点沿着与管轴平行的方向作平滑直线运动。

lift 提耙机构

在浓密机或者澄清池中提升耙架的机械装置。

mixed regime flow 混合流态

若浆体包含不同粒径范围的颗粒，其输送过程可存在多个流态。例如，细颗粒分散在液体中形成均质的载流体，大颗粒跟随载流体流动，形成非均匀的浓度梯度。

Newtonian fluid 牛顿流体

黏度与当前剪切条件无关的液体。

non-Newtonian fluid 非牛顿流体

剪切应力与剪切速率的流变曲线为非线性或不经过原点的流体。

nucleation 成核现象

晶体生长初始阶段的离子聚合现象。

overflow 溢流

沉淀池或浓密机中，经固液分离后，从设备顶部排出液体。溢流中的固体含量可以百万分率（ppm）或浊度（NTU）衡量，需要注意的是 ppm 和 NTU 并无直接关联。

P&TT

Paste and Thickened Tailings，膏体与浓密尾矿的缩写。

particle alignment 颗粒排列

不对称颗粒在剪切流动方向上的排列可能导致浆体黏度降低。

particle migration 颗粒迁移

剪切面颗粒迁移缺失，导致局部区域固体浓度低于整体流体浓度，这种局部区域有时被称为载流体。

paste 膏体

具有高屈服应力的浓密尾矿（通常>200Pa）。当前主要用于地下矿充填。

PD（positive displacement） pump 正排量泵或容积泵

一种机械部件和运动部件分离，机械能量间歇性传递给浆体的泵。

pH

描述氢离子在浆体或者水中的浓度；描述酸碱度的值。

pickets 导水杆

浓密机耙架垂直延伸的部分，可辅助泥层脱水。

plastic（also viscoplastic） 塑性的（黏塑性的）

形容非牛顿流体的一种特性，指切应力必须超过流体的屈服应力才能引起流动。

plastic flow 塑性流

一种流体流速剖面在管道横截面上均匀分布的流体，往往只在非牛顿流体中出现。

plastic viscosity（coefficient of） 塑性黏度（系数）

Bingham 流体剪应力与剪切速率曲线（大于屈服应力段）的斜率。通常以高剪切速率条件下数据曲线的斜率作为塑性黏度，记作 η_p，Pa·s。

plug flow 柱塞流

柱塞流的主体在管道内像固体一样运动，不存在速度梯度，但紧贴管壁的环状部分存在速度梯度。

poiseuille flow 泊肃叶流

恒定压力下牛顿流体在长管道中的层流。

ponding 积存

液体或者泥浆在池塘或者蓄水池中储存。

power law（Ostwald De Waele） model 幂律模型

用来表述剪应力和剪切速率关系的流变模型，公式为 $\tau = K\dot{\gamma}^n$。对于牛顿流体 $n=1$，剪切变稀流体 $n<1$，剪切增稠流体 $n>1$。

precipitation 沉淀

固体从溶液中结晶析出的过程。

pseudo-homogeneous flow 伪均质流

指混合物在低流速下表现为非均质流，而在高流速下表现为均质流，任何浆体在足够高的输送速度下均可表现为伪均质流。

pseudoplasticity（shear thinning） 伪塑性（剪切变稀）

是指流体黏度随着剪切速率增加而下降，该黏度无时变性且可逆，也称剪切变稀。

quaternised 季铵化

将铵类物质转化为 4 个相同或不相同的脂烃基或芳烃基的过程。

reduced viscosity 比浓黏度

黏度与固体或溶液浓度（c）的比值，公式为 $\eta_{red}=\eta/c$。

relative viscosity 相对黏度

悬浮液或溶液相对于悬液或溶质的比例，公式为 $\eta_r=\eta/\eta_s$。

rheogram 流变图

表现流变关系的图表。在矿物领域中最常用的流变图是剪切应力（Pa）与真实剪切速率（s^{-1}）关系的流变曲线。

rheology 流变学

研究物质流动和变形的科学。

rheometry 流变测试

一定条件下针对流体流变性能的测试。

rheopexy 震凝性

流体的震凝性是指流体在恒定剪切速率下，黏度随剪切时间发生可逆增加的特性。

sedimentation 沉积

在重力作用下，颗粒在液体中沉降的过程。

segregating slurry 离析浆体

指由地表排放后沿堆坡流动发生离析的浆体。

segregation 离析

浆体沿堆坡沉积过程中发生的水力分级现象，即粗颗粒在排放点附近沉降，细颗粒沿堆坡被携带到更远处沉积。

settling slurry 沉降性浆体

一种在低流速或静止状态下，悬浮颗粒可发生沉降的浆体；颗粒沉降同时浆体发生泌水，在地表堆存过程中泌水的水沿堆坡流出，在浓密设备中泌水的水上行成为溢流。

shear degradation（rheomalaxis）剪切降解

在恒定剪切速率下，由于材料结构变化（如絮团的破坏），流体的黏度随剪切时间发生不可逆的降低。

shear hardening 剪切硬化

在恒定剪切速率下，由于材料结构变化（如剪切引起的团聚），流体的黏度随时间发生发生不可逆增大。

shear rate 剪切速率
剪切应变的时间变化率，记作 $\dot{\gamma}$，s^{-1}。
shear rate dependence 剪切速率依赖性
流体剪切应力和黏度随剪切速率变化的性质。
shear stress 剪切应力
受力分析面上平行于该平面的应力分量，记作 τ，Pa。
slip flow 滑移流
发生于悬浊液局部低黏度区域的流动，往往由颗粒从固体表面迁移损失而形成。
slump height 塌落度
当柱状或锥型模具被移除时流体塌落的高度，即流体初始高度和最终高度的差值。
slump test 塌落度测试
用来测试浆体或膏体稠度（往往是屈服应力）的测试。测试步骤为填充模具（柱状或锥型），移除模具和测量材料塌落距离。
slurry 浆体
一种固液混合体，包含粗颗粒悬浮液和细颗粒悬浮液，悬浮液中固液组分互不发生化学反应。
specific gravity 比重
固体或液体的密度与水的密度的比例，也叫相对密度。
specific viscosity 比黏度
悬浊液中悬浮物和溶液的黏度差和溶液黏度比，公式为 $\eta_{sp}=(\eta-\eta_s)/\eta_s$。
stabilised flow 稳定流动
当浆体中细颗粒含量足够高时，载流体屈服应力提高，使浆体中的粗颗粒保持在悬浮状态，这种浆体沉降缓慢，管道横截面上浓度分布均匀。
static yield stress 静态屈服应力
剪应力接近零时的屈服应力，比如在低速搅拌（叶片固定转速 0.2r/min）的旋转流变仪中的浆体屈服应力，记作 τ_y，单位 Pa。
steady flow 恒定流/定常流
任意点上流体速度与时间无关的流动。
Stokes' Law 斯托克斯定律
计算球状颗粒的沉降速率的公式。
supernatant 上清液
从浆体中分离出来并浮于浆体表层，且几乎不含细颗粒的水。
suspended load 悬移质
描述没有固体载荷沿床层移动的混合物，其中最小的颗粒也能够通过显微镜单独观察到。

synthetic flocculant 合成絮凝剂

由有机物合成的长链聚合物，区别于从天然材料提取的化合物。

tailings 尾矿

选矿过程从（破碎的）矿物中分离出的不具有经济价值的部分。

thickened tailings 浓密尾矿

经过脱水后固体含量升高的尾矿浆。

thickener 浓密机

一种利用重力沉降的方法分离固液的装置。通常包含以下部件：一个带给料井的耙架式搅拌槽、一个环状溢流槽，以及一个底流出口。目标是提升底流的固体含量。

thickening 浓密

通过重力沉降实现悬浮液中固体浓度提升的浓缩过程。

Thixopost™

（注册商标）指一个从耙臂向刮板垂直延伸的支柱。该结构简化了浸没在底流床层的刮板，同时也降低了耙架受到阻力。

thixotropic 触变性

恒定剪切作用下，流体表观黏度随剪切时间的增加而降低，应力消除后表观黏度逐渐恢复。

thixotropy 触变

黏度随剪切时间而降低，该过程可逆。

time dependence 时间依赖性（时变性）

指流体剪切应力和黏度随时间变化的特性。

torque 扭矩

角动量变化的速率，或是引起旋转运动变化的角力。

traction thickener 周边传动式浓密机

通过布置在搅拌槽周边与耙架长臂相连的牵引器驱动的浓密机。

true shear rate（shear rate）真实剪切速率（剪切速率）

与流动方向垂直的速度梯度，记作 $\dot{\gamma}$，s^{-1}。

turbulent flow 紊流

指流线在漩涡干扰下偏离平均流动方向，相邻流层间产生滑动和混合的流动状态。

ultra-high density paste thickener 超高浓度膏体浓密机

具有锥型底部，利用大矩驱动装置和耙架来制备浓缩或膏体底流的大高度浓密机

ultra-high rate rakeless thickener 超高效无耙浓密机

新一代浓密机，具有较大的高度和较大的底部锥角，无需耙架。

underflow 底流

从浓密机或澄清器底部出口排出的浓密浆体。经常用固体浓度或者浆体比重来描述底流的固体含量。

underflow rheology 底流流变学

反映浓密机底流的流动性，黏度是主要因素。

vane 桨式转子

流变仪（用于测量静态屈服应力，或者剪切应力和表观剪切速率关系的仪器）中包含四片或者六片叶片的旋转构件。

vehicle high-density 高浓度运输介质

在混合处置工艺中，浓密尾矿有时与其他粗粒废料一同排放，比如砂砾乃至废石。这种情况下浓密尾矿就成了运输这些悬浮粗颗粒的介质，被称为高浓度运输介质。

viscometry 黏度测试

流体黏度的各种测量方法。

viscoplastic 黏塑性

形容材料在剪应力低于屈服应力时表现出固体特征，而在剪应力大于屈服应力时表现为黏性流体的特征。

viscosity 黏度

材料对流动的阻力。

yield stress 屈服应力

材料为了发生黏性流动而必须克服的应力。记作 τ_y，单位 Pa。

浓密尾矿经常表现为具有屈服应力的非牛顿流体。屈服应力是材料发生不可逆形变和流动必须克服的临界应力。当剪切应力低于屈服应力时，悬浮液中颗粒网络发生弹性形变，即形变能在应力移除后完全恢复。当剪切应力高于屈服应力时，悬浮液表现为黏性液体，其黏度可用剪切速率的函数表达。

yield stress profile 屈服应力曲线

表现流体剪切屈服应力和固体浓度关系的图表，两者关系通常表现为指数。

zero-shear viscosity 零剪切黏度

零剪切速率下流体的黏度，表观黏度的极限值。

zeta potential ZETA 电位/电动电位

固体颗粒表面和液体间双电层上的电势差。

冶金工业出版社推荐图书

书　名	作　者	定价（元）
中国冶金百科全书·采矿卷	本书编委会　编	180.00
中国冶金百科全书·选矿卷	编委会　编	140.00
选矿工程师手册（共4册）	孙传尧　主编	950.00
金属及矿产品深加工	戴永年　等著	118.00
选矿试验研究与产业化	朱俊士　等编	138.00
金属矿山采空区灾害防治技术	宋卫东　等著	45.00
尾砂固结排放技术	侯运炳　等著	59.00
地质学（第5版）（国规教材）	徐九华　主编	48.00
采矿学（第3版）（本科教材）	顾晓薇　主编	75.00
应用岩石力学（本科教材）	朱万成　主编	58.00
磨矿原理（第2版）（本科教材）	韩跃新　主编	49.00
爆破理论与技术基础（本科教材）	璩世杰　编	45.00
矿物加工过程检测与控制技术（本科教材）	邓海波　等编	36.00
矿山岩石力学（第2版）（本科教材）	李俊平　主编	58.00
新编选矿概论（第2版）（本科教材）	魏德洲　主编	35.00
固体物料分选学（第3版）（第3版）	魏德洲　主编	60.00
选矿数学模型（本科教材）	王泽红　等编	49.00
磁电选矿（第2版）（本科教材）	袁致涛　等编	39.00
采矿工程概论（本科教材）	黄志安　等编	39.00
矿产资源综合利用（高校教材）	张　佶　主编	30.00
选矿试验与生产检测（高校教材）	李志章　主编	28.00
选矿厂设计（高校教材）	周晓四　主编	39.00
选矿概论（高职高专教材）	于春梅　主编	20.00
选矿原理与工艺（高职高专教材）	于春梅　主编	28.00
矿石可选性试验（高职高专教材）	于春梅　主编	30.00
选矿厂辅助设备与设施（高职高专教材）	周晓四　主编	28.00
矿山企业管理（第2版）（高职高专教材）	陈国山　等编	39.00
露天矿开采技术（第2版）（职教国规教材）	夏建波　主编	35.00
井巷设计与施工（第2版）（职教国规教材）	李长权　主编	35.00
工程爆破（第3版）（职教国规教材）	翁春林　主编	35.00
金属矿床地下开采（高职高专教材）	李建波　主编	42.00
重力选矿技术（职业技能培训教材）	周晓四　主编	40.00
磁电选矿技术（职业技能培训教材）	陈　斌　主编	29.00
浮游选矿技术（职业技能培训教材）	王　资　主编	36.00
碎矿与磨矿技术（职业技能培训教材）	杨家文　主编	35.00